我国近海海洋综合调查与评价专项成果

"十二五"国家重点图书出版规划项目

广东省海洋环境资源基本现状

詹文欢　姚衍桃　孙　杰　编著

海洋出版社

2013 年·北京

图书在版编目（CIP）数据

广东省海洋环境资源基本现状/詹文欢等编著. —北京:海洋出版社,2013.10
ISBN 978 - 7 - 5027 - 8348 - 8

Ⅰ.①广⋯　Ⅱ.①詹⋯　Ⅲ.①海洋环境 - 环境资源 - 现状 - 广东省　Ⅳ.①X145

中国版本图书馆 CIP 数据核字(2012)第 219336 号

责任编辑:白　燕　苏　勤
责任印制:赵麟苏

海洋出版社　出版发行

http://www.oceanpress.com.cn
北京市海淀区大慧寺路 8 号　邮编:100081
北京旺都印务有限公司印刷　新华书店北京发行所经销
2013 年 10 月第 1 版　2013 年 10 月第 1 次印刷
开本:889mm×1194mm　1/16　印张:23
字数:600 千字　定价:138.00 元
发行部:62132549　邮购部:68038093　总编室:62114335
海洋版图书印、装错误可随时退换

《中国近海海洋》系列专著编著指导委员会
组成名单

主　任	刘赐贵						
副主任	陈连增	李廷栋					
委　员	周庆海	雷　波	石青峰	金翔龙	秦蕴珊	王　颖	潘德炉
	方国洪	杨金森	李培英	蒋兴伟	于志刚	侯一筠	刘保华
	林绍花	李家彪	蔡　锋	韩家新	侯纯扬	高学民	温　泉
	石学法	许建平	周秋麟	陈　彬	孙煜华	熊学军	王春生
	暨卫东	汪小勇	高金耀	夏小明	吴桑云	苗丰民	周洪军
	孙连友	何广顺					

广东省近海海洋综合调查与评价专项
系列成果编委会

主　　编　文　斌

副 主 编　陈良尧　屈家树　洪伟东　白　桦　李　磊

编委会成员

魏平英　黄良民　于　斌　黄汉泉　冯吉南　刘思远　王华接

严金辉　陆超华　黄亚如　孙宗勋　黄楚光　钮智旺　刘楚雄

李　萍　秦　磊　郑增豪　周厚诚　曾　清　陈　竹　马亚洲

专家顾问组

潘金培　李培英　郑伟仪　李建设　何广顺　夏登文　马应良

吴桑云　夏小明　陈清潮　王文质　齐雨藻　王文介　林幸青

王名文　贾晓平　罗章仁　陈晓翔　许时耕　何国民　施　平

《广东省海洋环境资源基本现状》
编委会

编写组

主　　编　詹文欢

副 主 编　姚衍桃　孙　杰

主要成员　张　帆　王韶稳　孙龙涛　黄小平　谭烨辉　黄　晖
　　　　　沈萍萍　施　震　陈　军　冯　斌　刘春杉　岳　文

审核组

　　　　刘思远　王华接　陆超华　陈　竹　黄良民　练树民　孙宗勋

总前言

2003 年，党中央、国务院批准实施"我国近海海洋综合调查与评价"专项（简称"908 专项"），这是我国海洋事业发展史上一件具有里程碑意义的大事，受到各方高度重视。2004 年 3 月，国家海洋局会同国家发展与改革委员会、财政部等部门正式组成专项领导小组，由此，拉开了新中国成立以来规模最大的我国近海海洋综合调查与评价的序幕。

20 世纪，我国系列海洋综合调查和专题调查为海洋事业发展奠定了科学基础。50 年代末开展的"全国海洋普查"，是新中国第一次比较全面的海洋综合调查；70 年代末，"科学春天"到来的时候，海洋界提出了"查清中国海、进军三大洋、登上南极洲"的战略口号；80 年代，我国开展了"全国海岸带和海涂资源综合调查"、"全国海岛资源综合调查"、"大洋多金属资源勘查"，登上了南极；90 年代，开展了"我国专属经济区和大陆架勘测研究"和"全国第二次污染基线调查"等，为改革开放和新时代海洋经济建设提供了有力的科学支撑。

跨入 21 世纪，国家的经济社会发展也进入了攻坚阶段。在党中央、国务院号召"实施海洋开发"的战略部署下，"908 专项"任务得以全面实施，专项调查的范围包括我国内水、领海和领海以外部分管辖海域，其目的是要查清我国近海海洋基本状况，为国家决策服务，为经济建设服务，为海洋管理服务。本次调查的项目设置齐全，除了基础海洋学外，还涉及海岸带、海岛、灾害、能源、海水利用以及沿海经济与人文社会状况等的调查；调查采用的手段成熟先进，充分运用了我国已具备的多种高新技术调查手段，如卫星遥感、航空遥感、锚系浮标、潜标、船载声学探测系统、多波束勘测系统、地球物理勘测系统与双频定位系统相结合的技术等。

"908 专项"创造了我国海洋调查史上新的辉煌，是新中国成立以来规模最大、历时最长、涉及部门最广的一次综合性海洋调查。这次大规模调查历时 8 年，涉及 150 多个调查单位，调查人员万余人次，动用大小船只 500 余艘，航次千余次，海上作业时间累计 17 000 多天，航程

200多万千米，完成了水体调查面积102.5万平方千米，海底调查面积64万平方千米，海域海岛海岸带遥感调查面积151.9万平方千米，获取了实时、连续、大范围、高精度的物理海洋与海洋气象、海洋底质、海洋地球物理、海底地形地貌、海洋生物与生态、海洋化学、海洋光学特性与遥感、海岛海岸带遥感与实地调查等海量的基础数据；调查并统计了海域使用现状、沿海社会经济、海洋灾害、海水资源、海洋可再生能源等基本状况。

"908专项"谱写了中国海洋科技工作者认知海洋的新篇章。在充分利用"908专项"综合调查数据资料、开展综合研究的基础上，编写完成了《中国近海海洋》系列专著，其中，按学科领域编写了15部专著，包括物理海洋与海洋气象、海洋生物与生态、海洋化学、海洋光学特性与遥感、海洋底质、海洋地球物理、海底地形地貌、海岛海岸带遥感影像处理与解译、海域使用现状与趋势、海洋灾害、沿海社会经济、海洋可再生能源、海水资源开发利用、海岛和海岸带等学科；按照沿海行政区域划分编写了11部专著，包括辽宁省、河北省、天津市、山东省、江苏省、浙江省、上海市、福建省、广东省、广西壮族自治区和海南省的海洋环境资源基本现状。

《中国近海海洋》系列专著是"908专项"的重要成果之一，是广大海洋科技工作者辛勤劳作的结晶，内容充实，科学性强，填补了我国近海综合性专著的空白，极大地增进了对我国近海海洋的认知，它们将为我国海洋开发管理、海洋环境保护和沿海地区经济社会可持续发展等提供科学依据。

系列专著是11个沿海省（自治区、直辖市）海洋与渔业厅（局）、国家海洋信息中心、国家海洋环境监测中心、国家海洋环境预报中心、国家卫星海洋应用中心、国家海洋技术中心、国家海洋局第一海洋研究所、国家海洋局第二海洋研究所、国家海洋局第三海洋研究所、国家海洋局天津海水淡化与综合利用研究所等牵头编著单位的共同努力和广大科技人员积极参与的成果，同时得到了相关部门、单位及其有关人员的大力支持，在此对他们一并表示衷心的感谢和敬意。专著不足之处，恳请斧正。

《中国近海海洋》系列专著编著指导委员会

前 言
Foreword

为了贯彻实施《全国海洋经济发展纲要》，促进我国海洋经济持续快速发展，实现全面建设小康社会，加快推进社会主义现代化的目标，国家海洋局针对我国近海海域综合调查程度和基本状况认识比较低的情况，适时提出了开展"我国近海海洋综合调查与评价"专项计划，2003年9月获国务院批准立项（简称"908专项"）。根据国家"908专项"任务安排，结合广东省海洋经济发展的形势和面临的问题，广东省"908专项"办公室确定了广东省"908专项"海洋综合调查与评价的主要任务。在完成海洋调查和评价的基础上，多项"908专项"成果集成项目也随之启动，《广东省海洋环境资源基本现状》就是其中的一个重要任务。

2010年以来，在广东省"908专项"办公室的帮助下，我们开展了对广东省海洋环境资源基本现状的研究工作，目的是摸清广东省重要海洋环境与资源的时空分布特征及变化规律，为合理开发利用海洋资源、推动沿海经济持续快速发展以及建设海上国防提供基础数据。书中数据资料主要来源于相关的"908专项"调查与评价成果，其次是一些历史资料、专著、期刊文献和公报等，除"908专项"调查与评价成果资料外，其他来源均在正文中以参考文献或脚注的方式注明。

本集成项目主要利用到的"908专项"调查专题包括：CJ13、CJ14、CJ15、CJ16、CJ17等区块海底底质调查（908－01－CJ13、908－01－CJ14、908－01－CJ15、908－01－CJ16、908－01－CJ17）、广东省风暴潮区域调查（908－01－ZH1）、广东省海浪灾害调查（908－01－ZH1）、珠江三角洲海水入侵灾害调查（908－01－ZH2）、赤潮灾害、海洋病原生物和外来生物入侵调查（908－01－ZH3）、广东海岸带（港址）综合调查（GD908－01－01）、广东省海岛（岛礁）调查（GD908－01－02）、广东省近海水体环境调查与研究（GD908－01－03）、广东省海域使用现状调查（G908－01－04）、广东沿海地区社会经济基本情况调查（GD908－01－05）、广东省海岸侵蚀灾害调查与研究（GD908－01－06）、广东省海洋赤潮灾害调查与研究（GD908－01－07）、滨海湿地及其他特色生态系统和珍稀濒危海洋动物调查（GD908－01－08）；主要利用到的评价专题包括：海岸带开发对海洋生态环境影响评价及汕头港、柘林湾环境容量和污染物排放总量控制研究（GD908 - 02 - 01）、珠江口主要环境问题分析与对策（GD908 - 02 - 03）、广东省海岸线利用现状及开发前景评价（GD908 - 02 - 04）、广东近海潜在增养殖区评价与选划（GD908 - 02 - 06）、广东省潜在滨海旅游区评价与选划（GD908 - 02 - 09）广东省海洋能源的开发利用研究（GD908 - 02 - 11）、广东省海水淡化与利用评价（GD908 - 02 - 12）、广东海洋赤潮灾害趋势评估及防治对策研究（GD908 - 02 - 14）、广东省沿岸滨海湿地及其他特色生态系统综合评价（GD908 - 02 - 16）、广东海洋经济发展战略与海洋管理研究（GD908 - 02 - 17）、不确定条件下广东省海洋资源的最优开发研究报告（GD908 - 02 - 18）。

本专著内容主要按照国家"908专项"办公室下发的"省级近海海洋环境资源基本现状专著编写提纲"进行编写，编写过程中力求以最新的"908"调查与评价成果来反映广东省目前的海洋环境与资源状况，但因收集的资料有限及时间仓促，文中错误在所难免，敬请批评和指正！在专著完成过程中，凝结了项目组人员辛勤的劳动，同时还得到了广东省海洋与渔业局、广东省"908专项"办公室、国家海洋局南海分局档案馆、南海海洋研究所"908专项"领导小组及其他项目组等诸多单位、部门和人员的指导、帮助和大力支持，在此一并致以衷心的感谢。

詹文欢

2012 年 2 月 16 日于广州

目　次

广东省海洋环境资源基本现状

第 1 章　区域概况

1.1　区域概述

1.1.1　地理位置与行政区划

1.1.1.1　地理位置

广东省位于我国大陆的南部，东邻福建省，北接江西、湖南两省，西连广西壮族自治区，南邻南海，珠江三角洲、东西两侧分别与香港、澳门特别行政区接壤，西南部雷州半岛隔琼州海峡与海南省相望。全境位于 20°13′—25°31′N 和 109°39′—117°19′E 之间；东起南澳县南澎列岛的赤仔屿，西至雷州市纪家镇的良坡村，东西跨度约 800 km；北自乐昌市白石乡上坳村，南至徐闻县角尾乡灯楼角，跨度约 600 km。陆地面积 17.98×10^4 km^2，北回归线从南澳—从化—封开一线横贯广东。

广东省毗邻港澳，面向东南亚，扼来往于西北太平洋至印度洋的交通要冲，既是我国联系世界经济的桥梁和纽带，也是我国南北航线必经之地，还是物流、人流、技术流、资金流和信息流的大通道，具有优越的地理区位优势。

1.1.1.2　行政区划

广东省简称粤，省会是广州市，辖 21 个省辖市，其中副省级城市 2 个（广州市、深圳市），地级市 19 个。在 21 个省辖市中又有 14 个沿海市，分别是潮州市、汕头市、揭阳市、汕尾市、惠州市、深圳市、东莞市、广州市、中山市、珠海市、江门市、阳江市、茂名市和湛江市（表 1.1），沿岸呈条带状自东北向西南展布（图 1.1）。

表 1.1　广东省沿海各市行政区划现状

沿海城市	市辖区	县级市	县
广州市	10 区：越秀区、海珠区、荔湾区、天河区、白云区、黄埔区、花都区、番禺区、萝岗区和南沙区	2 县级市：从化市、增城市	
深圳市	6 区：福田区、罗湖区、南山区、盐田区、宝安区、龙岗区		
珠海市	3 区：香洲区、斗门区、金湾区		

沿海城市	市辖区	县级市	县
汕头市	6区：金平区、龙湖区、澄海区、朝阳区、潮南区、濠江区		1县：南澳县
惠州市	2区：惠城区、惠阳区		3县：博罗县、惠东县、龙门县
汕尾市	1区：城区	1县级市：陆丰市	2县：海丰县、陆河县
东莞市			
中山市			
江门市	3区：蓬江区、江海区、新会区	4县级市：台山市、开平市、鹤山市、恩平市	
阳江市	1区：江城区	1县级市：阳春市	2县：阳西县、阳东县
湛江市	4区：赤坎区、霞山区、坡头区、麻章区	3县级市：雷州市、吴川市、廉江市	2县：徐闻县、遂溪县
茂名市	2区：茂南区、茂港区	3县级市：化州市、信宜市、高州市	1县：电白县
潮州市	1区：湘桥区		2县：潮安县、饶平县
揭阳市	1区：榕城区	1代管县级市：普宁市	3县：揭东县、惠来县、揭西县

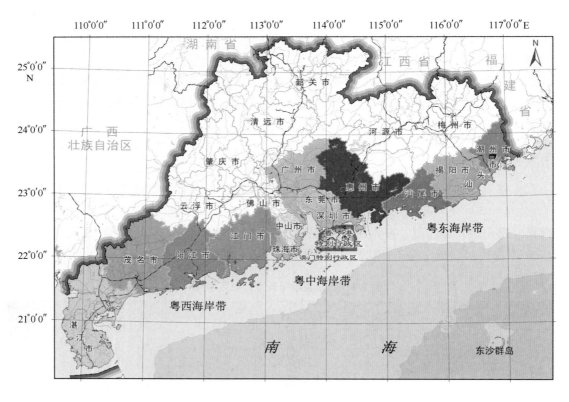

图1.1　广东省海岸带地理位置

1.1.2 海岸带、海岛及近岸海域概况

1.1.2.1 海岸带

广东省大陆海岸线东起与福建省交界的大埕湾湾头东界区，西至与广西壮族自治区交界的英罗港洗米河口，是我国大陆海岸线最长的省份，总长度为 4 114 km。根据区位条件和地域差异，整个广东海岸带以大鹏湾和川山群岛为界，划分为粤西、珠江口和粤东 3 个海岸带分区（广东省海岸带和海涂资源综合调查大队，1988 年）。其中，珠江口海区范围从大鹏湾至川山群岛，是珠江入海口，河海相通，与香港、澳门陆地相连，被称为祖国的南大门。粤东海区位于大鹏湾以东至粤闽交界处，拥有柘林湾、褐石湾、红海湾、大亚湾、汕头港等重要港湾。粤西海区位于川山群岛以西至粤桂交界处，是广东省面向东南亚最近的海区，湛江湾是祖国大西南主要进出口岸，水东港位于石化基地茂名市前沿，是它的主要进出口岸。

1.1.2.2 海岛

广东省海岛东起南澎列岛，西至徐闻县的赤豆寮岛，北抵饶平县的东礁屿，南达徐闻县的二墩，海岛分布的海域广阔，主要集中在离岸 30 n mile（1 n mile = 1.852 km）内的区域，呈列岛、群岛分布，是中国南大门的海防前沿，既是广东海洋开发的前沿阵地和后方基地，也是全省战略后备的土地资源，具有多项海岛开发有利条件，并且在政治、海洋权益等方面也有重要战略地位。

据广东省"908 专项"调查，共有海岛 1 350 个，其中面积在 500 m^2 以上的有 734 个（不含 49 个干出沙），总面积 1 472 km^2；大于 500 m^2 海岛岸线 2 126 km，以基岩岸线为主，占 54%，其次是人工岸线和砂砾质岸线（表 1.2）。主要的大岛有东海岛、上川岛、南三岛、南澳岛、海陵岛、下川岛等，以东海岛面积最大，为 289 km^2。

表 1.2　面积大于 500 m^2 的海岛岸线类型统计

岸线类型	长度/km	百分比/%
基岩岸线	1 156	54
砂砾质岸线	309	15
粉砂淤泥质岸线	51	2
人工岸线	574	27
生物岸线	36	2
河口岸线	0	0
合计	2 126	100

1.1.2.3 近岸海域

广东省海洋功能区划工作范围东至潮州市饶平县大埕湾与福建海域交界，西至湛江市英罗港和广西壮族自治区海域交界，南至琼州海峡中心分界线并向东、西自然延伸，海域至领海线和专属经济区，总面积41.93×10^4 km^2。其中，内水面积4.77×10^4 km^2（不含海

岛面积），领海面积（领海基线至领海线的海域）1.64×10^4 km²，专属经济区面积 35.40×10^4 km²（专属经济区仅划到18°N线止）。位于广东省海域的领海基点有南澎列岛（1）、南澎列岛（2）、石碑山角、针头岩、佳蓬列岛、围夹岛、大帆石共7处。

1.2 区域地质与水文特征概述

1.2.1 地质特征概述

广东沿海的地质结构、岩石岩性是海岸带地形形成的基础，而海岸带地貌组合及沉积物分布，则是本区域特定环境条件下所产生风化、侵蚀作用和沉积作用的直接体现结果。

1.2.1.1 构造格局

从构造上来看，广东沿海位于中国大地构造华南褶皱系的南缘，主要形成了华夏构造体系、东西向和南北向构造体系。受构造体系的制约，海岸带山脉多呈北东—西南走向，其次为北西—东南走向。前者如粤东的莲花山脉、海岸山脉等，他们皆自东北向西南伸展，最后逼临南海与海岸斜交，或断续延伸至海中成为岛屿；后者如粤东的桑浦山、大南山，自西北向东南伸展，与海岸相交，也有突出于海中形成半岛或岛屿，对于沿海沉积物的分布起阻隔作用。广东沿海因受多次构造运动的作用，区域性的褶皱、断裂十分发育。其区域性褶皱、断裂的主要方向是北东—西南向；同时还伴有次一级的北东—西南向的压扭性断裂和北西—南东向的张扭断裂，组成"多"字形或"X"形扭性断裂群。沿海岸带的一系列河流，如粤东的韩江、榕江、龙江、螺河，粤中的珠江，粤西的漠阳江、鉴江、九江等，都沿"多"字形或"X"形构造线发育，形成构造侵蚀谷地。因此，对大部分岸段来说，在华夏构造体系的支配下，北东—西南和北西—南东向山地丘陵河谷海湾错落的地貌组合，构成了海岸轮廓的基本格局。

广东省海岸带和海岛从震旦纪至第四纪各时代的地层发育比较齐全，区内岩浆活动强烈，中生代燕山期是活动的高峰期，加里东期和喜马拉雅期次之，在空间分布上有自华南大陆西北向东南时代逐渐变新的趋势。华南地壳运动具有多旋回性，按沉积建造、地层接触关系、构造变形、岩浆活动和变质作用，广东省海岸海岛的大地构造环境可划分为3个演化阶段：

（1）震旦纪—志留纪地槽阶段

该阶段形成的地层主要由具有地槽型复理石碎屑建造特征的砂泥质碎屑岩及含笔石页岩沉积为主，厚度巨大，并已普遍变质及混合岩化，地层为连续沉积，没有区域性的角度不整合。

（2）泥盆纪—中三叠世准地台阶段

志留纪末期发生了强烈的加里东褶皱造山运动，结束了华南地槽的发展历史，进入准地台阶段。自泥盆纪至中三叠世主要发育稳定型建造系列，均为滨海—浅海相的准地台沉积，主要为陆源碎屑建造、夹火山岩建造、含煤建造、碳酸盐岩建造及含磷、锰的碳酸盐岩建造和硅质岩建造。自晚古生代至晚三叠世早－中期，除局部地区的地层之间有微角度的接触外，各系之间多为连续沉积，即使有沉积间断，其时距也不是很大。

（3）大陆边缘活动阶段

泥盆纪至中三叠世的地台型盖层沉积称为海西—印支旋回。海西运动以震荡型运动为主，只形成某些沉积间断和假整合，表明构造环境比较宁静。三叠纪中、晚期发生的印支运动是以断裂造山运动为特色，把广大地区抬升为陆地，并使地台盖层产生过渡型褶皱，伴随有深大断裂及岩浆活动，进入大陆边缘活动带的新阶段。岩石组合类型复杂，主要以复陆碎屑建造组合与火山复陆屑式建造以及陆相及滨海相沉积为主。

华南地块东西向的构造体系和北东向展布的构造带，组成广东省沿海的构造框架，但与人类活动和经济发展密切的还是第四纪的新构造运动。第四纪的新构造运动以断裂活动为主，相伴出现区域性的升降差异、火山活动和地震活动。新构造运动在时间延续上的间歇造成的火山活动的多期性和地形面的多级性，新构造运动在空间展布上的差别造成区域隆起或沉降，广东沿海可分为韩江三角洲中度沉降区、粤东轻微隆起区、深圳—鲔门中度隆起区、珠江三角洲轻度沉降区和粤西轻微隆起区等。新构造运动的继承性，使岸后山地、丘陵和台地区形成多级夷平面、台地和阶地，在沿海平原和海底形成堆积平原、沉积盆地和近海巨厚生物礁，控制海岸带的地势，而火山、地震活动仅控制了局部陆地、海岸与海底地形。

进入21世纪，全球变暖，海平面缓升，广东省海岸同样发生轻微变化，但总体而言，广东省沿海的火山活动、断裂活动以及地震活动等基本属于平静期，这有利于行业开发合理布局和区域开发综合利用，但复杂的自然环境和频繁的人类活动，使海岸带的生态系统显得十分脆弱，因此对海岸、海岛的合理开发利用和有效保护管理要有机地结合起来，坚持科学、合理、高效、永续地开发广东海域资源。

1.2.1.2 地层岩性

海岸带的岩性地层是确定海岸架构与地势且影响岸线轮廓与沉积物分布的一个重要因素。广东沿海地区各时代地层比较齐全，岩性复杂，分布有序（表1.3）。远古生界及下古生界以浅海类复理石碎屑岩建造及含笔石页岩沉积为主，厚度巨大，普遍变质及混合岩化；上古生界岩性及岩相变化较大，以单陆碎屑岩为主，其中夹有碳酸盐建造；中生界岩类组合类型复杂，包括复陆碎屑建造组合及火山复陆建造组合；新生界分布广泛，沉积类型以陆相及滨海相为主。

表1.3 广东沿海地层岩性及分布

地层	岩性	分布
第四系	各种较松散的砂砾或黏土层	广布于沿海区域
第三系	砾岩、砂岩、泥岩，局部含石膏	大亚湾东北部、珠江三角洲、台山至吴川岸段等地
白垩系	砾岩、砂岩、泥岩和凝灰质砂砾岩等	大亚湾至珠江口岸段、电白至吴川岸段
侏罗系	砂砾岩、砂岩、粉砂岩、泥岩、含砾凝灰岩、凝灰质页岩等	柘林湾至镇海湾岸段
三叠系	石英砂岩、粉砂岩和泥岩	陆丰、海丰和深圳沿岸
石炭系	灰岩、砾岩、砂岩和砂页岩	大亚湾北岸
泥盆系	砾岩、砂岩、粉砂岩和灰岩	主要分布于大亚湾至镇海湾岸段
奥陶系	页岩石英、砂岩和灰岩	仅见于粤东大鹏半岛、粤西深井
寒武系	石英岩、砂页岩和结晶灰岩	在平海半岛以西的岸段
震旦系	石英片麻岩、黑云母长石片麻岩、花岗片麻岩和千枚岩等	粤西部分岸段

在岩性上，广东海岸基岩主要以中生代燕山期入侵的花岗岩、花岗闪长岩为主，广泛分布于电白以东的广东大陆沿岸半岛、岬角、沿岸岛屿。花岗岩和花岗闪长岩致密坚硬，但在华南湿热气候条件下易风化形成厚薄不一的风化壳，在海浪的作用下剥落，是近岸沉积物的重要来源。在地貌形态上往往形成伸入海中的半岛，在两个半岛之间构成海湾。半岛尖端则成为岬角，两岬角间多被砂质填充，形成岬间砂质海岸。第四纪（部分第三纪）多期喷出的玄武岩和火山碎屑岩分布于雷州半岛。第四纪湛江组和北海组半固结—松散的黏土、砂砾地层主要分布在雷州半岛沿岸。其余古老的沉积岩、变质岩、在海岸带分布较星零，这些古老的岩石大部分岩性坚硬，耐风化，在海岸带地形中表现为中低山–残丘和台地，也有构成岬角者；部分易风化被水流或波浪侵蚀的碎屑沉积岩为海岸泥沙提供了重要来源。

1.2.2 入海河流及其水文特征

1.2.2.1 入海河流概况

广东沿海河网密集，均属于降水型补给，大多数河流径流量较大。主要入海河流自东向西有韩江、榕江、龙江、螺河、珠江、漠阳江、鉴江等，其中珠江流域面积最大，韩江次之，其他属中小河流，流域面积在 10 000 km^2 以下。据统计，在广东沿岸多年平均入海水量为 $3\,730 \times 10^8\,m^3$ 以上，其中珠江流域为 $3\,142 \times 10^8\,m^3$，韩江流域为 $258 \times 10^8\,m^3$；其次是漠阳江、鉴江、榕江，分别为 $59 \times 10^8\,m^3$、$50 \times 10^8\,m^3$、$28 \times 10^8\,m^3$。河流携带了大量的泥沙（表1.4），在河口及近岸带受径流、潮流和波浪的作用，形成不同成因类型和形态特征的砂质沉积体，入海泥沙在沿岸流和波浪的作用下，于沿海地区沉积形成宽广的砂质海滩和海积平原，形成的主要海岸类型是夷直海岸和沙坝—潟湖海岸。珠江是广东最大的河流，流域年输沙量约 $9\,600 \times 10^4\,t$，20 世纪 50 年代以来，珠江流域已建水库的总库容估计已达到 $650 \times 10^8\,m^3$，占多年平均入海径流量（$2\,862 \times 10^8\,m^3$）的 22.7%，减少了入海的泥沙量。

表 1.4 广东沿海主要河流多年平均输沙量　　　　　　　　　　单位：$\times 10^4$ t

河流	韩江	榕江	龙江	珠江	漠阳江	鉴江
悬移质	727.60	65.40	27.50	8 735.00	80.00	197.00
推移质	72.65	6.54	2.74	873.50	8.00	19.70

1.2.2.2 主要河流及其水文特征

（1）韩江

韩江流域地处南亚热带、雨量充沛，径流丰富，多年平均径流量为 $252 \times 10^8\,m^3$，但时间分配很不均匀。从年际变化来看，丰水年与枯水年的变幅比较大，年径流量最大为 $478 \times 10^8\,m^3$，最小径流只有 $112 \times 10^8\,m^3$；径流的月变化及枯、丰季节变化也很大，多年平均的各月平均径流，6 月最大，1 月最小，每年 4—9 月为洪季，径流量占全年的 80.7%，10 月至翌年 3 月为枯水季，径流量仅占全年的 19.3%。

韩江河口岸段的波浪运动受台湾海峡和粤东曲折岸线的影响，形成不正规半日潮的潮汐类型，其特点是：每天出现两次高潮和两次低潮，但相邻两次高潮（低潮）的高度不等，涨潮历时和落潮历时也不等。本岸段潮差较小，实测最大潮差 4.08 m（东溪口）；各月平均潮差的多年平均值差别不大，季节变化不显著；由于潮差较小，潮汐作用较弱，故潮水沿江上溯不远。

韩江河口海流可以分为沿岸流和潮流，根据实测的表层流资料，该河口沿岸流除 6 月和 7 月为自西南往东北流外，其余 10 个月均为自东北向西南方向流动。表层沿岸流的流向与海区的盛行风向是基本一致的。冬季沿岸流的流速达 46.3～77.2 cm/s，春季为 30.9～36.0 cm/s。

根据河口附近南澳岛的观测站多年平均波浪要素统计资料表明：常波向为东北，通常为台风引起，平均波高为 1.0～1.1 m，最大波高为 6.5 m，涌浪多于风浪。

（2）珠江

珠江流域位于 21°31′—26°49′N，102°14′—115°53′E，全长 2 214 km，流域面积为 45.37×10⁴ km²，年径流量超过 3 300×10⁸ m³，居全国江河水系的第二位，仅次于长江，是黄河年径流量的 7 倍，淮河的 10 倍。其长度及流域面积均居全国第四位。珠江水系是一个由西江、北江、东江及珠江三角洲诸河汇聚而成的复合水系，并在下游三角洲漫流成网河区，经由分布在广东省境内 6 个市县的虎门、蕉门、洪奇沥、横门、磨刀门、鸡啼门、虎跳门和崖门八大口门流入南海。

珠江水文也具有热带特征，如水量丰富，含沙量少，水质较好，河床稳定，分支众多等，而受潮汐影响大也是特色。

珠江年入海流量为 1.05×10⁴ m³/s。三角洲河网丰足的水量，有利航运和灌溉，且年际变化不大。因西江干流长，支流分布均匀，中上游多为石灰岩区，地下水丰富，补给量多而稳定。北江、东江虽为暴流性山溪，但流量不大，故对珠江河口影响较少。并且由于河面已接近海面（广州验潮站只高于海面 0.35 m、万顷沙西 0.29 m、赤湾为 0 m），故年径流稳定，为雨水型河川中所少见。

径流年内分配却不均匀，4—9 月为汛期，占年径流量 72%～84% 不等。最高值西江在 7 月，其他河在 6 月，因西江水路程远，雨期迟，而北江、东江 4—5 月已为雨季。但年变幅都不大，西江最大和最小年径流之比约为 3 倍，北江 4 倍，东江 6 倍，有利航运。

雨季旱季分明，西南季风突发期即有锋面雷雨，秋多台风雨，故汛期长，由 4—9 月，长达半年，洪涝水患易发生。汛期内有 5 次洪峰，即头造水（3 月大水）、4 月 8（农历）水（小满水）、龙舟水（5 月大水）、七夕水（即慕仙水）和中秋水（白露水）。其中以龙舟水（5 月节前后）为烈，龙舟水是西南季风全面爆发式入侵大陆，在桂南、粤中形成锋面低槽，出现锋面雷雨所致。因锋面雷雨昼夜都可发生，雨期长，雨势大，非 9 月台风雨可比，台风雨只有 3～4 天，范围又窄（300 km 以内），故台风引起的七夕水、中秋水均不如龙舟水汛期。1915 年大水高要站流量为 5.45×10⁴ m³/s，横石为 2.10×10⁴ m³/s，且三江同涨，又受高潮顶托，故成巨灾。

珠江含沙量小，平均值为 0.1～0.3 kg/m³，西江马口站最大也只有 0.32 kg/m³。这是由于西江、北江多流经石灰岩区，溶解质多，悬移泥沙少；加上热带环境植被恢复迅速，水土流失较轻，泥沙带入河中较少所致。近年水土流失加剧，含沙量相应增加。实测含沙量以马口 1968 年的 0.49 kg/m³ 为最大，平均值为 0.27 kg/m³。北江、东江含沙量更小，最大值实测在三水为 0.25 kg/m³，博罗为 0.17 kg/m³。但是由于水量丰富，故年输沙量却不小，使河口滩地不断形成。

河口潮汐为不正规半日潮，为弱潮河口，每天有两次高潮，两次低潮。因各河口的径流与地形不同，潮汐强度也有所差异。其中，西江、北江主要分流河口（蕉门、洪奇沥、横门、鸡啼门、虎跳门）属河流作用为主的河流，潮汐作用较弱，平均潮差为 0.86 ~ 1.36 m；虎门、崖门属潮流作用为主的河口，潮汐作用较强，平均潮差为 1.24 ~ 1.69 m，最大为 2.95 ~ 3.64 m。潮流多为往复流，落潮流速大于涨潮流速，落潮流速为 1 ~ 2 kn（1 kn≈0.51 m/s），涨潮流速 5 ~ 6 kn。波浪以风浪为主，年均波高为 1.12 m。

（3）漠阳江

漠阳江是广东省阳江地区的主要河流，也是汇入南海的主要河流之一，位于 21°29′—22°41′N，111°16′—112°22′E，流域面积 6 091 km²，干流长 199 km。漠阳江年均入海水量 59.1×10⁸ m³，多年平均流量为 187 m³/s，估计年输沙量为 80×10⁴ t。漠阳江河口属于不正规半日潮，平均潮差小于 1.5 m，潮流往复运动，最大流速 1 kn 左右，潮流在夏季大于冬季。

（4）鉴江

鉴江位于 21°15′—22°30′N，110°20′—111°00′E 之间，发源于信宜市里五山，南流经高州、化州、吴阳、梅菉，至吴川黄坡汇入南海。鉴江为树枝状水系，干流长 210 km，流域面积 9 445 km²。

鉴江流域雨量充沛，径流量大，但流量月际和年际变化都很大。全年最大流量与最小流量值相差 500 倍，各月平均流量与该月的极端值相差亦大。由于鉴江受台风影响较大，年内径流有 5 个洪峰，最高峰出现在 8 月，但 9 月洪峰历时最长。鉴江上游森林过伐，水土流失严重，河水含沙量大，河道淤积较重。下游河道浅小，多急弯，河床积沙淤浅，使河床泄洪能力减小，每逢暴雨，常造成严重的洪水灾害。

鉴江年均入海水量为 49.6×10⁸ m³，平均水体含沙量为 380 g/m³，年均入海泥沙量为 197×10⁴ t，河口属于不正规半日潮，平均潮差为 1.24 m，最大潮差为 3.17 m。

1.3 区域气候

1.3.1 气候一般特征

广东沿海地区地处热带和亚热带气候过渡区，是亚洲大陆东南缘南海北部地区海洋与陆地季风环流相互作用较明显的地带，其气候大部分属亚热带季风气候，而雷州半岛则属热带季风气候。北部山区是阻滞来自亚洲大陆高纬地区的偏北向强气流南下的天然屏障；北高南低的地势，使来自热带海洋的夏季气流能逐步向北抬升，为华南沿海带来了丰富的降水。广东沿岸海区雨量充沛，年际变化大，年均降水量在 1 195.7 ~ 2 124.8 mm，雨季多集中在 4—9 月。年降水日数（日降水量≥0.1 mm）在各海区差别较大，其中粤东海区 112.5 ~ 143.6 d、珠江口海区为 99.0 ~ 141.0 d、粤西海区为 131.3 ~ 146.8 d。降水日数主要集中于汛期，约占全年的 67% ~ 73%。广东沿海季风变化明显。冬季受冷高压脊控制，普遍盛行偏北风和东北风；夏季盛行风以偏南风为主，多台风。广东省沿海夏、秋季受热带风暴袭击次数多，热带气旋强度大，居全国之首。台风往往带来狂风暴雨、巨浪和大海潮，形成风灾、洪灾或潮灾，造成巨大的经济损失，因此台风是广东省海岸带主要的灾害性天气之一。

广东沿海主要气候特点可以概括为：①光能充足，日照时间长，年日照时数达 1 730 ~

2 320 h，但早春阴雨寡照；②热量丰富，全年平均气温高，其年平均气温为22.3℃，但冬半年有低温冷害；③雨水充沛，但时空分配不均，夏季多暴雨，冬春常干旱；④海、陆风环流和局地气候显著；⑤风能潜力大，夏秋季多台风，风浪及台风往往对海岸产生强烈的侵蚀作用。

1.3.2　气象要素基本特征及其变化

1.3.2.1　日照

广东省海岸带终年太阳高度角较大，白昼时间长，全年的光照时数多，获得太阳辐射能量丰富，季节分配较均匀，为温暖的气候奠定了物理基础，为太阳能的开发利用提供了良好前景。

（1）太阳辐射

全年太阳总辐射量为4 500～5 400 kJ/m^2，最大的是深圳—惠东—汕尾一带，最小的为湛江西北部，等值线大致为北东—南西走向，与海岸线平行。

太阳总辐射量的年变化趋势呈双峰型。大陆岸带7月最大，约521～590 kJ/m^2；5月次之，约439～555.5 kJ/m^2；最小值出现在2月，约220～332 kJ/m^2。

（2）日照

海岸带年日照总时数和日照百分率在粤东岸段分别为1 942～2 320 h，43%～53%；粤西岸段分别为1 840～2 210 h，42%～49%；珠江口岸段分别为1 730～2 210 h，43%～46%。

夏季（6—8月），日照时数最多，大部分台站都超过600 h，日照百分率47%～65%。粤东岸段570～695 h，珠江口岸段590～645 h，粤西岸段560～685 h。

秋季（9—11月），日照时数大都超过550 h，日照百分率45%～63%。大陆岸带日照时数仅次于夏季，粤东岸段570～670 h，珠江口岸段570～640 h，粤西岸段550～650 h。

冬季（12月至翌年2月），各地日照时数340～565 h，日照百分率34%～55%。粤东岸段430～495 h，珠江口岸段350～420 h，粤西岸段340～500 h。

春季（3—5月），日照南北差异大，各地日照时数330～715 h，日照百分率29%～62%。粤东岸段350～465 h，珠江口岸段330～450 h，粤西岸段360～540 h。

1.3.2.2　气温

广东省海岸带具有气温高、冷期短、无霜期长的特点。

（1）年平均气温

本省海岸带年平均气温等值线与纬线或海岸线平行（珠江口一带向北突出），自北向南弯曲。年平均气温，粤东低，雷州半岛南端最高。

（2）四季气温

在冬季，1月为最冷月，年平均最高气温高于13.0℃，雷州半岛达16.0℃。旬平均气温最低值一般出现于1月上、中旬，是回暖期，回暖早，增温快。4月平均气温，粤东约21.0℃，雷州半岛约24.0℃。夏季，太阳直射地面，辐射强烈，气温为全年最高。7月为最热月，各地温差小，月平均气温27.5℃～29.1℃，南（东方）北（南澳）温差仅1.6℃。夏季，旬平均气温最高值大致出现在6月下旬至7月中旬，西部较早，东部较晚。秋季，北方冷空气南侵，气温下降，10月平均气温大陆岸带约23.0℃～24.0℃。

（3）极端气温

年极端最高气温普遍为39.6℃（潮州，1962年8月1日）。极端最高气温的出现时间，雷州半岛主要在4—6月，大陆岸段在7—8月。年极端最低气温主要出现在1月，有的出现在12月或2月。各岸段的最低气温粤东岸段为－1.9℃（惠阳，1955年1月12日），珠江口岸段为－1.3℃（中山，1955年1月12日），粤西岸段为－1.4℃（阳江，1955年1月12日；遂溪，1967年1月17日）。

（4）积温

广东省海岸带热量丰富，居全国大陆海岸带首位。日平均气温全年稳定通过5℃，日平均气温等于或大于10℃的开始时间（初日），大约在每年的2月上旬，日平均气温等于10℃的终止时间（终日）为翌年1月上、中旬。粤西岸段积温约8 000℃～8 500℃，珠江口岸段约7 700℃～8 100℃，粤东岸段最少，约7 500℃～8 000℃。

1.3.2.3 降水

广东省海岸带雨量充沛，但时空分布不均，年际变化大，暴雨多，强度大。

（1）年降水量

广东省海岸带年降水量分布有如下特点：

①年降水量分布，中部岸带多，两侧岸带少

从粤东的普宁至粤西的阳江，年降水量在1 800 mm以上，而粤东的东端及粤西的雷州半岛只有1 400～1 700 mm。

②沿海山地南坡有几个多雨中心

粤东的莲花山南坡：如海丰县，年雨量达2 380 mm（海丰县的大眼洞及普宁市的利坑超过2 400 mm）。

粤西大云雾山—天露山南坡：如阳江市年雨量达2 250 mm（茂名市的利垌超过2 600 mm，阳江市的红十月农场达2 800 mm）。

珠江口两侧：如斗门、香港等地年雨量也超过2 200 mm。

（2）降水的季节分配

广东省海岸带位于季风区，虽然降水类型多样，但干湿季较明显，这表明深受季风制约。夏季风盛行时为雨季，冬季风控制时为干季，每年雨季的长短、雨量的多少同季风活动的强弱有密切关系，也与台风有关。

以平均月雨量大于100 mm作为雨季，广东大陆海岸带大部分地区雨季在4—9月，雷州半岛为5—10月。由于降水成因不同，往往又将雨季划分为前汛期（4—6月）和后汛期（7—9月或10月）。前者以西风带系统降水为主，5月下旬至6月中旬为雨水集中期（俗称"龙舟水"）；后者以热带天气系统降水为主，8月下旬至9月上旬为雨水集中期。因此，降水的年变程大多数呈双峰型。粤东与珠江口岸段前汛期峰值高，粤西岸段则后汛期峰值高。

（3）降水日数

年降水日数（日降水量≥0.1 mm）各地差异甚大，降水日多少大体与降水量多少相对应，粤东岸段年降水日数为112～148 d（普宁和海丰最多，南澳最少）；珠江口岸段为140～

153 d（斗门最多，深圳最少）；粤西岸段为 121 ~ 158 d（阳江最多，徐闻最少）。降水日数主要集中于汛期，约占全年的 67% ~ 73%。

最长连续降水日数（日降水量≥0.1 mm）为 11 ~ 28 d。粤东岸段多出现于 5—7 月，海丰和惠阳最长为 27 d；珠江口岸段 3—9 月都有可能出现，番禺和顺德最长为 28 d；粤西岸段多出现于 5—6 月，廉江最长为 25 d。

最长连续无降水日数约为 34 ~ 104 d，主要出现于 12 月至翌年 1 月或前后。

（4）降水变率

广东省海岸带降水量年际变化大，历年降水量距平百分率最大为 72% ~ 73%。最多降年为最少降年的 2 ~ 4 倍，平均年降水相对变率约 14% ~ 21%。雨季各月变率较小，旱季各月变率较大。

1.3.2.4　湿度

（1）相对湿度

广东省海岸带较湿润，年平均相对湿度普遍达 80% ~ 82%，少部地区稍低于 80%，雷州半岛南部及东北部达 84% ~ 86%，为广东省岸带湿度最大区域。

相对湿度的变化，一般是春、夏季高于秋、冬季，普遍呈现双峰型。第二个峰值（8、9 月）的高峰期各地较一致，而第一个峰值出现月份却有所不同；粤西岸段多在 3、4 月，珠江口和粤东岸段多在 5、6 月，有自南（西）向北（东）逐渐延后的特点。月平均相对湿度普遍以 11 月最小，高值月比低值月的相对湿度大约 10%。

（2）水汽压

年平均水汽压自北向南增大，为 2.13 ~ 2.63 kPa，最低是南澳。1 月最小，为 1.10 ~ 1.85 kPa；月最高值大陆岸带多出现于 7 月，为 3.13 ~ 3.26 kPa，其余出现在 6 月，为 2.97 ~ 3.24 kPa。

1.3.2.5　风

（1）平均风速

广东省海岸带年平均风速大多数在 2.1 ~ 3.5 m/s，上川岛最大为 4.6 m/s；东莞最小，为 1.9 m/s。雷州半岛和大陆岸带的沿海风速比较大，风速等值线与海岸线基本平行，风速从沿海向内陆减少。在大陆岸线附近区域有一沿海岸的狭长的风速急剧变化带。广东省海岸带年平均有效风能功率密度为 50 ~ 150 W/m²，全年有效风速时数达 2 000 ~ 3 000 h，属风能可利用区。

冬半年平均风速大于夏半年。粤西的平均风速最大，粤东次之，珠江口最小。最大月平均风速，粤东和珠江口出现在 10—11 月或 1 月，粤西出现在 3—5 月。最小月平均风速全省岸带大体上都出现在 8 月。

（2）风向的季节演变

广东省海岸带的盛行风向随着大气环流和天气系统的季节性演变而变化。

秋、冬季基本盛行东北季风，冬季（1 月）东北季风主要沿台湾海峡、珠江流域的河谷和粤桂交界地带到达广东省岸带。粤东盛行东至北东风，珠江口盛行偏北风，粤西东部盛行东北风，中部盛行偏北风，雷州半岛盛行偏东风。

　　春末至夏季盛行西南和东南季风，5—8月风向较稳定。夏季（7月）各岸段风向，粤东以西南风为主，珠江口为偏南风，粤西为东南风。

　　冬、夏季风的更替，9月除粤西还出现偏东风外，其余都先后转为东北风，东北季风开始建立。从东北季风到西南和东南季风的演变过程较复杂，大陆岸带在3—4月出现了过渡季节风系，此时主要的盛行风向为偏东风。东北季风的撤退，西南和东南季风的建立基本上是自南西向北东扩展的。5月粤东转为偏南风，这时夏季风完全建立。

　　（3）风的日变化

　　风的日变化有地面风、山谷风和海陆风，其中以海陆风为主。在天气稳定的情况下，海陆风交替明显。海风上午9时左右开始，到15~17时达到最大值，以后开始减弱，22时转为陆风，后半夜至凌晨达到最大值。从汕尾和阳江的记录看，海风出现频数10月最多，7月最少，粤东多于粤西。

　　（4）大风日数

　　年平均大风（≥8级）日数为2~9 d的测站占调查区总测站的86%，超过10 d的有南澳（91 d）、上川岛（54 d）、斗门（17 d）、汕头（12 d）。从各月大风日数可以看到，一般以台风季节出现大风的机会较多。

　　（5）基本风压

　　广东省沿海风压大于内地，等值线与海岸线大致平行，近海50 km范围内风压值向海洋方向增加，沿海地区普遍为70~80 kg/m²，上川岛最大，达100 kg/m²；珠江口沿岸风压最大，达80~100 kg/m²。

第 2 章　海洋环境

　　广东省沿岸海域属南亚热带和热带海洋性气候，季风变化明显，光能充足，日照时间长。沿岸海区雨量充沛，年际变化较大，年均降水量在 1 195.7 ~ 2 124.8 mm。年平均风速多在 2.5 ~ 8.3 m/s，粤东海域风速较大。广东沿海是我国受热带气旋影响最大的海区，自 1949—2000 年统计，登陆广东的热带气旋为 203 个，占全国总数的 38%。广东省沿岸海域，全年水温的分布呈东低西高的变化趋势，但南北水温差异随季节变化也比较大。盐度的分布变化，主要受大陆径流和外海高盐水团的制约，它们的消长决定了盐度的区域分布和年变化。透明度具有明显的季节变化和地理差异。沿岸或湾顶透明度小，远岸或水深较大的海域透明度较大。最大潮差分布以珠江口为界，以东海域由东向西呈逐渐变小的分布趋势，以西海域呈高低高的马鞍形变化特征。海流主要受季风控制，夏季盛行东北向漂流，冬季盛行西南向漂流。海岛周围的海水流动主要受风场和海水密度场制约，同时也受外海环流及大陆地形的影响。波高分布的总趋势是由东往西逐渐变小，即粤东沿岸海区和珠江口海区的年平均波高（1.0 m 以上）大于粤西沿岸海区（1.0 m 以下）。

2.1　近岸海域地形与地貌

2.1.1　海岸带地形与地貌

　　广东受地壳运动、岩性、褶皱和断裂构造以及外力作用的综合影响，地貌类型复杂多样，有山地、丘陵、台地和平原。地势总体北高南低，北部多为山地和高丘陵，南部则为平原和台地。广东省海岸带的地貌类型基本可划分为山地丘陵、台地阶地和平原 3 类，沿海地区多为第四纪沉积层，因此地形地貌以台地和平原为主。海岸带的山地丘陵主要分布于粤东的柘林湾和珠江口东西两侧，由花岗岩、变质岩或沉积岩构成。丘陵形态受岩性影响较大，由花岗岩形成的丘陵，一般呈浑圆状，风化壳发育较厚，丘顶和丘坡常见石蛋，冲沟发育；由沉积岩或变质岩或火山岩形成的丘陵，脊尖坡陡，通常基岩裸露，风化壳较薄，为碎屑残积层。广东沿海台地和阶地分布相当普遍，其高程一般在 80 m 以下，自山地丘陵边缘逐渐向河谷或海滨降低。其中，侵蚀—剥蚀台地由不同时代的花岗岩、变质岩或沉积岩构成，粤西由湛江组和北海组地层形成的堆积台地分布普遍，高程一般为 25 ~ 80 m，台地面宽广，略有起伏，其边缘受流水侵蚀，形成冲沟或崩岗。阶地有多种成因，洪积阶地分布于山丘前缘，由砂砾组成；冲积阶地分布于入海河谷两侧，由砂砾黏土层组成；海蚀和海积阶地分布于海滨山丘边缘，前者由基岩构成，后者由砂砾或黏土层构成。广东沿海的平原分布于各入海河流的下游和海滨。全省较大的入海河流自东向西主要有韩江、螺河、珠江、漠阳江、鉴江等，这些河流在河口区形成三角洲平原和冲积－海积平原，向上游过渡为冲积平原。

根据海岸地貌类型组合特征和形态成因的相似性，广东海岸可以划分为 5 种类型，分别是山丘溺谷海岸、台地溺谷海岸、沙坝潟湖海岸、平原海岸及生物海岸（图 2.1）。

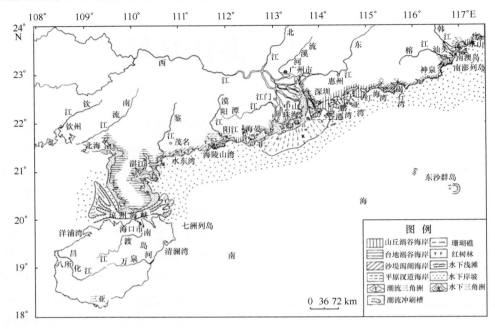

图 2.1　广东近岸海域地形地貌（王文介等，2007）

2.1.1.1　山丘溺谷海岸

此类海岸的特征是山地丘陵直接临海，岸线曲折多湾，沿岸岛屿错落，岸缘水深坡陡。主要分布在珠江口的东、西两侧（红海湾到珠江口、珠江口到海陵山湾），此外，粤东的柘林湾也属于山丘溺谷海岸。在此类型海岸的分布区，半岛（或岬角）与溺谷湾错综分布，在某些近岸水域形成"大湾套小湾"的形势。

珠江口东侧的大亚湾、大鹏湾及香港一带海岸是广东省著名的山丘深水岸段。海湾水深长期稳定，一般深度在 5 ～ 20 m。大亚湾和大鹏湾底质为深灰色粉砂淤泥。香港、九龙一带岛屿众多、水道纵横，溺谷潮汐水道水流急速，底质多为粗砂或基岩，形成相互沟通的深水槽。

珠江口西侧至海陵山湾亦为山丘溺谷海岸，但由于珠江口近岸流向南西行，促使磨刀门入海泥沙常年向南西输送至此段海岸沉积，形成广海湾、镇海湾一带宽广的粉砂黏土质平原。山体目前已离海滨较远，某些岛屿也与大陆相连，失去了原有的山丘溺谷海岸面貌。

2.1.1.2　台地溺谷海岸

台地溺谷海岸主要分布在雷州半岛，海湾由许多巨型构造侵蚀谷地组成，形状如树枝，如湛江湾和流沙湾。此类海岸地势低平，岸线曲折，溺谷亦呈"大湾套小湾"形态，潮汐水道一般狭长。但湛江湾由于潮差大，纳潮量也较大，潮流动力强劲，其潮汐水道发育良好，各溺谷湾内普遍出现水深 5 m 或 10 m 甚至 30 m 以上的深槽。溺谷湾多数有向海突出的扇状拦门沙堆积体，航道中间水深 3 ～ 6 m。此类溺谷湾由于陆域或岸带泥沙来源不多，水下地形长期相对较稳定。

除雷州半岛东岸外，其他岸段均比较隐蔽。由于波浪作用较弱，少受台风强浪影响，沿岸漂沙活动不剧烈，海积地貌不甚发育。又由于基岩岬角发育，潮间带有巨砾堆积，对岸线有保护作用，目前未发现大规模的侵蚀现象，岸线处于相对平衡状态。

2.1.1.3 沙坝潟湖海岸

粤东榕江口至红海湾、粤西海陵山湾至鉴江口的海岸均属于沙坝潟湖海岸。这类海岸一般离山地较远，沿岸多为残丘台地。海岸的磨蚀形态和堆积形态交替分布，残丘或阶地的岬角向海突出，海湾内凹，由于拦湾沙坝发育，形成众多潟湖，如粤东的靖海、神泉、甲子、碣石、汕尾港，粤西的博贺、水东港。

此类海岸的连岛沙堤或拦湾沙坝形成时间较早，在海平面趋于稳定后，经外力特别是波浪搬运分选沿岸泥沙而成。目前大部分砂质堆积体相对稳定或稍受侵蚀。河流带来的泥沙一般堆积在潟湖湾顶部，导致潟湖缩小，纳潮量也随之减小。

2.1.1.4 平原海岸

大部分为海拔 0～5 m 的洪积－冲积、冲积、冲积－海积和海积等多种成因的平原，小部分为相对高度为 2～30 m 不等的坡积裙或冲积扇，面积大小不一，以大河三角洲平原为最大，因此平原海岸也主要是三角洲平原海岸，如珠江、韩江、漠阳江等河流形成的三角洲平原海岸。平原松散层厚度通常为几至数十米，组成物质表层多为砂砾和粉砂淤泥，底层多为砾石或砂砾。沿海平原沉积层中往往有 1～3 个不同时期的海进层，还有埋藏阶地、埋藏红色风化壳（或花斑黏土）（赵焕庭，1990）。地面平坦，坡度很小或几乎没有。由于三角洲多发于溺谷湾内，故河汊纵横，海岸线比较曲折，岸线外河口湾水域宽广，沿岸多岛屿。

2.1.1.5 生物海岸

广东的生物海岸包括珊瑚礁海岸、红树林海岸和海草海岸，其中珊瑚礁海岸和红树林海岸是我国热带和南亚热带地区的特殊生物海岸类型。广东的珊瑚礁海岸面积较小，分布较为零星，主要分布在雷州半岛西南端、惠阳澳头、大亚湾等地。受波浪的冲击和破坏，珊瑚碎屑常堆积于岸边形成珊瑚堤或珊瑚砂砾堤和珊瑚堆积等地形。红树林主要生长在风浪比较平静、富含有机质、地形平缓的海岸。红树林在现代海岸发育中具有保护海岸、加速沉积的作用，有利于滩涂的综合利用。海草生态系统是遍及世界大陆架水域海洋栖息地的重要组成部分。海草分布在较高的潮间带和较矮的潮下带柔软底部区域，如沙湾、泥滩、潟湖和河口区，并形成广泛的单种和多种草场。因此，海草海岸的分布也较为零星，广东海草海岸主要分布在柘林湾、汕尾白沙湖、唐家湾、上川岛、下川岛等。

2.1.2 近岸海域地形与地貌

广东省近岸海域位于南海北部大陆架上，属大陆被动边缘，因此海底地形较为平坦，平均坡度为 0.1% 左右，其基本轮廓呈 NEE 向带状分布，等深线与岸线展布方向大致平行。以珠江口为界，东西两部分海域地形坡度略有差别，珠江口及其以西海域地形稍缓，平均坡度小于 0.12%，珠江口以东海域地形稍陡，平均坡度大于 0.12%（刘忠臣，2005）。自水下岸坡以外至水深 50 m 的平原带无隆起或洼地等地形起伏的单元发育，50 m 水深以外海域整体上自西北向东南方向缓缓倾斜变深。受入海河流和波浪等作用，广东近岸海域发育有各种堆积和侵蚀地貌，主要有水下阶地、水下三角洲及水下古河谷。

2.1.2.1　水下阶地

南海北部大陆架上有 5 级水下阶地，阶地面平坦，其分布深度分别为 15～20 m，30～45 m，50～70 m，80～95 m 和 110～120 m。但除 80～95 m 深度的阶地较宽广外，其余阶地一般不连续分布，呈间断地散布在大陆架上，如东沙群岛以北及珠江口以西的粤西岸外大陆架。因此，在任何垂直海岸线的横剖面上，不可能同时看到这 5 级阶地面。一级水下阶地主要见于粤东韩江口外、大亚湾外至大鹏湾外、珠江口外等地，阶地长约 30～60 km，宽 15～20 km。二级水下阶地主要分布于两处，其一为韩江口现代水下三角洲外缘水深 30～45 m 处，呈 NE—SW 方向展布，长约 120 km，宽约 60 km；其二见于川山群岛海区，亦为 NE—SW 方向延伸，长 100 km，宽约 50 km。三级水下阶地仅见于粤西阳江—电白岸外水深 50～70 m 处。四级阶地位于珠江口外及其西南海区水深 80～95 m 处，地形极为平坦，呈 NE—SW 向延伸达 150 km，宽 50～60 km。五级阶地位于珠江口外大陆架边缘水深 110～120 m 处，长 70～80 km，宽约 40 km（赵焕庭等，1999）。

2.1.2.2　水下三角洲

水下三角洲可分为水下河成三角洲和水下潮成三角洲。华南沿海各河流之河口区均发育有水下三角洲，大河河口现代水下三角洲多重叠在水下古三角洲之上。广东近岸海域较大型的水下三角洲有珠江口水下三角洲和韩江口水下三角洲，珠江口水下三角洲规模最大，东起红海湾外大陆架东南缘，西至川山群岛以南的大陆架前沿，宽约 340 km。现代水下三角洲发育在内大陆架范围内，古代水下三角洲则发育在外大陆架上。韩江口外实际上为韩江、榕江和练江汇聚的水下三角洲，其东界至南澳岛，西界至神泉港。

水下潮成三角洲相对较少，比较典型的潮流三角洲分布于琼州海峡东、西两端。在海峡两端 20～50 m 水深之浅水区，由于出峡潮流扩散及堆积作用，多个浅滩与沙洲及其间多道放射状的沟槽密布，形成两个顶部分别在海峡东、西两端的扇形指状的潮流三角洲。东端三角洲从顶部至边缘长约 40 km，见多道沟槽，这些沟槽构成 4 条水道，分别为外罗门水道、北水道、中水道和南水道。外罗门水道和南水道较浅，水深超过 20 m，中、北水道较深，为 30～40 m，水道间分布有较多的浅滩，浅滩处水深仅几米。三角洲上物质较粗，多为砂和砾，边缘可见泥等细粒沉积物。西端三角洲略长，约 50 km，亦有 4 道水深 20～30 m 的沟槽水道向北部湾呈放射状伸展，沟槽间浅滩水深 8～10 m。西端三角洲沉积物较东端三角洲细，这是因其水动力比东端三角洲弱的缘故。也正是基于此原因，其面积较东端三角洲大。

2.1.2.3　水下古河谷

内大陆架范围之内的古河谷已被后期沉积物掩埋，使用地球物理方法，发现在香港东南岸外广泛发育有晚第四纪的埋藏古河谷，呈不对称"U"型下凹形态，埋藏沉积厚度 3～5 m 至 30～40 m。在珠江口外的外大陆架则从测深图上可见到两条较明显的古河谷，其一位于担杆岛外，从 −50 m 处开始向 SSE 方向延伸，至大陆坡与海谷相连，长 138 km；另一条古河谷位于崖门水道之外，从 − 45 m 处开始向南延伸，长约 150 km。这些古河谷与现代珠江均无直接联系。

除上述 3 类主要的水下地貌单元外，广东沿海还见有水下浅滩、水下深槽等面积较小、分布较零星的地貌单元。水下浅滩是大潮低潮线以下的地貌，是潮间带向下延伸的部分，其坡度较潮间带平缓，组成物质多为砂。水下深槽是各潮汐通道和河口区潮流或径流冲刷的深槽，水深多在 5 m 以上，最深者可超过 30 m，在榕江口、珠江口、海陵山湾、湛江湾都有这种深槽存在。

2.1.3　海岛地形地貌

海岛是指四面环海并在高潮时高于水面的自然形成的陆地区域，包括有居民海岛和无居民海岛。某些海岛虽然有桥、堤与大陆相连，但仍归入海岛。广东海岛基本上是分布于离岸超过 30 n mile 的近岸岛，在沿海 30 多个县、市辖区内有海岛 1 350 个，其中有居民海岛 46 个，面积大于 500 m² 的海岛 734 个（不含 49 个干出沙）。自东向西划分的主要的岛群有南澎列岛、勒门列岛、东沙群岛、港口列岛、中央列岛、辣甲列岛、沱泞列岛、担杆列岛、佳蓬列岛、三门列岛、隘洲列岛、蜘洲列岛、万山列岛、高栏列岛、九洲列岛、南鹏列岛、川山群岛等。海岛周围海域的深度与海岸线向外水深逐渐增深的分布趋势一致，近岸海岛周围海域水浅，给海岛连陆提供了条件，向海一方的海岛往往水深增大，同时位于河口、港湾的海岛周围海域水浅，外海的海岛周围海域水深较大。

根据海岛成因，可划分为基岩岛、基岩平原岛、沙洲岛、火山岛、珊瑚岛 5 类。广东海岛除东沙群岛是发育在大陆坡台阶上的珊瑚岛屿外，其他均是分布在大陆架内侧的基岩岛和堆积岛或多成因组合的海岛。基岩岛屿的分布受 NE、EW 和 NW 向三组断裂制约，岩性与邻近大陆岩性一致，由花岗岩组成为主，火山岩、变质岩及沉积岩组成次之，岛上岗丘起伏，岛的四周多基岩海岸或垒石岸，礁岩砾石发育。基岩平原岛由基岩山丘和堆积平原组合而成，地势反差较大。沙洲岛由河流和潮流输沙于河口或海湾淤积，并经长期沉积而成的堆积岛，地势平坦，以沙或沙泥质为主。火山岛是由火山喷出物质堆积而成，多成盾状，岛周具有一定的坡度。珊瑚岛是由珊瑚为主的生物碎屑，在长期风浪作用下堆积和固结于海峰、海山或海底平顶山的顶部而成。广东岛屿地形陡峭、平原小，高程一般为 200 ~ 600 m，地貌上为低山（高程 > 400 m）或丘陵（高程 < 400 m）。根据海岛主体地貌类型属性，即海岛陆地地貌中以何种地貌类型为主，将海岛划分为低山海岛、丘陵海岛、台地（阶地）海岛和堆积海岛 4 种类型。

2.1.3.1　低山海岛

广东低山海岛仅分布于南澳岛和下川岛，其高程在 500 ~ 1 000 m 之间，由花岗岩和火成岩构成。岛上山丘峰峦耸立，流水切割强烈，山麓沟谷遍布，基岩裸露，山坡多有"石蛋"堆叠，山坡陡峭，岸边以陡坡直接入海。

2.1.3.2　丘陵海岛

丘陵海岛占广东海岛绝大多数，从饶平县近岸往西至茂名电白县近岸，海岛以基岩丘陵海岛为特色。基岩大部分为燕山期花岗岩，少量为加里东期花岗岩，大亚湾海岛中有中生代火山岩，还有少量海岛的基岩为古生代沉积变质岩或中生代红岩。丘陵海岛内有沟谷发育，高丘陵的丘坡较陡，低丘陵丘坡较缓。海岛水边线附近往往为基岩裸露的岩滩或发育有海崖、浪蚀穴或浪蚀平台，也有发育塌积岩堆。个别基岩丘陵沿断裂线发育了溺谷港湾，如白沥岛的狮澳湾和东澳岛的东澳湾。

高丘陵海岛是广东沿海岛屿的主体，多属大、中型海岛，高程在 200 ~ 500 m 之间，主要分布在珠江口海区，以横琴岛面积最大，面积可达 55 km²，其最高峰为 458 m；其次为粤西海区，特别是海陵岛，由七座海岛相连，面积达 105 km²，岸线长 76 km，中部最高的草王山高程 385 m。低丘陵海岛高程在海拔 200 m 以下，属中、小型岛屿，面积大多数在 1 km² 以下，多由花岗岩构成。主要分布在粤东海区，以西澳岛最大，面积为 2 km²，高程 97 m，由燕山期花岗岩构成；其次为珠江口海区，其中以东澳岛为最大，面积 5 km²，岸线长 14 km，主峰顶高 169 m。

2.1.3.3 台地（阶地）海岛

台地（阶地）包括洪积台地（如南澳岛中部）、早第四纪沉积物（湛江组与北海组地层）组成的台地（湛江港附近的海岛）及火山熔岩台地（如硇洲岛）。早第四纪沉积物（湛江组和北海组）组成的台地海岛主要分布在粤西湛江沿岸，如东海岛、东头山岛、特呈岛和南三岛，这些海岛地面平坦，海岛边缘发育了侵蚀沟谷，近代的人类活动（挖泥打砖）促进了台地面的流水侵蚀。如东海岛青兰村南侧，地面高程超过几米至 60 m，其上部为北海组，下部为湛江组，台地面冲沟发育，水土流失严重。这类台地的形成，是由于晚更新世末冰期低海面时，曾被侵蚀分隔为台地，冰后期海平面上升后成为台状海岛。硇洲岛是广东唯一的火山岛，是由火山熔岩流覆盖而成的盾状熔岩台地。

2.1.3.4 堆积海岛

堆积海岛主要有雷州市的东寮岛和徐闻县的后海岛、东松岛、六极岛，还有位于琼州海峡东段北侧的罗斗沙，罗斗沙是在潮汐三角洲基础上发育形成的沙岛。

2.2 海洋沉积物

海洋沉积物是指各种海洋沉积作用所形成的海底沉积物的总称，以海水为介质沉积在海底的物质。广东沿海沉积物的物质来源主要分 4 种：一是河流如韩江、珠江、漠阳江等河流供沙，入海河流平均每年悬移质输沙量约为 1×10^8 t，推移质输沙量约 $1\,000 \times 10^4$ t，溶解质输移量约 $3\,500 \times 10^4$ t，它们为海岸带地形的发育提供了重要的物质来源；二是陆架供沙，如南澳岛东海域；三是海岸侵蚀供沙，尤其是雷州半岛的湛江组地层比较松散，易受侵蚀，能为沿海提供较多的泥沙来源；四是珊瑚礁遭受破坏或其他贝壳类生物死亡后的贝壳碎屑提供，如珠江口外以及南澳岛西北海域，样品中的生物碎屑可占 20% ~ 40%，甚至富集成层。河流输沙是广东沿海沉积物的主要来源，这些河流输沙对海岸、海岛产生影响，从而也影响到对海岸、海岛的利用、开发和保护。

潮间带位于大潮的高、低潮位之间，随潮汐涨落而被淹没和露出，是海洋与陆地相互作用最强烈的地带，它具有持续的水沙动力条件和复杂多变的物理化学条件。因此，在潮间带形成的沉积物具有一定的特殊性，其粒度、成分等特征都较为复杂，与附近海底沉积物也存在较大差异，下面就广东省潮间带沉积物和近岸海域沉积物分别进行论述。

2.2.1　潮间带沉积物基本特征

2.2.1.1　粒度特征

根据广东省"908 专项"的海岸带底质调查，对 400 个潮间带表层沉积物样品的粒度测试结果显示，广东省潮间带的沉积物类型主要有砾石、砂、粉砂及黏土四大类，其中以砂为最多，其次是粉砂，砾石含量相对较低。

1）粤东

粤东岸段潮间带沉积物平均粒径（Mz）在 $-0.19 \sim 7.46\phi$ ［$\phi = -\log_2 D$，D 为粒径（mm）］之间，平均为 2.98ϕ，大多数测站平均粒径为 $1 \sim 4\phi$，占 71.87%。平均粒径低值区主要分布于水动力较强的开阔滨岸区或海湾两侧岬角，高值区主要分布于柘林湾西侧、汕头港内、红海湾湾顶等。粤东岸段平均粒径高潮带平均为 2.66ϕ，中潮带为 3.00ϕ，低潮带为 3.25ϕ，具有由陆向海沉积物颗粒由粗变细的沉积特点。沉积物分选系数介于 $0.63 \sim 3.73$ 之间，平均为 1.74，其中最小值分布在海门湾，最大值分布在碣石湾西侧。沉积物偏态值在 $-2.33 \sim 2.97$ 之间，平均 1.54，为正偏态。

沉积物中的砾石含量为 $0 \sim 56.00\%$，平均为 4.13%，其中低潮带平均含量为 4.94%，中潮带为 3.33%，高潮带为 4.09%；沉积物中砂含量为 $0.82\% \sim 99.91\%$，平均为 74.75%，其中低潮带为 68.56%，中潮带为 76.21%，高潮带为 80.05%；沉积物中粉砂含量为 $0.07\% \sim 72.73\%$，平均为 15.60%，其中低潮带为 19.05%，中潮带为 15.38%，高潮带为 12.00%；沉积物中黏土含量为 $0.02\% \sim 34.15\%$，平均为 5.52%，其中低潮带为 7.45%，中潮带 5.07%，高潮带为 3.86%。按谢帕德三角图的分类和命名法，粤东潮间带沉积物类型共有 15 种：砂、粉砂质砂、砾质泥质砂、砾质砂、含砾泥质砂、含砾砂、粉砂、砂质粉砂、泥、泥质砂、泥质砂质砾、含砾泥、砂质泥、砾质泥、砂质砾。其中，砂为主要的沉积物类型，沿粤东海岸线呈条带状广泛分布；粉砂质砂也沿海岸呈条带状分布；砂质粉砂在粤东岸段分布相对较少；粉砂只有零星分布；砾质砂、砾质泥质砂、含砾泥质砂及含砾砂均零散分布在一些开阔海湾或岬角。

2）珠江口

珠江口岸段潮间带沉积物平均粒径（Mz）在 $-0.76 \sim 7.70\phi$ 之间，平均为 3.69ϕ，主要粒级为 $1 \sim 2\phi$，占 24.04%。沉积物各粒径测站分布比较均匀，$-1 \sim 1\phi$ 的低值区主要分布在大亚湾、深圳湾、黄茅海及磨刀门一带，为粗颗粒沉积区，$7 \sim 8\phi$ 的高值区主要分布于伶仃洋东部、中部和黄茅海西南部，为大面积的粉砂黏土沉积区。珠江口岸段平均粒径高潮带平均为 3.06ϕ，中潮带为 3.38ϕ，低潮带为 4.58ϕ，具有由陆向海沉积物颗粒由粗变细的沉积特点。珠江口受径流、潮流、近岸流和波浪作用，沉积物的运移和分异过程相当复杂。根据调查结果，珠江口潮间带沉积物分选系数在 $0.54 \sim 4.04$ 之间，平均为 1.95，最小值出现在大鹏湾顶，分选好，最大值出现在深圳湾顶，分选极差。沉积物偏态值在 -3.31 ~ 3.58 之间，平均为 0.92，大多数站位大于 0，即为正偏态。

沉积物中的砾石含量为 0 ~ 75.00%，平均为 11.14%，其中低潮带为 9.18%，中潮带为 15.07%，高潮带 9.04%；沉积物中砂含量为 1.16% ~ 100%，平均为 43.80%，其中低潮带为 32.09%，中潮带为 41.79%，高潮带为 58.33%；沉积物粉砂含量为 0 ~ 72.47%，平均为 31.30%，其中低潮带为 41.32%，中潮带为 29.67%，高潮带为 22.33%；沉积物中黏土含量为 0 ~ 40.06%，平均为 5.52%，其中低潮带为 17.41%，中潮带为 13.46%，高潮带为 10.18%。按谢波德三角图的分类和命名法，珠江口潮间带沉积物类型共有 15 种：粉砂、砂质粉砂、砾质砂、砂质砾、砾质泥质砂、砂、泥、粉砂质砂、砾质泥、泥质砂质砾、砂质泥、含砾砂、含砾泥质砂、含砾泥、泥质砾。其中，粉砂为主要的沉积物类型，分布于内伶仃岛以内岸段；砂和粉砂质砂在珠江口分布相对较少；砂质粉砂在珠江口西侧沿岸呈小片状分布；砾质砂分布于黄茅海、大鹏湾等岸段；砾质泥质砂分布在大亚湾和大鹏湾等岸段；含砾泥质砂及含砾砂零星分布于大亚湾岸段。

3）粤西

粤西岸段潮间带沉积物平均粒径（Mz）在 -0.74 ~ 7.70ϕ 之间，平均为 3.21ϕ，主要粒级为 2 ~ 4ϕ，占 61.10%。 -1 ~ 1ϕ 的低值区主要分布于广海湾两侧岬角、雷州半岛西岸，1 ~ 3ϕ 区广泛分布在粤西各海湾、雷州半岛东南和西侧岸段，6 ~ 8ϕ 的高值区主要分布于广海湾、镇海湾、海陵湾等海湾湾顶、东海岛西雷州湾、雷州半岛西岸的安铺港西出口一带，为较大面积的粉砂黏土沉积区。粤西岸段平均粒径高潮带平均为 2.84ϕ，中潮带为 2.99ϕ，低潮带为 3.62ϕ，具有由陆向海沉积物颗粒由粗变细的沉积特点。粤西岸段沉积物分选系数在 0.43 ~ 3.90 之间，平均为 1.64，分选系数最小值分布于雷州半岛西岸，最大值分布于镇海湾东侧岬角。沉积物偏态值在 -2.98 ~ 3.58 之间，平均为 1.08，大多数测站偏态值为 1 ~ 3.5，属正偏态。偏态值最低值出现在雷州半岛西岸北潭，最大值出现在镇海湾东侧岬角。

沉积物中砾石含量为 0 ~ 65.35%，平均为 3.75%，其中低潮带为 2.89%，中潮带为 4.56%，高潮带为 3.69%；沉积物中砂含量为 0.31% ~ 100%，平均为 71.67%，其中低潮带为 56.59%，中潮带为 72.87%，高潮带为 58.33%；沉积物中粉砂含量为 0 ~ 70.32%，平均为 17.56%，其中低潮带为 22.46%，中潮带为 16.08%，高潮带为 13.31%；沉积物中黏土含量为 0 ~ 40.43%，平均为 7.05%，其中低潮带为 12.20%；中潮带为 6.49%，高潮带为 5.32%。按谢泊德三角图的分类和命名法，珠江口潮间带沉积物类型共有 16 种：砂、粉砂质砂、砂质粉砂、砾质砂、含砾泥质砂、粉砂、砾质泥质砂、泥、砂质砾、泥质砂质砾、泥砂、含砾泥、泥质砾、砾质泥、砂质泥、含砾砂。其中，砂为主要的沉积物类型，在粤西沿岸呈条带状广泛分布；其次是粉砂质砂，也呈条带状分布；砂质粉砂主要分布在雷州半岛东西两岸；粉砂、砾质砂、砾质泥质砂、含砾泥质砂等有零星分布。

2.2.1.2 矿物特征

根据广东省"908 专项"海岸带调查中对潮间带 14 个站位（2 个表层样品和 12 个柱状样品）111 个样品的矿物分析，共出现 43 种碎屑矿物。按密度 2.89 g/cm³ 为界，可区分 32 种重矿物、8 种轻矿物以及两者都含有的白云母、岩屑和风化碎屑。柱状样碎屑矿物百分含量的最大值、最小值、平均值以及出现频率见表 2.1。

表 2.1　各矿物占轻重矿物百分含量的最大值、最小值、平均值及出现频率统计

类型	矿物名称	最大值/%	最小值/%	平均值/%	样品出现频率
主要（屡见）	石英	98.67	7.67	58.99	100
	风化碎屑（重）	31.19	0.62	13.06	100
	斜长石	36.00	0.67	12.30	100
	褐铁矿	64.02	0.30	15.81	99.10
	普通角闪石	50.77	0.29	6.26	96.40
	岩屑（重）	13.04	0.30	3.19	96.40
	绿帘石	30.36	0.31	4.21	95.50
	钛铁矿	45.85	0.29	14.86	90.99
	风化碎屑（轻）	65.00	0.33	9.55	88.29
	锆石	57.50	0.28	8.44	88.29
	钾长石	26.33	0.33	2.56	83.78
	风化云母	39.00	0.33	6.73	80.18
次要（常见）	电气石	33.06	0.28	5.29	77.48
	自生黄铁矿	95.63	0.28	9.47	76.58
	白云母（轻）	10.67	0.33	1.54	75.68
	透闪石	11.25	0.28	1.61	73.87
	榍石	4.79	0.28	0.72	73.87
	生物碎屑	34.33	0.33	5.01	70.27
	磁铁矿	21.43	0.28	2.33	68.47
	白钛石	24.13	0.28	3.12	65.77
	黑云母	30.09	0.29	4.34	63.96
	水黑云母	22.19	0.28	1.73	62.16
	绿泥石	16.33	0.33	1.78	58.56
	磷钇矿	8.57	0.28	1.02	53.15
	赤铁矿	12.21	0.28	1.35	47.75
	锐钛矿	7.41	0.30	0.65	47.75
	黝帘石	5.67	0.28	0.48	47.75
	石榴子石	3.33	0.29	0.30	45.05
	白云母（重）	4.21	0.28	0.38	44.14
	透辉石	1.92	0.29	0.29	38.74
	紫苏辉石	3.06	0.29	0.29	31.53
	磷灰石	8.41	0.28	0.24	31.53
	岩屑（轻）	2.67	0.33	0.18	30.63
	白云石	4.00	0.24	0.21	29.73

续表 2.1

类型	矿物名称	最大值/%	最小值/%	平均值/%	样品出现频率
少量 （偶见）	方解石	16.33	0.33	1.24	17.12
	普通辉石	2.22	0.29	0.12	17.12
	阳起石	0.63	0.28	0.06	14.41
	海绿石（轻）	3.00	0.33	0.13	13.51
	胶磷矿	1.53	0.30	0.07	9.91
	金红石	1.12	0.30	0.05	9.91
	绿泥石	0.67	0.30	0.04	9.91
	海绿石（重）	0.67	0.31	0.01	2.70
	菱镁矿	0.33	0.31	0.01	1.80
	红柱石	0.33	0.33	0	0.90
	十字石	0.33	0.33	0	0.90
	矽线石	0.29	0.29	0	0.90

广东潮间带沉积物中的重矿物含量普遍较低，平均重量百分比为 1.06% 左右，各矿物含量不均衡。重矿物中含量较高的有风化碎屑、褐铁矿、钛铁矿、锆石、电气石、自生黄铁矿；其次为普通角闪石、岩屑、绿帘石、云母类片状矿物和含铁类矿物，出现频率 50% 以上，含量却在 1%~2% 之间；辉石类矿物、石榴子石、黝帘石等出现频率和含量都比较低；阳起石、胶磷矿、金红石偶见出现，但含量极低；红柱石、矽线石、十字石和菱镁矿则在几个样品中有出现，且含量极低（图 2.2）。

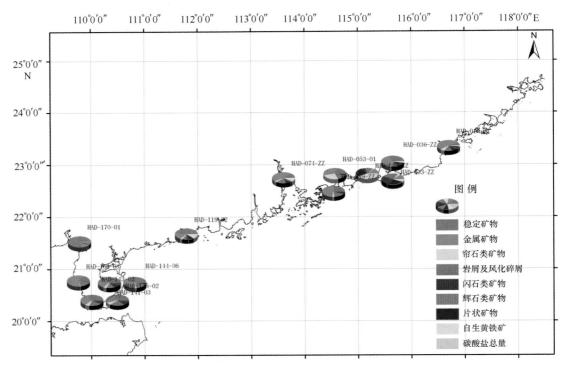

图 2.2　各站位重矿物含量情况

鉴定出的轻矿物有石英、长石（包括斜长石和钾长石）、白云母、风化云母、方解石、海绿石、绿泥石、生物碎屑、岩屑等。其中，石英含量最高，平均含量达 58.99%；其次为斜长石，其余成分含量都低于 10%；钾长石和风化云母出现频率较高，但含量低；岩屑和白云石含量和出现频率都较低；方解石、海绿石和绿泥石偶尔出现，含量极低，如绿泥石含量仅为 0.04%。

总体上，样品的碎屑矿物中，轻矿物占 99%，其中以石英、长石为主，风化云母次之。矿物的组合特征与矿物的物源、搬运、沉积环境密切相关，由于样品全来自于潮间带，故潮汐、波浪等水动力条件强，导致样品经过长时间筛选，黏土成分较少。此外，因潮间带距离大陆架较远，海生矿物海绿石含量低（0.13%），物源以沿海岩石风化产物为主。广东省沿海基岩主要是花岗岩，故碎屑矿物中以石英、长石等矿物的含量为最高。

2.2.1.3　沉积化学特征

广东省潮间带沉积物的化学调查站位与矿物调查柱状样站位相同，分析的内容包括常规化学成分 SiO_2、CaO、$CaCO_3$、Al_2O_3、Fe_2O_3、K_2O、Na_2O、MgO、TiO_2、P_2O_5、MnO、TOC 和微量元素 Cr、Pb、Zr、Ba、Sr、V、Zn、Cu、Co、Ni。

在广东省潮间带浅层沉积物的常规化学成分中，SiO_2 是最主要组分，其含量分布变化大，在调查站位中的含量变化范围为 51.20%～95.48%；CaO 是沉积物中的主要组分，其含量的分布变化往往与 SiO_2 含量形成互补，变化范围为 0.11%～22.30%；CO_2 也是主要组分，多来自于沉积物中 $CaCO_3$ 的贡献，其含量的分布变化与 CaO 一致，含量变化范围为 0.04%～17.43%；Al_2O_3 也为主要组分，由于铝的化学性质不活泼，不能通过生物活动造成的碎屑沉积物作用进入到沉积物中，含量基本受陆源和火山源长石、云母等硅铝酸盐碎屑所控制，含量变化范围为 1.37%～22.98%；Fe_2O_3 为沉积物中的主要组分，其含量与沉积物粒度相关，一般是细颗粒沉积物中铁含量比细颗粒沉积物高，调查所得的 Fe_2O_3 含量变化范围为 0.47%～8.20%；K_2O 是沉积物中的主要组分，其含量受海相沉积作用影响较大，含量变化范围为 0.23%～3.78%；Na_2O 是沉积物中的主要组分，其含量受海相沉积作用影响较大，调查所得的变化范围为 0.22%～2.11%；MgO 是沉积物中的主要组分，其含量受沉积物粒度所控制，调查获得的变化范围为 0.13%～2.14%；TiO_2 是沉积物中的主要组分，一般来源于岩源中的铝硅酸盐黏土矿物，其含量也受沉积物粒度控制，调查获得的 TiO_2 含量变化范围为 0.06%～1.38%；P_2O_5 在广东省潮间带沉积物中的含量较低，调查所得的含量变化范围是 0～0.24%；MnO 的含量也较低，调查所得的含量变化范围是 0.01%～0.22%；广东省潮间带浅层沉积物中的 TOC 主要来源于陆源有机质的搬运和海洋自生的生物过程，调查所得的 TOC 含量变化范围为 0.01%～1.73%。

在广东省潮间带浅层沉积物的微量元素中，Cr 主要来源于陆源物质的搬运和周边城镇污染物质的排放，调查所得的 Cr 含量变化范围是 (9.1～150.2)×10^{-6}；Pb 主要来源于陆源物质的搬运和周边城镇污染物质的排放，调查获得的 Pb 含量变化范围为 (8.3～117.3)×10^{-6}；Zr 主要来源于陆源物质的搬运，调查获得的 Zr 含量变化范围为 (49.1～731.3)×10^{-6}；Ba 主要来源于陆源物质的搬运和海洋自身的生物过程，调查获得的 Ba 含量变化范围为 (50.2～1146.5)×10^{-6}；Sr 主要来源于陆源物质的搬运和海洋自身的生物过程，调查获得的 Sr 含量变化范围为 (12.7～1265.7)×10^{-6}；V 主要来源于陆源物质的搬运，调查获得的 V 含量变

化范围是 $(4.8 \sim 124.7) \times 10^{-6}$；Zn 主要来源于陆源物质的搬运和周边城镇污染物质的排放，调查获得的 Zn 含量变化范围为 $(9.5 \sim 280.9) \times 10^{-6}$；Cu 主要来源于陆源物质的搬运和周边城镇污染物质的排放，调查获得的 Cu 含量变化范围为 $(2.1 \sim 308.9) \times 10^{-6}$；Co 来源于陆源物质的搬运、周边城镇污染物质的排放和海洋自身的生物过程，调查获得的 Co 含量变化范围为 $(1.1 \sim 26.1) \times 10^{-6}$；Ni 主要来源于陆源物质的搬运和周边城镇污染物质的排放，调查所得的 Ni 含量变化范围为 $(1.7 \sim 376.7) \times 10^{-6}$。

2.2.2 近海沉积物类型及其分布

广东沿海的近海沉积物以现代沉积为主，尤其在河口区多为陆源沉积物所覆盖。沉积物的分布，通常在近河口区颗粒较粗，远离河口逐渐变细，这是沉积物正常重力分异作用的结果。但在珠江口外、南澳岛以东、流沙湾外等离岸较远的浅海区，沉积物颗粒较粗，可能是经过改造的残留沉积。在珠江口外、南澳岛周围等海区的样品中普遍含有大量的贝壳碎屑，甚至有薄层贝壳碎屑堆积。根据国家"908 专项"以及广东省"908 专项"关于海底底质的各项目调查结果的综合分析，广东近海的沉积物类型按谢帕德分类共有种 11 种，分别是含砾沉积（G（Sed））、砾砂（GS）、砂（S）、粉砂质砂（TS）、砂质粉砂（ST）、粉砂（T）、黏土质粉砂（YT）、砂质黏土（SY）、粉砂质黏土（TY）、黏土（Y）、砂－粉砂－黏土（STY）；按福克分类则共有 13 种，分别是砂砾（SG）、粗砂（CS）、中粗砂（MCS）、中砂（MS）、中细砂（MFS）、细砂（FS）、砂（S）、粉砂质砂（TS）、黏土质砂（YS）、粉砂（T）、黏土质粉砂（YT）、粉砂质黏土（TY）、砂－粉砂－黏土（STY）。

其中，砂砾（SG）主要分布在勒门列岛、蕉门和崖门；粗砂（CS）主要分布在平海湾东侧、汕尾港、珠江口水道及口外；中粗砂（MCS）主要分布在七星礁、义丰溪口、表角、甲子角、大铲岛、珠江口外、安铺湾及闸坡港；中砂（MS）主要分布在伶仃洋东岸及珠江口外；细砂（FS）主要分布在七星礁、勒门列岛、神泉港、珠江口西侧、鉴江口及盐灶西南浅海；砂（S）主要分布在韩江外砂河口、新津溪口、红河弯、平海湾、企望湾、甲子港、闸坡港；粉砂质砂（TS）主要分布在海门湾、大亚湾、红海湾、横琴岛南、蕉门、新寮岛外、琼州海峡北岸；黏土质砂（YS）主要分布在南澳岛东、外沙河口、水东港；粉砂（T）主要分布在大亚湾以及万山群岛海域；黏土质粉砂（YT）主要分布在汕头港至担杆列岛浅海区、大濠岛至北津港浅海区；粉砂质黏土（TY）主要分布在韩江口、碣石湾、大亚湾、担杆列岛北侧、伶仃洋、广海湾及镇海湾；砂－粉砂－黏土（STY）主要分布在韩江口外、南澳岛东北、碣石湾外浅海及珠江口外。

根据调查过程中的分区情况，现将全省近海按 3 个区块对海底沉积物的类型及分布进行论述，分别是汕尾鲘门以东的粤东海区、鲘门至上川岛东的珠江口海区、上川岛东岸以西的粤西海区。

2.2.2.1 粤东海区沉积物的类型及分布

根据粤东海区近 400 个表层沉积物样品的粒度分析，本区的沉积物以粗颗粒为主，出现的沉积物类型有含砾沉积、砂、粉砂质砂、砂质粉砂、粉砂、黏土质粉砂 6 类（谢帕德分类法，下同）。其中，砂是主要的沉积物类型，粉砂质砂、砂质粉砂及黏土质粉砂的分布也比较广泛，其次是粉砂，含砾沉积相对较少（图 2.3）。

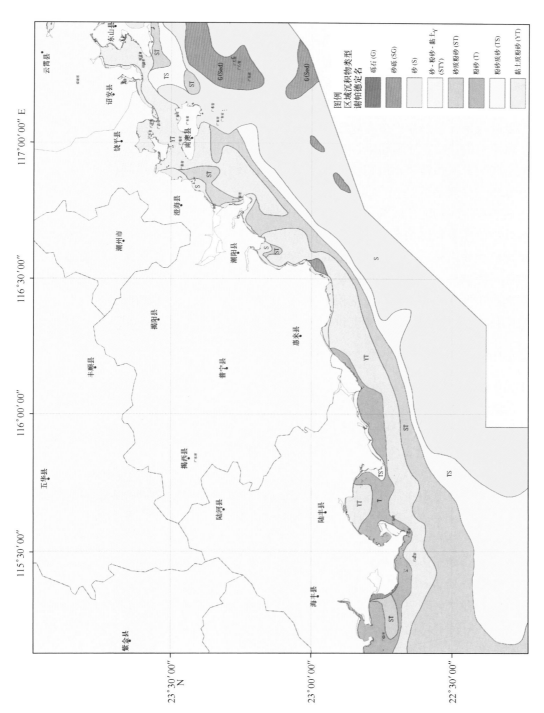

图 2.3　粤东海区沉积物类型与分布

粤东近海区的沉积物分布规律性特征较明显,不同类型的沉积物大多数呈与岸线平行的连续的条带状分布,且从近岸向外海粒度由粗变细再变粗。区内粒度最粗的含砾沉积主要分布在南澳岛东南至西南较深水的海域,此外在滨岸区的红海湾东岸和靖海湾也有零星出现。砂质沉积作为本区主要的沉积物类型,在南澳岛至碣石湾外的近岸陆架区呈连片的席状分布,此外在神泉港至韩江的义丰溪口沿海岸线的数米水深区也是连续的砂沉积区。粉砂质砂在靠陆一侧与砂呈平行的条带状分布,在红海湾至碣石湾外的近岸陆架区则为片状分布,此外在碣石湾两侧滨岸区也有出现。砂质粉砂在红海湾至南澳岛南的近岸陆架区呈北东向的窄条带状展布,并位于粉砂质砂沉积区靠陆一侧,此外红海湾湾内也有小片状分布。粉砂主要出现在红海湾至神泉港一带沿岸,分布较连续。黏土质粉砂主要分布在红海湾至诏安湾之间的近岸海域,基本与海岸线、砂质粉砂沉积区、粉砂质砂沉积区以及砂沉积区平行。粤东海区这些显著的沉积物分布规律,在沉积物粒度参数中也有较好的体现,平均粒径和分选系数等值线的分布基本与岸线平行。

本海区表层沉积物的主体分布格局呈近岸向外海大致分为滨岸泥质沉积区、粗细混合沉积区、外陆架砂质粗粒沉积区,即沉积物粒径由近岸向外海逐渐变粗。这些分布规律是由入海河流携带沉积物入海后在潮流和波浪共同作用下形成的。一方面有来自韩江的沉积物注入,汕尾一带还可能有珠江带来的物质,使得汕头—汕尾近岸海域沉积物为细粒的泥质沉积。介于滨岸泥质沉积区和受改造的粗粒沉积区之间为粗细混合沉积区,也就是过渡沉积区,受潮流和波浪的作用,形成全新世细粒沉积和残留砂的混合沉积。

2.2.2.2 珠江口海区沉积物的类型及分布

由1 310个表层沉积物样品的粒度分析显示,珠江口海区出现的沉积物类型有9类,分别是砂、粉砂质砂、砂质粉砂、粉砂、黏土质粉砂、砂质黏土、粉砂质黏土、砂-粉砂-黏土、黏土(图2.4)。其中,黏土质粉砂、砂质黏土和砂质粉砂为主要的沉积物类型,在本区海域广泛分布,其次是砂、粉砂质砂、粉砂,粉砂质黏土、黏土和砂-粉砂-黏土则出现极少。

黏土质粉砂主要分布在珠江口及其以西海域,在珠江口以东也有零星的小片状分布,出现的水深从 $0\sim80$ m 不等。砂质黏土主要在珠江口以东海区呈大片状分布,在珠江口外及以西海域也有小片状分布。砂质粉砂主要沿伶仃水道呈条带状分布,在大濠岛南侧海域呈东西向片状分布,在香港东南海域至红海湾与砂质黏土及黏土质粉砂呈交错分布。粉砂主要分布在香港以南、担杆列岛附近海区。粉砂质砂主要分布在较深水的担杆列岛西南侧海域,与砂呈交错分布,在浅水区则只零星分布于深圳西侧海域。砂的分布与粉砂质砂较一致,主要分布在较深水的担杆列岛西南侧海域,在浅水区零星分布于深圳西侧海域。粉砂质黏土、黏土和砂-粉砂-黏土只在个别调查站位中出现。珠江口海区表层沉积物平均粒径等值线的分布与沉积物类型分布基本一致,平均粒径以 $5\sim8\phi$ 为主,区内水动力复杂,绝大部分沉积物分选差。

沉积物粒度参数的空间分布是各种动力、沉积和地貌过程综合作用的结果,它包含了许多重要的环境信息(如泥沙运动方向,沉积物类型等)。根据珠江口近海沉积物粒度参数建立的数模,对泥沙净输运趋势进行的分析表明,本区不同海域的泥沙输运差异显著。黄茅海北面为径流控制区,泥沙受西南余流影响,向西南运移,南面为陆架水入侵通道,泥沙向北

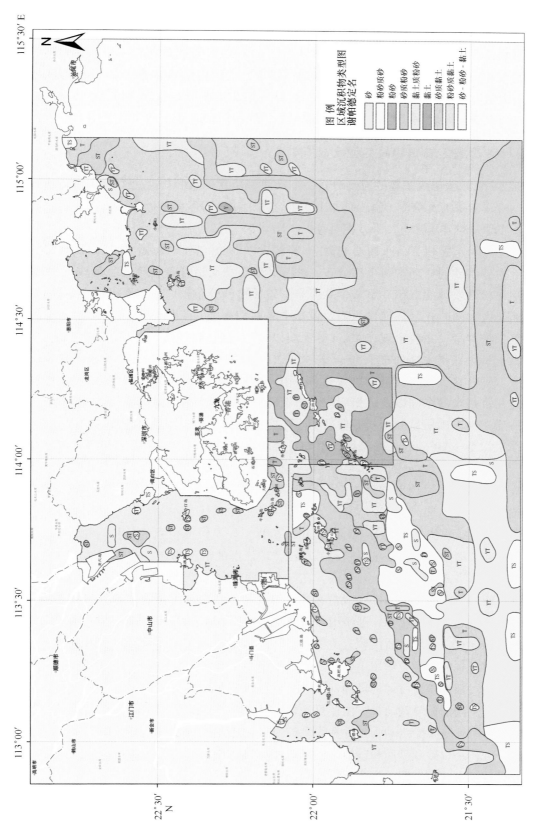

图 2.4　珠江口海区沉积物类型与分布

运移，中部是径、潮流交汇地带，也是滞流点和滞沙点出现的地带，泥沙以垂向落淤为主，水平运移趋势不显著，只略微向西运移；珠江口西南面为古河口拦门砂堆积体，受向北及向东水流影响，泥沙向北、向东运移；在 21°46′N，113°31′E 点附近存在一个巨大的泥沙辐聚中心，其东北、西北和南面泥沙均向该点运移辐聚，且运移趋势显著，床底可能发生淤浅；大鹏湾、大亚湾海区泥沙运移趋势不显著；红海湾及以南至 40 m 水深海域泥沙以向南运移为主；珠江口东南面海域泥沙受向东流的潮流影响，泥沙向东运移。

2.2.2.3 粤西海区沉积物的类型及分布

根据 2 720 个表层沉积物的粒度分析，本区海域出现的沉积物类型有砂、粉砂质砂、砂质粉砂、粉砂、黏土质粉砂、粉砂质黏土 6 类，其中粉砂和砂质粉砂是主要的类型，其次是砂、粉砂质砂及粉砂质黏土，砾砂相对较少（图 2.5）。

砂主要分布于雷州半岛东西两侧 20 m 等深线以内的海区以及琼州海峡水深较深的中部和东口。粉砂质砂同样环雷州半岛分布，并与砂质沉积交错分布。此外，在 80 m 等深线以外同样存在粉砂质砂的沉积，呈条带状分布。砂质粉砂分布较广，主要出现在 50 m 等深线以外的陆架区，同时在鉴江河口西侧及雷州半岛西南海域也有零星分布。粉砂是本区分布最广的沉积物类型，主要出现在 40 m 等深线以内的粤西陆架区，零星夹杂着粉砂质黏土。粉砂质黏土呈斑点状零星分布于 50 m 等深线以内陆架区，黏土质粉砂零星出现在雷州半岛西侧海域。砾砂在琼州海峡呈小块状分布。因此，广东近海表层沉积物以细颗粒的粉砂为主，但是在雷州半岛东侧以及琼州海峡东口存在颗粒较粗的砂质沉积，而在水深相对较深的中、外陆架则以砂质粉砂和粉砂质砂为主。沉积物的平均粒径等值线基本上与岸线平行分布，在水深小于 50 m 的近岸海域，平均粒径随水深增加而变大；受琼州海峡水道和残留砂影响，在水深大于 50 m 的内陆架海域，这种有规律的变化趋势不明显。沉积物的分选系数等值线也基本上与岸线平行分布，近岸沉积物的分选系数小于 1.5φ，水深大于 20 m 的海域分选较差。

根据前人对于黏土矿物组合（Liu et al.，2007）以及钕同位素的分析（邵磊等，2009）认为，粤西陆架沿岸沉积物的主要来源是珠江。珠江源的沉积物在夏季受到强烈的夏季风影响而随着珠江水进入河口及邻近陆架区，在冬季因西南向的沿岸流受到冬季风的影响而加强，使原本沉积于河口及陆架区的珠江源沉积物再悬浮再搬运，最终被搬运到雷州半岛附近。由于受到北向的南海暖流的影响，这些细颗粒的物质被限制在 50 m 等深线以内的陆架沉积区。在粤西陆架区存在一小块砂质沉积，主要是鉴江的沉积物输入形成的。而在雷州半岛东侧和琼州海峡东口沉积的粗颗粒物质主要是由于雷州半岛南渡河的沉积物输入与来自琼州海峡的海岸侵蚀物质。根据李占海和柯贤坤（2000）对于琼州海峡潮流沉积物通量的研究发现，琼州海峡无论是平均潮流悬沙通量方向还是底质输沙通量方向均为由东向西。因此，广东近海沉积物的分布特征主要受水动力条件和物源控制，在琼州海峡东口和外陆架平原区这两处强水动力区，沉积物以砂和砂质粉砂为主；近珠江河口的川山群岛海域和广阔的内陆架平原离物源区较近，且水动力较弱，沉积物以粉砂和黏土质粉砂为主。

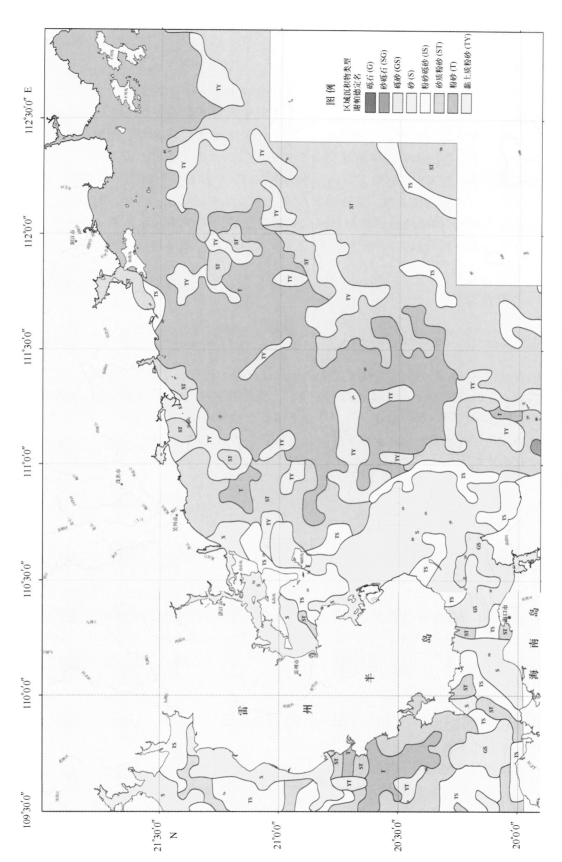

图2.5 CJ17块沉积物类型分布图

2.3 物理海洋

在广东省"908专项"的水体环境调查与研究过程中，主要选取了对广东省海洋资源开发利用和环境保护具有重要意义的港湾、河口及其他区域为重点调查区域，共设有51个连续观测站和200个大面观测站（图2.6），调查的水文要素包括水温、盐度、潮汐、海流、透明度等。下面将广东省近岸海域分为3个海区，对水温、盐度、海流、波浪等水文特征分别进行论述。这3个海区自东向西依次为粤东海区、珠江口海区和粤西海区。其中，粤东海区包括汕头区块（柘林湾、汕头港与广澳湾一带海域）与汕惠区块（红海湾、碣石湾、大亚湾与大鹏湾一带海域）；粤西海区包括阳茂区块（海陵湾与水东港海域）与湛江区块（湛江港与流沙湾海域）。潮汐特征则分为汕头区块、汕惠区块、阳茂区块、湛江区块4个区块进行论述。

2.3.1 水温及盐度

2.3.1.1 水温

广东省近岸海域水温的分布变化主要取决于大陆气候、径流、潮流和太阳辐射等因素的影响，具有一定的规律性，亦有明显的地区差异。通常春、夏季为升温期，夏季水温最高；秋、冬季为降温期，冬季水温最低。春、夏季水温分布趋势由岸向外逐渐增高，秋、冬季水温分布比较均匀。在调查区内，全年水温的分布呈东低西高的变化趋势，但南、北水温差异随季节变化也比较大。

1) 粤东海区

（1）水温的平面分布特征

夏季，水温最高，水平梯度较大。表、中、底层水温变化范围分别为23.7℃~30.9℃、21.5℃~30.7℃和21.5℃~30.6℃。汕头区块，南澳岛北部及西部表层水温主要介于28.0℃~28.5℃之间；从南澳岛南部沿西南方向至广澳湾海域，水温由27.5℃逐渐增加至29.5℃，等温线呈现出与岸线垂直的特征。中层与底层等温线总体上的走势与海岸线平行，与等深线大体一致，汕头港内的水温由港池顶部向外递减。汕惠区块，表层水温，表现为东高西低。红海湾湾顶水温最高，湾内水温介于29.0℃~29.5℃之间。水温从红海湾西向大亚湾湾口由29.0℃递减至26.5℃，大亚湾从湾口向湾顶水温升至27.0℃。大鹏湾水温由湾口25.5℃向湾内递增至27.5℃。中、底层水温比表层低，分布情况与表层大体相同，不同之处在于大鹏湾内无水温递减趋势，而是保持在较均匀的22℃左右。

冬季，在东北季风及闽、浙沿岸流的影响下，水温降至全年最低，各层水温分布均匀。表、中、底层水温变化范围分别为16.1℃~19.1℃、16.1℃~18.2℃和16.1℃~17.9℃。汕头区块，表、中、底层等温线分布大体一致，南澳岛以北等温线由东南向西北递减，由东北向西南递减；大部分海域水平温差不超过1℃。汕惠区块，水温总体特征呈中间稍高，两边略低的特点。各层水温由红海湾至平海湾南部海域，亦即红海湾与大亚湾交界处，有0.6℃~0.8℃的升幅；再由此向大亚湾及大鹏湾内递减。

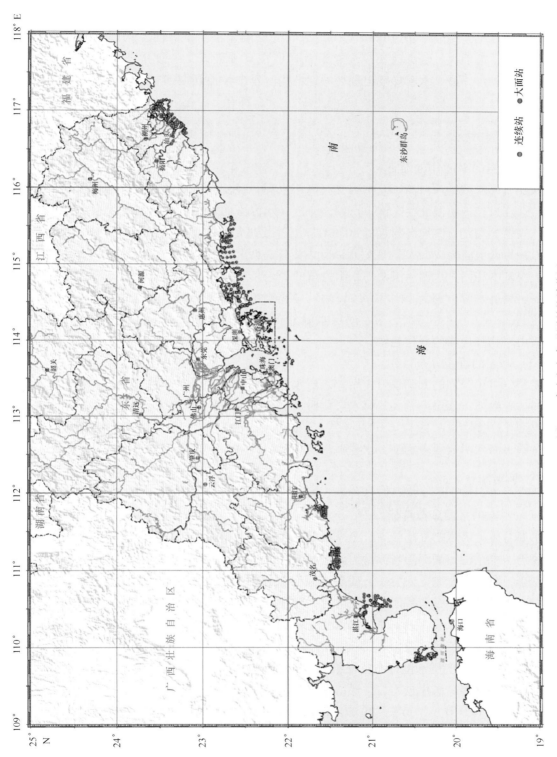

图 2.6　水文与气象观测总体站位图

（2）水温的垂直分布特征

水温的垂直变化特征总体上表现为随深度的增加而递减。汕头区块，春、夏两季表、底层温差较大，水温垂向变化梯度较大，主要介于 0 ~ 0.4℃/m 之间；秋、冬季海水混合充分，水温垂向梯度小，一般不超过 0.02℃/m，表、底层温差小。季节性温跃层出现在春季与夏季，秋、冬季节消失。汕惠区块，水温垂直梯度在夏季最大，一般介于 0 ~ 0.4℃/m 之间，其他三季均较小，最大垂直梯度出现在大亚湾内。季节性温跃层明显存在于夏季，在秋、冬季节消失。

2）珠江口海区

（1）水温的平面分布特征

珠江口属典型的河口湾。夏季因气温高于水温，径流在流动过程中，不断从空气中吸取热量，珠江口径流由西北往东南下泄到该海区，水温平面分布具有从西北往东南递减的变化趋势。表层等温线自淇澳岛附近的 30.0℃ 逐渐递减到大濠岛西南海域的 28.0℃，最高水温为 30.1℃，最低水温为 27.8℃。底层水温除内伶仃岛西北部区域偏低（ <27.0℃ ）外，分布趋势与表层基本相同，水温从淇澳岛东南海域的 28.8℃ 逐渐递减到万山群岛海域的 22.1℃，底层最高、最低水温分别为 29.2℃ 和 21.9℃。冬季水温分布比夏季均匀，温差在 2℃ 左右，水温变化范围 16.6℃ ~ 18.7℃，表、底层水温分布趋势基本相同，在珠江各河口湾附近海域，水温呈由岸往外递增的变化趋势。

（2）水温的垂直分布特征

夏季，由于强烈的太阳辐射作用，表层水温随之升高，因夏季风力不强，海水对流混合比较弱，导致上、下层温差大，海水层化明显。水温随深度的增加而降低，15 m 以浅水层水温垂直变化梯度大，一般在 1.0℃/m 左右，最大为 1.2℃/m，15 m 以深水层垂直变化梯度小。冬季，海水对流混合加强，水温垂直变化很小，海水分层现象逐渐消失。

3）粤西海区

（1）水温的平面分布特征

水温总体上表现为夏季最高、冬季最低。同时，因粤西海区东西、南北跨度均较大，因而海陵湾、水东港、湛江港与流沙湾调查海域，水温的平面分布各具特点。

夏季，海陵湾海域，表、中、底层水温变化范围为 28.9℃ ~ 29.8℃、28.1℃ ~ 29.7℃ 和 26.7℃ ~ 29.7℃。各层水温分布比较均匀，梯度不大；分布特点均表现为由湾内向湾外逐渐递降。水东港海域，表、中、底层水温变化范围分别为 28.4℃ ~ 31.3℃、25.9℃ ~ 30.2℃ 和 26.1℃ ~ 30.0℃。表层水温由东部向中部递增，水平梯度约有 1℃；中部至西部水温均匀，为 30.1℃。中层与底层水温分布特征相似，东部博贺湾由湾内向湾外递减，等值线走向与等深线一致；中西部海域比较均匀，保持在 28℃ 左右。湛江港海域，表、中、底层水温变化范围为 24.4℃ ~ 30.1℃、23.0℃ ~ 29.8℃ 和 22.8℃ ~ 29.7℃。各层水温变化趋势基本一致，硇洲岛以北由湛江港口门外向内递增，口门外等温线走势与等深线一致。硇洲岛以南海域水温由东北向西南递增。流沙湾海域，各层温差不大，水温变化范围分别为 30.2℃ ~ 31.8℃、30.3℃ ~ 31.0℃ 和 30.3℃ ~ 31.0℃。北部海域水温变化由流沙湾内向外递减，即由东向西递减。南部海域表层分布均匀，变化范围为 30.8℃ ~ 30.9℃；中层与底层由西北向东南递增。

冬季，海陵湾海域，表、中、底层水温变化范围为 17.3℃ ~18.5℃、17.4℃ ~18.5℃ 和 17.3℃ ~18.6℃。为全年最低，各层水温变幅基本相同，水温平面梯度小，由湾内向湾外递减。水东港海域，表、中、底层水温变化范围分别为 17.9℃ ~19.87℃、17.9℃ ~19.6℃ 和 17.9℃ ~19.6℃。各层水温变幅基本相同，变化趋势也近相同，均表现为西高东低，由东部海域向西部海域递增的特点，东、西部海域水平梯度约为 1℃。湛江港海域，水温降至最低，各层水温变化范围相同，均为 18.6℃ ~19.4℃。湛江港口门以外等温线表现为由东北向西南逐渐降低，水平梯度很小。流沙湾海域，各层水温变化范围分别为 18.9℃ ~19.6℃、18.8℃ ~19.6℃ 和 18.5℃ ~19.6℃。各层水温水平分布均匀，总体表现为由北向南递增。

（2）水温的垂直分布特征

海陵湾海域春季水温垂直梯度稍大，主要分布在 0 ~0.4℃/m，存在明显温跃层。夏、秋、冬季海水垂向混合均匀，水温垂向梯度很小，一般不超过 0.1℃/m。秋季与冬季存在逆温现象。水温梯度最大值一般位于西部近岸海域。水东港海域水温垂向分布比较均匀，垂向梯度一般不大；夏季略大，主要分布在 -0.1 ~0.5℃/m，存在温跃层。秋季在东部观测站位有逆温现象发生。湛江湾海域水温全年垂向分布均匀，梯度较小，一般不超过 0.2℃/m。夏季，表、底层温差较大，存在温跃层。秋、冬季节普遍存在逆温现象。流沙湾海域水温垂向混合更为均匀，梯度极少高于 0.1℃/m，无温跃层存在。

2.3.1.2 盐度

广东近岸海域盐度的分布变化主要受大陆径流和外海高盐水团的制约，它们的消长决定了盐度的区域分布和年变化。夏季，大陆径流强，近岸海域表层盐度降至全年最低，河口区的低盐水浮在表层呈舌状向外扩展，外海高盐水则潜在其下方向沿岸逼近，水平梯度和垂直梯度都较大。冬季，大陆径流逐渐减弱，沿岸低盐水向岸边收缩，与此同时，外海高盐水团向岸边推进，呈强混合状态，表层盐度升至全年最高值。

1）粤东海区

（1）盐度的平面分布特征

汕头区块，表、中、底层盐度在夏季的变化范围分别为 6.71 ~32.18、8.13 ~33.95 和 9.19 ~34.05；在冬季的变化范围分别为 13.24 ~32.74、15.43 ~32.76 和 15.55 ~32.77。汕惠区块，表、中、底层盐度在夏季的变化范围分别为 23.43 ~34.00、27.61 ~35.39 和 28.02 ~35.95；在冬季的变化范围分别为 31.81 ~33.35、32.54 ~33.39 和 32.57 ~33.48。总的来看，汕头区块，春、夏两季，表层盐度较低，底层较高；秋、冬季节在东北季风的作用下，湍流混合加强，破坏了稳定的层结，表层与底层盐度趋于均匀。受榕江、韩江等径流的影响，近岸海域一般盐度较低，雨季更为明显。盐度的平面分布总体上表现为南澳岛向北至柘林湾近岸逐渐降低；汕头港由港池顶部经口门，直至外海逐渐增加。汕惠区块，除春季红海湾海域盐度略高于西部海域外，在其他三季，盐度的水平分布均表现为由红海湾海域向西递增的趋势。夏季盐度最低，水平梯度最大；秋、冬季盐度高，但分布均匀，盐度的水平与垂直梯度均较小。大亚湾由湾内向湾外递增。

（2）盐度的垂直分布特征

盐度随深度的增加而增加。汕头区块，表现为冲淡水与外海高盐水的混合水特征。近岸浅水及冲淡水与外海水交汇处，盐度梯度较大。夏季盐度梯度最大，一般分布在 0.01/m ~ 1.20/m。最大垂直梯度达 6.96/m，出现在汕头港口门处。春、夏两季分层明显，有明显盐跃层。秋、冬季，径流变弱，外海高盐水入侵势力加强，海水对流混合充分，除受较弱径流影响的个别站位外，多数海域垂向分布均匀，垂直梯度一般不超过 0.2/m。盐跃层在秋、冬季消失。汕惠区块，同样为夏季梯度最大，一般介于 0 ~ 0.30/m 之间，垂直最大梯度为 2.42/m，出现在大亚湾内。其他季节表、底层海水混合均匀，盐度差较小。各季节内，盐度垂直梯度最大值一般出现在距岸边较近的地方。夏季存在明显盐跃层，秋季消失。

2）珠江口海区

（1）盐度的平面分布特征

由于珠江口北部有虎门，西部有蕉门、洪奇门和横门等入海口门，径流从这些口门流入伶仃洋，并往东南方向冲溢，形成下泄流自西北向东南倾斜的水面比降。当珠江口外的高盐水随南海潮波向西传递进入伶仃洋后，与往东南向冲溢的大陆径流逐渐混合稀释，使盐度逐渐往西北区域降低，从而形成盐度自西北往东南递增的变化趋势。夏季，河口区附近盐度最低，表层等盐线自淇澳岛附近的 9.00 逐渐往东南递增到担杆岛附近的 31.00，最高盐度为 31.97，最低值为 8.03。底层盐度除个别测站偏高外，变化趋势与表层大致相同。最高盐度分布在万山群岛和荷包岛附近海域，分别为 34.22 和 34.37，最低盐度分布在内伶仃岛北部海域，为 7.65。冬季，盐度分布趋势与夏季基本相同。表、底层盐度变化范围分别为 24.72 ~ 33.69 和 29.79 ~ 33.55，最高盐度分布在万山群岛海域，表、底层最低盐度分别出现在淇澳岛南部和高栏岛附近海域。万山群岛以南海域盐度较高，一般都大于 33.00。冬季因径流减弱，珠江河口附近海域表层盐度明显要比夏季高。

（2）盐度的垂直分布特征

夏季，珠江口海区岛群由于河流淡水自西北向东南下泄，外海高盐水自东南往西北上溯，丰水期盐度分层比较明显，10 m 以浅水层盐度垂直变化梯度在 0.20/m ~ 2.50/m，淇澳岛东部海域最大可达 7.38/m。冬季，由于东北季风的作用，海水对流混合强烈，盐度分布比较均匀，垂直变化梯度一般小于 0.05/m。

3）粤西海区

（1）盐度的平面分布特征

海陵湾海域，表、中、底层盐度在春季的变化范围分别为 30.75 ~ 31.83、31.14 ~ 32.48 和 31.15 ~ 32.56；在夏季分别为 19.99 ~ 22.38、20.99 ~ 28.10 和 21.39 ~ 31.70。水东港海域，表、中、底层盐度在春季的变化范围分别为 31.78 ~ 32.54、32.11 ~ 32.66 和 32.11 ~ 32.54；在夏季分别为 22.63 ~ 29.53、22.74 ~ 33.24、23.37 ~ 33.46。海陵岛与水东港海域的盐度平面分布，均为春季各层盐度最高，冬季次之，夏季最低。海陵湾海域，各层盐度平面分布在各季均呈由湾内向湾外递增趋势，等盐度线走向在各季有所差别。水东港海域与外海邻接面积较大，盐度比海陵湾海域略高。盐度水平分布在秋、冬季较为均匀，水平梯度小；春季等盐度线与等深线一致；夏季受径流、降水、水温等影响，分布较为复杂。

湛江港海域盐度在夏季最高，各层变化范围为 29.9 ~ 33.9、30.6 ~ 34.2 和 31.0 ~ 34.4；冬季最低，各层变化范围为 28.0 ~ 31.9、28.0 ~ 31.8 和 28.2 ~ 31.9。盐度平面分布总体上呈现由东向西递减的特征。流沙湾海域盐度普遍较高，各季相差不大，水平分布非常均匀，梯度甚小。

（2）盐度的垂直分布特征

海陵湾海域与水东港海域，秋、冬两季垂向混合均匀，垂直梯度小；夏季垂向分层稳定，垂直梯度最大，盐度随深度的增加而增大的趋势明显。盐度垂直梯度最大值出现在水东港海域近外海一侧的 C34 站（大面观测站），为 6.04/m。春、夏两季存在盐跃层，秋季消失。

湛江港海域，盐度垂向分布均匀，垂直梯度一般不大，即使在夏季一般也不超过 0.1/m。夏、秋季少数站位出现盐跃层。流沙港海域盐度垂向分布四季均非常均匀，垂直梯度甚小，基本不超过 0.02/m。无盐跃层。

2.3.2 潮汐

南海的潮汐主要是太平洋潮波自巴士海峡传入南海后所形成的谐振动，而天体引力所引起的独立潮相对很小。南海潮波在传播过程中，因地转效应、海底摩擦及海岸反射等作用，致使华南沿岸的潮汐性质、潮差大小有着较大的差异（赵焕庭等，1999）。广东沿岸海区的潮汐性质有 3 种，即不规则半日潮、不规则全日潮以及全日潮，不规则半日潮主要分布在汕头港以东水域和惠东以西至雷州半岛一带水域；不规则日潮分布在海门湾附近、红海湾附近及雷州半岛西岸铁山港附近水域；全日潮主要分布在雷州半岛西岸，靖海湾局部水域也呈全日潮性质。在潮差分布上，茂名—湛江的潮差变化较大，其次为珠江口至阳江、川山岛、南澳岛等附近海域，平均潮差变化最小的是大亚湾和红海湾。从最大潮差的变化来看，广东近岸海域以珠江口为界，以东最大潮差由东向西呈逐渐变小的分布趋势，以西最大潮差呈高低高的马鞍形变化特征。表 2.2 给出了广东沿岸重要港口、海湾潮汐特征值的情况，这些数据利用历史资料统计得出，"908 专项"水文调查获得的潮汐特征与历史资料基本一致。

表 2.2　广东省重要港口、海湾据历史资料统计的潮汐特征值　　　单位：mm

重要港口、海湾		最高潮位	最低潮位	平均高潮	平均低潮	平均海面	最大潮差	平均潮差	基面	资料年限
粤东海区	汕头港	310	−185	34	−68	−18	399	102	珠江	1955—1990
	海门湾	202	−160	25	−53	−18	260	78	珠江	1955—1990
	红海湾	180	−157	17	−77	−26	258	94	珠江	1970—1990
	大亚湾	160	−152	23	−60	−20	234	83	珠江	1974—1991
珠江口海区		140	−172	47	−72		299	119	珠江	1991—1992
粤西海区	广海湾	276	−164			−1	238	118	珠江	1965—1983
	海陵湾	252	−202	79	−77	72	392	156	黄海	1960—1988
	水东港						341	190		1984
	湛江港	453	−284	95	−122	−11	513	217	珠江	1953—1980
	雷州湾	594	−241	114	−123	−2	610	238	珠江	1971—1989

注：1. 表内"空白"表示无相关记录；

　　2. 珠江口海区数据取自高栏岛潮汐资料；

　　3. 雷州湾数据取自南渡站潮汐资料。

2.3.2.1　汕头区块

根据汕头和南澳两验潮站记录的潮汐水位分析，该观测海区的潮汐性质数处于0.5~2.0之间，表明该海区潮汐为不规则半日混合潮，表2.3列出了两验潮站测得的潮汐统计值。

表2.3　汕头区块潮汐特征统计值　　　　　　　单位：mm

季节	站位	最高潮位	最低潮位	平均水位	平均高潮位	平均低潮位	平均潮差
夏季	汕头						
	南澳	353	92	224	291	158	133
冬季	汕头						
	南澳	331	77	226	291	162	129
春季	汕头						
	南澳	339	66	216	282	151	131
秋季	汕头	414	194	312	361	263	98
	南澳	366	96	241	308	174	134

注：表内"空白"表示未检测。

2.3.2.2　汕惠区块

根据区内赤湾、惠州、汕尾、遮浪4个验潮站记录的潮汐水位分析，赤湾验潮站与惠州验潮站的潮汐性质值处于0.5~2.0之间，说明该海区潮汐为不规则半日混合潮；而汕尾和遮浪验潮站的潮汐性质值处于2.0~4.0之间，因此该处海区潮汐为不规则全日混合潮。表2.4列出了两验潮站测得的潮汐统计值。

表2.4　汕惠区块潮汐特征统计值　　　　　　　单位：mm

季节	站位	最高潮位	最低潮位	平均水位	平均高潮位	平均低潮位	平均潮差
夏季	赤湾	408	99	245	317	173	144
	惠州						
	汕尾	268	49	131	176	87	89
	遮浪	291	91	169	209	130	79
冬季	赤湾	379	86	234	259	209	50
	惠州	361	97	221	274	169	105
	汕尾	254	28	136	185	87	98
	遮浪	275	75	173	224	121	103
春季	赤湾	371	90	229	304	153	151
	惠州	339	95	216	271	162	109
	汕尾	227	37	127	176	78	98
	遮浪	248	87	162	202	123	79
秋季	赤湾	396	102	251	323	180	143
	惠州	386	107	246	305	187	118
	汕尾	263	56	149	196	101	95
	遮浪	285	102	181	229	135	94

注：表内"空白"表示未检测。

2.3.2.3 阳茂区块

根据区内闸坡和水东港两个验潮站记录的潮汐水位分析,该海区的潮汐性质值也处于0.5~2.0 之间,说明该海区潮汐属不规则半日混合潮。表 2.5 列出了两验潮站测得的潮汐统计值。

表 2.5 阳茂区块潮汐特征统计值 单位:mm

季节	站位	最高潮位	最低潮位	平均水位	平均高潮位	平均低潮位	平均潮差
夏季	闸坡	223	−93	55	140	−22	162
	水东港	256	−104	56	151	−31	182
冬季	闸坡	262	−106	62	143	−18	161
	水东港	283	−108	60	147	−21	168
春季	闸坡	248	−96	65	139	−8	147
	水东港	275	−100	66	151	−13	164

2.3.2.4 湛江区块

根据区内湛江港验潮站和流沙港验潮站的潮汐水位记录分析,湛江港的潮汐性质值处于0.5~2.0 之间,说明该海区潮汐属不规则半日混合潮,而流沙港的潮汐性质值大于 4,说明该海区的潮汐为规则日潮。表 2.6 列出了两验潮站测得的潮汐统计值。

表 2.6 湛江区块潮汐特征统计值 单位:mm

季节	站位	最高潮位	最低潮位	平均水位	平均高潮位	平均低潮位	平均潮差
夏季	湛江港	437	25	222	332	119	213
	流沙湾	266	−114	65	156	−22	178
冬季	湛江港	492	18	225	297	122	175
	流沙湾	265	−108	60	180	−39	219
春季	湛江港	473	35	245	348	151	197
秋季	湛江港	255	−184	56	181	−78	259

2.3.3 海流

广东近岸海域的海流主要受太平洋潮波、河口径流、地转流以及地形等因素的控制。海流分为潮流和余流,潮流是指海水周期性的水平流动,其原动力归结到月球和太阳等天体的引潮力以及地球自转的离心力合成结果。广东近海的潮流主要受太平洋潮波的支配。太平洋潮波自巴士海峡传入南海后分为两支,一较小分支向北进入台湾海峡;另一较大分支向西南推进,形成南海的潮波系统。余流是指扣除潮流所剩下的海水流动,主要包括风海流、地转流、密度流和径流等。海流部分涉及的观测站位均为周日连续观测站位。

2.3.3.1 粤东

1）汕头区块

海流流向与邻近海岸线方向相一致。春季，河口附近站位受冲淡水影响较明显，远离河口的站位流速均较小。夏季，多数站位表层海流与中、底层起伏状况相一致，表现出明显的潮流特征。多数站位流速较大，大于 100 cm/s，北部 A01 与 A02 站流速较小，不超过 50 cm/s。秋季与其他季节相比，流速适中，最大流速超过 100 cm/s。冬季，多数站位流速较夏季要大，且表现为较强的南向流。最南端的 A10 站与 A11 站以及最北端的 A01 站与 A02 站流速较小，基本不超过 50 cm/s，而中部河口附近的几个站位流速均较大，最大超过 100 cm/s。除南澳岛北部 A01 站与 A02 站以及汕头港口门附近的 A07 站与 A09 站，属于不正规半日潮流外，该海区潮流性质基本属于正规半日潮流。潮流运动形式以往复流为主。余流分布较为复杂，流速与流向具有明显的季节性变化特征。南澳岛以西、以北海域余流流速较小，汕头港以及广澳湾海域余流流速较大。流向的变化与季风以及径流的影响密切相关。

2）汕惠区块

春季，各站位在较大程度上仍受东北季风的影响，各层流速和流向均有明显差异，流速基本不超过 89 cm/s。夏季，多数站位表层海流与中层和底层起伏状况不相一致，且底层流相对较小。这可能与夏季风及其导致的上升流有关。大鹏湾内的几个站位均靠近湾东侧，流速均较小，大亚湾内靠近东侧的站位海流也小于西侧站位的海流。而分别处于两湾湾口位置的 B13 和 B05 站，以及处于红海湾湾口处的 B01 站，其各层海流在观测时段内均基本指向东北向，与夏季风的方向相同。说明此处海流受季风影响较大，而湾内的海流序列则由于地形的原因还显示出了潮汐作用的影响。秋季部分站位各层流速和流向也存在差异，特别是湾口处的几个站位比较明显。观测期间各站流速均不超过 60 cm/s。冬季，与夏季相反，湾口外的站位海流的主要流向受东北季风影响显著。部分站位表、中、底层海流分布不相一致，底层流速略小。表层流大部分指向西南，但各站流速总体不大，基本不超过 50 cm/s。该海区潮流性质表现为不正规半日潮流。潮流的运动形式以旋转流为主。余流流速夏季最大，秋季次之，春季与冬季较小。余流流向有明显的季节变化特征，各站位差异较大，即使在同一季节，同一站位的不同水层也不尽相同。总体上看，夏季多数站位余流流向以偏东向为主；春季与冬季以偏西向为主。

2.3.3.2 珠江口

珠江口海区，因受珠江八大分流河口的影响，海岛附近海域涨、落潮最大流速差别较大。在九洲列岛东部的青洲水道、内伶仃岛、荷包岛附近海域，流速最大，夏季涨潮最大流速表层分别为 118.0 cm/s、103.4 cm/s 和 98.0 cm/s，底层分别为 110.9 cm/s、76.5 cm/s 和 69.3 cm/s；落潮最大流速表层分别为 161.0 cm/s、161.5 cm/s 和 126.5 cm/s，底层分别为 137.4 cm/s、106.8 cm/s 和 82.1 cm/s。冬季由于径流强度减弱，涨、落潮流速比夏季小，如内伶仃岛、荷包岛海域，涨潮最大流速表层分别为 79.5 cm/s 和 19.0 cm/s，底层分别为 95.5 cm/s 和 45.3 cm/s。说明夏季和冬季的最大流速落潮大于涨潮，这种现象表层比底层更加显著。珠江口外万山群岛海域，由于远离河口区，受径流作用小，但受海岛地形影响明显增大，涨、落潮最大流速比河口小。珠江口海区，高栏列岛和万山群岛海域椭圆旋转率约为0.2，旋转流成分较大；其余海域因受河口径流或涨、落潮流的作用，椭圆旋转率一般在0.1左右，往复流成分较大。珠江口海域余流分布比较复杂。夏季，受河口径流影响，余流流速表层大于底层，其中表层流速 10.6 ~ 35.8 cm/s，底层流速一般小于 15.0 cm/s。万山群岛附近海域余流，表层流向北，底层偏北。高栏列岛附近海域余流流向东南。靠近河口湾附近海域的青洲水道、伶仃水道以及荷包岛海域，余流主要受径流控制，表层出现较大的冲淡水流。冬季，万山群岛附近海域、九洲列岛东部的青洲水道，表层余流流速较大，为 29.6 ~ 37.1 cm/s，内伶仃岛附近海域流速最小，为 4.0 cm/s。底层余流最大流速分布在东澳岛附近海域，为29.0 cm/s，其余海域则小于 10 cm/s。余流流向在九洲列岛东部海域，表层流向西南偏南，底层流向西北偏北，具有补偿流性质；高栏列岛附近海域表层流向偏南，底层流向偏北；其余海域余流基本上呈西南向，具有漂流性质。

2.3.3.3　粤西

1) 阳茂区块

春季，港内与港外、湾内与湾外的海流情况有所差异，较靠近海陵湾内部的 C02 与 C03站各层海流流速与流向相近，潮流特征明显，最大流速超过 100 cm/s，而湾口附近的 C01 与C04 站表层流与底层流的流速和流向均不相一致，明显是受到风或其他因素的影响。水东港各站位的情况与海陵湾类似。夏季，多数站位表层海流与中层和底层起伏状况不相一致，且底层流相对较小。此现象主要出现在水东港海域的各站位，可能与夏季风有关，因为各站位在观测时段内均出现较大的离岸流。海陵湾 4 个站位的海流则相互存在较大差异，C02 与C03 站各层流速较大，流向相近，显然与其所处地理位置有关，最大流速接近 100 cm/s，而C01 与 C04 则流速较小，与水东港各站情况相似。秋季与春季的情况相似，水东港最内部的C06 站与海陵湾最靠内的 C02 站的海流流速最大，接近 100 cm/s。冬季，多数站位表层海流与中层和底层起伏状况相一致，且各层流速相近，这应该是冬季风与潮流共同作用的结果。海陵湾四个站位的海流相互间仍然存在较大差异，C02 与 C03 站各层流速较大，流向相近，与其所处地理位置有关，最大流速接近 100 cm/s，而 C01 与 C04 站则流速较小。

该海区潮流性质以不正规半日潮流为主。潮流运动形式以往复流为主，部分站位略带旋转性。受湾底地形制约，余流流场较为复杂。余流方向各不相同，流速相差较大。各站表层流速均大于底层流速，且底层流速较小。

2) 湛江区块

春季，湛江港各站的表层流有受东北风影响的迹象。流沙湾各站的表、中、底层海流分布基本一致，底层流速略小。多数站位的南向流显著，但流速总体不算太大。流沙湾的海流流向基本与海岸线平行，湛江港附近由于地形较复杂，各站海流情况也较为复杂。夏季，各站海流的表、中、底层分布基本一致，往复流状态明显，底层流速略小。秋季，湛江港各站的流速与春季相近，而流沙湾的各层流速却较大，明显比春季各站流速要大。湛江港北部的几个站位流速较小，南部站位和流沙湾的各站流速都比较大，且潮汐特征较为明显，其最大流速超过 100 cm/s。冬季，多数站位由于受冬季风的影响，南向流较大，部分站位最大流速超过 100 cm/s。该海区除个别站位表现为正规半日潮流外，潮流性质主要表现为不正规半日潮流。潮流运动形式主要表现为略带旋转的往复流。余流流速表层要大于底层。湛江港外各站位，余流流向在 4 个季节均以偏南向为主。流沙湾各站位余流流向比较复杂，无一致的规律可循。

2.3.4　波浪

风速、风时和风区是产生波浪的基本条件，因此不同类型的天气系统将产生不同类型的波浪，波浪的波高也与风速的大小、持续作用的时间和作用的范围大小直接相关，此外近岸区的波浪分布还与水深条件、海底地形起伏和岸线走向等密切相关。近岸区的波浪包括了从深水到浅水整个区域的风浪：深水区向近岸浅水区传来的涌浪、离岸风产生的小风区风浪和沿岸风生成的浅水风浪。由于外海传来的涌浪到达近岸时，因受地形影响很快就减弱或消失。因此在广东沿岸除粤东的云澳和遮浪海域有涌浪较多外，其余海域基本上以风浪为主，出现频率占 80%～90%。

广东省近岸的波浪主要由季风和热带气旋引起，在不同天气系统和沿岸地理特点诸因素的共同影响下，广东近岸区主要存在着 3 种波浪类型，即东北季风型、西南季风型和台风型。冬季，在东北季风作用下，来自台湾海峡和巴士海峡东部的波浪，以及南海东北部海区产生的波浪，不断传向广东近岸浅水区。因此，东北季风型的浪高以粤东岸区较大，而后向珠江口和粤西近岸区依次减小（图 2.7）。在粤东近岸区，主浪向与风向基本一致（E—NEN），越往西，主浪向与风向的偏角就越大。

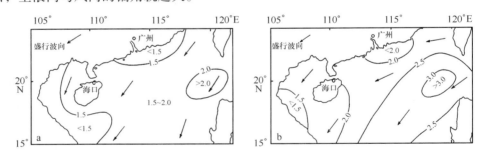

图 2.7　南海北部冬季（1 月）风浪（a）和涌浪（b）平均波高分布图（赵焕庭等，1999）

夏季，西南季风盛行，南海中部和南部往往形成 3～4 m 的波浪，北部则形成 2 m 左右的波浪。在广东近岸浅水区，尽管海底地形对波浪的折射影响不大，但该类天气系统生成的波浪浪高多在 1.5 m 以下。由于西南季风在广东近岸区的强弱差别不大，因而波浪随地理位置的变化也不太明显（图 2.8）。

南海的热带气旋分为从西太平洋移入南海的热带气旋和南海中南部海域生成的热带气旋两类。热带气旋中心附近的惊涛骇浪，具有巨大的能量和破坏性。热带气旋的移动及其风向围绕热带气旋中心内偏 20°～30° 的旋转特性，使热带气旋生成的海浪具有浪大、浪向多变的特点。当西太平洋的强热带气旋移到巴士海峡附近时，粤东近岸区率先出现热带气旋区内传来的前期涌浪，随着热带气旋继续西行，涌浪从粤东向珠江口和粤西各近岸区扩展。与东北季风和西南季风形成的波浪相比，热带气旋形成的波浪具有波高最大、出现时间最短和浪向

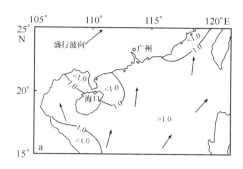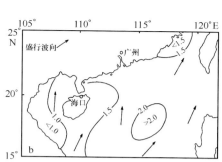

图 2.8　南海北部夏季（7 月）风浪（a）和涌浪（b）平均波高分布图（赵焕庭等，1999）

多变的特点，因此也是对近岸工程影响最大的一种波浪。

　　由于来自西太平洋的热带气旋和东北季风，首先影响到粤东近岸区，而后经珠江口、粤西至海南岛和广西近岸区。在这个过程中，风的强度逐渐减弱，风向也有所改变，使其产生的波浪也因地而异。广东近岸的浪向，从粤东至粤西海区，常浪向大体上从东北向逐渐转变为东南向。虽然地形的影响造成不同海区的波高存在明显的差异，但波高分布的总趋势是由东往西逐渐变小，即粤东沿岸海区和珠江口海区的平均波高（$H_{1/10}$，1.0 m 以上）大于粤西沿岸海区（1.0 m 以下）。表 2.7 给出了广东近岸重要港口、海湾主要波浪要素的统计情况。此外，波浪的平均周期也随地理位置改变而改变，波浪平均周期的分布与波浪浪高大致相当（赵焕庭等，1999）。粤东、珠江口近岸区的波浪平均周期多为 4.0～5.5 s，粤西近岸区最多出现的平均周期为 3.0～4.0 s，即自东往西波浪平均周期变短。

表 2.7　广东省重要港口、海湾波浪要素统计表

重要港口、海湾		平均波高 /m	最大波高 /m	平均周期 /s	最大周期 /s	常浪向	出现频率	强浪向	资料年限
粤东海区	汕头港	1.1	6.5	4.0	11.5	NE—E	47%	NE—E	1962—1975
	碣石湾	1.4	9.5	4.2	9.1	ENE—ESE	19%～22%	S	1971—1990
	大亚湾	0.8	4.6	5.5		ESE—SE	63%	SE	1985—1988
珠江口海区		1.1	7.3	5.5	11.3	SE	42%	SW、E	1981—1982
粤西海区	广海湾	1.2	3.8	4.5	10.0	SE		ESE	1988—1989
	镇海湾	0.2	4.5	1.0	9.0	W	20%	ENE	
	海陵湾	0.2	1.4	2.2	7.3			SSW	1959—1961
	水东港	0.8	4.4	3.6		SE	25%	S	1984
	湛江港	0.3	3.2	2.0		ENE		ENE—ESE	
	雷州湾	0.9	9.8	3.1	9.8	ENE		N	1960—1971
	安铺港	0.7	2.5	4.0				SW	

注：1. 表中平均波高为 $H_{1/10}$ 波高；

　　2. 波高与周期的单位分别为 m 和 s；

　　3. 表内"空白"表示无相关记录；

　　4. 珠江口海区数据取自荷包岛相关记录；

　　5. 湛江港数据为港内与港外两种情形下的相关记录。

2.4 海洋化学

在2006—2009年开展的广东省"908专项"水体环境调查与研究中，海洋化学专题进行了5个区块的调查，共设了63个调查站位，这5个区块分别是汕头海区、汕惠海区、阳茂海区、湛江海区和流沙湾海区。调查的内容包括海水化学、大气化学、沉积化学和生物质量，其中海水化学的调查要素包括溶解氧、pH、无机氮、活性磷酸盐、活性硅酸盐、油类和重金属；沉积化学的调查要素包括硫化物、氧化还原电位、有机质、总氮、总磷、油类及重金属；生物质量的调查要素包括石油烃、重金属、六六六、滴滴涕、多氯联苯、多环芳烃等。此次海洋化学调查范围广，时空密度大，调查要素多，所取得的调查结果客观反映了广东近岸海域的海洋化学现状。

2.4.1 海水化学

2.4.1.1 溶解氧

溶解氧是海洋生命活动不可缺少的物质，大气中的氧气可大量的溶入表层海水，绿色植物进行光合作用所放出的游离氧也是海洋溶解氧的重要来源。相反，海洋生物的呼吸作用以及有机物质分解成各种无机物质消耗了大量的氧气含量。溶解氧在海洋中的分布，既受化学过程和生物过程的影响，还受物理过程的影响（沈国英，2002）。

1）空间分布

夏季气温最高，海水强烈增温，河流径流量最大，沿岸海水分层明显，上下层无法进行充分混合，地层水被消耗的氧得不到补充，因此表层海水氧含量显著高于底层海水。夏季广东省沿岸各海区的溶解氧含量空间分布差异较大，汕惠海区的溶解氧含量相对最高，其各水层均值为7.76 mg/L。冬季在东北季风作用下，气温低，表层海水随之降温，海水氧的溶解度升高，故氧含量高。由于海水垂直混合强烈，使底层氧含量也升高。因此，冬季氧含量全年最高，全省均值为7.53 mg/L，各海区氧含量的平面分布和垂直分布都较均匀。春季表层海水开始增温，河流径流量增大，沿岸流系改变，浮游生物活动加强，从而改变了冬季溶解氧分布较均匀的格局。各海区中，汕头海区的溶解氧含量相对最高，其各水层均值为8.43 mg/L。流沙湾海区的溶解氧含量相对最低，其各水层均值为6.53 mg/L。秋季和春季相同，均处于季节变换之际，但秋季海水氧含量低于春季，全省沿岸各海区均值为7.00 mg/L。各海区中，汕头海区的溶解氧含量相对最高，其各水层均值为7.61 mg/L。

2）时间变化

广东省沿岸海水溶解氧平均含量季节变化明显，总体呈现出冬季、春季、秋季、夏季递减的规律，其中冬季均值为7.59 mg/L，春季均值为7.29 mg/L，秋季均值为7.20 mg/L，夏季均值为6.99 mg/L（表2.8）。各个海区的海水溶解氧含量季节变化规律与总体变化规律略有不同。汕头海区海水溶解氧含量呈现出从高到低依次为春季、冬季、秋季、夏季的规律，其中春季均值为8.43 mg/L，冬季均值为7.72 mg/L，秋季均值为7.61 mg/L，夏季均值为

6.93 mg/L；汕惠海区海水溶解氧含量呈现出从高到低依次为夏季、春季、冬季、秋季的规律，其中夏季均值为 7.76 mg/L，春季均值为 7.57 mg/L，冬季均值为 7.55 mg/L，秋季均值为 7.29 mg/L；阳茂海区海水溶解氧含量从高到低依次为冬季、夏季、秋季、春季的规律，其中冬季均值为 7.85 mg/L，夏季均值为 7.58 mg/L，秋季均值为 7.21 mg/L，春季均值为 6.99 mg/L；湛江海区海水溶解氧含量呈现出从高到低依次为冬季、秋季、春季、夏季的规律，其中冬季均值为 7.62 mg/L，秋季均值为 7.04 mg/L，春季均值为 6.94 mg/L，夏季均值为 6.29 mg/L；流沙湾海区海水溶解氧含量从高到低呈现出冬季、秋季、春季、夏季的规律，其中冬季均值为 7.21 mg/L，秋季均值为 6.83 mg/L，春季均值为 6.53 mg/L，夏季均值为 6.38 mg/L。

表 2.8　广东省沿岸及各调查海区海水溶解氧季节变化　　　　单位：mg/L

调查海区	夏季	冬季	春季	秋季
汕头海区	6.93	7.72	8.43	7.61
汕惠海区	7.76	7.55	7.57	7.29
阳茂海区	7.58	7.85	6.99	7.21
湛江海区	6.29	7.62	6.94	7.04
流沙湾海区	6.38	7.21	6.53	6.83
广东省沿岸	6.99	7.59	7.29	7.20

2.4.1.2　pH 值

海水 pH 值是海水酸碱度的一种标志。海水的 pH 值大于 7，所以海水呈弱碱性。海水的 pH 值主要取决于二氧化碳的平衡，在温度、压力及盐度一定的情况下，海水的 pH 值主要取决于 H_2CO_3 各种离解形式的比值。海水的 pH 值直接或间接地影响海洋生物的营养和消化、呼吸、生长、发育和繁殖，各种海洋生物都有其生长发育的最适 pH 值，这是长期适应的结果，过高或过低的 pH 值对其生命活动是有害的（沈国英，2002）。

1）空间分布

海水 pH 值平面分布主要受淡水径流和生物活动的影响。一般降水量较少、河流小、径流弱的岸段，pH 值较高，反之较低。浮游植物大量繁殖海区，由于光合作用消耗大量溶解二氧化碳，使海水 pH 值上升。海洋生物的呼吸以及有机物质氧化时产生二氧化碳，使海水 pH 值下降。广东省沿岸各海区 pH 值空间分布较均匀，其中汕头海区 pH 值的全年均值为 8.09，湛江海区 pH 值的全年均值为 8.11，流沙湾海区 pH 值的全年均值为 8.12，汕惠海区 pH 值的全年均值为 8.16，阳茂海区 pH 值的全年均值为 8.18。

2）时间变化

广东省沿岸海水 pH 值季节变化总体较小。汕头海区由于其径流强，季节变化明显，海水 pH 值随之变化，且夏季的 pH 值明显低于其他季节。汕头海区海水 pH 值呈现出从高到低依次为春季、秋季、冬季、夏季的规律，汕惠海区、阳茂海区、湛江海区和流沙湾海区等其他海区的海水 pH 值季节变化较小（表2.9）。

表 2.9　广东省沿岸及各调查海区海水 pH 值季节变化

调查海区	夏季	冬季	春季	秋季
汕头海区	7.90	8.07	8.22	8.15
汕惠海区	8.19	8.12	8.18	8.15
阳茂海区	8.17	8.13	8.18	8.22
湛江海区	8.08	8.13	8.11	8.10
流沙湾海区	8.06	8.13	8.10	8.19
广东省沿岸	8.08	8.12	8.16	8.16

2.4.1.3　无机氮

氮是海水重要的营养要素之一，是浮游植物生长不可缺少的化学成分，氮和磷是细胞原生质的重要组成成分，它们按一定比例被浮游植物所摄取，当任何一种要素含量低于或高于一定值时，都会抑制生物的生长和繁殖，甚至中毒死亡。海水中的氮主要是由径流带入，其次由大气降雨降入，另外是海洋生物的排泄和尸体腐解，这是海洋中氮的再生和循环方式。氮在海水中的分布和含量常受到生物和大陆径流、水系、底质有机质分解和水体垂直运动等因素的影响，因此有明显的季节性和地区性变化。

1）空间分布

广东省沿岸无机氮含量空间分布变化较大，总体呈现出近岸高、远岸低的特征。其余各海区的无机氮含量均相对较低，其中汕头海区的无机氮含量全年均值为 0.253 3 mg/L，阳茂海区的无机氮含量全年均值为 0.179 4 mg/L，湛江海区的无机氮含量全年均值为 0.104 9 mg/L，流沙湾海区的无机氮含量全年均值为 0.085 9 mg/L，汕惠海区的无机氮含量全年均值为 0.073 3 mg/L。

2）时间变化

广东省沿岸海水无机氮平均含量季节变化呈现出从高到低依次为夏季、冬季、秋季、春季的规律，其中夏季均值为 0.181 9 mg/L，冬季均值为 0.145 2 mg/L，秋季均值为 0.130 9 mg/L，春季均值为 0.101 8 mg/L（表2.10）。在各调查海区中，汕头海区的海水无机氮含量呈现出从高到低依次为冬季、秋季、夏季、春季的规律，其中冬季均值为 0.297 7 mg/L，秋季均值为 0.274 5 mg/L，夏季均值为 0.243 3 mg/L，春季均值为 0.197 7 mg/L；汕惠海区海水无机氮含量呈现出从高到低依次为夏季、冬季、秋季、春季的规律，其中夏季均值为 0.083 9 mg/L，冬季均值为 0.083 0 mg/L，秋季均值为 0.076 7 mg/L，春季均值为 0.049 7 mg/L；阳茂海区海水无机氮含量呈现出从高到低依次为夏季、冬季、秋季、春季的规律，其中夏季均值为 0.284 1 mg/L，冬季均值为 0.179 9 mg/L，秋季均值为 0.157 5 mg/L，春季均值为 0.095 9 mg/L，湛江海区海水无机氮含量呈现出从高到低依次为夏季、春季、秋季、冬季的规律，其中夏季均值为 0.172 7 mg/L，春季均值为 0.105 1 mg/L，秋季均值为 0.080 9 mg/L，冬季均值为 0.072 8 mg/L；流沙湾海区海水无机氮含量呈现出从高到低依次为夏季、冬季、秋季、春季的规律，其中夏季均值为 0.125 5 mg/L，冬季均值为 0.092 8 mg/L，秋季均值为 0.064 9 mg/L，春季均值为 0.060 4 mg/L。

表 2.10　广东省沿岸及各调查海区海水无机氮季节变化　　　　　　单位：mg/L

调查海区	夏季	冬季	春季	秋季
汕头海区	0.243 3	0.297 7	0.197 7	0.274 5
汕惠海区	0.083 9	0.083 0	0.049 7	0.076 7
阳茂海区	0.284 1	0.179 9	0.095 9	0.157 5
湛江海区	0.172 7	0.072 8	0.105 1	0.080 9
流沙湾海区	0.125 5	0.092 8	0.060 4	0.064 9
广东省沿岸	0.181 9	0.145 2	0.101 8	0.130 9

2.4.1.4　活性磷酸盐

磷酸盐是海水中丰度较大的元素之一，也是海洋浮游植物生长所需要的营养盐之一，其分布和变化与海洋生物密切相关。当磷酸盐含量低于一定限值时，浮游植物的生长、繁殖就会受到限制；反之，含量太高，造成富营养化而引起赤潮，大量消耗海水中磷酸盐，因而下降。在底层海水中浮游植物较少，微生物活跃，使含磷有机化合物分解，因此底层磷酸盐含量常高于表层。沿岸海水中磷酸盐的分布规律和变化规律除受浮游植物的季节性变化影响外，还受到江河径流和沿海工业、生活排污的影响，另外有机质的氧化分解及海水的运动，对磷酸盐的分布和变化产生重大的影响。

1）空间分布

广东省沿岸活性磷酸盐含量空间分布变化较大，各海区间的差异较显著，总体呈现出近岸高、远岸低的特征。汕头海区的活性磷酸盐含量较高，全年均值为 0.014 2 mg/L。其余各海区的活性磷酸盐含量均相对较低，其中流沙湾海区的活性磷酸盐含量全年均值为 0.009 9 mg/L，湛江海区的活性磷酸盐含量全年均值为 0.008 4 mg/L，汕惠海区的活性磷酸盐含量全年均值为 0.004 6 mg/L，阳茂海区的活性磷酸盐含量全年均值为 0.004 5 mg/L。

2）时间变化

广东省沿岸海水活性磷酸盐平均含量的季节变化，呈现出从高到低依次为秋季、冬季、春季、夏季的规律，其中秋季均值为 0.012 4 mg/L，冬季均值为 0.012 2 mg/L，春季均值为 0.005 6 mg/L，夏季均值为 0.003 0 mg/L（表 2.11）。其中，汕头海区海水活性磷酸盐含量呈现出从高到低依次为秋季、冬季、夏季、春季的规律，且秋季和冬季的含量远高于夏季和春季，季节变化十分显著，其中秋季均值为 0.025 5 mg/L，冬季均值为 0.024 5 mg/L，夏季均值为 0.004 5 mg/L，春季均值为 0.002 3 mg/L；汕惠海区呈现出从高到低依次为秋季、冬季、春季、夏季的规律，不同季节间的差异明显，其中秋季均值为 0.008 0 mg/L，冬季均值为 0.005 3 mg/L，春季均值为 0.003 5 mg/L，夏季均值为 0.001 6 mg/L；阳茂海区海水活性磷酸盐含量呈现出从高到低依次为秋季、冬季、夏季、春季的规律，不同季节间的差异明显，其中秋季均值为 0.008 8 mg/L，冬季均值为 0.006 9 mg/L，夏季均值为 0.001 6 mg/L，春季均值为 0.000 6 mg/L；湛江海区海水活性磷酸盐含量呈现出从高到低依次为春季、秋季、冬季、夏季的规律，其中春季均值为 0.010 1 mg/L，秋季均值为 0.009 5 mg/L，冬季均值为 0.008 7 mg/L，夏季均值为 0.005 2 mg/L；流沙湾海区海水活性磷酸盐含量呈现出从高到低依次为冬季、春季、秋季、夏季的规律，其中冬季均值为 0.015 7 mg/L，春季均值为 0.011 5 mg/L，秋季均值为 0.010 4 mg/L，夏季均值为 0.002 1 mg/L。

表 2.11　广东省沿岸及各调查海区海水活性磷酸盐季节变化　　　　单位：mg/L

调查海区	夏季	冬季	春季	秋季
汕头海区	0.004 5	0.024 5	0.002 3	0.025 5
汕惠海区	0.001 6	0.005 3	0.003 5	0.008 0
阳茂海区	0.001 6	0.006 9	0.000 6	0.008 8
湛江海区	0.005 2	0.008 7	0.010 1	0.009 5
流沙湾海区	0.002 1	0.015 7	0.011 5	0.010 4
广东省沿岸	0.003 0	0.012 2	0.005 6	0.012 4

2.4.1.5　活性硅酸盐

活性硅酸盐在海洋环境营养盐动力学中是一个十分重要的因子。硅藻在海洋生物的生命过程中起着重要的作用，而活性硅酸盐则是硅藻所必需的主要营养成分，所以海水中活性硅酸盐含量的变化对浮游植物的群落结构、生长速率以及生物量有独特的影响。活性硅酸盐含量的分布变化主要与生物过程、化学过程、河川径流和海水运动等因子有关。海洋生物（特别是硅藻、放射虫和硅质海绵等）的繁殖生长大量消耗海水中的活性硅酸盐，而它们的残体经氧化分解又会使活性硅酸盐再生，这便构成了海水中硅的循环。陆地上岩石的风化成土过程会发生脱硅作用，产生大量的活性硅酸盐进入河流中，并被输送入海，所以河川径流会给河口附近海区带来丰富的活性硅酸盐。另外，上升流也往往能给上层海水的活性硅酸盐带来补充。

1）空间分布

广东省沿岸活性硅酸盐含量空间分布变化较大，各海区间的差异显著，总体呈现出近岸高、远岸低的特征。汕头海区的活性硅酸盐含量较高，全年均值为 1.457 1 mg/L。其余各海区的活性硅酸盐含量相对较低，其中流沙湾海区的活性硅酸盐含量全年均值为 0.558 6 mg/L，阳茂海区的活性硅酸盐含量全年均值为 0.458 0 mg/L，汕惠的活性磷酸盐含量全年均值为 0.388 6 mg/L，湛江海区的活性硅酸盐含量全年均值为 0.294 4 mg/L。

2）时间变化

广东省沿岸海水活性硅酸盐含量季节变化，呈现出从高到低依次为夏季、冬季、秋季、春季的规律，其中夏季均值为 0.768 9 mg/L，冬季均值为 0.708 4 mg/L，秋季均值为 0.541 0 mg/L，春季均值为 0.507 0 mg/L（表 2.12）。其中，汕头海区海水活性硅酸盐含量呈现出从高到低依次为夏季、秋季、冬季、春季的规律，其中夏季均值为 2.454 3 mg/L，秋季均值为 1.179 6 mg/L，冬季均值为 1.633 9 mg/L，春季均值为 0.560 5 mg/L；汕惠海区海水活性硅酸盐含量呈现出从高到低依次为冬季、秋季、夏季、春季的规律，其中冬季均值为 0.489 9 mg/L，秋季均值为 0.419 5 mg/L，夏季均值为 0.381 5 mg/L，春季均值为 0.263 4 mg/L；阳茂海区海水活性硅酸盐含量呈现出从高到低依次为冬季、秋季、夏季、春季的规律，其中冬季均值为 0.716 9 mg/L，秋季均值为 0.545 6 mg/L，夏季均值为 0.415 1 mg/L，春季均值为 0.154 3 mg/L；湛江海区海水活性硅酸盐含量呈现出从高到低依次为春季、冬季、夏季、秋季的规律，其中春季均值为 0.381 3 mg/L，冬季均值为 0.336 6 mg/L，夏季均值为 0.265 3 mg/L，秋季均值为 0.194 5 mg/L；流沙湾海区海水活性硅酸盐含量呈现出从高到低依次为春季、秋季、冬季、夏季的规律，其中春季均值为 1.175 6 mg/L，秋季均值为 0.365 6 mg/L，冬季均值为 0.364 9 mg/L，夏季均值为 0.328 1 mg/L。

表 2.12　广东省沿岸及各调查海区海水活性硅酸盐季节变化　　　　单位：mg/L

调查海区	夏季	冬季	春季	秋季
汕头海区	2.454 3	1.633 9	0.560 5	1.179 6
汕惠海区	0.381 5	0.489 9	0.263 4	0.419 5
阳茂海区	0.415 1	0.716 9	0.154 3	0.545 6
湛江海区	0.265 3	0.336 6	0.381 3	0.194 5
流沙湾海区	0.328 1	0.364 9	1.175 6	0.365 6
广东省沿岸	0.768 9	0.708 4	0.507 0	0.541 0

2.4.1.6　油类

油类污染是水体污染的重要类型之一，随着石油工业的发展，油类对海洋的污染越来越严重。海面浮油可萃取分散于海水中的氯烃，如 DDT、狄氏剂、毒杀芬等农药和聚氯联苯等，并把这些毒物浓集到海水表层，对浮游生物、甲壳类动物和夜晚浮上海面活动的鱼苗产生有害影响，或直接触杀，或影响其生理、繁殖与行为。石油污染后，通常情况是某些耐污生物种类的个体数量会增加，而对污染敏感的种类个体会大量减少，甚至消失，结果导致群落物种多样性指数下降。油膜大面积覆盖海水表面，严重影响了海水对大气中氧气和二氧化碳的吸收，海水中的氧化速度、氧气更换速度大大降低，促使很多水生生物因缺氧而死亡。

1）空间分布

广东省沿岸海水油类含量空间分布变化较大，各海区间的差异显著。流沙湾海区的海水油类含量最高，全年均值为 0.275 9 mg/L。湛江海区的海水油类含量亦较高，全年均值为 0.079 9 mg/L。其余各海区的海水油类含量均相对较低，其中阳茂海区的海水油类含量全年均值为 0.033 5 mg/L，汕头海区的海水油类含量全年均值为 0.030 0 mg/L，汕惠海区的海水油类含量全年均值为 0.029 4 mg/L。

2）时间变化

广东省沿岸海水油类含量季节变化呈现出从高到低依次为冬季、春季、秋季、夏季的规律，其中冬季均值为 0.214 mg/L，春季均值为 0.094 mg/L，秋季均值为 0.034 mg/L，夏季均值为 0.019 mg/L（表 2.13）。其中，汕头海区海水油类含量呈现出从高到低依次为春季、冬季、夏季、秋季的规律，其中春季均值为 0.054 mg/L，冬季均值为 0.045 mg/L，夏季均值为 0.020 mg/L，秋季均值为 0.006 mg/L；汕惠海区海水油类含量呈现出从高到低依次为夏季、春季、冬季、秋季的规律，其中夏季均值为 0.039 mg/L，春季均值为 0.035 mg/L，冬季均值为 0.034 mg/L，秋季均值为 0.020 mg/L；阳茂海区海水油类含量呈现出从高到低依次为冬季、春季、夏季、秋季的规律，其中冬季均值为 0.077 mg/L，春季均值为 0.037 mg/L，夏季均值为 0.013 mg/L，秋季均值为 0.004 mg/L；湛江海区海水油类含量呈现出从高到低依次为春季、秋季、冬季、夏季的规律，其中春季均值为 0.171 8 mg/L，秋季均值为 0.103 mg/L，冬季均值为 0.030 mg/L，夏季均值为 0.016 mg/L；流沙湾海区海水油类含量呈现出从高到低依次为冬季、春季、秋季、夏季的规律，其中冬季均值为 0.884 mg/L，春季均值为 0.173 mg/L，秋季均值为 0.037 mg/L，夏季均值为 0.009 mg/L。

表 2.13　广东省沿岸及各调查海区海水油类季节变化　　　　　　　单位：mg/L

调查海区	夏季	冬季	春季	秋季
汕头海区	0.020	0.045	0.054	0.006
汕惠海区	0.039	0.034	0.035	0.020
阳茂海区	0.013	0.077	0.037	0.004
湛江海区	0.016	0.030	0.172	0.103
流沙湾海区	0.009	0.884	0.173	0.037
广东省沿岸	0.019	0.214	0.094	0.034

2.4.1.7　铜

铜是生命所必需的微量元素，存在于很多氧化酶中，如过氧化物歧化酶、抗坏血酸氧化酶、多酚氧化酶等，在电子传递和酶促反应中起重要作用，但浓度过高则会引起毒副作用，且各种海洋生物都能直接从海水中吸收铜，并沿食物链向上传递，并在高等生物中积累（陈伟琪，1993）。

1）空间分布

广东省沿岸各调查海区的海水铜含量差异不显著，其中汕头海区的海水铜含量全年均值为 2.3 μg/L，汕惠海区的海水铜含量全年均值为 2.2 μg/L，阳茂海区的海水铜含量全年均值为 2.1 μg/L，湛江海区的海水铜含量全年均值为 2.0 μg/L，流沙湾海区的海水铜含量全年均值为 1.8 μg/L。

2）时间变化

广东省沿岸海水铜含量季节变化呈现出从高到低依次为夏季、秋季、冬季、春季的规律，其中夏季均值为 2.3 μg/L，秋季均值为 2.2 μg/L，冬季均值为 2.0 μg/L，春季均值为 1.9 μg/L（表 2.14）。各海区中，汕头海区海水铜含量呈现出从高到低依次为冬季、春季、秋季、夏季的规律，其中冬季均值为 2.6 μg/L，春季均值为 2.3 μg/L，秋季均值为 2.1 μg/L，夏季均值为 2.0 μg/L；汕惠海区海水铜含量呈现出从高到低依次为秋季、夏季、春季、冬季的规律，其中秋季均值为 2.5 μg/L，夏季均值为 2.4 μg/L，春季均值为 2.3 μg/L，冬季均值为 1.7 μg/L；阳茂海区海水铜含量呈现出从高到低依次为秋季、春季、冬季、夏季的规律，其中秋季均值为 2.3 μg/L，春季均值为 2.2 μg/L，冬季均值为 2.1 μg/L，夏季均值为 1.9 μg/L；湛江海区海水铜含量呈现出从高到低依次为夏季、冬季、秋季、春季的规律，其中夏季均值为 3.8 μg/L，冬季均值为 1.6 μg/L，秋季均值为 1.6 μg/L，春季均值为 1 μg/L；流沙湾海区海水铜含量呈现出从高到低依次为秋季、冬季、春季、夏季的规律，其中秋季均值为 2.4 μg/L，冬季均值为 1.9 μg/L，春季均值为 1.8 μg/L，夏季均值为 1.2 μg/L。

表 2.14　广东省沿岸及各调查海区海水铜季节变化　　　　　　　　单位：μg/L

调查海区	夏季	冬季	春季	秋季
汕头海区	2.0	2.6	2.3	2.1
汕惠海区	2.4	1.7	2.3	2.5
阳茂海区	1.9	2.1	2.2	2.3
湛江海区	3.8	1.6	1.0	1.6
流沙湾海区	1.2	1.9	1.8	2.4
广东省沿岸	2.3	2.0	1.9	2.2

2.4.1.8　铅

铅是一种不能降解且广泛存在的重金属污染物，在自然环境中可长期蓄积，其主要来源为工业废水的排放和汽车排气的沉降。在海水中的溶解形态主要有 $PbCO_3$ 离子对和极细的胶体颗粒，分布极不均匀。

1）空间分布

广东省沿岸海水铅含量空间分布以汕头海区最高，全年均值为 2.9 μg/L，阳茂海区的海水铅含量相对也较高，全年均值为 2.1 μg/L。其余各海区的海水铅含量则差异不显著，其中汕头海区的海水铅含量全年均值为 1.5 μg/L，湛江海区的海水铅含量全年均值为 1.5 μg/L，珠江口海区的海水铅含量全年均值为 1.4 μg/L，流沙湾海区的海水铅含量全年均值为 1.3 μg/L。

2）时间变化

广东省沿岸海水铅含量季节变化呈现出从高到低依次为夏季、冬季、秋季、春季的规律，其中夏季均值为 3.1 μg/L，秋季均值为 1.6 μg/L，冬季均值为 1.2 μg/L，春季均值为 1.1 μg/L（表 2.15）。在各海区中，汕头海区海水铅含量呈现出从高到低依次为夏季、春季、秋季、冬季的规律，其中夏季均值为 3.2 μg/L，春季均值为 1.1 μg/L，秋季均值为 0.9 μg/L，冬季均值为 0.6 μg/L；汕惠海区海水铅含量呈现出从高到低依次为夏季、春季、秋季、冬季的规律，其中夏季均值为 4.9 μg/L，春季均值为 1.9 μg/L，秋季均值为 1.5 μg/L，冬季均值为 1.4 μg/L；阳茂海区海水铅含量呈现出从高到低依次为秋季、夏季、冬季、春季的规律，其中秋季均值为

4.2 μg/L，夏季均值为 2.3 μg/L，冬季均值为 1.5 μg/L，春季均值为 0.5 μg/L；湛江海区海水铅含量呈现出从高到低依次为夏季、冬季、春季、秋季的规律，其中夏季均值为 2.4 μg/L，冬季均值为 1.9 μg/L，春季均值为 1.0 μg/L，秋季均值为 0.8 μg/L；流沙湾海区海水铅含量呈现出从高到低依次为夏季、春季、秋季、冬季的规律，其中夏季均值为 2.7 μg/L，春季均值为 0.9 μg/L，秋季均值为 0.8 μg/L，冬季均值为 0.6 μg/L。

表 2.15　广东省沿岸及各调查海区海水铅季节变化　　　　　　　　　　　单位：μg/L

调查海区	夏季	冬季	春季	秋季
汕头海区	3.2	0.6	1.1	0.9
汕惠海区	4.9	1.4	1.9	1.5
阳茂海区	2.3	1.5	0.5	4.2
湛江海区	2.4	1.9	1.0	0.8
流沙湾海区	2.7	0.6	0.9	0.8
广东省沿岸	3.1	1.2	1.1	1.6

2.4.1.9　锌

锌是生命所必需的微量元素，是很多酶的组成部分。海洋生物对锌的富集能力很强，海水中锌的浓度过高会对生物产生毒害，甚至死亡（朱丽岩，1999）。

1）空间分布

广东省沿岸海水锌含量空间分布以阳茂海区相对最低，全年均值为 10.8 μg/L。其余各海区的海水锌含量则差异不显著，其中汕头海区的海水锌含量全年均值为 14.6 μg/L，汕惠海区的海水锌含量全年均值为 13.5 μg/L，湛江海区的海水锌含量全年均值为 13.0 μg/L，流沙湾海区的海水锌含量全年均值为 13.0 μg/L。

2）时间变化

广东省沿岸海水锌含量季节变化呈现出从高到低依次为夏季、春季、秋季、冬季的规律，其中夏季均值为 20.1 μg/L，春季均值为 12.1 μg/L，秋季均值为 10.6 μg/L，冬季均值为 8.6 μg/L（表 2.16）。在各海区中，汕头海区海水锌含量呈现出从高到低依次为夏季、冬季、秋季、春季的规律，其中夏季均值为 28.9 μg/L，冬季均值为 12.0 μg/L，秋季均值为 10.6 μg/L，春季均值为 6.8 μg/L；汕惠海区海水锌含量呈现出从高到低依次为夏季、春季、秋季、冬季的规律，其中夏季均值为 22.0 μg/L，春季均值为 10.8 μg/L，秋季均值为 10.5 μg/L，冬季均值为 10.8 μg/L；阳茂海区海水锌含量呈现出从高到低依次为春季、夏季、冬季、秋季的规律，其中春季均值为 12.9 μg/L，夏季均值为 12.7 μg/L，冬季均值为 9.5 μg/L，秋季均值为 8.0 μg/L；湛江海区海水锌含量呈现出从高到低依次为夏季、春季、秋季、冬季的规律，其中夏季均值为 21.9 μg/L，春季均值为 12.1 μg/L，秋季均值为 11.3 μg/L，冬季均值为 6.6 μg/L；流沙湾海区海水锌含量呈现出从高到低依次为春季、夏季、秋季、冬季的规律，其中春季均值为 18.0 μg/L，夏季均值为 17.5 μg/L，秋季均值为 12.5 μg/L，冬季均值为 4.0 μg/L。

表 2.16 广东省沿岸及各调查海区海水锌季节变化

单位：μg/L

调查海区	夏季	冬季	春季	秋季
汕头海区	28.9	12.0	6.8	10.6
汕惠海区	22.0	10.8	10.8	10.5
阳茂海区	12.7	9.5	12.9	8.0
湛江海区	21.9	6.6	12.1	11.3
流沙湾海区	17.5	4.0	18.0	12.5
广东省沿岸	20.1	8.6	12.1	10.6

2.4.1.10 镉

镉在海水中主要以 $CdCl_2$ 的胶体状态存在，此外也有镉的胶态有机络合物类腐植酸盐与铜、汞、铅、锑、锌的类腐植酸盐共存。工业废水的排放使近海海水和富有生物体内的镉含量高于远海。海洋生物能将镉富集于体内，因此鱼、贝类及海洋哺乳动物的内脏中镉的含量比较高。镉在鱼体内干扰铁代谢，使肠道对铁的吸收减低，破坏血红细胞，从而引起贫血症。镉在其他脊椎动物体中也有类似的危害作用。人们长期食用被镉严重污染的海产品，就会引起骨痛病（张正斌，1999）。

1）空间分布

广东省沿岸海水镉含量空间分布较为均匀，各海区的海水镉含量差异不显著。其中汕头海区的海水镉含量全年均值为 0.12 μg/L，湛江海区的海水镉含量全年均值为 0.11 μg/L，珠江口海区的海水镉含量全年均值为 0.10 μg/L，汕惠海区的海水镉含量全年均值为 0.10 μg/L，阳茂海区的海水镉含量全年均值为 0.10 μg/L，流沙湾海区的海水镉含量全年均值为 0.07 μg/L。

2）时间变化

广东省沿岸海水镉含量季节变化呈现出从高到低依次为夏季、冬季、春季、秋季的规律，其中夏季均值为 0.16 μg/L，冬季均值为 0.09 μg/L，春季均值为 0.08 μg/L，秋季均值为 0.07 μg/L（表 2.17）。在各海区中，汕头海区海水镉含量呈现出从高到低依次为夏季、冬季、春季、秋季的规律，其中夏季均值为 0.29 μg/L，冬季均值为 0.08 μg/L，春季均值为 0.07 μg/L，秋季均值为 0.04 μg/L；汕惠海区海水镉含量呈现出从高到低依次为夏季、春季、冬季、秋季的规律，其中夏季均值为 0.23 μg/L，春季均值为 0.08 μg/L，冬季均值为 0.05 μg/L，秋季均值为 0.03 μg/L；阳茂海区海水镉含量呈现出从高到低依次为春季、夏季、秋季、冬季的规律，其中春季均值为 0.12 μg/L，夏季均值为 0.10 μg/L，秋季均值为 0.10 μg/L，冬季均值为 0.09 μg/L；湛江海区海水镉含量呈现出从高到低依次为夏季、冬季、秋季、春季的规律，其中夏季均值为 0.18 μg/L，冬季均值为 0.11 μg/L，秋季均值为 0.08 μg/L，春季均值为 0.07 μg/L；流沙湾海区海水镉含量呈现出从高到低依次为冬季、秋季、春季、夏季的规律，其中冬季均值为 0.13 μg/L，秋季均值为 0.08 μg/L，春季均值为 0.06 μg/L，夏季均值为 0.02 μg/L。

表 2.17　广东省沿岸及各调查海区海水镉季节变化

单位：μg/L

调查海区	夏季	冬季	春季	秋季
汕头海区	0.29	0.08	0.07	0.04
汕惠海区	0.23	0.05	0.08	0.03
阳茂海区	0.10	0.09	0.12	0.10
湛江海区	0.18	0.11	0.07	0.08
流沙湾海区	0.02	0.13	0.06	0.08
广东省沿岸	0.16	0.09	0.08	0.07

2.4.1.11　铬

铬是一种毒性较高的重金属，自然环境中通常以六价和三价两种形态存在。六价铬主要与氧结合成铬酸盐或重铬酸盐，高价态的铬元素不仅具有高迁移力和毒性，而且其毒性可通过食物链传递。三价铬易形成氧化物或氢氧化物沉淀，其毒性相对较弱，通常认为六价铬的毒性比三价铬的毒性高 100 倍。当生物吸收过量铬时，轻则影响其生长发育，重则导致死亡（曲洪林，2008）。

1）空间分布

广东省沿岸各海区间海水铬含量的空间分布有一定差异。其中汕惠海区的海水铬含量全年均值为 1.37 μg/L，阳茂海区的海水铬含量全年均值为 1.08 μg/L，汕头海区的海水铬含量全年均值为 1.04 μg/L，湛江海区的海水铬含量全年均值为 0.83 μg/L，流沙湾海区的海水铬含量全年均值为 0.76 μg/L。

2）时间变化

广东省沿岸海水铬含量季节变化呈现出从高到低依次为秋季、夏季、冬季、春季的规律，其中秋季均值为 1.60 μg/L，夏季均值为 1.11 μg/L，冬季均值为 0.89 μg/L，春季均值为 0.57 μg/L（表 2.18）。在各海区中，汕头海区海水铬含量呈现出从高到低依次为秋季、夏季、冬季、春季的规律，其中秋季均值为 1.82 μg/L，夏季均值为 0.91 μg/L，冬季均值为 0.91 μg/L，春季均值为 0.5 μg/L；汕惠海区海水铬含量呈现出从高到低依次为秋季、夏季、冬季、春季的规律，其中秋季均值为 2.49 μg/L，夏季均值为 1.46 μg/L，冬季均值为 0.91 μg/L，春季均值为 0.61 μg/L；阳茂海区海水铬含量呈现出从高到低依次为秋季、夏季、冬季、春季的规律，其中秋季均值为 2.27 μg/L，夏季均值为 1.06 μg/L，冬季均值为 0.93 μg/L，春季均值为 0.52 μg/L；湛江海区海水铬含量呈现出从高到低依次为夏季、冬季、春季、秋季的规律，其中夏季均值为 1.22 μg/L，冬季均值为 0.81 μg/L，春季均值为 0.67 μg/L，秋季均值为 0.61 μg/L；流沙湾海区海水铬含量呈现出从高到低依次为夏季、秋季、春季、冬季的规律，其中夏季均值为 0.91 μg/L，秋季均值为 0.82 μg/L，春季均值为

0.56 μg/L，冬季未检测出其含量。

表2.18 广东省沿岸及各调查海区海水铬季节变化
单位：μg/L

调查海区	夏季	冬季	春季	秋季
汕头海区	0.91	0.91	0.50	1.82
汕惠海区	1.46	0.91	0.61	2.49
阳茂海区	1.06	0.93	0.52	2.27
湛江海区	1.22	0.81	0.67	0.61
流沙湾海区	0.91	未检出	0.56	0.82
广东省沿岸	1.11	0.89	0.57	1.60

2.4.1.12 砷

砷是一种剧毒物质，三氧化二砷（As_2O_3）是众所周知的毒药"砒霜"，砷的三价化合物毒性较大，对人体有强致畸致癌作用。有机砷毒性很低，通常认为不具致癌性，而无机砷是对人类危害很大的致畸致癌物质（钟硕良，2007）。

1）空间分布

广东省沿岸各海区间海水砷含量的空间分布略有差异。其中流沙湾海区的海水砷含量全年均值为0.286 μg/L，汕惠海区的海水砷含量全年均值为0.165 μg/L，汕头海区的海水砷含量全年均值为0.113 μg/L，阳茂海区的海水砷含量全年均值为0.102 μg/L，湛江海区的海水砷含量全年均值为0.099 μg/L。

2）时间变化

广东省沿岸海水砷含量季节变化呈现出从高到低依次为冬季、春季、夏季、秋季的规律，其中冬季均值为3.0 μg/L，春季均值为2.4 μg/L，夏季均值为1.9 μg/L，秋季均值为1.4 μg/L（表2.19）。在各海区中，汕头海区海水砷含量呈现出从高到低依次为冬季、春季、秋季、夏季的规律，其中冬季均值为4.0 μg/L，春季均值为3.1 μg/L，秋季均值为1.4 μg/L，夏季均值为1.2 μg/L；汕惠海区海水砷含量呈现出从高到低依次为冬季、春季、秋季、夏季的规律，其中冬季均值为4.0 μg/L，春季均值为3.4 μg/L，秋季均值为1.4 μg/L，夏季均值为1.3 μg/L；阳茂海区海水砷含量呈现出从高到低依次为冬季、春季、夏季、秋季的规律，其中冬季均值为4.1 μg/L，春季均值为2.1 μg/L，夏季均值为1.7 μg/L，秋季均值为0.9 μg/L；湛江海区海水砷含量呈现出从高到低依次为夏季、秋季、冬季、春季的规律，其中夏季均值为2.9 μg/L，秋季均值为1.5 μg/L，冬季均值为1.2 μg/L，春季均值为0.9 μg/L；流沙湾海区海水砷含量呈现出夏季＞秋季＞冬季＞春季的规律，其中夏季均值为2.4 μg/L，秋季均值为1.8 μg/L，冬季均值为1.5 μg/L，春季未检测出其含量。

表 2.19　广东省沿岸及各调查海区海水砷季节变化　　　　　　　　单位：μg/L

调查海区	夏季	冬季	春季	秋季
汕头海区	1.2	4.0	3.1	1.4
汕惠海区	1.3	4.0	3.4	1.4
阳茂海区	1.7	4.1	2.1	0.9
湛江海区	2.9	1.2	0.9	1.5
流沙湾海区	2.4	1.5	未检出	1.8
广东省沿岸	1.9	3.0	2.4	1.4

2.4.2　沉积物化学

沉积物化学的调查要素主要是硫化物、氧化还原电位、有机质、总氮、总磷、油类及铜、铅、锌、镉、铬、汞、砷等元素，广东省沿岸沉积物各化学要素的数据统计见表 2.20，各要素的空间分布均差异显著。

2.4.2.1　硫化物

广东省沿岸沉积物硫化物含量变化于 5.9~349.9 mg/kg 之间，平均值为 98.4 mg/kg，各海区间的空间分布有一定差异。汕惠海区的沉积物硫化物含量均值为 176.3 mg/kg；汕头海区的沉积物硫化物含量均值为 100.5 mg/kg；流沙湾海区的沉积物硫化物含量均值为 59.3 mg/kg；阳茂海区的沉积物硫化物含量均值为 57.3 mg/kg；湛江海区的沉积物硫化物含量均值为 21.6 mg/kg。

2.4.2.2　氧化还原电位

广东省沿岸沉积物氧化还原电位变化于 -198~332 mV 之间，平均值为 -19 mV，各海区间的空间分布差异显著。汕惠海区的沉积物氧化还原电位均值为 9 mV；阳茂海区的沉积物氧化还原电位均值为 -33 mV；汕头海区的沉积物氧化还原电位均值为 -87 mV；流沙湾海区的沉积物氧化还原电位均值为 -96 mV；湛江海区的沉积物氧化还原电位均值为 -101 mV。

2.4.2.3　有机质

海洋沉积物中的有机质来源分为内源输入和外源输入两种，内源有机质主要是水体生产力本身产生的动植物残体、浮游生物及微生物等的沉积而得，外源输入主要是通过外界水源补给过程中携带进来的颗粒态和溶解态的有机质。

广东省沿岸沉积物有机质含量变化于 0.37%~2.73% 之间，平均值为 1.45%。其空间分布变化较大，各海区间的差异显著。汕惠海区、汕头海区和流沙湾海区的沉积物有机质含量相对较高，均值分别为 1.78%、1.55% 和 1.49%。阳茂海区和湛江海区的沉积物有机质含量则比较低，均值分别为 0.97% 和 0.80%。

2.4.2.4　总氮

广东省沿岸沉积物总氮含量变化于 181~2 360 mg/kg 之间，平均值为 803 mg/kg，其空

表 2.20　广东省沿岸沉积物各化学要素数据统计

化学要素	汕头海区			汕惠海区			阳茂海区			湛江海区			流沙湾海区			全海区		
	最小值	最大值	平均值	最小值	最大值	平均值	最小值	最大值	平均值	最小值	最大值	平均值	最小值	最大值	平均值	最小值	最大值	平均值
硫化物/(mg·kg⁻¹)	36.9	182.9	100.5	56.0	349.9	176.3	12.8	140.9	57.3	5.9	84.7	21.6	39.6	79.0	59.3	5.9	349.9	83.0
有机质/%	1.03	2.05	1.55	0.97	2.73	1.78	0.53	1.77	0.97	0.37	1.42	0.80	1.36	1.61	1.49	0.37	2.73	1.32
总氮/(mg·kg⁻¹)	539	1 120	808	564	1 576	1 051	216	1 350	647	181	2 360	1 129	769	880	825	181	2 360	892
总磷/(mg·kg⁻¹)	233	293	259	209	499	288	97	256	177	43	174	80	260	288	274	43	499	216
油类/(mg·kg⁻¹)	14.8	379.2	131.2	24.7	360.9	161.7	11.9	82.9	43.9	7.2	36.6	18.5	11.9	16.6	14.3	7.2	379.2	73.9
铜/(mg·kg⁻¹)	12	48	26	8	22	16	8	41	20	3	31	15	18	23	21	3	48	20
铅/(mg·kg⁻¹)	29	74	49	15	63	33	14	40	25	15	47	29	48	56	52	14	74	38
锌/(mg·kg⁻¹)	71	141	109	57	105	89	43	121	77	28	129	76	86	96	91	28	141	89
镉/(mg·kg⁻¹)	0.02	0.52	0.16	0.02	0.28	0.06	0.02	0.70	0.06	0.02	0.75	0.40	0.04	0.06	0.05	0.02	0.75	0.17
铬/(mg·kg⁻¹)	58	65	62	57	67	63	42	74	63	34	93	60	62	64	63	34	93	61
汞/(mg·kg⁻¹)	0.032	0.083	0.055	0.019	0.050	0.038	0.017	0.140	0.038	0.011	0.128	0.066	0.038	0.047	0.043	0.011	0.140	0.051
砷/(mg·kg⁻¹)	3.03	9.51	7.25	0.59	8.32	5.73	1.60	18.70	7.85	3.08	23.20	12.35	2.51	8.17	5.34	0.59	23.20	7.71

间分布变化较大，各海区间的差异显著。湛江海区的沉积物总氮含量均值为 1 129 mg/kg；汕惠海区的沉积物总氮含量均值为 1 051 mg/kg；流沙湾海区和阳茂海区的沉积物总氮含量则相对较低，其均值分别为 825 mg/kg 和 647 mg/kg。

2.4.2.5　总磷

广东省沿岸沉积物总磷含量变化于 43～499 mg/kg 之间，平均值为 189 mg/kg，其空间分布变化较大，各海区间的差异显著。汕惠海区的沉积物总磷含量均值为 288 mg/kg；流沙湾海区的沉积物总磷含量均值为 274 mg/kg；汕头海区的沉积物总磷含量均值为 259 mg/kg；阳茂海区的沉积物总磷含量均值为 177 mg/kg；湛江海区的沉积物总磷含量最低，均值为 80 mg/kg。

2.4.2.6　油类

石油及其炼制品（汽油、煤油、柴油等）在开采、炼制、贮运和使用过程中进入海洋环境而造成的污染，是世界性的海洋污染问题。含油污水中重油和沥青等较重部分，以及贴附在悬浮物上的石油，进入海域后比较迅速地在河口和港湾沉降。浮油和乳化油在海水中迁移过程中碰到悬浮物和胶体后，在一定条件下也会发生沉降。在油污染海域，底质中含油量也较高。广东省沿岸沉积物油类含量变化于 7.2～379.2 mg/kg 之间，平均值为 103.6 mg/kg。其空间分布变化较大，各海区间的差异显著（图 2.9）。汕惠海区的沉积物油类含量最高，均值为 161.7 mg/kg。汕头海区的沉积物油类含量也相对较高，均值为 131.2 mg/kg。其他海区的沉积物油类含量则相对比较低，其中阳茂海区的沉积物油类含量均值为 43.9 mg/kg，湛江海区的沉积物油类含量均值为 18.5 mg/kg，流沙湾海区的沉积物油类含量均值为 14.3 mg/kg。

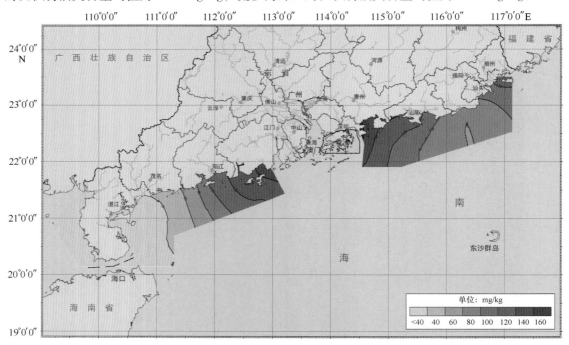

图 2.9　广东省沿岸沉积物油类含量分布

2.4.2.7　铜

广东省沿岸沉积物铜含量变化于 3 ~ 48 mg/kg 之间，平均值为 15 mg/kg，各海区间的空间分布有一定差异。汕头海区的沉积物铜含量均值为 26 mg/kg；流沙湾海区的沉积物铜含量均值为 21 mg/kg；阳茂海区的沉积物铜含量均值为 20 mg/kg；汕惠海区的沉积物铜含量均值为 16 mg/kg；湛江海区的沉积物铜含量均值为 15 mg/kg。

2.4.2.8　铅

广东省沿岸沉积物铅含量变化于 14 ~ 74 mg/kg 之间，平均值为 29 mg/kg，各海区间的空间分布有一定差异。流沙湾海区的沉积物铅含量均值为 52 mg/kg；汕头海区的沉积物铅含量均值为 49 mg/kg；汕惠海区的沉积物铅含量均值为 33 mg/kg；湛江海区的沉积物铅含量均值为 29 mg/kg；阳茂海区的沉积物铅含量均值为 25 mg/kg。

2.4.2.9　锌

广东省沿岸沉积物锌含量变化于 28 ~ 141 mg/kg 之间，平均值为 73 mg/kg，各海区间的空间分布有一定差异。汕头海区的沉积物锌含量均值为 109 mg/kg；流沙湾海区的沉积物锌含量均值为 91 mg/kg；汕惠海区的沉积物锌含量均值为 89 mg/kg；阳茂海区的沉积物锌含量均值为 77 mg/kg；湛江海区的沉积物锌含量均值为 76 mg/kg。

2.4.2.10　镉

广东省沿岸沉积物镉含量变化于 0.02 ~ 0.75 mg/kg 之间，平均值为 0.15 mg/kg，各海区间的空间分布有一定差异。湛江海区的沉积物镉含量均值为 0.40 mg/kg；汕头海区的沉积物镉含量均值为 0.16 mg/kg；阳茂海区的沉积物镉含量均值为 0.16 mg/kg；汕惠海区的沉积物镉含量均值为 0.06 mg/kg；流沙湾海区的沉积物镉含量均值为 0.05 mg/kg。

2.4.2.11　铬

广东省沿岸沉积物铬含量变化于 34 ~ 93 mg/kg 之间，平均值为 51 mg/kg，各海区间的空间分布有一定差异（图 2.10）。汕惠海区的沉积物铬含量均值为 63 mg/kg；流沙湾海区的沉积物铬含量均值为 63 mg/kg；汕头海区的沉积物铬含量均值为 62 mg/kg；湛江海区的沉积物铬含量均值为 60 mg/kg；阳茂海区的沉积物铬含量均值为 55 mg/kg。

2.4.2.12　汞

广东省沿岸沉积物汞含量变化于 0.011 ~ 0.128 mg/kg 之间，平均值为 0.064 mg/kg，各海区间的空间分布有一定差异。湛江海区的沉积物汞含量均值为 0.066 mg/kg；汕头海区的沉积物汞含量均值为 0.055 mg/kg；阳茂海区的沉积物汞含量均值为 0.051 mg/kg；流沙湾海区的沉积物汞含量均值为 0.043 mg/kg；汕惠海区的沉积物汞含量均值为 0.038 mg/kg。

2.4.2.13　砷

广东省沿岸沉积物砷含量变化于 0.59 ~ 23.20 mg/kg 之间，平均值为 11.40 mg/kg，各海

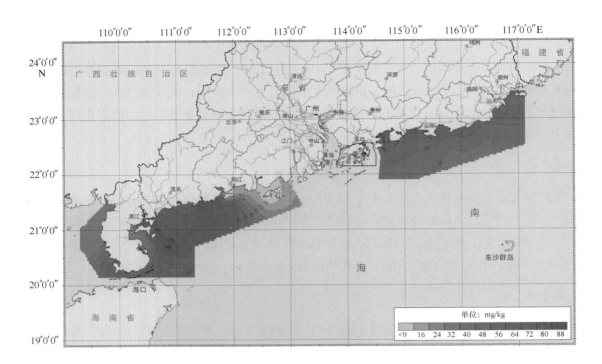

图 2.10　广东省沿岸沉积物铬含量分布

区间的空间分布有一定差异。湛江海区的沉积物砷含量均值为 12.35 mg/kg；阳茂海区的沉积物砷含量均值为 7.85 mg/kg；汕头海区的沉积物砷含量均值为 7.25 mg/kg；汕惠海区的沉积物砷含量均值为 5.73 mg/kg；流沙湾海区的沉积物砷含量均值为 5.34 mg/kg。

2.4.3　海洋环境质量及其变化

2.4.3.1　近岸海域海水质量及其变化

海水环境质量是海洋环境质量的一个重要方面，因为海水是海洋环境的主体，也是大多数海洋生物的栖息场所。通过不同途径入海的污染物首先进入海水，并在其中扩散，污染海洋生物和海底沉积物，进而影响人体。海洋水质标准是判断海水是否受到污染及其污染程度的准则，亦是海洋环境质量评价、规划、管理以及制定海洋污染物排放标准的依据。目前我国按照海域的不同使用功能和保护目标，海水水质分为 4 类：第一类适用于海洋渔业水域、海上自然保护区和珍稀濒危海洋生物保护区；第二类适用于水产养殖区、海水浴场、人体直接接触海水的海上运动或娱乐区以及与人类食用有关的工业用水区；第三类适用于一般工业用水区、滨海风景旅游区；第四类适用于海洋港口水域及海洋开发作业区。

根据"908 专项" 2007—2009 年的海洋化学调查及评价结果，广东近海海水中的溶解氧（DO）、无机氮（DIN）、活性磷酸盐（DIP）、石油类、铜、铅和锌均有不同程度地超过第一类海水水质标准，其余因子则符合第一类海水水质标准。污染海域主要分布在珠江口、汕头港和湛江港等港湾局部海域。海水中主要污染物是无机氮和活性磷酸盐，部分港湾受石油类轻度污染。

海水中无机氮、活性磷酸盐均存在超过第四类标准的站位，超第四类标准的超标率分别为 13.46% 和 4.70% ，无机氮和活性磷酸盐高值区域主要出现在珠江口，其次为汕头港、海陵湾内和湛江港内，港湾外海域相对较低；石油类超过第一类水质标准的超标率为 16.20% ，有极少部分站位出现超第三类标准和第四类标准；溶解氧含量超第一类、第二类和第三类标准的超标率分别为 14.10% 、1.28% 和 0.21% ；铜和锌含量均符合第三类水质标准，超第二类标准的超标率分别为 0.35% 和 0.70% ；铅含量符合第四类水质标准，超第三类标准的超标率为 0.35% 。

根据《广东省海洋环境质量公报》，2010 年全省近岸海域海水水质达到清洁海域水质标准（第一类海水水质标准）的面积比例为 54.9% ，较清洁海域（第二类海水水质标准）比例 29.0% ，轻度污染海域（第三类海水水质标准）比例 4.5% ，中度污染海域（第四类海水水质标准）比例 3.1% ，严重污染海域（劣于第四类海水水质标准）比例 8.5% 。全省未达到清洁水质标准海域面积 22 042 km^2 ，严重污染海域面积 4 153 km^2 。污染海域主要分布在珠江口的广州、东莞、中山、深圳西部、珠海东部和南部、江门新会等经济发达、人口密集的大中城市近岸局部海域和潮州柘林湾、汕头港及湛江湾等港湾局部海域（图 2.11）。海水中主要污染物是无机氮和活性磷酸盐，部分港湾、航道区受石油类轻度污染。汕头港局部、深圳宝安海域、深圳湾、东莞海域、广州海域、中山海域、珠海东部和南部海域、高栏列岛海域、黄茅海和湛江湾局部海域海水中无机氮平均含量超过第四类海水水质标准。柘林湾、澄海近岸局部、汕头港、深圳湾、宝安海域、东莞海域、广州局部海域和湛江湾局部海域海水中的活性磷酸盐平均含量均超过第四类海水水质标准。

整体上，广东省近岸海域海水质量呈下降趋势。由于近年来广东沿海地区经济快速发展，城市和人口规模扩大，工农业废水和城市生活污水的排放以及其他形式的人为污染导致海水污染加重。据相关资料研究表明，粤东、粤西和珠江口近海海域无机氮均表现出随时间逐步增大的趋势（图 2.12）；油类含量在 3 个近海海域的时间分布表现较为一致，也呈增大趋势。在过去的 5 年里，广东近海中度污染以上的海域面积也略呈增大趋势，其中以 2009 年污染面积为最大（图 2.13）。

2.4.3.2 近岸海域沉积物质量及其变化

按照海域的不同使用功能和环境保护目标，海洋沉积物质量分为 3 类：第一类适用于海洋渔业水域、海洋自然保护区、珍稀与濒危生物自然保护区、海水养殖区、海水浴场、人体直接接触沉积物的海上运动或娱乐区以及与人类食用直接有关的工业用水区；第二类适用于一般工业用水区和滨海风景旅游区；第三类适用于海域港口水域及特殊用途的海洋开发作业区。

广东省"908 专项"海水化学调查与评价结果显示，广东近海海域沉积物中汞、锌、有机质、油类均未超出第一类沉积物质量标准；而铜、铅、镉、铬、砷和硫化物均不同程度地超出第一类标准，但仍符合海洋沉积物第二类标准。沉积物中铜在整个广东近海沉积物中分布较为均匀，高值区主要位于汕头港海域；铅的高值区主要在汕头港海域，阳茂海域含量则较低，而硫化物含量主要高值均集中分布于汕惠海区，低值主要分布于湛江港海域和流沙湾海域；镉、铬和砷均表现为粤西高于粤东，其中镉和砷最为明显，主要高值均出现在阳茂 – 湛江的湾外海域，珠江口海区镉平均含量较高。综合以上分析可以得出，广东沿岸海域各海区沉积物中均有不同的 2 ~ 3 个因子超出第一类沉积物质量标准，各海区中铜、铅和镉是出现

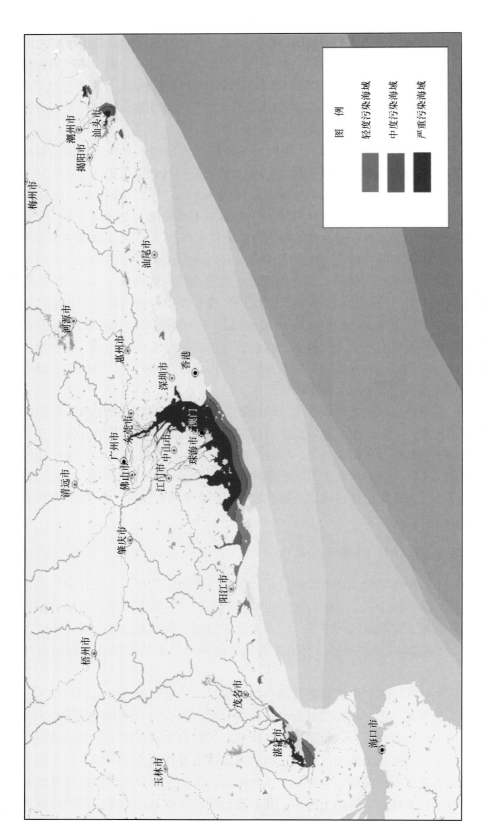

图 2.11 2010 年广东省近岸海域水质状况示意图

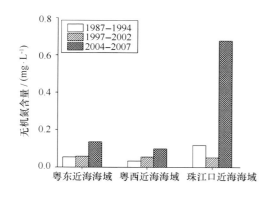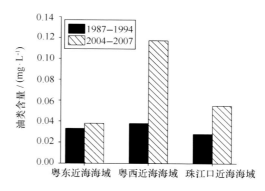

图 2.12 广东近海不同海域主要环境因子含量的历史变化状况

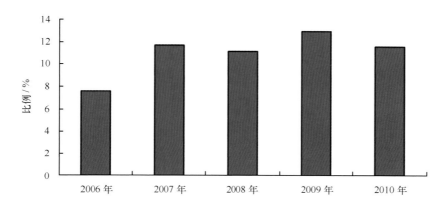

图 2.13 近 5 年来广东近海中度污染以上海域面积比例变化

污染频率较高的 3 个因子，但从超标程度的角度来看，沉积物质量总体上较为良好。

根据《广东省海洋环境质量公报》，2010 年全省近岸海域沉积物质量总体良好，基本符合第一类海洋沉积物质量标准。局部海域存在镉、铅、石油类、有机碳、六六六和多氯联苯超过第一类海洋沉积物质量标准的现象，个别站位存在有机碳、石油类等超过第二类海洋沉积物质量标准的现象，但仍基本符合相应海洋功能区对沉积物的质量要求。表 2.21 显示了 2010 年广东省近岸海域沉积物中污染物含量水平的站位比例。

表 2.21 广东省近岸海域沉积物中污染物含量水平站位比例 单位:%

质量类别	石油类	总汞	硫化物	有机碳	镉	铅	砷	六六六	滴滴涕	多氯联苯
第一类	91.4	97.1	88.6	74.3	88.6	97.1	91.4	97.1	100.0	94.3
第二类	5.7	2.9	11.4	22.9	8.6	2.9	8.6	2.9	0.0	5.7
第三类	0.0	0.0	0.0	2.9	2.9	0.0	0.0	0.0	0.0	0.0
劣于第三类	2.9	0.0	0.0	0.0	0.0	0.0	0.0	0.0	0.0	0.0

随着珠江沿岸经济的迅速发展，工业废水和生活污水大量排放，造成城市水体沉积物和河口沉积物严重污染。因此，珠江口近海海域沉积物的污染程度要比粤东、粤西近海海域严重。据"908 专项"相关的调查和研究结果，珠江口内及其近岸海区沉积物中总有机碳、硫化物、

汞、铬、石油类、多氯联苯、六六六、滴滴涕和多环芳烃均没有超过第一类海洋沉积物标准值，镉和砷的超标率为50%，铜、铅和锌等三项重金属的超标率分别为11.1%、8.3%和5.6%。其中个别区域沉积物中镉、铜和铅达到第三类评价标准。有研究（刘芳文等，2003）指出珠江口表层沉积物中锌、铬、铜、镉等重金属含量由西北逐渐向东南递减，可能主要受大城市陆源污染物的影响，同时也与水动力条件如强径流和潮汐的变化有关。另外，表层沉积物有害重金属的生态风险评价结果显示，珠江口有害重金属超出背景值的程度从高到低依次为砷、汞、锌、镉，说明砷、汞、锌、镉重金属的污染程度较为严重（黄向青，2006）。珠江口近岸海域沉积物中锌、镉含量从20世纪80年代到2002年处于增加趋势，并在2002年达到高峰（含量均超过了国家海洋沉积物一类标准），而后基本保持稳定；铜、铅含量无明显变化规律，但总体有增加的趋势，其中铜含量从1997年后均超过了一类沉积物标准，达到二类标准；汞含量年际变化不大，基本保持稳定；而砷和铬含量则有逐步增大的趋势。到2007年珠江口近岸海域沉积物中各种重金属含量有所下降（表2.22）。

表2.22 珠江口近岸海域沉积物中重金属含量　　　　　　　　　　单位：mg/kg

重金属	1983年	1989年	1997年	2002年	2004年	2004—2005年	2007年
Cu	25.4	22.4	39.0	43.8	39.4	48.2	14.2
Pb	29.8	23.7	59.4	48.9	53.3	41.3	25.3
Zn	119.2	89.7	110.9	153.3	130.4	114.0	35.2
Cd	<2.00	0.21	0.34	0.82	0.20	0.39	0.64
Cr			56.4		86.3	74.6	13.7
Hg			0.35		0.20	0.16	0.06
As			5.24		21.10	24.26	12.28

注：表内"空白"表示无记录。

2.4.3.3　近岸海域生物体质量

海洋生物是海水环境和沉积环境污染的直接受害者，并且海洋环境中的污染物对海洋生物质量的影响具有累积作用，其体内的污染物含量反映了其生存环境的质量，可食用底栖生物质量的好坏对人体健康更是有着直接的影响。按照海域的使用功能和环境保护的目标将海洋生物质量划分为3类：第一类适用于海洋渔业水域、海水养殖区、海洋自然保护区和与人类食用直接有关的工业用水区；第二类适用于一般工业用水区和滨海风景旅游区；第三类适用于港口水域和海洋开发作业区。目前，我国海洋生物质量状况并不乐观，主要表现为：海洋生物结构失衡，珍稀濒危物种减少；主要经济生物体内有害物质残留量偏高；沿岸经济贝类卫生状况欠佳。

广东省"908专项"2007—2009年的海水化学调查与评价结果显示，广东近海海域生物质量总体较好。甲壳类体内各个因子无超过第一类标准的现象。鱼类体中石油烃、铜、铅、锌和镉含量有超出第一类标准的现象，石油烃、铜、铅、锌的超标现象均出现在珠江口，镉超标现象出现在汕惠海区；汞、六六六和滴滴涕含量均未超过第一类标准。软体动物中，石油烃、铜和锌含量有超过第一类标准的现象，铜和锌超标均出现在珠江口海域，石油烃超标则在珠江口和湛江海域均有出现；镉、铅、汞、六六六和滴滴涕含量均未超过第一类标准。从全省各评价因子全省的平均值来看，鱼类、软体动物和甲壳类各因子均符合评价标准，但软体动物中石油烃平均含量已经接近超标阈值，值得重视。

根据《广东省海洋环境质量公报》，2010年广东继续在近岸海域实施贝类监测计划，目的是通过对海洋贝类生物体内污染物残留量的监测，评价全省近岸海域环境综合污染程度和变化趋势。监测的贝类主要品种有牡蛎、翡翠贻贝、文蛤、菲律宾蛤仔、栉孔扇贝、巴菲蛤光等，监测项目主要有石油烃、总汞、镉、铅、砷、六六六、滴滴涕和多氯联苯等。监测结果显示，广东省近岸海域贝类体内污染物残留状况总体处于第一、二类海洋生物质量水平。惠州大亚湾、珠江口、广海湾、阳江白蒲和湛江湾等海域采集的贝类体内石油烃处于第二类海洋生物质量水平；珠江口（虎门口、蕉门口、横门口）等海域贝类体内镉处于第二类海洋生物质量水平；珠江口（虎门口、蕉门口和南沙）等地贝类体内铅处于第二类海洋生物质量水平；磨刀门口牡蛎体内铜处于第三类海洋生物质量水平。

2.5 海洋生态与生物

2.5.1 初级生产力

海洋初级生产力即海洋浮游植物的固碳速率。相对于浮游植物生物量这一基本生态指标，初级生产力更多的是反映一种动态变化过程，它对深入研究海洋生态系统结构与功能，海洋生物地球化学循环过程以及海洋生态环境对气候变化及人类活动影响等方面，均具有重要意义，是海洋乃至全球碳收支、渔业资源等评估的重要参数。初级生产力对环境响应敏感，在近海海域，初级生产力常受海陆相互作用、人类活动等因素的影响。

2.5.1.1 初级生产力的分布特征

1）春季

广东省沿岸海区春季表层平均初级生产力以碳计为 15.35 mg/（m³·h），粤东表层平均为 14.44 mg/（m³·h），粤西为 16.72 mg/（m³·h），粤西略高于粤东海区（图2.14）。海区真光层水柱平均初级生产力为 63.23 mg/（m²·h）。就垂向分布而言，表层初级生产力水平为最高。

在各个海区中，以大亚湾海区初级生产力分布最为规律，从湾内往外，表层初级生产力逐渐降低。从图2.14可以看出，粤东沿岸表层初级生产力分布特征明显，等值线近乎与海岸线平行，而粤西海区高值带主要位于湛江港、雷州湾及邻近海区，往外海逐渐降低。

2）夏季

夏季初级生产力处于全年度最高水平，广东省沿岸调查海区表层平均初级生产力以碳计为 25.31 mg/（m³·h），粤东表层平均为 20.46 mg/（m³·h），粤西为 32.09 mg/（m³·h），粤西略高于粤东海区（图2.15）。海区真光层水柱平均初级生产力为 103.75 mg/（m²·h）。在近岸海域，表层初级生产力远高于中、底层，而远岸站位 5 m 层和表层较接近。

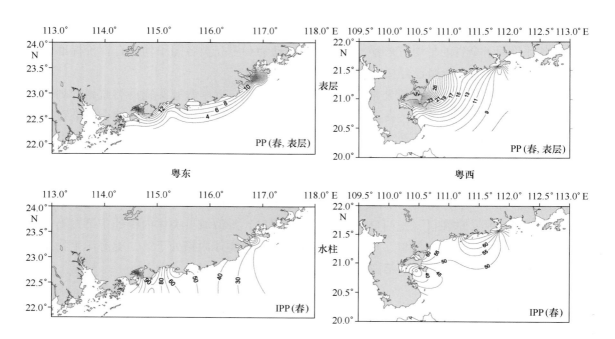

图 2.14 春季粤东和粤西海区表层初级生产力［mg/（m³·h）］和
真光层水柱初级生产力［mg/（m²·h）］平面分布图

粤东海区，大亚湾表层和真光层水柱初级生产力分布较为规律，从湾内向湾外和外海逐步降低。汕尾附近海区初级生产力水平高于大亚湾。粤西海区，初级生产力和真光层水柱初级生产力均呈现近岸高外海低的趋势（图 2.15）。

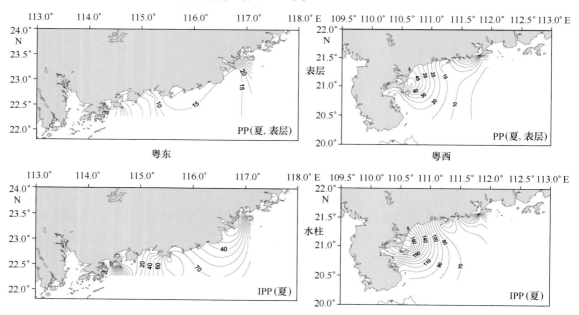

图 2.15 夏季粤东和粤西海区表层初级生产力［mg/（m³·h）］和
真光层水柱初级生产力［mg/（m²·h）］平面分布图

3）秋季

秋季，调查海区表层浮游植物平均初级生产力以碳计为 10.15 mg/（m³·h），粤东表层平均为 6.08 mg/（m³·h），粤西为 16.25 mg/（m³·h），粤西海区远高于粤东海区（图 2.16），达到粤东海区平均的近 3 倍。海区真光层水柱平均初级生产力为 29.40 mg/（m²·h）。表层浮游植物初级生产力高于深层水体。整个调查海区中，邻近大亚湾的远岸水体（G9 站）透明度最高，10 m 层初级生产力达到表层的近 50%。

根据图 2.16 显示，表层初级生产力在大亚湾分布特点最为明显，湾内高，外海低，而真光层水柱初级生产力则在湾口形成了一个低值区。粤西海区初级生产力分布特点和叶绿素 a 相似，依然在雷州半岛东部形成高值区。

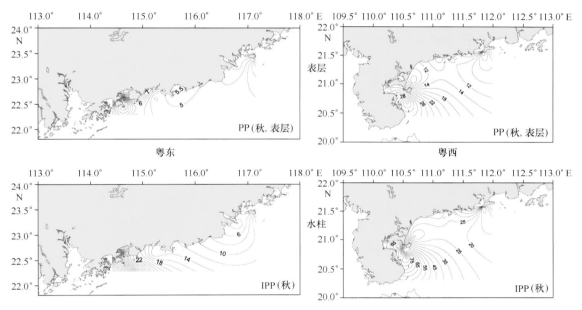

图 2.16　秋季粤东和粤西海区表层初级生产力［mg/（m³·h）］和真光层水柱初级生产力［mg/（m²·h）］平面分布图

4）冬季

冬季，海区表层平均初级生产力以碳计为 16.95 mg/（m³·h），粤东表层平均为 20.85 mg/（m³·h），粤西为 11.50 mg/（m³·h），粤东平均水平高出粤西海区近 1 倍（图 2.17）。海区真光层水柱平均初级生产力为 62.43 mg/（m²·h）；调查海区中层初级生产力水平较其他季节航次高。总体而言，冬季粤西海区分布规律性较强，表层初级生产力和真光层水柱初级生产力均呈现近岸高外海低的趋势。粤东海区，汕尾附近海域最为规律，近岸高外海低，大亚湾则总体上呈现东高西低的趋势（图 2.17）。

2.5.1.2　初级生产力的同化指数

同化指数（assimilation index）是浮游植物光合作用活性水平的重要指标，表明了单位浮

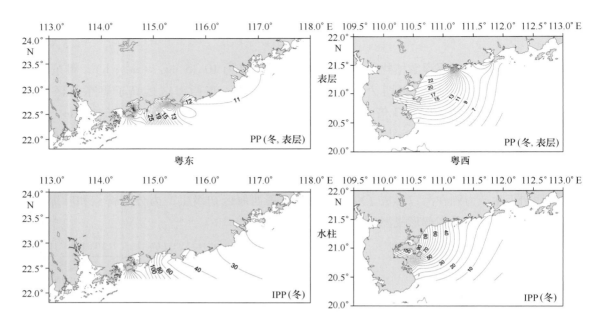

图 2.17　冬季粤东和粤西海区表层初级生产力〔mg/（m³·h）〕和
真光层水柱初级生产力〔mg/（m²·h）〕平面分布图

游植物生物量碳同化能力的高低（沈国英和施并章，2002）。影响同化指数的因素有多方面，除了与不同藻类的适应性有关外，还与环境的营养盐含量、光照条件和温度等因素有关（周伟华等，2003，2004）。表 2.23 列出了广东省沿岸各季节不同海区的同化指数情况，整个海区冬季接近于春季，约为夏季的 2.5 倍，秋季最低，以叶绿素 a 产碳计为 2.12 mg/h。汕头海区除冬季以外，每个季节均处于海区最低水平，这与汕头海区，特别是汕头港附近海域终年水体混合剧烈有关，海水浑浊，水体透明度低，进而导致浮游植物光合作用碳同化能力低。春、夏季海区最高同化指数出现于湛江海区，但湛江海区同化指数在秋、冬季却处于调查海区较低水平。大亚湾和汕尾海区冬季同化指数出现异常高的现象。粤西海区同化指数在春、夏季高于粤东海区，秋、冬季则反之。

表 2.23　各海区四个季节同化指数情况　　　　　　　　　　　　单位：mg/h

海　区	春季	夏季	秋季	冬季
汕头[①]	6.40	2.66	1.67	5.63
大亚湾和汕尾	11.53	2.65	2.39	18.47
阳江[②]	9.52	3.33	2.16	5.17
湛江[③]	11.79	8.80	2.01	3.16
粤东	9.78	2.66	2.14	15.43
粤西	10.75	5.78	2.09	4.16
广东省沿岸	10.21	3.95	2.12	10.50

注：①汕头海区包括柘林湾和汕头港海区；
　　②阳江海区包括海陵湾和水东港海区；
　　③湛江海区包括湛江港、雷州湾和流沙湾海区。

2.5.2 浮游生物

2.5.2.1 微微型浮游生物

微微型光合浮游生物指细胞大小为 0.2 ~ 2 μm，能进行光合作用的浮游生物，其组成包括聚球藻（*Synechococcus*）、原绿球藻（*Prochlorococcus*）、微微型真核生物（*pico - eukaryotes*）三大类群。它们是海洋浮游植物的重要组成者、是海洋初级生产力最主要的贡献者之一。

根据广东省"908 专项"水体环境调查与研究的生物生态专项对柘林湾—汕头港（A区）、汕尾港—大鹏湾（B区）、海陵岛—水东港（C区）及湛江港—流沙湾（D区）4 个海区开展的微微型光合浮游生物调查，结果显示各海区在春、夏、秋、冬均未发现原绿球藻的存在，仅检测出聚球藻（*Synechococcus*）和微微型真核生物（*pico - eukaryotes*）两大类群，全年聚球藻均占绝对优势，其丰度大于微微型真核生物。从图 2.18 来看，在广东沿海大部分调查海域，聚球藻丰度变化总趋势从高到低依次为夏季、春季、冬季、秋季，其中夏季值约为春季值的 2 倍。4 个调查区域中，聚球藻丰度最高的在粤西海域（D区），最低为粤东海域（A区）。除春季粤中海域（B区）聚球藻丰度值极低外，其余季节，粤中海域 B 区及粤东海域 C 区两区丰度值基本持平。年度最高值为夏季的 D 区，即雷州半岛附近海域，聚球藻平均丰度达 664×10^2 个/mL；年度最低值出现在春季的 A 区，即粤东汕头附近海域。微微型真核生物丰度也有较明显的季度和区域差异，总体来说夏季丰度值最低，而春季则在各海区有较大差异，B 区和 D 区丰度极高。微微型真核生物丰度值在秋季和冬季相近，但各海区略有差别，如 C 区秋季丰度值高于冬季，而 D 区则为冬季高于秋季。全年海区平均最高值位于 B 区，即汕尾及大亚湾附近海域。

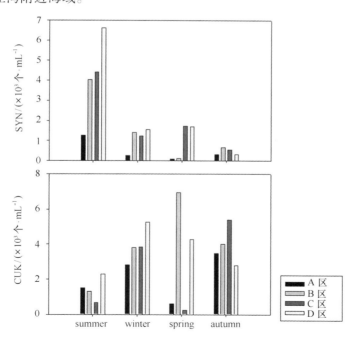

图 2.18　广东沿海微微型光合浮游生物表层丰度平均值

根据微微型光合浮游生物类群组成的季节变化及垂直分布分析，在广东沿海各海域中，聚球藻在夏季占据绝对优势，而冬季则数量急剧下降；微微型真核生物在夏季达全年最低值，而除了A区和C区外，微微型真核生物在其余3个季节丰度有明显增高。这种聚球藻与微微型真核生物繁盛季节的错位分布，与东海和胶州湾等海域发现的情况相一致。这是微微型光合浮游生物各类群在时空分布上的位移现象，这种现象在生态学上有着重要意义。虽然全年微微型真核生物丰度在数量上要比聚球藻低1~2个数量级，但微微型真核生物的生物量（叶绿素含量）和生产力贡献较聚球藻大，在营养竞争方面可能不会像二者丰度比例上那样悬殊。这种在不同季节达到峰值的策略将大大避免聚球藻和微微型真核生物在营养物质和生存空间上的竞争，因此不同的海域空间分布及季节演替对保持海区初级生产力及海域稳定性起着重要作用。

2.5.2.2 微型浮游生物

广东省"908专项"水体环境调查与研究中对微型浮游生物的调查主要是浮游植物。该专题在2006—2007年春、夏、秋、冬4个航次中，在水体表、中、底层共采集到微型浮游生物405种（包含变种、变型以及未知种），隶属于6个门，其中硅藻305种，甲藻90种，蓝藻4种，金藻4种，绿藻4种及黄藻2种（表2.24）；分别占微型浮游生物总数的74.4%，22.1%，1.0%，1.0%，1.0%及0.5%。从季节变化上，最高微型浮游生物种类数出现在春季，约275种，占浮游生物总种类数的67.9%；最低出现在秋季，共190种，占总种类数的46.9%；其他季节分别为夏季195种，冬季224种，分别占微型浮游生物总种类总数的48.1%和55.3%。微型浮游生物种类组成主要由硅藻和甲藻组成，且硅藻处于绝对优势，种类多分布广，各个季节均以硅藻占绝对优势。另外，微型浮游生物种类组成亦具有明显的季节变化，种类数量呈现出冬春季节高，夏秋季节低的显著特点。

表2.24 微型浮游植物种类组成

季节	类群	硅藻	甲藻	蓝藻	金藻	绿藻	黄藻	总计
春季	种数	197	67	4	4	2	1	275
	百分比/%	71.8	24.2	1.4	1.4	0.7	0.4	100
夏季	种数	138	50	3	3	1	0	195
	百分比/%	70.8	25.6	1.5	1.5	0.5	0	100
秋季	种数	135	46	3	4	2	0	190
	百分比/%	71.1	24.2	1.6	2.1	1.1	0	100
冬季	种数	175	40	3	2	3	1	224
	百分比/%	78.1	17.9	1.3	0.9	1.3	0.4	100
总计		301	90	4	4	4	2	405

若按照优势度$Y \geqslant 0.02$（徐兆礼和陈亚瞿，1989）来确定各个季节水体表、中、底层的优势种，春季表、中、底层水体中的优势种主要为旋链角毛藻（*Chaetoceros curvisetus*）、柔弱角毛藻（*Chaetoceros debilis*）、中肋骨条藻（*Skeletonema costatum*）、翼根管藻原型（*Rhizosolenia alata* f. *genuina*）及菱形海线藻（*Thalassionema nitzschioides*）等，而甲藻的优势种主要为微小原甲藻（*Prorocentrum minimum*）。夏季水体表、中、底层的优势种主要是优美伪菱形藻

（*Pseudonitzschia delicatissima*）、披针菱形藻（*Nitzschia lanceolata*）、尖刺拟菱形藻（*Pseudon-itzschia pungens*）、中肋骨条藻（*Skeletonema costatum*）、北方劳德藻（*Lauderia borealis*）、丹麦细柱藻（*Leptocylindrus danicus*）及伏氏海毛藻（*Thalassiothrix frauenfeldii*）等，而甲藻的优势种类主要是锥状斯氏藻（*Scrippsiella trochoidea*）。秋季水体表、中、底层的优势种主要是中肋骨条藻（*Skeletonema costatum*）、具槽直链藻（*Melosira sulcata*）、菱形海线藻（*Thalassionema nitzschioides*）、尖刺拟菱形藻（*Pseudonitzschia pungens*）、旋链角毛藻（*Chaetoceros curvisetus*）、环纹娄氏藻（*Lauderia annulata*）及中华根管藻（*Rhizosolenia sinensis*）。冬季水体表、中、底层的优势种主要是中肋骨条藻（*Skeletonema costatum*）、具槽直链藻（*Melosira sulcata*）、菱形海线藻（*Thalassionema nitzschioides*）、柱状小环藻（*Cyclotella stylorum*）、尖刺拟菱形藻（*Pseudonitzschia pungens*）及丹麦细柱藻（*Leptocylindrus danicus*）等。

在生物数量上，广东沿岸大部分海域的微型浮游生物总平均密度较高，整个海区 4 个季节的总平均密度为 214.31×10^3 个/L，在水体表层、中层、底层分别达到了 217.88×10^3 个/L、202.26×10^3 个/L 及 222.78×10^3 个/L，其中以底层微型浮游生物密度最高；而季节性微型浮游生物的平均密度春季为 197.18×10^3 个/L，夏季为 362.81×10^3 个/L，秋季为 262.05×10^3 个/L，而冬季则为 35.19×10^3 个/L，最高值出现在夏季，而最低值则出现在冬季（图 2.19）。从生物密度的水平分布上来看，微型浮游植物密度在近岸近湾内水域较高，而离岸的外海水域则较低；粤东海域如柘林湾及粤西海域如雷州湾浮游植物密度较高，而粤中海域如大鹏湾、大亚湾浮游植物密度相对较低。

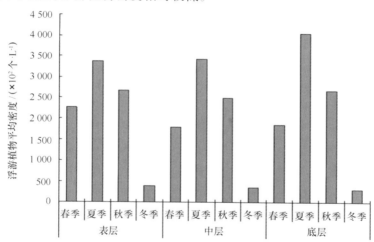

图 2.19　调查海区不同季节不同水层中浮游植物的平均密度

2.5.2.3　小型浮游生物

在广东省"908 专项"水体环境调查与研究中对小型浮游生物的调查主要是浮游植物。根据调查获取的样品，共鉴定出 271 种小型浮游生物（包含变种和变型），在种类组成上分别隶属于八大门类（表 2.25）。其中，硅藻是最为主要的类群，观察到 216 种，占小型浮游生物总种类数的 79.70%；甲藻其次，有 42 种。硅藻中又以圆筛藻属（*Coscinodiscus*）的种类最多，有 32种；其次是角毛藻属（*Chaetoceros*）的种类，观察到 24 种。甲藻中原多甲藻（*Protoperidinium*）的种类较多，观察到 8 种；其次是原甲藻属（*Prorocentrum*），有 5 种。在优势种的水平分布上，广东近海海域小型浮游生物的夏季优势种类是拟菱形藻；冬季时，粤东近海海区的优势种是中肋骨条藻，粤西近海海区的优势种是旋链角毛藻；春季时，汕头港外海的优势种是旋链角毛藻，其余海区的优势种是笔尖根管藻；秋季时，粤东近海海区的优势种是束毛藻，粤西近海海区的优势种是中肋骨条藻。在生物数量的水平分布上，广东近海海区夏季时小型浮游生物细胞密度的高值区位于粤东的海门湾，为 29.09×10^3 个/L；冬季时的高值区位于海陵岛东南的外海区，为 0.06×10^3 个/L；春季时的高值区位于大亚湾东侧，为 0.79×10^3 个/L；秋季时的高值区位于雷州半岛东南角 10 m 等深线附近海域，为 0.10×10^3 个/L。

表 2.25　小型浮游生物的门类组成

门类	种类数	比例/%
硅藻	216	79.70
甲藻	42	15.49
金藻	4	1.48
绿藻	3	1.11
蓝藻	2	0.74
裸藻	2	0.74
针胞藻	1	0.37
黄藻	1	0.37
小计	271	100

根据各港湾小型浮游生物群落特征的比较，广东沿海各港湾小型浮游生物细胞密度的季节动态规律有明显差别，呈现夏、春、秋、冬逐渐下降的趋势。各港湾小型浮游生物的优势种具多变性，夏季时拟菱形藻在多数港湾占据优势地位，细胞密度达到 10^5 个/L 以上，其在小型浮游生物群落中的占有比例也普遍较高，多在 60% 以上；冬季和秋季时，优势种类多变化，细胞密度普遍较低，多在 10^2 个/L 水平；春季时，粤东港湾多以旋链角毛藻为优势种，粤西港湾多以笔尖根管藻为优势种。绝大多数港湾小型浮游生物的种类数在冬季最低，其余3个季节基本持平。多样性指数在冬季最高，平均值达到 2.19，其次是秋季，为 2.21，夏季最低，为 1.16（表 2.26）。

表 2.26　各港湾不同季节小型浮游生物群落生态指数

指数	海域	夏季	冬季	春季	秋季
种类数（S）	柘林湾	36	30	50	26
	汕头港	39	19	57	21
	汕尾港	35	30	49	29
	大亚湾	49	31	47	41
	大鹏湾	44	18	48	67
	水东港	39	27	21	24
	阳江港	45	28	30	40
	湛江港	54	28	43	46
	雷州湾	41	33	36	58
	流沙湾	31	36	46	48
	平均值	41	28	43	40

续表 2.26

指数	海域	夏季	冬季	春季	秋季
优势度（Y）	柘林湾	0.80	0.28	0.91	0.53
	汕头港	0.81	0.29	0.67	0.67
	汕尾港	0.63	0.27	0.37	0.50
	大亚湾	0.65	0.25	0.42	0.37
	大鹏湾	0.84	0.63	0.20	0.49
	水东港	0.80	0.24	0.58	0.44
	阳江港	0.68	0.27	0.43	0.29
	湛江港	0.82	0.32	0.71	0.70
	雷州湾	0.47	0.88	0.48	0.10
	流沙湾	0.20	0.64	0.34	0.12
	平均值	0.67	0.41	0.51	0.42
多样性（H′）	柘林湾	0.70	2.85	0.34	1.85
	汕头港	0.65	2.37	1.03	1.31
	汕尾港	1.40	2.58	1.97	2.06
	大亚湾	1.16	2.89	2.14	2.60
	大鹏湾	0.47	1.28	2.84	1.27
	水东港	0.66	3.01	0.58	1.98
	阳江港	1.03	2.77	0.43	2.85
	湛江港	0.53	2.26	0.71	1.03
	雷州湾	1.85	0.52	0.48	3.59
	流沙湾	3.11	1.32	0.34	3.58
	平均值	1.16	2.19	1.09	2.21

2.5.2.4　中型浮游生物

中型浮游生物是指用浅水 Ⅱ 型或中型浮游生物网采集获得的浮游生物样品。中小型浮游生物虽然个体小，重量轻，但生命周期短，繁殖快，数量大，在海洋生态系统中起重要作用。但是，目前对于中型网或浅水 Ⅱ 型网样品，仅计数夜光藻（*Noctiluca scientillans*）一种。夜光藻，隶属甲藻门裸甲藻目夜光藻科夜光藻属，为单细胞浮游生物。分布很广，几乎遍及世界各海（寒带海除外）。夜光藻是一种世界性的赤潮生物，是亚热带和热带海区发生赤潮的主要生物之一，我国沿海由夜光藻引起的赤潮十分普遍。

黄长江等（1996，1997）对南海大鹏湾夜光藻种群的生态研究表明，夜光藻出现的水温范围在 15.8℃～28.6℃之间，当温度低于 22℃ 时，夜光藻种群的个体数量呈现出随水温上升而增加的趋势；当水温高于 25℃ 时，夜光藻的个体数量则随水温的升高而迅速降低；当水温超过 26.4℃ 时，则已是零星出现，说明高温不利于夜光藻的繁殖。广东省海域水温的变化受东亚季风的影响，西南季风时期（4 至 9 月）的温度高于东北季风时期（10 月至翌年 3 月）的。从广东省海域夜光藻密度分布的季节变化来看，夏季和秋季夜光藻的范围和密度都小于冬季和秋季的。吴瑞贞等（2007）统计 1980—2004 年南海发生了 44 次夜光藻赤潮，发生地点多数集中在大鹏湾、深圳湾和盐田港等富营养化的海湾港口。夜光藻赤潮的发生是物理、化学、生物和气候等各方面因素综合作用的结果，而不是由单一因素决定的，在众多的影响要素中，人类活动所引起的富营养化是夜光藻赤潮发生的首要物质基础。因此，今后应加强广东近海富营养化海湾、港口的海洋环境监测，加大对赤潮爆发表征因子的监测，减少夜光藻赤潮的危害。

根据广东省"908 专项"和国家"908 专项"对中型浮游生物调查的结果，广东省近海海域夜光藻的密度在季节和空间分布上均存在明显的差异。在季节上，冬季和春季较高，分别为（3 435 ± 29 354）个/m³ 和（2 686 ± 8 547）个/m³，夏季和秋季仅为（689 ± 3 266）个/m³ 和（8 ± 47）个/m³，冬季约为秋季的 429 倍。在空间分布上，春季夜光藻密度大于 10 000 个/m³ 的区域主要出现在粤西海域的阳江、水东港和湛江港，流沙湾部分站位夜光藻密度在 1 000 个/m³ 以上；粤东海域除大亚湾个别站位密度较高外，其余较低；珠江口夜光藻密度基本在 1 000 个/m³ 以下。夏季夜光藻在珠江口海域未出现，在粤东和粤西海域仅零星出现，但个体密度较高，有 3 个调查站的密度达 10 000 个/m³ 以上。秋季各海域夜光藻密度普遍较低。冬季粤东海域和珠江口夜光藻密度基本在 100 个/m³ 以下，粤西海域的夜光藻密度较高。比较粤东、珠江口和粤西海域夜光藻平均密度的季节变化，粤西海域夜光藻平均密度（4 442 个/m³）远高于粤东（343 个/m³）和珠江口（10 个/m³）海域，冬季和春季夜光藻高密度区主要出现在粤西海域（图 2.20）。

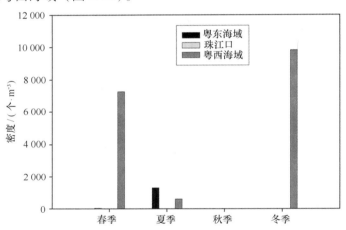

图 2.20　粤东、珠江口和粤西海域夜光藻密度的季节变化

2.5.2.5　大型浮游生物（浮游动物）

大型浮游生物是指采用浅水 I 型或者大型浮游生物网具采集的浮游生物。浮游动物是一类自己不能制造有机物的异养性浮游生物，从表层到深海均有分布。种类组成包括无脊椎动物的大部分门类，从最低等的原生动物到较高等的尾索动物，主要门类有原生动物、腔肠动物、甲壳动物、腹足动物、毛颚动物和被囊动物等。这些类别几乎均为永久性浮游生物，其中甲壳动物的桡足类种类最多，数量最大，分布最广。此外，还有一些阶段性的浮游动物，如各种底栖动物的浮游幼虫及鱼卵和仔稚鱼。

广东省近海主要受广东沿岸流的影响，重要养殖港湾（如柘林湾和大亚湾）及港口（如湛江港）受人类活动影响剧烈，水体呈富营养化状态。珠江口是咸淡水交汇的典型海域，受珠江径流、广东沿岸流和外海水的综合影响，生态环境独特，浮游动物种类组成多样化。根据广东省"908 专项"和国家"908 专项"对大型浮游生物（浮游动物）的调查和统计，广东省近海海域浮游动物共有 18 个类群 789 种（含浮游幼虫）；其中桡足类种数最多，为 229 种；其次是水螅水母类，为 126 种。其他类群的种数由多至少依次为端足类、管水母类、被囊类、介形类、浮游幼虫类、磷虾类、软体动物翼足类、毛颚类、糠虾类、软体动物异足类、多毛类、十足类、钵水母类、栉水母类、枝角类和涟虫类（表 2.27）。

表 2.27 广东省海域大型浮游生物种类组成及季节变化

类群	春季	夏季	秋季	冬季	总种数
水螅水母类（Hydromedusae）	70	72	63	60	126
管水母类（Siphonophores）	33	40	27	27	54
钵水母类（Scyphomedusae）	4	2	1	1	6
栉水母类（Ctenophores）	4	2	3	2	5
多毛类（Polychaetes）	12	12	7	4	18
软体动物翼足类（Pteropods）	19	24	15	24	32
软体动物异足类（Heteropods）	11	15	1	12	19
枝角类（Cladocerans）	3	3	2	1	3
介形类（Ostracods）	36	29	25	23	46
涟虫类（Cumacea）	1	1	0	1	1
桡足类（Copepods）	163	150	162	114	229
端足类（Amphipods）	55	52	26	47	77
糠虾类（Mysidacea）	19	7	2	7	23
磷虾类（Euphausiids）	22	22	17	21	32
十足类（Decapods）	3	6	7	6	8
毛颚类（Chaetognaths）	16	19	25	16	28
被囊类（Tunicates）	23	40	11	26	48
浮游幼虫类（Larvae）	23	25	22	18	34
总计	517	521	416	410	789

广东近海浮游动物种数分布有明显的季节变化，夏季平均种数（Mean ± SD）最高，为（35 ± 27）种/站；其次是春季，为（31 ± 27）种/站；秋季和冬季平均值分别为（25 ± 20）种/站和（25 ± 22）种/站。春季和夏季浮游动物种数分布有明显的空间异质性，每站高于 100 种的调查站基本出现在珠江口下川岛至万山群岛附近的海域，每站大于 50 种的调查站出现在雷州半岛东部海域，珠江口内调查站和其他海域种数较低，基本在 10 ~ 25 种之间。秋季和冬季浮游动物种数分布较均匀，种数大于 50 的调查站在珠江口外和雷州半岛东部海域，粤东和粤西各港湾的浮游动物种数一般小于 50 种/站。比较珠江口、粤东和粤西海域浮游动物种数的季节变化，珠江口海域浮游动物种数比粤东和粤西海域高。各个区域浮游动物种数的季节变化与总种数的季节变化趋势一致，即夏季和春季较高，秋季和冬季较低（图 2.21）。

在生物量分布及季节变化上，春季浮游动物生物量平均值最高，为（536 ± 749）mg/m³；其次为夏季，达（518 ± 496）mg/m³；冬季为（201 ± 279）mg/m³；秋季最低（135 ± 138）mg/m³。4 个季节浮游动物生物量空间分布有明显的季节变化。春季浮游动物高生物量（> 1 000 mg/m³）主要出现在珠江口外和粤西海域；夏季粤东海域生物量明显增加，粤西海域仍然较高，珠江

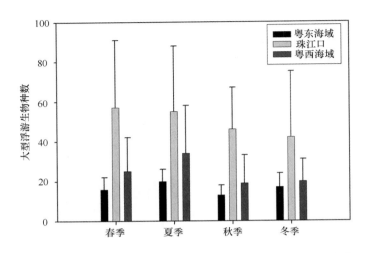

图 2.21 粤东、珠江口和粤西海域大型浮游生物种数的季节变化

口海域小于 1 000 mg/m³ 的站位减少；秋季整个海域浮游动物生物量较低，普遍小于 500 mg/m³；冬季珠江口外海域和粤西海域生物量提高，而粤东海域仍较低。比较粤东、珠江口和粤西海域浮游动物生物量的季节变化，粤东和粤西海域年平均生物量值分别为 318 mg/m³ 和 406 mg/m³，均高于珠江口海域的 310 mg/m³。粤东海域浮游动物生物量夏季最高，珠江口和粤西海域春、夏季比秋、冬季高，与总生物量的变化趋势一致（图 2.22）。

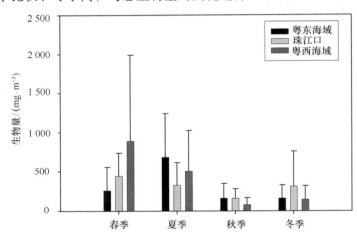

图 2.22 粤东、珠江口和粤西海域大型浮游生物生物量的季节变化

浮游动物的密度也具有明显的季节变化，夏季最高，为（599 ± 1 966）个/m³；春季次之，达（396 ±767）个/m³；秋季和冬季较低，分别为（118 ± 227）个/m³ 和（130 ± 156）个/m³。珠江口浮游动物密度季节之间差异小，在 42 ~ 60 个/m³ 之间。秋季整个广东海域浮游动物密度低，分布较均匀（除大亚湾个别站生物量较高外），而其他季节浮游动物高密度区不相同。粤西海域在春夏季大部分站位密度大于 1 000 个/m³，冬季一般在 100 ~ 500 个/m³ 之间；粤东海域的大亚湾和汕尾港春夏季密度较高。比较粤东、珠江口和粤西海域浮游动物密度的季节变化，粤东和粤西海域年平均生物量值分别为 404 个/m³ 和 270 个/m³，均高于珠江口海域的 51 个/m³。粤东海域的高密度主要是由夏季汕尾港 B4 站贡献的，该站强额拟哲水

蚤（*Paracalanus crassirostris*）密度高达 6 871 个/m³；粤西和粤东海域在春、夏季密度变化大不（图 2.23）。

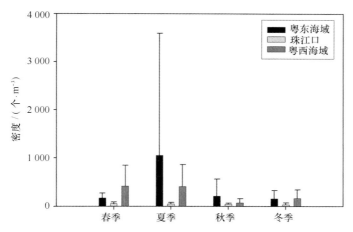

图 2.23　粤东、珠江口和粤西海域大型浮游生物密度的季节变化

以优势度 $Y \geqslant 0.02$ 来确定优势种（徐兆礼和陈亚瞿，1989），广东近岸海域浮游动物在春季的优势种有肥胖软箭虫（*Flaccsagitta enflata*）、软拟海樽（*Dolioletta gegenbauri*）、蛇尾类长腕幼虫（Ophiopluteus larva）、中华哲水蚤（*Calanus sinicus*）、双生水母（*Diphyes chamissonis*）、长尾类幼虫（Macrura larva）和短尾类幼虫（Brachyura larva）。夏季的浮游动物优势种有中型莹虾（*Lucifer intermedius*）、鸟喙尖头溞（*Penilia avirostris*）、球型侧腕水母（*Pleurobrachia globosa*）、强额拟哲水蚤、肥胖软箭虫、软拟海樽。春季和夏季优势种的共同点是身体含水量高的生物，如水母、海樽和箭虫等，因此春季和夏季的湿重生物量较高。在秋季和冬季，桡足类则占主导地位，如个体较大的亚强次真哲水蚤（*Subeucalanus subcrassus*）和精致真刺水蚤（*Euchaeta concinna*）因密度增加而成为优势种（表 2.28）。

与历史调查资料进行对比分析，广东省近岸海域浮游动物种类总体来说没有减少，浮游动物数量则呈增加的趋势。在粤东和粤西夏季由于季风和地形的相互作用，会出现明显的季节性上升流，因此浮游动物总生物量和总密度通常会出现高值。浮游动物生物量和密度比历史调查数据高的主要原因是由于全球变暖、富营养化和过度捕捞等因素的影响，海湾的胶质类浮游动物数量增加。

表 2.28　广东近海大型浮游生物优势种的季节变化

季节	优势种	优势度	平均密度（个·m⁻³）	百分比/%
春季	肥胖软箭虫（*Flaccsagitta enflata*）	0.102	59.08	17.1
	软拟海樽（*Dolioletta gegenbauri*）	0.095	73.79	21.3
	蛇尾类长腕幼虫（Ophiopluteus larva）	0.047	28.12	8.1
	中华哲水蚤（*Calanus sinicus*）	0.036	15.99	4.6
	双生水母（*Diphyes chamissonis*）	0.030	13.38	3.9
	长尾类幼虫（Macrura larva）	0.024	9.24	2.7
	短尾类幼虫（Brachyura larva）	0.023	10.16	2.9

季节	优势种	优势度	平均密度（个·m^{-3}）	百分比/%
夏季	中型莹虾（*Lucifer intermedius*）	0.110	108.64	14.1
	鸟喙尖头溞（*Penilia avirostris*）	0.068	71.59	9.3
	球型侧腕水母（*Pleurobrachia globosa*）	0.042	47.15	6.1
	强额拟哲水蚤（*Paracalanus crassirostris*）	0.031	112.71	14.7
	肥胖软箭虫（*Flaccsagitta enflata*）	0.026	24.47	3.2
	软拟海樽（*Dolioletta gegenbauri*）	0.021	30.90	4.0
秋季	肥胖软箭虫（*Flaccsagitta enflata*）	0.098	15.98	16.9
	亚强次真哲水蚤（*Subeucalanus subcrassus*）	0.087	17.19	18.2
	长尾类幼虫（*Macrura larva*）	0.029	5.18	5.5
	球型侧腕水母（*Pleurobrachia globosa*）	0.029	12.35	13.1
	长腕幼虫（*Echinopluteus larva*）	0.023	31.00	32.8
冬季	亚强次真哲水蚤（*Subeucalanus subcrassus*）	0.061	24.66	13.8
	精致真刺水蚤（*Euchaeta concinna*）	0.044	20.44	11.5
	微刺哲水蚤（*Canthocalanus pauper*）	0.033	15.19	8.5
	刺尾纺锤水蚤（*Acartia spinicauda*）	0.024	13.55	7.6

2.5.3 海洋微生物

2.5.3.1 异养细菌

异养微生物是海洋中生物量最丰富的群体之一，它一方面作为"分解者"或"还原者"分解有机物质并产生无机营养盐，促进营养盐循环，并成为海洋群落呼吸释放 CO_2 的主要贡献者；另一方面，作为次级生产者，它还可以吸收水体中的溶解有机碳（DOC），并转化为颗粒有机碳（POC），成为微食物环中摄食者的食物来源并向高营养层传递，在微食物环中起到关键作用。近海海域水陆相互作用剧烈，且常受人类活动影响，使该海域成为重要的有机碳汇并成为陆源向外海输送碳源的通道，对近岸水体异养微生物的生态学监测有助于深入开展海洋碳循环体系的生物地球化学研究。病毒在海洋中广泛存在，海洋病毒早在20世纪中期即被发现，但受研究技术的限制，直到近年来病毒的多样性以及它的生态学地位才得到广泛的了解与重视，现已证明它在海洋病原体学以及海洋食物环中均扮演着重要角色。在"908专项"调查中，广东沿岸海域的异养细菌调查以及细菌总数、病毒总数的调查，对了解沿岸海域的生态状况、海洋环境质量与容量等具有重要的参考价值。

广东沿海水体中的异养细菌数量在不同季节会发生较大的变化，同一季节不同海区之间的总体分布也存在地域差异。就表层水体而言，春季粤东海区汕头港内异养细菌数量高于 10^6 数量级（单位 CFU/cm^3，下同），粤西海区的流沙湾、雷州湾、海陵湾异养细菌丰度分别为 10^5、10^4、10^4 数量级；而水东港异养细菌仅为 10^2 数量级，明显低于其他海区。大亚湾和汕尾港海区异养细菌数量分布较为特殊，由大亚湾及汕尾港近岸水体向大亚湾外海方向从 10^4 数量级增加到 10^5 数量级。夏季，广东沿岸夏季表层水体可培养异养细菌数量在（4.7×10^2

~1.1×10⁶）CFU/cm³ 之间，其中水东港和海陵湾海区数量较少，为 $10^2 \sim 10^3$ 数量级；大亚湾和汕尾港海区远远高于其他海区，异养细菌数量达到 $10^5 \sim 10^6$ 数量级，且由内向外呈现递增趋势。其他海区中异养细菌数量均为 10^4 数量级。秋季广东省沿岸海域表层海水异养细菌数量均可达到 10^5 数量级，分布较均匀，秋季表层海水的异养细菌平均数量达到全年高值。冬季广东沿海表层海水中异养细菌数量达到全年最低值，在（$10^2 \sim 10^3$）CFU/cm³ 之间，分布较均匀，仅大亚湾部分水域达到 10^4 数量级。

异养细菌在水体中的垂直分布特征是，春季，汕头港、流沙湾水域异养细菌数量由上向下垂直分布呈递增趋势；柘林湾、湛江港水域各层水体异养细菌数量变化不显著；大亚湾水域异养细菌数量在湾内表层低底层高，而远岸海域表层高底层低；汕尾港水域水体异养细菌数量由表层到底层呈现递减趋势；海陵湾和水东港水域表层和底层水体中异养细菌数量为 10^4 数量级，而中层水体中异养细菌数量为 10^3 数量级。夏季，广东省沿海中层海水可培养异养细菌数量在（$7.2 \times 10^2 \sim 1.4 \times 10^6$）CFU/cm³ 之间，与表层海水相似；底层海水异养细菌数量明显低于表层和中层，除了汕头港、大亚湾和汕尾港海区可达到 10^4 数量级外，其他海区可培养异养细菌均为 10^3 数量级。秋季，中层及底层海水中异养菌的数量较表层略有降低，大亚湾、汕尾港为 10^4 数量级，其余海区仍可达到 10^5 数量级。冬季，与表层海水中的异养细菌一致，中层海水中异养细菌数量也达到全年最低值，从垂直分布来看，除部分海区底层异养细菌数量明显升高，如在柘林湾达到 10^5 数量级，海陵湾达到 10^4 数量级以外，其他海域垂直分布较为均匀。总体上，广东沿岸海域各水层中异养细菌数量在春季、夏季和冬季相差较小，而秋季表层水中异养细菌数量明显增多，并达到全年的高值（图 2.24）。

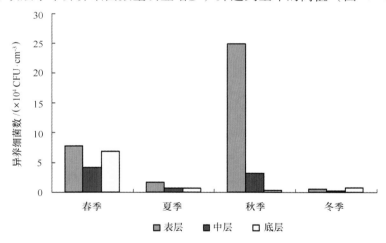

图 2.24　各层海水中异养细菌的季节变化

在表层底泥中，春季广东省沿岸海域异养细菌数量在（$10^5 \sim 10^7$）CFU/g 之间，其中流沙湾和雷州湾海区表层底泥中可培养异养细菌数量较少，为 10^5 数量级，而水东港表层底泥中异养细菌的数量较多，可达到 10^7 个数量级。夏季海水底泥中异养细菌数量明显低于春季，可能原因是由于夏季海水温度较高，而溶解氧浓度明显降低，导致可培养异养细菌数量减少。汕头港和柘林湾水域异养细菌丰度较其他海区稍高，为 10^6 数量级，大鹏湾海区异养细菌数量在（$10^3 \sim 10^4$）CFU/g 之间，其他海区异养细菌数量均为 $10^4 \sim 10^5$ 数量级。秋季广东省沿岸海域表层底泥中异养细菌数量在（$10^5 \sim 10^7$）CFU/g 之间，大亚湾海域分布值较低，为 10^5

数量级；其他海区异养细菌数量多在 10^6 CFU/g 数量级。冬季表层底泥中异养细菌的数量分布范围为 $10^4 \sim 10^5$ 数量级，其中柘林湾、汕头港和水东港达到 10^5 数量级，其他海区均为 10^4 数量级。

综上所述，表层水与表层泥中异养细菌数量存在较大的差异，季节变化规律也不完全相同。表层泥中异养细菌的数量高峰期出现在春季，为 470×10^4 CFU/g，冬季最低，为 0.75×10^4 CFU/g，相差 4 个数量级，而表层水中异养细菌的数量高峰出现在秋季，为 17×10^4 CFU/cm^3。但表水和表泥中异养细菌的季节变化规律基本相同，春季和秋季存在两个高峰期，而在夏季和冬季无论表层水还是表层泥中异养细菌数量均较少，冬季尤为突出，呈不对称双峰型（图 2.25）。

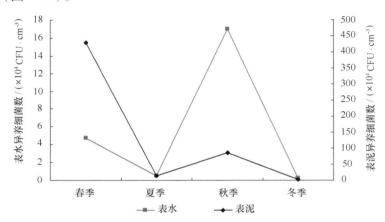

图 2.25　表层水与表层泥中异养细菌数量的季节变化

2.5.3.2　水体细菌

根据广东省"908 专项"水体环境调查对 28 个站位的海水细菌荧光计数结果，汕头港和柘林湾海区春季表层细菌丰度在汕头港附近出现一个高值区，在汕头港和柘林湾之间靠岸区域出现一低值区，而中层和底层水体变化趋势一致。大亚湾水域春季表层水体细菌丰度高值区出现在湾口左侧，并由外向内递减，而中层水体高值区出现在湾内，而底层则分布在近岸水域。水东港和海陵湾海区各层分布基本相同。雷州湾水域表层水体细菌总数明显高于中层和底层，表层和底层最大值区均位于湾内，而中层水体细菌总数由岸及远递减分布。

夏季，汕头港、柘林湾、水东港和海陵湾各层海水细菌总数均在 10^8 数量级左右（单位：个/L，下同），中层略高，表层和中层海水细菌总数均呈由岸及远递减分布。汕头港表层细菌丰度高于大亚湾，由近岸向外海递减，大亚湾表层海水细菌总数在 8×10^8 个/L 左右，中层和底层细菌丰度则高于汕头港，中层在湾内由北向南递减分布，而底层高值区在湾口西侧附近，由外向内递减分布。水东港和海陵湾表层细菌总数由岸及远递增分布，而底层则呈递减分布。雷州湾海区各层海水细菌总数在 $(4.5 \sim 9.5) \times 10^8$ 个/L 之间，表层和底层分布特征相似，均呈由内向外递增，而中层海水低值区位于湾口。

秋季，广东省沿岸海域水体细菌生物量高于其他 3 个季节。各海区中，汕头港和柘林湾海区表层水体细菌总数明显高于中层和底层，达到 10^9 数量级，表、中、底层海水细菌总数的高值区均位于汕头港和柘林湾之间的河流入海口处。汕尾港海区海水细菌总数（10^9 数量级）高于大亚湾海区（10^8 数量级），均呈由岸及远递减分布。水东港和汕头港海区细菌总数分布表层水体略高于中层和底层水体。雷州湾海区各水层细菌生物量分布特征相似，均为 10^9 数量级，低值中心位于湾口附近。

冬季，广东近海水体细菌生物量总体上低于秋季和春季。汕头港和柘林湾海区海水细菌总数为 10^8 数量级。大亚湾和汕尾港海区垂直分布较均匀，表层和中层高值区均位于湾口西侧。水东港和海陵湾海区细菌生物量由水东港向海陵湾方向递增，而雷州湾海区则呈由近岸向外海递减趋势。

综上所述，广东近岸水体细菌在夏季和冬季的细菌数量较少，秋季的细菌数量较多，而春季细菌数量在各站位之间波动较大，规律性不明显。总体上，汕尾港、大亚湾和大鹏湾海水中细菌总数约在（$10^6 \sim 10^8$）个/L 之间，而柘林湾、汕头港、湛江港和流沙湾海水细菌总数约在（$10^7 \sim 10^9$）个/L 之间，与各区域的可培养异养细菌数量无明显相关性，表明在海水中存在大量不可培养细菌。

2.5.3.3 水体病毒

根据广东省"908 专项"水体环境调查对 28 个站位的病毒荧光计数结果，春季汕头港和柘林湾海区表层水体病毒生物量高值区出现在汕头港附近，在汕头港和柘林湾之间有一低值区，中层和底层病毒生物量低于表层。大亚湾和汕尾港海区表层生物量在大亚湾湾口外侧最高，随水深增加，高值区明显内移。水东港和海陵湾海区中层水体生物量最低，各水层生物量均呈由岸及远递增变化。雷州湾海区病毒生物量表层较高，在表层和中层均由湾内向湾外递减分布，而底层在湾口出现低值区。

夏季，汕头港和柘林湾海区海水病毒生物量明显低于春季，但表层海水病毒总数分布仍呈双中心分布，中层水体病毒总数由岸及远递增变化，而底层海水病毒总数高值区明显北移，由内向外递减分布。大亚湾海区各层海水病毒总数均为湾内左侧近岸为高值区，右侧为低值区。水东港和海陵湾海区海水病毒总数表层水东港高于海陵湾，而底层则海陵湾高于水东港。雷州湾海区底层海水病毒总数明显高于表层和中层，水体病毒总数高值区位于近岸，在湾口处出现低值区。

秋季，广东省沿岸海域病毒总数达全年高值。汕头港和柘林湾海区表层丰度略高于中层和底层，高值区均位于汕头港和柘林湾之间，向远岸递减。大亚湾海区表底层水体病毒数量分布相似，底层略低于表层，湾内右侧近岸最高，向外海递减；中层海水则在湾口内侧附近出现高值区。水东港和海陵湾海区底层海水病毒总数略低于表层和中层，各层海水高值区均出现在水东港附近，向海陵湾方向递减变化。雷州湾中层海水病毒总数较表层和底层略低，低值区均位于湾内靠近湾口处。

冬季，广东省沿岸海域海水病毒丰度明显低于秋季。汕头港和柘林湾海区中层水体病毒丰度高值区位于汕头港内，由内向外递减分布。大亚湾海区表层和底层海水病毒总数略高于中层，各层海水病毒总数分布趋势亦有所不同。水东港和海陵湾海水病毒总数分布较为均匀，水东港病毒总数较低，向海陵湾方向逐渐增高。雷州湾海区各层海水冬季病毒总数分布均为近岸最高，由湾内向湾外递减变化。

综上所述，广东省沿岸海域水体病毒丰度在春季和秋季明显高于夏季和冬季，春季和秋季的病毒总数约在（$10^{10} \sim 10^{11}$）个/L 之间，而夏季和冬季的病毒总数约在（$10^{7} \sim 10^{9}$）个/L 之间，目前导致季节间如此巨大差异的原因尚不清楚。病毒总数的季节变化与细菌总数的季节变化具有一定的相似性，表明海水中细菌数量变化与病毒数量变化具有明显的相关性。

2.5.4 游泳生物（游泳动物）

2.5.4.1 游泳动物的种类组成

游泳动物是指具有发达的运动器官，在水层中能克服水流阻力自由游动的动物，主要有鱼类、甲壳类、头足类（软体动物），是人类可直接利用的对象。广东省"908 专项"的水体环境调查共捕获并鉴定游泳动物 342 种，其中鱼类种类最多，达 207 种，占总渔获种类数的 60.5%；其次是甲壳类 124 种，占 36.3%；头足类（软体动物）种类最少，仅 11 种，占 3.2%（图 2.26）。

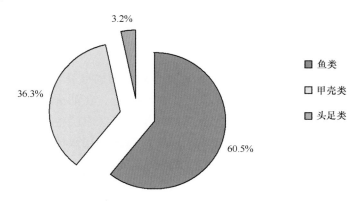

图 2.26　广东省主要海湾游泳动物三大类群种类组成

鱼类分别隶属 17 目 69 科 128 属，其中软骨鱼类共有 3 目 4 科 4 属 6 种，占鱼类总种数的 2.9%，硬骨鱼类共有 14 目 65 科 124 属 201 种，占 97.1%。在 17 个目中，以鲈形目最多，共 113 种，占鱼类总种数的 54.6%；其次是鲉形目和鲽形目，各 20 种，各占 9.7%。其他分别为：鲀形目 17 种，占 8.2%；鳗鲡目 7 种，占 3.4%；灯笼鱼目 5 种，占 2.4%；鲇形目、鲻形目、鲀形目均为 4 种，各占 1.9%；鲼形目 3 种，占 1.4%；鳐形目、银汉鱼目、鲛鳒目均为 2 种，各占 1.0%；须鲨目、鲑形目、鳕形目、刺鱼目均为 1 种，各占 0.5%。在 69 个科中，以鲹科和石首鱼科种类最多，分别为 14 种和 13 种，其次为鳀科和鲉科，为 11 种和 9 种，其他种类较多的有鰕虎鱼科，为 8 种，天竺鲷科、鳎科、鲀科、舌鳎科均为 7 种。

甲壳动物有 2 目 20 科 57 属 124 种，其中虾蛄类 12 种、虾类 42 种、蟹类 70 种，分别占甲壳动物种类总数的 9.7%、33.9%、56.4%。虾蛄类隶属 2 科 9 属，除棘突猛虾蛄（*Harpiosquilla raphidea*）隶属猛虾蛄科外，其余 11 种都隶属虾蛄科，其中虾蛄属 3 种，分别为口虾蛄、无刺口虾蛄和黑斑口虾蛄（*Oratosquilla kempi*），其余 8 种隶属 8 个属。虾类属于枝鳃亚目 31 种、腹胚亚目 11 种。枝鳃亚目虾类中，以对虾科种类最多，为 24 种，其中又以仿对虾属种类最多，为 8 种，新对虾属次之，为 6 种。蟹类隶属于 10 科 30 属，其中绵蟹派（*Section Dromiacea*）3 种，真短尾派（*Section Eubrachyura*）67 种。以梭子蟹科种类最多（21

种），玉蟹科次之（12 种），扇蟹科 8 种。梭子蟹科又以蟳属（*Charybdis*）种类最多（12种）。

头足类有 11 种，分别是小管枪乌贼、火枪乌贼、中国枪乌贼、五岛枪乌贼、双喙耳乌贼、曼氏无针乌贼、图氏后乌贼、短蛸、长蛸、砂蛸、纺锤蛸。

2.5.4.2　游泳动物种数的平面分布和季节变化

在广东省 8 个主要海湾中，柘林湾和大亚湾的鱼类种类最多，分别为 99 种和 96 种，其次是海陵湾，78 种，最少为水东湾，只有 54 种（图 2.27）。其中，春季种类数目最高的为柘林湾，有 36 种，最低为水东湾（6 种）；夏季种类数目最高的为海陵湾，有 43 种，最低大鹏湾，有 24；秋季种类数目最高的为大亚湾（45 种），最少为流沙湾（21 种）。冬季种类数目最高的为大亚湾（31 种），最少仍为流沙湾（11 种）。甲壳动物种数在柘林湾为最多，达73 种，其次是雷州湾和大亚湾，分别是 60 种和 58 种，大鹏湾的种类最少，仅 35 种，其余 4个海湾的种数在 44～50 之间变动（图 2.28）。各个海湾均以蟹类的种类最多，虾类次之，虾蛄类最少。

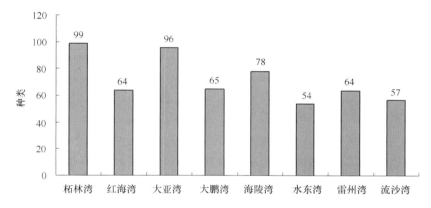

图 2.27　广东省主要海湾鱼类种数分布

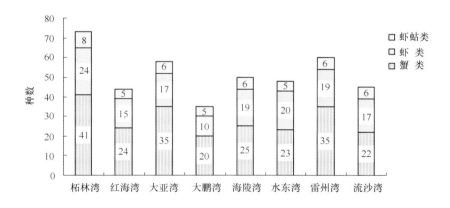

图 2.28　广东省主要海湾甲壳类种数分布

鱼类种类组成的季节变化明显，夏季的种类最多（122 种），秋季次之（104 种），春季再次（94 种），冬季最少（74 种）。甲壳类以秋季的种类最多（81 种），夏、春季次之，分别为 76 和 72 种, 冬季的种类最少, 为 57 种。虾蛄类的种数季节变化不大, 在 6~8 种之间变化。虾类在冬季出现的种数最多 (31 种), 夏季次之 (26 种), 冬季和春季差别不大, 分别为 22 和 21 种。蟹类在春、夏、秋 3 个季节出现的种数差别不大, 分别为 45、43、42 种, 冬季显著减少, 为 29 种。

2.5.4.3 游泳动物的优势种和经济种

在广东省"908 专项"水体环境调查捕获的 207 种鱼类中, 重要性指数 (IRI) 大于 1 000 的优势种有 5 种, 即六指马鲅、鹿斑鲾、黄斑鲾、褐蓝子鱼和龙头鱼。这 5 种鱼类的渔获量占鱼类总渔获量的 36.97%, 尾数占总密度的 52.52% (表 2.29)。优势种多数是低值的小型鱼类, 如鹿斑鲾、黄斑鲾、褐蓝子鱼和龙头鱼。重要性指数介于 100~1 000 之间的重要种类有 20 种。其中, 重要性指数较大且较具经济价值的鱼类有 7 种: 鰤、大头狗母鱼、多齿蛇鲻、截尾白姑鱼、二长棘鲷、带鱼、棕斑兔头鲀 (表 2.30)。

表 2.29 广东省主要海湾鱼类优势种的重要性指数、总生物量和总密度百分比

种名	重要性指数 IRI	总生物量百分比/%	总密度百分比/%
六指马鲅	2 227.69	11.34	10.92
鹿斑鲾	2 167.76	4.06	17.61
黄斑鲾	1 911.86	7.13	14.72
褐蓝子鱼	1 194.65	6.83	5.12
龙头鱼	1 176.19	7.61	4.15

表 2.30 广东省主要海湾重要经济鱼类的重要性指数、总生物量和总密度百分比

种名	重要性指数 IRI	总生物量百分比/%	总密度百分比/%
鰤	338.12	4.06	4.96
大头狗母鱼	175.03	2.77	1.90
多齿蛇鲻	245.24	2.61	0.66
截尾白姑鱼	770.13	5.44	2.26
二长棘鲷	175.66	1.17	1.64
带鱼	373.58	3.58	0.69
棕斑兔头鲀	419.10	3.16	1.03

广东沿海虾蛄资源丰富, 其中个体较大、渔获量较多、经济价值高的种类主要有口虾蛄、断脊拟虾蛄、宫本长叉虾蛄和棘突猛虾蛄。在广东省"908 专项"水体环境调查捕获的样品中, 上述 4 种虾蛄的渔获量分别占虾蛄总渔获量的 54.3%、14.8%、17.1% 和 12.1%, 合计占虾蛄总渔获量的 98.3%。广东沿海虾的种类繁多, 但大多种群数量较小, 密集度较低, 具有重要经济价值的不过十来种。调查获得的近缘新对虾、须赤虾、周氏新对虾、鹰爪虾和墨吉明对虾占虾类总渔获量的近 60%。在我国不同的海区, 经济价值高、数量较多的蟹类不同, 如在黄海、渤海, 渔获量最大的是三疣梭子蟹, 在东海是细点圆趾蟹和三疣梭子蟹, 在南海北部为远海梭子蟹、三疣梭子蟹和锯缘青蟹。广东省"908 专项"水体环境调查获得的

红星梭子蟹、远海梭子蟹、三疣梭子蟹和锈斑蟳 4 种蟹占蟹类总渔获量的 51.2%。

2.5.5　底栖生物

2.5.5.1　底栖生物种类组成、分布和季节变化

广东沿岸海域大型底栖生物已鉴定 797 种，其中多毛类 278 种，软体动物 210 种，甲壳动物有 204 种，棘皮动物 42 种，其他生物 63 种。多毛类、软体动物和甲壳动物占总种数的 86.93%，构成大型底栖生物的主要类群（图 2.29）。

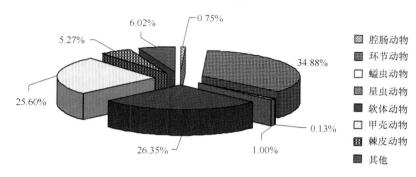

图 2.29　广东沿岸海域大型底栖生物种类组成

广东沿岸海域大型底栖生物种数以秋季最高，达 332 种；冬季次之，为 292 种；春季和夏季分别为 275 种和 202 种。环节动物（主要是多毛类动物）种类数冬季记录最高，为 116 种；秋季次之，为 104 种；夏季最少，为 67 种。软体动物的种数记录最高出现在秋季，为 85 种；冬季其次，为 84 种；夏季最少，为 55 种。甲壳动物种数最多出现在秋季，为 96 种；其次为春季，有 88 种；夏季种数最低，为 58 种。棘皮动物各季变化不大，其中冬季 20 种，春季 18 种，秋季 17 种，夏季 16 种。

2.5.5.2　底栖生物优势种和主要种类的水平分布及季节变化

春季，广东沿岸大型底栖生物主要种和优势种有：环节动物的不倒翁虫（*Sternaspis scutata*）、角海蛹（*Ophelina acuminata*）、双鳃内卷齿蚕（*Aglaophamus dibranchis*）、奇异稚齿虫（*Paraprionospio pinnata*）、双形拟单指虫（*Cossurella dimorpha*）；软体动物的鸟喙小脆蛤（*Raetellops pulchella*）、波纹巴非蛤（*Paphia undulata*）、粗帝纹蛤（*Timoclea scabra*）、小荚蛏（*Siliqua minima*）、棘皮动物的洼颚倍棘蛇尾（*Amphioplus depressus*）和脊索动物的白氏文昌鱼（*Branchiostoma belcheri*）等。

夏季，广东沿岸大型底栖生物主要种和优势种有：环节动物的不倒翁虫（*Sternaspis scutata*）、角海蛹（*Ophelina acuminata*）、双形拟单指虫（*Cossurella dimorpha*）、昆士兰稚齿虫（*Prionospio queenslandica*）、奇异稚齿虫（*Paraprionospio pinnata*）、角海蛹（*Ophelina acuminata*）、长吻沙蚕（*Glycera chirori*）、倦旋吻沙蚕（*Glycern convoluta*）、双鳃内卷齿蚕（*Aglaophamus dibranchis*）、等齿角沙蚕（*Ceratonereis burmensis*）、中蚓虫（*Mediomastus californiensis*）；软体动物的豆形胡桃蛤（*Nucula faba*）、小荚蛏（*Siliqua minima*）、棒锥螺（*Turritella bacillum*）、西格织纹螺（*Nassarius siquinjorensis*）、粗帝纹蛤（*Timoclea scabra*）、中国小铃螺

（*Minolia chinensis*）、锯齿巴非蛤（*Paphia gallus*）；棘皮动物的分歧阳遂足（*Amphiura divari-cata*）、克氏三齿蛇尾（*Amphiodia clarki*）；甲壳动物的轮双眼钩虾（*Ampelisca cyclops*）和脊索动物的白氏文昌鱼（*Branchistoma belcheri*）。

秋季，广东沿岸大型底栖生物主要种和优势种有：环节动物的双形拟单指虫（*Cossurella dimorpha*）、角海鳎（*Ophelina acuminata*）、奇异稚齿虫（*Paraprionospio pinnata*）、不倒翁（*Sternaspis scutata*）、毛须鳃虫（*Cirriformia filigera*）、异足索沙蚕（*Lumbrineris heteropoda*）、双鳃内卷齿蚕（*Aglaophamus dibranchis*）、滑指矶沙蚕（*Eunice 个ica*）、梯斑海毛虫（*Chloseia parva*）；软体动物的粗帝纹蛤（*Timoclea scabra*）、美女蛤（*Circe scripta*）、红肉河篮蛤（*Pota-mocorbula rubromuscula*）、尖喙小囊蛤（*Saccella cuspidata*）；甲壳动物裸盲蟹（*Typhlocarcinus nudus*）、大蝼蛄虾（*Upogebia major*）；棘皮动物的光滑倍棘蛇尾（*Amphioplus laevis*）、洼颚倍棘蛇尾（*Amphioplus depressus*）、扁拉文海胆（*Lovenia subcarinata*）；螠虫动物的短吻铲螠虫（*Listriolobus brevirostris*）；脊索动物的白氏文昌鱼（*Branchistoma belcheri*）等。

冬季，广东沿岸大型底栖生物主要种和优势种有：环节动物的全鳃欧努菲虫（*Onuphis holobranchioata*）、不倒翁虫（*Sternaspis scutata*）、欧努菲虫（*Onuphis eremita*）、背褶沙蚕（*Tambalagamia fauveli*）、角海鳎（*Ophelina acuminata*）、梳鳃虫（*Terebellides stroemii*）、扁蛰虫（*Loimia medusa*）；软体动物的角偏顶蛤（*Modiolus metcalfei*）、豆形胡桃蛤（*Nucula faba*）、小荚蛏（*Siliqua minima*）、粗帝纹蛤（*Timoclea scabra*）、唇毛蚶（*Scapharca labiosa*）；甲壳动物的弯六足蟹（*Hexapus anfracfus*）；棘皮动物的滩栖阳遂足（*Amphiura vadicola*）和脊索动物的白氏文昌鱼（*Branchistoma belcheri*）。

2.5.5.3 底栖生物生物量及其水平分布和季节变化

广东沿岸海域大型底栖生物四季平均生物量 32.94 g/m²，其中多毛类 2.38 g/m²，软体动物 23.41 g/m²，甲壳动物 2.31 g/m²，棘皮动物 1.74 g/m² 和其他生物 3.11 g/m²（表 2.31）。生物量以软体动物最高，其他动物居第二位。多毛类、软体动物和甲壳动物占总生物量的 85.26%，三者构成大型底栖生物生物量的主要类群。

表 2.31   大型底栖生物生物量组成及季节变化   单位：g/m²

季节	多毛类	软体动物	甲壳动物	棘皮动物	其他生物	合计
春季	2.86	47.33	1.47	2.30	3.07	57.02
夏季	1.35	16.47	1.47	0.76	1.60	21.65
秋季	3.15	9.04	1.08	2.72	4.43	20.42
冬季	2.15	20.79	5.18	1.20	3.35	32.66
平均	2.38	23.41	2.30	1.74	3.11	32.94

广东沿海不同港湾的底栖生物量在各季节差异较大。根据广东省"908 专项"水体环境调查中的典型站位同航次大型底栖生物量的比较（图 2.30），春、冬季以大亚湾的底栖生物量最大，夏季以柘林湾和湛江港生物量最大，秋季则以水东港生物量最大。虽然各港湾各个季节的生物量存在差异，但从平均值比较从大到小依次为大亚湾（308.81 g/m²）、湛江港（241.05 g/m²）、汕头港（105.30 g/m²）、海陵湾（90.57 g/m²）、水东港（86.30 g/m²）、大

鹏湾（61.20 g/m²）、雷州湾（57.70 g/m²）、汕尾港（46.23 g/m²）、柘林湾（37.46 g/m²）、流沙湾（25.93 g/m²）。

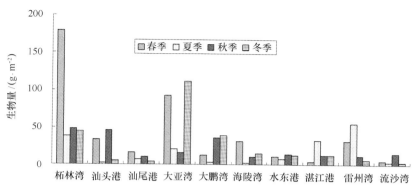

图 2.30　广东沿岸不同港湾大型底栖生物生物量的比较

2.5.5.4　底栖生物栖息密度及其水平分布和季节变化

广东沿岸海域大型底栖生物四季平均栖息密度 114 个/m²，其中多毛类 33 个/m²，软体动物 57 个/m²，甲壳动物 8 个/m²，棘皮动物 8 个/m² 和其他生物 8 个/m²，栖息密度以软体动物最高，多毛类居第二位（表 2.32）。多毛类和软体动物占总密度的 78.73%，二者构成大型底栖生物栖息密度的主要类群。

表 2.32　大型底栖生物栖息密度组成及季节变化　　　　　　　　　　　　　单位：个/m²

季节	多毛类	软体动物	甲壳动物	棘皮动物	其他生物	合计
春季	46	51	16	12	13	139
夏季	29	32	5	4	4	75
秋季	35	42	7	10	9	103
冬季	22	101	5	7	4	139
平均	33	57	8	8	8	114

广东沿海不同港湾的底栖生物栖息密度在各个季节也存在较大差异（图 2.31）。根据广东省"908 专项"水体环境调查取得的结果，春、冬季以大亚湾密度最大，夏季以柘林湾和湛江港密度最大，秋季水东港密度最大，因此底栖生物栖息密度与底栖生物量分布情况基本一致。虽然各港湾各个季节的密度存在差异，但从平均值比较从大到小依次为大亚湾（1 105 个/m²）、水东港（715 个/m²）、柘林湾（599 个/m²）、湛江港（460 个/m²）、海陵湾（408 个/m²）、雷州湾（392 个/m²）、汕尾港（323 个/m²）、大鹏湾（315 个/m²）、汕头港（309 个/m²）、流沙湾（112 个/m²）。

2.5.6　潮间带生物

在"908 专项"调查中，南海环境监测中心组织人员于 2007 年 11 月至 2008 年 5 月开展了 16 个断面的春、秋两季潮间带底栖生物调查。调查区域划分为粤东（饶平—惠阳）、珠江

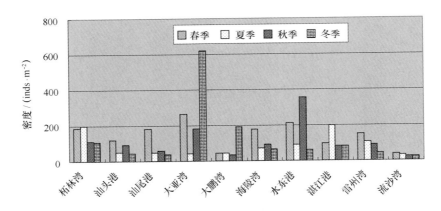

图 2.31　广东沿岸不同港湾大型底栖生物密度比较

口（惠阳南界—台山东界）和粤西（台山—廉江）3 个岸段。其中，粤东海岸线长度约
869.8 km，砂质海岸与岩礁海岸交错，滩涂面积约 156.8 km^2，包括潮州、汕头、揭阳、汕
尾和惠州等海区的 7 个断面；珠江口海岸线长度约 522.4 km，珠江径流分 8 个口门入海，
岸坡及滩涂冲淤变化复杂，海岸曲折，河口湾及陆岸滩涂多为泥质及泥砂质，滩涂面积约
505.28 km^2，包括深圳、广州和珠海等海区的 4 个断面；粤西海岸线长度最长，约
1 975.9 km，滩涂面积约 1 380.58 km^2，包括江门、阳江、茂名和湛江等海区的 5 个断面。

2.5.6.1　潮间带底栖生物的种类组成

16 个调查断面在春季和秋季鉴定出的潮间带底栖生物共有 14 门 444 种（部分种类鉴定
为属以上）。其中，软体类 174 种，占 39.2%；节肢动物（主要为甲壳纲和昆虫纲，昆虫纲
的种类为幼虫）122 种，占 27.5%；环节动物多毛类 100 种，占 22.4%；棘皮类 6 种，占
1.4%；藻类 12 种，2.7%；鱼类和其他类均为 15 种，各占 3.4%（图 2.32）。

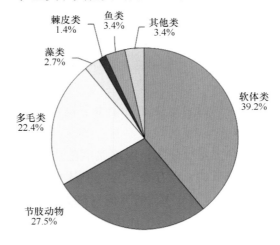

图 2.32　广东省潮间带生物的种类组成（2007 年 11 月至 2008 年 5 月）

在粤东岸段，潮间带底栖生物定性和定量样品共鉴定出 227 种，包括软体类 84 种，节肢
动物 63 种，多毛类 57 种，棘皮类 3 种，藻类 6 种，鱼类及其他类 14 种，此岸段各断面潮间

带底栖生物的种类组成见表 2.33。珠江口潮间带底栖生物定性和定量样品共鉴定出 227 种，包括软体类 84 种，节肢动物 63 种，多毛类 57 种，棘皮类 3 种，藻类 6 种，鱼类及其他类 14 种，各断面潮间带底栖生物的种类组成见表 2.34。粤西潮间带底栖生物定性和定量样品共鉴定出 238 种，包括软体类 112 种，节肢动物 56 种，多毛类 51 种，棘皮类 1 种，藻类 2 种，鱼类及其他类 16 种，各断面潮间带底栖生物的种类组成详见表 2.35。

表 2.33　粤东各断面潮间带生物的种类组成（2007 年 11 月至 2008 年 5 月）

区域	位置	种数	软体类/%	节肢动物/%	棘皮类/%	多毛类/%	藻类/%	鱼类及其他类/%
潮州	柘林	40	32.5	35.0	7.5	17.5	5.0	2.5
汕头	汕头港	32	15.6	37.5	—	40.6	—	6.3
揭阳	神泉	29	34.5	17.2	3.4	44.8	—	—
汕尾	田头围	59	49.2	25.4	—	18.6	5.1	1.7
汕尾	汕尾	23	60.9	21.7	—	13.0	4.3	—
惠州	平海湾	63	36.5	30.2	1.6	22.2	3.2	6.3
惠州	稔山	93	38.7	22.6	—	29.0	—	9.7

注："—"表示未出现该类生物。

表 2.34　珠江口各断面潮间带生物的种类组成（2007 年 11 月至 2008 年 5 月）

区域	位置	种数	软体类/%	节肢动物/%	棘皮类/%	多毛类/%	藻类/%	鱼类及其他类/%
深圳	西涌	52	59.6	19.2	1.9	11.5	7.7	—
深圳	南头	31	22.6	22.6	—	51.6	—	3.2
广州	南沙	28	7.1	42.9	—	35.7	7.1	7.1
珠海	香洲	68	2.9	17.6	—	14.7	2.9	2.9

注："—"表示未出现该类生物。

表 2.35　粤西各断面潮间带生物的种类组成（2007 年 11 月至 2008 年 5 月）

区域	位置	种数	软体类/%	节肢动物/%	棘皮类/%	多毛类/%	藻类/%	鱼类及其他类/%
江门	青山	51	43.1	33.3	—	21.6	—	2.0
阳江	溪头	66	53.0	21.2	—	18.2	—	7.6
茂名	水东港	80	52.5	27.5	—	12.5	1.3	6.3
湛江	湛江港	69	43.5	29.0	1.4	20.3	1.4	4.3
湛江	乌石	80	47.5	20.0	—	28.8	—	3.8

注："—"表示未出现该类生物。

2.5.6.2　潮间带底栖生物生物量的分布

广东省海岸带 16 条调查断面潮间带底栖生物的年平均生物量为 466.49 g/m²。从全省潮间带各类群底栖生物平均生物量的百分组成来看（图 2.33），软体类是最主要类群，其生物量为 363.47 g/m²；其次为节肢动物，生物量为 84.68 g/m²；藻类排第三，生物量为 10.16 g/m²；其他类、多毛类和棘皮类的生物量占全省潮间带底栖生物年平均生物量的百分比均不足 2%，它们的生物量分别为 4.63 g/m^2、3.53 g/m^2 和 0.02 g/m^2。由于生态环境及各岸段底质类型的差异，使得广东各岸段潮间带底栖生物量的水平分布差异较大，其中珠江口岸段生物量最高（643.42 g/m^2），其次为粤东岸段（438.44 g/m^2），最低的为粤西岸段（361.39 g/m^2）。粤东岸带潮间带生物的最高生物量出现在惠州平海湾断面（1 708.36 g/m^2），最低生物量出现在砂质的揭阳神泉断面（2.17 g/m^2）。潮间带生物各类群的生物量百分比组成按从大到小顺序排列依次为软体类（54.0%）、节肢动物（39.7%）、藻类（3.7%）、其他类（2.1%）、多毛类（0.4%）、棘皮类（小于0.1%）。珠江口岸带潮间带生物的最高生物量出现在珠海香洲断面（1 999.80 g/m^2），最低生物量出现在泥质的深圳南头断面（17.30 g/m^2）。潮间带生物各类群的生物量百分比组成按从大到小顺序排列依次为软体类（94.7%）、节肢动物（2.4%）、藻类（2.2%）、多毛类（0.6%）、棘皮类（小于0.1%）、其他类（0.04%）。粤西岸带潮间带生物的最高生物量出现在茂名水东港断面（557.62 g/m^2），最低生物量出现在泥砂质的湛江港断面（28.82 g/m^2）。潮间带生物各类群的生物量百分比组成按从大到小顺序排列依次为软体类（85.8%）、节肢动物（11.1%）、藻类（1.8%）、多毛类（1.1%）、其他类（0.2%）、棘皮类（小于0.1%）。

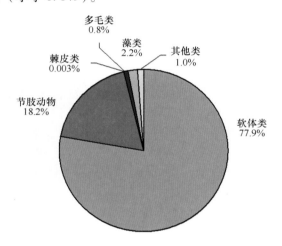

图 2.33　广东省潮间带底栖生物量的组成（2007 年 11 月至 2008 年 5 月）

按高、中、低潮带对 16 条断面潮间带生物的生物量垂直分布进行分析，结果显示高潮带和中潮带的潮间带生物平均生物量均以珠江口岸段最高，粤西岸段最低；低潮带的潮间带生物平均生物量则以粤东岸段最高，粤西岸段最低。全省潮间带生物平均生物量的垂直分布从高到低依次为中潮带、低潮带、高潮带；珠江口岸段和粤西岸段潮间带生物生物量的垂直分布规律从高到低也为中潮带、低潮带、高潮带；粤东岸段潮间带生物生物量的垂直分布规律为低潮带、中潮带、高潮带（表 2.36）。

表 2.36　广东省各岸段潮间带生物的生物量的垂直分布（2007 年 11 月至 2008 年 5 月）

单位：g/m^2

岸段	高潮带	中潮带	低潮带
粤东岸段	388.70	663.51	1 008.04
珠江口岸段	411.59	1 549.24	415.11

岸段	高潮带	中潮带	低潮带
粤西岸段	190. 15	601. 57	298. 01
全省	330. 15	938. 11	573. 72

2.5.6.3　潮间带底栖生物群落的季节变化

广东省海岸潮间带生物的春季平均生物量（447.00 g/m^2）低于秋季（485.27 g/m^2），季节差异较小。春、秋两季潮间带生物生物量以软体动物为主，除春季的藻类和其他类的生物量大于秋季外，其他类群的生物量季节变化规律均为春季小于秋季。春季潮间带各类群生物生物量的百分比组成按从大到小顺序排列为：软体类（82.9%）、节肢动物（11.4%）、藻类（3.2%）、其他类（1.9%）、多毛类（0.6%）、棘皮类（小于0.001%）。秋季潮间带各类群生物生物量的百分比组成按从大到小顺序排列为：软体类（73.4%）、节肢动物（24.2%）、藻类（1.2%）、多毛类（0.9%）、其他类（0.2%）、棘皮类（0.01%）（表2.37）。

表 2.37　广东省潮间带生物生物量（g/m^2）的季节变化（2007 年 11 月至 2008 年 5 月）

生物类群	春季	秋季
软体类	370. 60	356. 33
节肢动物	51. 01	117. 64
多毛类	2. 64	4. 43
藻类	14. 43	5. 89
棘皮类	<0. 01	0. 04
其他类	8. 32	0. 93

2.5.7　特色生物

2.5.7.1　珊瑚

珊瑚可分为造礁石珊瑚和非造礁珊瑚。广东省海域造礁石珊瑚主要分布在惠州—深圳的大亚湾、大鹏湾、万山群岛的担杆列岛—佳蓬列岛和雷州半岛西海岸。广东省"908 专项"的特色生物调查在深圳海域（大亚湾及其临近海域）、万山群岛海域、茂名海域及雷州半岛西海岸共设置了 9 个调查站位（图 2.34）。根据以往记录，广东海域造礁石珊瑚约有 50 种，而广东省"908 专项"调查中记录到可以鉴定识别的造礁石珊瑚物种数合计有 30 种，分列在 8 科 18 属。最常见的造礁石珊瑚是：丛生盔形珊瑚（*Galaxea fascicularis*）、澄黄滨珊瑚（*Poriteslutea Milne*）、秘密角蜂巢珊瑚（*Favitesabdita*）（Ellis & Solander，1786）、多孔鹿角珊瑚（*Acropora millepora*）、菊花珊瑚（*Goniastrea* sp.）、疣状杯形珊瑚（*Pocillopora verrucosa*）、标准蜂巢珊瑚（*Favia speciosa*）、繁锦蔷薇珊瑚等（*Montipora efflorescens*）。

大亚湾的造礁石珊瑚约有 30 种，目前大亚湾的水质和造礁石珊瑚群落都还处于较好的状

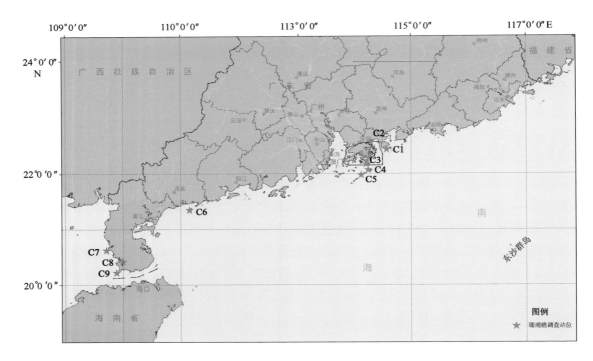

图 2.34　广东省珊瑚礁调查站位分布图

态。雷州半岛西海岸是广东省唯一成珊瑚礁的海域。其中，徐闻珊瑚礁国家级自然保护区已经成为我国大陆沿岸面积最大、最典型的岸礁型珊瑚礁海洋生态系统。万山群岛的担杆列岛至佳蓬列岛一带海域通过"908专项"进行了首次专业的定量调查，结果共记录到造礁石珊瑚 25 种。

　　9 个调查站位的活造礁石珊瑚覆盖率见表 2.38。此外，对活的软珊瑚覆盖率的统计分析表明软珊瑚覆盖率都非常低，总平均活软珊瑚的覆盖率为 0.22%。只有位于雷州半岛西海岸的 3 个站位才有软珊瑚分布，其他调查站位的软珊瑚覆盖率都为零，覆盖率最高的站位是徐闻—水尾站位，软珊瑚的覆盖率为 1.5%（表 2.39）。

表 2.38　活造礁石珊瑚覆盖率

站位	地点	石珊瑚覆盖率/%
C1	大亚湾—三门岛	11.50
C2	大鹏湾—小海沙	8.83
C3	担杆—直湾	19.00
C4	北尖—大函湾	20.33
C5	庙湾—湾州	15.17
C6	电白—放鸡岛	9.67
C7	雷州—刘张角	4.83
C8	徐闻—水尾	13.50
C9	徐闻—灯楼角	10.17

表 2.39　软珊瑚覆盖率

站位	地点	软珊瑚覆盖率/%
C1	大亚湾—三门岛	0.00
C2	大鹏湾—小海沙	0.00
C3	担杆—直湾	0.00
C4	北尖—大函湾	0.00
C5	庙湾—湾州	0.00
C6	电白—放鸡岛	0.33
C7	雷州—刘张角	0.33
C8	徐闻—水尾	1.50
C9	徐闻—灯楼角	0.17

对所有站位进行死亡造礁石珊瑚覆盖率的统计分析发现，死亡造礁石珊瑚覆盖率都较高，总平均死亡造礁石珊瑚的覆盖率为 22.94%。最高的站位是徐闻—灯楼角的 C9 站以及大鹏湾—小梅沙 C2 站，死亡造礁石珊瑚覆盖率分别高达 60.17%、44.10%。最低的是北尖—大函湾的 C4 站，死亡造礁石珊瑚覆盖率为 1.17%（表 2.40）。此外，对调查的 9 个站位全部进行了发病造礁石珊瑚覆盖率的统计分析，9 个站位中均未发现有发病的造礁石珊瑚。

表 2.40　死亡造礁石珊瑚覆盖率

站位	地点	死造礁石珊瑚覆盖率率/%
C1	大亚湾—三门岛	12.33
C2	大鹏湾—小海沙	44.00
C3	担杆—直湾	24.50
C4	北尖—大函湾	1.17
C5	庙湾—湾州	8.17
C6	电白—放鸡岛	11.50
C7	雷州—刘张角	28.17
C8	徐闻—水尾	16.50
C9	徐闻—灯楼角	60.17

2.5.7.2　红树林

广东省是我国红树林分布面积最大的省区，分布在全省 13 个县市，总面积约 10 471 hm^2（1 hm^2 = 0.01 km^2），占全国红树林面积近 45%，主要分布在湛江、深圳、珠海、台山、惠东等地，仅湛江雷州半岛红树林保护区面积约占全国的 1/3。广东省的真红树植物有 9 种（表 2.41），分别是白骨壤、海漆、红海榄、老鼠勒、卤蕨、木榄、秋茄、桐花树、无瓣海桑。半红树有 5 种（表 2.42），分别是海芒果、阔苞菊、水黄皮、杨叶肖槿、银叶树。廉江市高桥镇的红树植物物种数量最多，有 7 种，其次为徐闻县的和安镇以及惠东县的蟹洲湾，分别有 6 种。湛江市麻章区的湖光镇、太平镇及惠东县的盐洲镇各有 5 种。特呈岛的物种组成较简单，只有 4 种。蟹洲湾的物种多样性指数最高，为 2.07（Shannon-Wiener 指数），其次为盐洲镇（1.93）、和安镇（1.46）、湖光镇（1.14），太平镇、淇澳岛、高桥镇和特呈岛较低，分别为0.71、0.88、0.66和0.29。

表2.41　广东省真红树植物种类

种类	科
白骨壤（*Avicennia marina*）	马鞭草科（Verbenaceae）
海漆（*Excoecaria agallocha*）	大戟科（Euphorbiaceae）
老鼠勒（*Acanthus ilicifolius*）	爵床科（Acanthaceae）
卤蕨（*Acrostichum aureum*）	卤蕨科（Acrostichaceae）
木榄（*Bruguiera gymnorrhiza*）	红树科（Rhizophoraceae）
秋茄（*Kandelia candel*）	红树科（Rhizophoraceae）
红海榄（*Rhizophora stylosa*）	红树科（Rhizophoraceae）
桐花树（*Aegiceras corniculatum*）	紫金牛科（Mysinaceae）
无瓣海桑（*Sonneratia apetala*）	海桑科（Sonneratiaceae）

表2.42　广东省半红树植物种类

种类	科
海芒果（*Cerbera manghas*）	夹竹桃科（Apocynaceae）
杨叶肖槿（*Thespesia populnea*）	锦葵科（Malvaceae）
阔苞菊（*Pluchea indica*）	菊科（Compositae）
银叶树（*Heritiera littoralis*）	梧桐科（Sterculiaceae）
水黄皮（*Pongamia pinnata*）	豆科（Leguminosae）

根据广东省"908专项"水体环境调查对各调查区红树林群落物种组成的聚类分析，高桥镇、其连村、湖光镇、和安镇和蟹洲湾物种组成较相近，可聚为一类，淇澳岛、盐洲镇和特呈岛物种组成与其他地区相差较远，各自成一类。高桥镇、太平镇、湖光镇、和安镇和蟹洲湾5个地区的红树林物种组成中桐花树都占了很大的比例，盐洲镇、特呈岛和淇澳岛的物种组成各不相同。特呈岛白骨壤占比例较大，其次为红海榄和木榄；盐洲镇木榄和红海榄比例较大，其次为白骨壤和无瓣海桑；而淇澳岛的老鼠勒在数量上占了很大的比例，其他调查地区的红树林群落中只是偶尔有老鼠勒出现。

广东省沿岸的红树林群落类型主要有：①桐花树群丛，在广东省广泛分布，多为低矮的灌木丛；②白骨壤群丛，在特呈岛、蟹洲湾和盐洲镇有树龄较大较原始的白骨壤群丛，在湖光镇和和安镇的白骨壤群丛树龄较小；③无瓣海桑人工林，在湛江徐闻县和安镇、湛江区麻章区湖光镇、珠海淇澳岛、惠州市惠州县蟹洲湾和盐洲镇有面积较大的无瓣海桑人工林；④桐花树—木榄，分布于高桥镇；⑤桐花树—秋茄，分布于和安镇、太平镇、淇澳岛；⑥白骨壤—桐花树，分布于高桥镇、和安镇、湖光镇；⑦白骨壤—红海榄—木榄，分布与特呈岛、湖光镇、盐洲镇；⑧白骨壤—秋茄—桐花树，分布于和安镇、湖光镇、太平镇；⑨秋茄—无瓣海桑，分布于蟹洲湾；⑩白骨壤—无瓣海桑，分布于蟹洲湾。

红树植物分带结果显示，白骨壤在不同滩位和潮带均可见；海漆分布于高潮滩、近陆林缘，在中潮滩及低潮滩没有分布；红海榄在高潮滩、中潮滩及低潮滩都有分布，但由高潮滩到低潮滩逐渐减少；在所有的调查地区中，老鼠勒分布于中潮滩及中潮滩靠近高潮滩的地方；

木榄在潮滩上的分布与红海榄类似，在高潮滩、中潮滩及低潮滩都有分布，但在高潮滩分布较少；秋茄在高潮滩至低潮滩连续分布，在中潮滩较多；桐花树在高潮滩至低潮滩也连续分布，但分布逐渐减少；无瓣海桑同样在高潮滩至低潮滩都有分布，但主要集中于低潮滩。物种多样性指数沿潮滩的变化（由近陆林缘至近海林缘）大体可以分为 4 种类型：逐渐增高型；逐渐降低型；中部高、两端低型；锯齿状变化型。

根据对高桥镇和太平镇红树植物沿河分布的调查，在群落物种组成上，上游群落普遍比下游群落物种数多，高桥镇上游群落有 4 种红树植物（桐花树，木榄，秋茄，红海榄），下游群落有两种红树植物（桐花树，白骨壤）；太平镇上游群落有 5 种红树植物（秋茄、桐花树、老鼠勒、无瓣海桑、白骨壤），而下游群落有 3 种红树植物（秋茄、桐花树、老鼠勒）。其中桐花树分布范围最广，在两个调查地点的上游和下游都有分布；老鼠勒和秋茄在太平镇的上游和下游群落都有出现；木榄、红海榄和无瓣海桑趋向于分布在河流的上游；白骨壤在两个调查地点的沿河分布不同，在高桥镇出现于下游群落，而在太平镇出现于上游群落。物种多样性指数的变化没有固定的规律，高桥镇下游群落的物种多样性指数较高，而太平镇则上游群落的物种多样性指数较高。影响红树植物沿河分布的因素有很多，如盐度、温度、沉积物、地貌、潮汐浸淹和波浪能量等，因此红树林的分布格局应该以生物和非生物间的相互作用来综合解释。

2.5.7.3　海草

在广东省"908 专项"的调查研究中，共调查和统计了 9 个海草床，包括柘林湾、汕尾白沙湖、惠东考洲洋、大亚湾、珠海香洲唐家湾、上川岛、下川岛、流沙湾和雷州企水镇（表 2.43，图 2.35），面积总约 963 hm^2。海草种类主要有喜盐草（*Halophila ovalis*）、贝克喜盐草（*Halophila beccarii*）和矮大叶藻（*Zostera japonica*）。其中，雷州半岛流沙湾海草床规模较大，面积约为 900 hm^2，主要种类有喜盐草和贝克喜盐草，优势种群为喜盐草；柘林湾海草种类为喜盐草，海草床的面积为 40 hm^2；汕尾白沙湖海草种类为喜盐草，海草床的面积小于 1 hm^2；惠东考洲洋海草种类为喜盐草，海草床的面积为 7 hm^2；大亚湾海草种类为喜盐草，海草床的面积小于 1 hm^2；珠海唐家湾海草种类为贝克喜盐草，海草床的面积为 8 hm^2；上川岛海草种类为矮大叶藻，海草床的面积为 7 hm^2；下川岛海草种类为喜盐草和贝克喜盐草，海草床的面积小于 1 hm^2；雷州企水湾海草种类为喜盐草，海草床面积小于 1 hm^2。与 2002 年和 2003 年在华南地区发现的海草床比较，这次发现的海草床面积相对较小。

表 2.43　广东省海草的地理分布

草床名称	面积/hm^2	中心经纬度	主要海草种类
柘林湾海草床	40	23°34.4′N；116°57.7′E	喜盐草
汕尾白沙湖海草床	<1	22°43.8′N；115°32.2′E	喜盐草
惠东考洲洋海草床	7	22°42.9′N；114°56.2′E	喜盐草
大亚湾海草床	<1	22°32.9′N；114°30.9′E	喜盐草
珠海唐家湾海草床	8	21°43.1′N；113°35.6′E	贝克喜盐草
上川岛海草床	7	21°43.1′N；112°45.6′E	矮大叶藻
下川岛海草床	1	21°42.1′N；112°37.5′E	矮大叶藻、贝克喜盐草
雷州企水镇海草床	<1	20°46.4′N；109°44.7′E	喜盐草
流沙湾海草床	900	18°24.4′N；109°22.2′E	喜盐草、贝克喜盐草

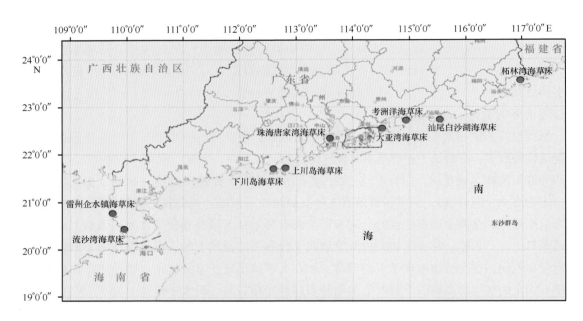

图 2.35　广东省海草的地理分布图

根据统计结果显示，广东省海草床平均覆盖率为 27.43%，平均茎枝密度为 6 430.42 shoots/m²，海草平均生物量为 52.26 g/m²（表 2.44）。海草床底上生物平均密度为 302.23 个/m²，平均生物量为 145.64 g/m²，多样性指数为 1.14，均匀度指数为 0.64（表 2.45）。

表 2.44　各海草床海草平均数据

海草床	覆盖率/%	茎枝密度/（shoots·m⁻²）	生物量/（g·m⁻²）
柘林湾	35.42	7 047.62	44.05
汕尾白沙湖	40.00	10 142.86	117.62
惠东考洲洋	7.08	5 761.90	13.10
大亚湾	7.08	5 690.48	27.14
珠海唐家湾	53.33	9 250.00	36.55
上川岛	34.79	5 309.52	121.07
下川岛	37.22	5 095.24	65.40
流沙湾	11.08	6 147.62	18.48
雷州企水镇	20.83	3 428.57	26.90
平均值	27.43	6 430.42	52.26

表 2.45　各海草床底上生物平均数据

海草床	密度/（个·m⁻²）	生物量/（g·m⁻²）	多样性指数	均匀度
柘林湾	17.33	14.81	1.18	0.92
汕尾白沙湖	735.33	205.99	1.31	0.55
惠东考洲洋	386.58	230.87	0.78	0.41
大亚湾	495.33	285.68	0.63	0.41
珠海唐家湾	25.50	19.49	1.28	0.90

续表 2.45

海草床	密度/（个·m^{-2}）	生物量/（g·m^{-2}）	多样性指数	均匀度
上川岛	455.17	255.53	1.01	0.56
下川岛	337.33	133.28	1.08	0.60
流沙湾	95.83	75.89	1.22	0.66
雷州企水镇	171.67	89.23	1.80	0.78
平均值	302.23	145.64	1.14	0.64

2.5.7.4　珍稀濒危海洋动物

广东省沿岸海域主要海洋珍稀濒危动物包括大型豚类、海龟、鲎、白碟贝、文昌鱼等。其中，大型豚类的主要种类有中华白海豚（*Sousa chinensis*）和江豚（*Neophocaenoides phocae-noides*），以中华白海豚的数量最多；海龟的种类主要有绿海龟（*Chelonia agassizii*）、棱皮龟（*Dermochelys coriacea*）、玳瑁（*Eretmochelys imbrcata*）、太平洋丽龟（*Lepidochelys olivacea*）和蠵龟（*Caretta caretta*）等，但以绿海龟的数量最多和最常见；鲎的种类主要有中国鲎（*Tachypleust ridentatus*）、南方鲎（*Tachypleusgigas*）和圆尾鲎（*Carcinoscorpius rotundicauda*）3种，以中国鲎最为常见；白碟贝的种类是大珠母贝（*Pinctada maxima*）；文昌鱼的种类主要有厦门文昌鱼（*Branchiostoma belcheri*）和短刀偏文昌鱼（*Asymmefron culfellum*），以厦门文昌鱼最为常见、分布最广和资源量最大。

广东省"908专项"调查的结果表明，大型豚类主要分布于珠江口、粤东韩江口和粤西雷州湾，其中珠江口有中华白海豚约2 776头和江豚约217头，韩江口有海豚接近60头，雷州湾有海豚超过300头。在广东省沿海，中华白海豚主要分布于粤东沿海的韩江河口、中部沿海的珠江河口和粤西的雷州湾等。根据搁浅记录，广东省沿海江豚主要分布于汕头外海和珠江口外海，其中以珠江口外（包括香港南部水域）的记录较多。在珠江口海域，江豚分布的区域较中华白海豚离岸远一些，从深圳的大鹏澳至江门的下川岛海域均有分布，在夏季和秋季江豚趋向于近岸分布，目击次数较多，群体也较大。在汕头海域，于南澎列岛外海各季节均有江豚出现，出现的高峰期在7月和8月。

在我国沿海分布的绿海龟、棱皮龟、玳瑁、太平洋丽龟和蠵龟5种海龟，在大亚湾海域都有出现。现只剩大约5 000只。海龟为海洋洄游性动物，广泛分布于全球各大洋热带和亚热带海域，在我国的南海、东海、黄海和渤海均有分布，但主要集中在南海，以西沙、南沙群岛海域最为丰富，南海北部海域次之。产卵场地只分布在南海，南海拥有我国90%以上的海龟资源。目前，西沙、南沙群岛一些无人居住的岛屿尚存部分海龟产卵繁殖场地，大陆沿岸已知的只有广东省惠东县港口镇海龟湾产卵场，2003—2008年绿海龟共上岸281只（次）。其他地方除个别荒凉的海滩偶有海龟上岸产卵外，已无完整的海龟产卵繁殖场地。

根据目前掌握的资料，我国海域分布有中国鲎和圆尾鲎，南方鲎分布于越南西贡以南、印尼爪哇岛北岸以北、菲律宾南部以西的太平洋海域及印度恒河、印度东北部以东的印度洋海域，中国没有南方鲎分布的报道。中国鲎分布于长江口以南的东海和南海海域，圆尾鲎分布于广东湛江东海岛以南的南海海域。其中，珠江口以北海域仅发现中国鲎成体和少量7 cm以下幼体；而在湛江及湛江以南的南海海域，除有大量的中国鲎成体和7 cm以下幼体外，还发现大量 7 cm 以上的幼体以及大量圆尾鲨成体和幼体。

白碟贝主要分布于雷州半岛西部的雷州珍稀动物保护区内，广东省"908 专项"对白碟贝调查共布设了 20 个站位（表 2.46）。调查结果显示，多数站位栖息密度在 1.0～2.0 个/m²，估算该保护区内白碟贝数量约 1 万只，其中最高站位出现在核心区 B 区的 2 号站，栖息密度为 4.0 个/m²；其次为核心区 B 区的 5 号站和核心区 C 区的 2 号站，栖息密度为 3.0 个/m²；另有 7 个站位未采到白碟贝，占总站位数的 35.0%。总体来说，栖息密度的空间和区域分布从大到小表现为 B 区、C 区、A 区、D 区，整个调查中白碟贝的出现频率为 65.0%。

表 2.46 雷州半岛白碟贝生物量和栖息密度情况

断面名称	站位名称	东经/E	北纬/N	生物量/（g·m⁻²）	栖息密度/（个·m⁻²）
A（核心区）	1	109°41′35″	20°40′12″	800	1.0
	2	109°41′11″	20°40′03″	1 860	2.0
	3	109°41′56″	20°39′41″	0	0
	4	109°41′40″	20°39′23″	1 200	1.0
	5	109°41′09″	20°39′20″	0	0
B（核心区）	1	109°41′21″	20°40′44″	2 500	2.0
	2	109°41′17″	20°40′32″	4 200	4.0
	3	109°41′08″	20°40′15″	920	1.0
	4	109°41′04″	20°39′48″	2 600	2.0
	5	109°41′21″	20°39′36″	2 850	3.0
C（核心区）	1	109°43′07″	20°36′37″	1 230	1.0
	2	109°42′10″	20°36′28″	3 900	3.0
	3	109°42′10″	20°36′03″	0	0
	4	109°42′37″	20°35′24″	0	0
	5	109°42′42″	20°36′16″	1 200	1.0
D（缓冲区）	1	109°42′05″	20°43′18″	920	1.0
	2	109°41′58″	20°44′02″	0	0
	3	109°41′31″	20°44′08″	1 890	2.0
	4	109°41′25″	20°44′03″	0	0
	5	109°41′29″	20°43′15″	0	0

文昌鱼是国家二级水生野生保护动物，是古代文昌鱼的活化石，属于脊索动物，其分类地位介乎于无脊椎动物和脊椎动物之间，具有极高的学术价值。文昌鱼主要分布于茂名电白沿海，栖息密度在 40～720 个/m² 之间，平均为 228 个/m²，估算该保护区内文昌鱼现存数量约 204×10^8 尾，本次调查中，茂名大放鸡岛保护区核心区和缓冲区文昌鱼的出现频率为 100%。

2.6 滨海湿地

滨海湿地是指发育在海岸带附近并且受海陆交互作用的湿地，广泛分布与沿海海陆交界、淡咸水交汇地带，是一个高度动态和复杂的生态系统；具体来讲，滨海湿地是指海陆交互作用下经常被静止或流动的水体所浸淹的沿海低地，潮间带滩地及低潮时水深不超过 6 m 的浅水水域。广东省地处北热带、南亚热带地区，濒临南海，海岸线长，江河出海口众多，滨海湿地类型多样、分布广泛。海岸湿地类型多样、分布广泛，湿地物种具有多样性和特有性，湿地生态系统的形成、演化、分布和结构功能都具有独特性。

2.6.1　类型、面积与分布

根据《我国近海海洋综合调查与评价—海岸带调查技术规程》的分类系统，并结合广东省滨海湿地实地特征，广东省滨海湿地类型多样，全省主要滨海湿地类型分为人工湿地和自然湿地两大类。其中自然湿地包括岩石性海岸、砂质海岸、粉砂淤泥质海岸、海岸潟湖、河流、湖泊、红树林沼泽、内陆滩涂和沿海滩涂 9 种类型；人工湿地包括水田、养殖池塘、水库和盐田 4 种湿地类型。其具体分类体系见表 2.47。

表 2.47　广东省滨海湿地类型体系表

	湿地类型	含义说明
自然湿地	岩石性海岸	底部基质75%以上是岩石，盖度<30%的植被覆盖的硬质海岸，包括岩石性沿海岛屿、海岩峭壁
	砂质海岸	潮间植被覆盖度<30%，底质以砂、砾石为主
	粉砂淤泥质海岸	植被盖度<30%，底质以淤泥为主
	海岸潟湖	海岸带范围内的咸、淡水潟湖
	红树林沼泽	以红树林植物群落为主的潮间沼泽
	湖泊	指天然形成的积水区常年水位以下的土地
	河流	指天然形成的和人工开挖的河流常年水位以下的土地
	内陆滩涂	指河流湖泊常水位至洪水位间的滩地
	沿海滩涂	沿海大潮高潮位与低潮位之间的潮浸地带
人工湿地	养殖池塘	用于养殖鱼虾蟹等水生生物的人工水体，包括养殖池塘、进排水渠等
	水库	为灌溉、水电、防洪等目的而建造的人工蓄水设施
	盐田	用于盐业生产的人工水体，包括沉淀池、蒸发池、结晶池、进排水渠等
	水田	人工种植稻田等

广东省海岸线漫长，滨海湿地资源丰富多样，自 0 m 等深线至海岸线向陆 5 km 范围内的滨海湿地面积约 5 318.59 km²（表 2.48），其中人工湿地居多，面积为 3 564.19 km²，占总面积的 67.02%；自然湿地面积共 1 754.40 km²，占滨海湿地总面积的 32.98%。自然湿地中，面积最多的为粉砂淤泥质海岸类滨海湿地，为 728.12 km²，占滨海湿地总面积的 13.68%；面积最少的为海岸潟湖类滨海湿地，为 0.58 km²，占总面积的 0.01%。人工湿地中，水田面积为最多 1 826.26 km²，占湿地总面积的 34.34%；其次为养殖池塘，面积为 1 628.03 km²，占滨海湿地总面积的 30.61%；较少为盐田和水库，面积分别为 69.66 km² 和 40.24 km²，仅占总面积的 1.31% 和 0.76%。

表 2.48　广东省海岸带滨海湿地面积统计表

一级湿地类型	二级湿地类型	面积/km^2
自然湿地	岩石性海岸	108.31
	砂质海岸	399.68
	粉砂淤泥质海岸	728.12
	海岸潟湖	0.58
	红树林沼泽	149.01
	湖泊	55.23
	河流	286.10
	内陆滩涂	14.69
	沿海滩涂	12.68
	小计	1 754.40
人工湿地	养殖池塘	1 628.03
	水库	40.24
	盐田	69.66
	水田	1 826.26
	小计	3 564.19
合计		5 318.59

广东省 21 个地级市中有 14 个地级市分布有滨海湿地,我们分粤西、珠江口和粤东 3 个区进行介绍。粤西包括湛江市、阳江市和茂名市 3 个市;珠江口为深圳市、中山市、珠海市、广州市、东莞市和江门市 6 个市;粤东有惠州市、汕尾市、揭阳市、汕头市和潮州市 5 个市。各市的滨海湿地类型及面积分布详见表 2.49。

2.6.1.1　粤西地区

粤西地区滨海湿地面积最多,共 2 646.99 km^2。其中湛江市最多,面积为 1 808.38 km^2;阳江市次之,为 559.69 km^2;最少为茂名市,面积 278.93 km^2。粤西地区面积最多的湿地类型为水田,其次为养殖池塘;自然湿地中面积最多为粉砂淤泥质海岸湿地,其次为砂质海岸。该地区人工湿地面积远多于自然湿地面积,说明粤西海岸带受到人工干扰的程度比较大。

2.6.1.2　珠江口

珠江口有滨海湿地共 1 410.92 km^2,江门市滨海湿地面积最多,为 736.44 km^2,其次为珠海市,面积为 330.02 km^2,其他依次为广州市(113.92 km^2)、深圳市(100.50 km^2)、东莞市(72.85 km^2)和中山市(57.18 km^2)。该地区自然湿地面积为 480.65 km^2,占珠江口湿地总面积的 34.07%,人工湿地面积共 930.26 km^2,占珠江口湿地总面积的 65.93%。面积最多的湿地类型为养殖池塘,其次为水田和粉砂淤泥质海岸湿地。江门和珠海两地的养殖池塘的面积占总湿地面积的 43.94%。受珠江及众多支流的影响,珠江口海岸带河流滨海湿地是整个广东省河流滨海湿地分布较集中的岸段。

表 2.49　广东省各沿海市的滨海湿地类型及面积分布比例

湿地类型		粤西地区			珠江口						粤东地区				
		阳江	茂名	湛江	深圳	东莞	广州	中山	珠海	江门	潮州	汕头	揭阳	汕尾	惠州
自然湿地	粉砂淤泥质海岸	0.14	0.16	0.13	0.49	0.00	0.02	0.22	0.31	0.10	0.17	0.11	0.18	0.08	0.07
	砂质海岸	0.04	0.13	0.12	0.04	0.00	0.04	0.05	0.07	0.02	0.02	0.10	0.04	0.05	0.08
	岩石性海岸	0.00	0.00	0.05	0.00	0.00	0.00	0.00	0.00	0.01	0.00	0.00	0.00	0.00	0.00
	河流	0.04	0.01	0.02	0.02	0.45	0.32	0.26	0.07	0.03	0.13	0.08	0.05	0.05	0.05
	红树林沼泽	0.02	0.03	0.05	0.01	0.00	0.00	0.00	0.00	0.04	0.00	0.00	0.00	0.00	0.00
	湖泊	0.01	0.00	0.01	0.03	0.02	0.02	0.01	0.01	0.01	0.00	0.01	0.01	0.01	0.03
	沿海滩涂	0.01	0.00	0.00	0.00	0.00	0.02	0.01	0.00	0.00	0.00	0.01	0.01	0.01	0.01
人工湿地	养殖池塘	0.28	0.25	0.20	0.33	0.52	0.56	0.40	0.50	0.41	0.53	0.45	0.24	0.27	0.19
	水田	0.42	0.35	0.39	0.02	0.01	0.01	0.06	0.02	0.36	0.13	0.25	0.46	0.53	0.56
	水库	0.01	0.00	0.00	0.04	0.00	0.00	0.00	0.01	0.02	0.00	0.00	0.00	0.00	0.02
	盐田	0.02	0.06	0.02	0.00	0.00	0.00	0.00	0.00	0.00	0.00	0.00	0.00	0.00	0.00

2.6.1.3 粤东地区

粤东地区滨海湿地面积共有 1 260.18 km²。其中汕尾市滨海湿地面积最多，为 466.01 km²，其次为汕头市，为 326.44 km²，其他依次为揭阳市（173.63 km²）、惠州市（165.19 km²）和潮州市（128.91 km²）。该地区自然湿地面积共 328.23 km²，占粤东滨海湿地总面积的 26.05%；人工湿地面积为 931.95 km²，占滨海湿地总面积的 73.95%。人工湿地中水田湿地面积最多，有 515.98 km²，其次为养殖池塘，面积为 410.12 km²。自然湿地中面积最多的为粉砂淤泥质海岸湿地，面积为 135.64 km²。

2.6.2 生态特征

滨海湿地是在陆地和海洋之间形成的宽阔的生态交错带，处于淡、咸水交汇处，受海洋、陆地交互作用，其复杂的动力机制造就了滨海湿地复杂多样的湿地类型和独特的生态系统，具有较高的生产力和生物多样性。广东省大面积的滩涂、河口水域和浅海水域为野生动物的生存提供了良好的生态环境。广东海岸带湿地是多种野生动物栖息、繁殖、迁徙和越冬的场所，生物多样性极为丰富，是许多珍惜濒危物种的栖息地。

广东省海岸与浅海海域湿地鱼类有 54 科 122 属 11 种，其中有许多是经济价值较高的海洋捕捞和养殖对象；爬行动物有 60 种，占全省爬行动物 122 种的 49%。属于国家 I 级重点保护的爬行动物有鼋、巨蜥、蟒蛇，国家 II 级重点保护的有三线闭壳龟、山瑞鳖、绿海龟、玳瑁、棱皮龟等；两栖动物有 3 目 9 科 43 种，以无尾目的雨蛙科和姬蛙科种类为主，其中大鲵、细痣疣螈和虎纹蛙是国家 II 级重点保护动物；湿地兽类有 32 种，隶属于 8 目 17 科，其中猕猴、中华白海豚、小爪水獭、江獭、水獭、水鹿等被列入国家重点保护野生动物；广东省湿地鸟类共有 11 目 23 科 155 种 9（亚种），占全国湿地水鸟总数的 48.3%。以鸻形目、雁形目、鹳形目、鸥形目的鸟类为优势。其中，国家 I 级重点保护动物有东方白鹳、中华秋沙鸭和黑鹳 3 种，国家 II 级重点保护动物 18 种（亚种）。被濒危野生动植物种国际贸易公约（CITES）列名的有 6 种：东方白鹳、黑鹳、白琵鹭、白腹海雕、鹗和小青脚鹬等。另外，全省海岸湿地还有珊瑚 70 多种，以及软体动物、节肢动物、棘皮动物等丰富的无脊椎动物资源。

红树林是一种热带、南亚热带特有的滨海湿地类型。广东省濒临南海地处亚热带，是中国红树林中分布广、面积大，种类最丰富的地区之一。全省共有红树林种类 29 种（其中属真红树林的有 21 种，半红树林植物 8 种），种类之多仅次于海南岛。全省红树林面积为 149.01 km²，占广东省滨海湿地总面积的 2.80%。粤西地区红树林沼泽湿地面积最广，红树林植物种类最多。目前，深圳湾福田的红树林已被列为国家级红树林湿地保护区，淇澳岛红树林被划为省级自然保护区。调查研究表明，红树林是至今世界上少数几个物种最多样化的生态系之一，生物资源量非常丰富。因为红树以凋落物的方式，通过食物链转换，为海洋生物提供良好的生长发育环境；同时，由于红树林区内潮沟发达，也吸引深水区的动物来到红树林区内觅食栖息，生长繁殖。红树林湿地有丰富的食物资源，是候鸟的越冬场和迁徙中转站，更是各种海鸟的觅食栖息、生长繁殖的场所。

2.6.3 景观格局

景观格局是指大小和形状不一的景观斑块在空间上的排列，它是景观异质性的重要表现，也是各种生态过程在不同尺度上作用的结果。广东省的滨海湿地以人工湿地所占面积最大，主要是养殖池塘和水田，最多分布在湛江市一带；自然湿地中以粉砂淤泥质海岸型湿地为主，主要分布在珠江口、湛江市和阳江市。人类活动对于湿地景观格局的变化影响较大，近年来广东省滨海湿地景观格局变化主要体现在各类湿地斑块数量增加、破碎度加大，分维数增加，聚集度降低，多样性下降，自然湿地面积大量减少，人工湿地面积比例增加。

受人为开发因素影响，珠江口滨海湿地总面积持续减少，人为开发和分割湿地景观导致各景观类型聚集度指数不同程度降低。李婧等（2011）利用卫星遥感影像作为数据源，结合野外调查，研究了近 20 年来珠江三角洲地区滨海湿地的类型与景观变化情况。结果显示珠江口地区受人类活动的影响剧烈，湿地面积占据滨海地区面积不足一半，湿地中绝大部分为人工湿地。湿地景观指数变化相对较小，多样性、均匀度、分形维数略呈下降趋势，优势度和内部生境破碎化指数略呈上升趋势，廊道密度指数下降较显著。珠江口滨海湿地出现了一定程度的退化，尤其是 2000 年后湿地退化有加快趋势。珠江口地区各湿地类型中，水田与养殖池塘占据了绝大部分的比例，天然湿地的面积极小，珠江口地区的湿地的活动与功能主要是由人工湿地来承载的。20 世纪 80 年代至 90 年代中期，珠江三角洲地区水田占较大比例，说明这个时期的人类活动还是以传统的农业种植业为主；90 年代中期以后，水产养殖业开始发展，养殖池塘的面积大幅增长，而水田面积开始萎缩；2000 年以来，港口、工业和人类的居住度假等活动兴起，人工建设用地大幅增加，而水田与养殖池塘的面积都较大的减少。天然湿地的变化并不显著，在较低水平上波动。值得注意的是，红树林湿地作为非常宝贵的华南地区典型的天然湿地类型，在珠江口区域的分布面积很小，而且面积持续减少。总体来看，珠江口滨海湿地 20 年来的景观指数变化不是非常显著，景观指数的变化不如湿地类型的变化剧烈，表明对滨海湿地的开发利用是处于一种类型更迭的状态，将原有的湿地类型转换功能。2000 年以后由于围海造地，人工建设用地的面积增加，而养殖池塘受这一过程的影响，斑块的破碎化程度大大增加。

2.6.4　开发利用与保护

滨海湿地是人类最早成功开发和利用的海洋地域，合理开发利用滨海湿地对海洋资源开发具有十分重要的意义。滨海湿地处于海、陆过渡地带，宜于陆生生物和水生生物栖息繁衍，生物多样性丰富，生产力高，还是许多珍稀、濒危物种分布的场所。滨海湿地作为一种空间区域，可供海水养殖、围海造地、盐业生产等多种用途的利用；可在防洪抗旱、减轻对海岸线的侵蚀、调节气候、降解环境污染物、净化水质等方面发挥作用。滨海湿地作为发育在海岸带附近并受海陆交互作用的湿地景观，是一个高度动态和复杂的生态系统，受到广泛关注，但其正因资源丰富而最频繁被人利用。目前，滨海湿地已成为遭受人类活动影响和破坏最为严重的生态景观之一。

广东省滨海湿地的开发利用中存在的问题主要有以下几点：

（1）渔业资源的过度捕捞。广东省海岸湿地的渔业资源过度开发利用的现象相当普遍。主要原因：一是对渔业资源的最大可持续捕捞量认识不足，一些渔业生产单位和个人对渔业资源的捕捞强度大大超过渔业资源的最大捕捞量；二是渔业资源的公有性决定了捕捞企业和个人为达到眼前利益最大化，对一些经济效益高的鱼类滥捕，将其生产成本转嫁给社会；三是捕捞强度过大，捕捞方式不合理，母鱼仔鱼被一网打尽，造成经济鱼类资源日益衰退。

（2）高密度的海水养殖。海岸带海水养殖是对海洋海产量的重要补充，是我国海洋经济的支柱产业之一。但是高密度的养殖方式可能导致养殖海区水质污染和生态系统失衡，进而产生各种危害生物的病害，反过来使养殖业遭受巨大损失。近20多年来，为改善沿海居民经济收入和补偿海产资源的不足，许多地方盲目发展水产养殖，密度过大，布局不合理。过量投放饵料，大大超过了海洋的养殖容量，加剧了海水富营养化，频繁引发赤潮，生物资源日渐枯竭。

（3）不合理的围垦。围垦是造成海岸湿地大面积减少的主要原因，据统计，由于人类的直接围垦，全球海岸湿地正以每年1%的速率消失。湿地一旦被围就等于切断了与海水的直接联系，从而造成了湿地类型和性质上的改变。围垦除了直接造成湿地面积减少外，还会造成湿地生境质量变差，生物多样性下降，湿地生态功能减退。

（4）工业和生活污水的排放。随着沿海经济发展和城市化进程加速，大量工业废水和生活污水未经有效处理直接排放入海，远远超出海岸湿地的自净能力，造成海岸湿地的许多污染物超标，湿地整体质量恶化，功能丧失或退化。污染已经造成海岸湿地生物物种数量锐减，生态系统稳定性下降，对海岸湿地资源与生态环境构成了重大威胁。

（5）填海造地和海岸工程建设。近年来受人口增加和经济增长的双重压力影响，滩涂围垦和填海已成为缓解土地供求矛盾、扩大社会生存和发展空间的有效手段，然而在带来巨大经济、社会效益的同时，也造成了滩涂、红树林等湿地面积大大缩减。许多地方的围垦造地，未经科学论证，只顾短期经济利益，缺乏长远规划，结果造成掠夺性开发，破坏湿地原有的生态环境，进而导致湿地生态服务价值降低，环境污染加剧以及湿地生物多样性减少等一系列生态环境问题。

滨海湿地保护与可持续利用主要应关注以下几个方面：

（1）完善有关湿地保护的法律法规。到目前为止，从国家到地方均缺乏专门针对湿地保护和管理的综合的法律法规，而且普遍存在管理部门职责不明确，管理权限混乱，管理主体不明等问题。为湿地资源保护与合理利用提供可操作的法律依据，以法律形式确定湿地资源管理程序，是湿地保护工作走上系统化、规范化、科学化的道路。

（2）加强海岸湿地的综合管理体制与协调机制的建设。当前海岸湿地开发与保护行动所涉及的部门、国家与地方、集体与个人间存在不同程度的利益冲突，海域使用权管理混乱，分工不明确，常常造成管理上的混乱，不同地区与部门在海域开发和保护管理方面存在各自为政、条块分割和机构设置重复的现象。因此，建议建立一个综合的湿地管理机构，负责组织、协调各有关部门共同致力于湿地资源的综合保护与管理，加强对湿地资源与环境的全面综合管理。

（3）建立扭转海岸湿地退化趋势的示范区。通过选取一个具有代表性和重要价值的矛盾集中区建立示范区，分析示范区的湿地退化现状及诸多原因，提出一整套具体示范区的湿地恢复的方案，并通过推广示范区的方式最终扭转广东省及我国海岸湿地退化趋势。

（4）加强海岸湿地自然保护区的建设。目前广东省已经建立多个国家级和省级的海岸湿地自然保护区，这些区域的湿地资源与生境已经得到良好的保护和恢复，但当前保护区的面积与整个海岸带相比还远远不够，有必要加大保护区的建设力度，划定保护范围、制定保护条例，使湿地生态环境尽快恢复，并得到有效保护。

（5）强化湿地保护与合理利用的意识。目前对湿地保护的宣传与教育还比较滞后，各级政府应把保护湿地资源纳入公民法制教育和精神文明建设的重要内容，宣传保护湿地资源的重要性和必要性，充分利用广播、电视、网络等多种形式，强化与提高民众保护与合理利用湿地的意识。

（6）建立动态监测体系，加强滨海湿地相关技术的研究。要做好本地区湿地退化的防治和恢复工作，首先必须加强湿地资源及其退化情况的定量研究，建立广东省滨海湿地动态监测体系，动态掌握广东省滨海湿地的变化特征。建立湿地资源空间信息系统和动态监测网络，建立滨海湿地的评价指标及体系，开展滨海湿地生态环境变化的模型模拟研究。

（7）加强宣传和教育。从珠江口滨海湿地退化的现状表明，从管理者到普通居民都缺乏滨海湿地保护的意识，未认识到滨海湿地在生态环境恢复、抵御自然灾害方面发挥的重大作用。我们应利用保护区作为提高民众湿地保护意识的宣传教育窗口，充分利用电视网络等传媒，从科学和实用的角度使人们充分了解湿地与人类的关系，认识保护沿海湿地资源的必要性。

第3章 海洋资源

广东海洋空间辽阔，拥有海域空间总面积 41.93×10^4 km^2，是陆地面积的 2.3 倍，其中内水面积约 4.77×10^4 km^2，领海面积约 1.6×10^4 km^2。广东拥有大陆海岸线长约 4 114 km，居全国沿海各省市之首；海岛 1 350 个，其中面积在 500 m^2 以上的有 734 个；滩涂面积约 1 802 km^2；大小海湾 510 多个，其中适宜建设大、中、小型港口的有 200 多个。在广东海岛中，有常住居民海岛 46 个，其中村级岛 29 个，乡级岛 13 个，县级岛 4 个，有 6 个海岛为领海基点所在位置。

3.1 海岸及近海土地与空间资源

3.1.1 海岸线类型与长度

广东省大陆海岸线总长约 4 114 km，在 14 个沿海市中，湛江市占海岸线最长，为 1 244 km，其次是汕尾市和江门市，分别为 455 km 和 415 km（表 3.1）。海岸线类型主要有自然岸线、人工岸线及河口岸线，自然岸线又分为砂质岸线、粉砂淤泥质岸线、基岩岸线和生物岸线，各类岸线长度见表 3.2，分布情况见图 3.1、图 3.2、图 3.3。

表 3.1 广东省各沿海市拥有岸线长度统计表　　　　　　　　　　单位：km

潮州	东莞	广州	惠州	江门	揭阳	茂名	汕头	汕尾	深圳	阳江	湛江	中山	珠海
75	97	157	281	415	137	182	218	455	247	324	1 244	57	225

表 3.2 广东省各类型海岸线长度统计表　　　　　　　　　　单位：km

基岩岸线	砂质岸线	粉砂淤泥质岸线	生物岸线	河口岸线	人工岸线
387	712	31	377	35	2 572

3.1.1.1 自然岸线

1）砂质海岸

砂质海岸是广东省的主要岸线类型，占岸线总长 1/3 以上，其规模取决于岸线轮廓、物质来源、海岸动力等因素。根据不同的动力过程、粒度、沉积物结构以及形成时代等的差异，从海向陆一般可以分为海滩砂、岸堤砂、风成沉积砂及晚更新世老红砂等不同沉积类型；岸前的海滩普遍发育，宽数百米至千米。以中细砂为主要组成物质，砂砾和砾石较少。高潮滩坡度较大，中低潮滩低缓。风浪、涌浪和风成沿岸流是形成该地貌类型的外营力。根据形态特点、沉积特征和分布特征，广东的现代砂质海岸可以分为 7 种类型，分别为：滨岸沙堤、岬湾沙堤、河口沙嘴、湾口沙坝、离岸坝、连岛沙坝和堆积沙岬等。粤东、粤西均有砂质海岸分布，粤东主要为岬角砂质海岸，长度较小；粤西砂质海岸分布长度较大。从各沿海市分布情况来看，砂质岸线以湛江和汕尾两市最长，分别为 232 km 和 157 km，占全省砂质岸线分别为 32.4% 和 20.0%，湛江市的砂质岸线分布于琼州海峡北侧、吴川鉴江河口以及雷州企水镇与遂溪草潭镇之间海岸带。广州与中山市无砂质岸线，珠海和东莞砂质岸线占全省砂质岸线比例很小，这与珠江口冲淤相关，难以发育砂质岸滩。

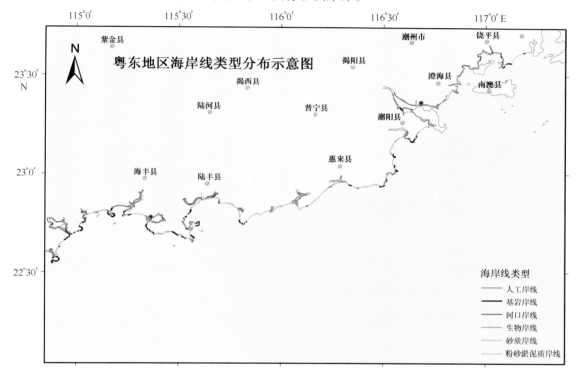

图 3.1　粤东地区海岸线类型分布

2）粉砂淤泥质海岸

　　粉砂淤泥质海岸是主要由潮汐作用塑造的低平海岸，潮间带宽而平缓。上边界多为山丘、台地和人工堤岸，堤内已辟为稻田、盐田和养殖基地。岸前潮滩发育，呈环边展布。滩面极其平坦，宽数百米至数千米，主要由粉砂、黏土组成，局部有贝壳沙堤和沙滩。多数湾顶覆盖红树林和草滩。广阔的中低潮滩是蚝、蛏、蚶等的养殖区。外营力以潮流作用为主导。鉴于径流、片流、近岸侵蚀泥沙的不断供给，加上湾外泥沙回淤和人工围堤的影响，湾内处于不同程度的淤涨状态。从各沿海市的分布情况来看，湛江市淤泥质岸线最长，为 182 km，占全省淤泥质岸线的 44.6%，主要分布于湛江湾、雷州湾和北部湾的东北部，常发育大量红树林，因此也属于生物岸线；其次是江门市，所占比例为 29.6%；汕尾、东莞、中山和珠海所占比例为 0，广州市也仅为 0.1%，这与珠江口近年来大规模海域使用占用自然滩涂并形成人工岸线有关。

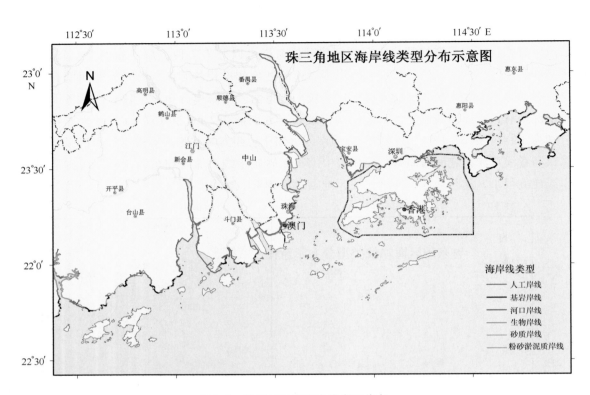

图 3.2 珠江口地区海岸线类型分布

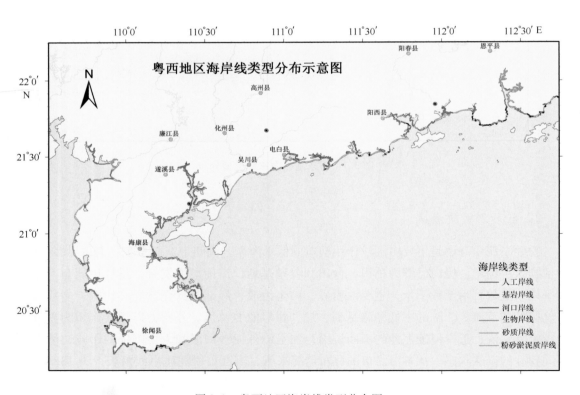

图 3.3 粤西地区海岸线类型分布图

3）基岩海岸

基岩海岸见于开敞海域的山丘岸段、岬角、半岛和岛屿，是海岸山地基岩港湾侵蚀海岸，其特征是山岭迫临海岸，海岸较陡，港湾水深，岸线破碎，海蚀现象极其普遍，海蚀阶地、阶地陡坎、海蚀崖、海蚀沟、海蚀穴、海蚀柱、海穹石及海蚀残丘等广为分布。海滩较窄，岸前的岩滩断续延布，宽数十米至百米，多呈岩礁状，偶见平台状，以砂砾石堆积为主；由于波浪猛烈而持续地冲击，导致岩岸岩滩呈缓慢蚀退或处于相对稳定。广东省的基岩岸线主要分布在珠江口东、西两侧，以深圳市最长，为 75 km，占全省基岩岸线的 19.6%；惠州、江门和汕尾的基岩岸线也较多，所占比例分别为 19.1%、17.2% 和 17.1%。

4）生物海岸

生物海岸主要包括珊瑚礁海岸、红树林海岸和海草海岸等。红树林海滩主要分布在珠江口的磨刀门、崖门、雷州半岛东岸及广西广东交界等地。红树林是热带亚热带海岸所特有的植物群落，主要生长在风浪比较平静、富含有机质、地形平缓的淤泥质海滩上，红树林在现代海岸发育中具有保护海岸加速沉积的作用，有利于滩涂的综合利用。珊瑚礁海岸主要分布在雷州半岛的西南端、惠阳澳头、大亚湾等地。受波浪的冲击和破坏，珊瑚碎屑常堆积于岸边形成珊瑚堤或珊瑚砂砾堤和珊瑚堆积等地形。

3.1.1.2　人工岸线

由永久性人工构筑物组成的岸线，如防潮堤、防波堤、护坡、挡浪墙、码头、防潮闸、道路等挡水（潮）构筑物组成的岸线。广东沿海人口密集地带，人们已经将海滩或三角洲荒滩围垦成农田。如汕头港的牛田洋，近 10 年来，修建了长达十几千米的拦海大堤，扩大了耕地面积。在珠江口的顺德、番禺、南海各县，为防治江洪泛滥，咸潮倒灌，兴修了众多的规模巨大的人工围堤。人工岸线是人类活动的产物，人工海岸已经成为广东省一类重要的海岸类型。根据"908 专项"调查结果，人工岸线占全省岸线的 62.5%，并且在各沿海市的海岸类型中均以人工岸线为主，占各市海岸线的 50% 以上（图 3.4），特别是珠江口地区如东莞市、广州市、中山市和珠海市的人工岸线达 90% 以上。从长度上看，同样以湛江市的人工岸线最长，为 806 km，占全省人工岸线的 31.3%；汕尾市次之，占 9.0%，潮州市的人工岸线最短，略占全省人工岸线的 1.9%。

3.1.1.3　河口岸线

指入海河流与海洋的水域分界线，因此河口岸线只出现在入海河流口门处。对于不具有明确海陆分界线的河口，其河口岸线通常较难确定，可根据管理情况、历史习惯用法，以及河口区道路、桥梁、防潮闸及"海洋功能区划"的边界线或者河口区地貌形态等来界定。河口岸线的特殊性质决定了其分布零星、不连续，因此在各类岸线中是比例相对较小的一类，广东省的河口岸线只有 35 km。

3.1.2　海岸带土地资源

广东省海岸带土地资源的范围是指拥有海岸线的地级市的全部乡镇。广东 14 个沿海地级

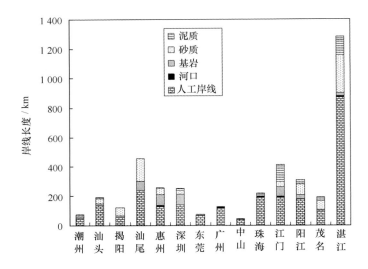

图 3.4　各沿海市不同类型海岸线对比表

市总面积为 83 338 km², 沿海县级市、县土地总面积48 465 km², 沿海乡、镇、区面积为 17 174 km², 分别占全省国土面积的 46.54%、27.06%、9.59%。耕地面积为 10 449 km², 占土地总面积的 21.56%; 人均耕地面积仅 0.38 亩 (1 亩 = 666.67 m²), 低于广东人均耕地水平。

在这狭长的海岸带, 平原、台地、丘陵、山地、水域类型多样, 其中以台地、平原面积较大, 占海岸带土地总面积的 70%, 因此海岸带地势大多起伏和缓。在地形上, 大致可分为台地、平原及丘陵山地 3 种类型。其中, 台地占土地总面积的 40%, 大多数海拔在 20 ~ 80 m, 浅海沉积阶地要比滨海台地低矮平坦; 以雷州半岛台地最为宽广, 但由于缺水干旱, 多利用于营造防护林, 发展热带旱地作物。平原占总土地面积的 30%, 主要分布在珠江、韩江下游三角洲及黄冈河、螺河、漠阳江、鉴江、南渡河等河流下游的沿岸, 地形较为开阔, 是农业和城镇的主要分布区。丘陵山地占土地面积的 30%, 多分布在珠江口两侧的宝安、珠海、台山, 粤东的海丰、惠东沿岸, 岸线曲折, 平原狭小, 适于林业和海洋渔业的发展。

3.1.3　海岸带滩涂资源

滩涂是指海岸带平均高潮线与平均低潮线之间向海洋和缓倾斜的滩面, 由淤泥质或砂质河海相沉积物组成, 是海岸带最重要的组成部分。狭义的滩涂是指潮间带, 即高潮时淹没于水下, 而低潮时又露出水面的滩地。

广东省滩涂即潮间带总面积为 1 802 km², 约占全国滩涂总面积的 8.3%, 主要分布于大、中河流河口及海湾。广东省沿海各市均有滩涂分布, 但分布不均匀, 主要分布在粤西沿海, 面积达到 1 173 km², 占全省滩涂总量的 65.1%, 其中湛江市的滩涂面积达 899 km² (表 3.3); 珠三角次之, 面积共 479 km², 占全省的 26.6%; 粤东沿海滩涂面积最小, 仅 150 km², 占全省的 8.3%。滩涂面积达 100 km² 以上的沿海城市有湛江、江门、阳江和珠海, 滩涂面积分别为 899 km²、212 km²、178 km² 和 120 km²。

表3.3　广东省各沿海市拥有滩涂面积统计表　　　　　　　单位：km²

潮州	汕头	揭阳	汕尾	惠州	深圳	东莞	广州	中山	珠海	江门	阳江	茂名	湛江
35	71	7	37	19	56	7	34	31	120	212	178	96	899

按成因与所处地貌部位，广东省海涂可分为3种类型：三角洲海涂、潟湖溺谷湾海涂、平直海岸海涂。三角洲海涂主要分布于河口三角洲前缘，海涂物质来源主要是河流输沙，分布连续、成片，以珠江三角洲和韩江三角洲最典型。潟湖溺谷湾海涂由潮流和陆地暴流搬运泥沙在海湾里沉积而成，此类海涂分布不连续，在海湾内的分布面积视海湾的大小、掩护条件和物质来源多少而定，汕头港湾（牛田洋）、大洋港（考洲洋）、镇海湾、水东港湾、湛江港湾和雷州湾等均属此类型。上述这两类海涂的组成物质均以淤泥（粒径小于0.001 mm）为主，含粉砂（粒径0.001~0.01 mm）20%~40%，滩面较宽广，一般1~2 km。平直海岸海涂发育于较平直海岸，海涂的物质来源是由原地或附近海岸浪蚀堆积而成，或为浅海沉积物通过波浪搬运堆积而成。组成物质较粗，以沙和泥混合物为主，部分为砾或礁坪。此类海涂宽度不大，一般宽200~500 m。粤东海门港至大鹏湾、雷州半岛东西两岸都有分布。

此外，还可按物质组成，并结合动力机制，将海涂划分为沙滩（海滩）、泥滩（潮滩）、盐滩和礁坪以及红树林滩等类型。

3.1.4　海域空间资源

海域空间资源是指海面空间、海洋水体空间、海底空间的总称。海域，泛指特定界限内的边缘海区域，是该区域内的海面、水体、海床及其底土构成的立体空间。依据1982年《联合国海洋法公约》，海洋可划分为内水（内海）、领海、毗连区、群岛水域、专属经济区、大陆架、公海、国际海底区域、用于国际航行的海峡等。完全主权海域一般仅指内水和领海，不完全主权海域指沿海国拥有海域的部分管辖权和资源主权的毗连区、专属经济区和大陆架。广东省的内海、领海、专属经济区的范围和面积由《联合国海洋法公约》和我国海洋法律制度确定。

根据《中华人民共和国政府关于中华人民共和国领海基线的声明》（1996年5月15日），广东省海域内的领海基线是南澎列岛以南至大帆石的各相邻基点之间的直线连线。位于广东海域范围内的领海基点有南澎列岛①南澎列岛②石碑山角、针头岩、佳蓬列岛、围夹岛、大帆石。东沙群岛位于汕头市以南约481.5 km，在领海基线向海一侧，归广东省管辖，目前由中国台湾驻守。

根据2008年国务院批复实施的《广东省海洋功能区划》，广东省海洋功能区划工作范围东至潮州市饶平县大埕湾与福建海域交界，西至湛江市英罗港和广西壮族自治区海域交界，南至琼州海峡中心分界线并向东、西自然延伸，海域至领海线和专属经济区，总面积41.93×10⁴ km²。浅海是最低潮面以下0~20 m的海域，广东省浅海海域面积为2.44×10⁴ km²，约为全国的34.8%，其中可供养殖的浅海面积有0.72×10⁴ km²，占全国可供养殖浅海面积的39.7%，是全国沿海省、市可养殖面积最大的省份。

广阔的海面不仅可开辟国内、国际航道，而且也是建立海上人工岛、海上桥梁通道、海上城市和机场等的依托，还可开发能源，发展海洋旅游和休闲娱乐。广东海域水体空间广阔，既可作为人工渔场，亦可方便水上水下交通工具的运行以及能源开发等，利用海洋水体空间最多的是海洋运输业和海洋渔业；海底空间资源可用于铺设海底电缆、管道、构建水下建筑（钻井平台、人工鱼礁、海底仓储、倾废场）等。

3.1.5 海岸及海域开发利用现状与保护

3.1.5.1 海岸土地资源利用现状与保护

1）海岸土地资源利用现状与分布

广东省沿海已利用土地主要是耕地、园地、林地、城镇用地和工矿用地。其中，粤东沿海的海岸土地资源多用作耕地和园地；珠江三角洲的海岸土地资源多为城镇用地和工矿用地；粤西沿海的海岸土地资源多用作耕地和城镇用地（表3.4，图3.5）。根据海岸的滩面宽度、土壤、降水量、水利灌溉、劳动力、资金、技术、生产历史等的不同，将广东省海岸土地资源划分为14个岸段。

（1）韩江下游岸段

本岸段组成物质以沙为主，其次为泥沙。地处韩江、练江、榕江、黄冈河下游的冲积平原，人多地少，土地利用率高。平原土地资源利用类型有耕地、果园、城镇用地、交通用地和防护林带；内陆丘陵有林地、果园；已围滩地有鱼虾养殖、盐田；沿岸水域为港口码头、贝藻养殖；南澳岛周围海域为海洋捕捞区。

（2）汕头港湾岸段

该岸段亦是沙和沙泥混合型海岸。汕头市地貌以三角洲冲积平原为主，占全市总面积的63.62%；丘陵山地次之，占全市总面积的30.40%，台地等占全市总面积的5.98%。土地利用类型有耕地、旅游用地、城市用地、港口和交通等，包括汕头经济特区和广澳片出口加工区、广澳深水港用地、塔头山和礐石旅游区、东湖海滨浴场及妈屿岛旅游区。围垦区作为水田、海水养殖、淡水养殖、军垦农场、盐场等；养殖种有：虾、蚝、红肉、蚶。

（3）惠来、海丰、陆丰岸段

以砂质海岸为主，岸线曲折，多港湾岬角。沙堤发育，小型海积和冲积平原断续出现。内陆台地丘陵较广阔，灌溉条件不良，环境较差，疏林灌丛、荒丘草坡面积较大，林地、牧业用地较少；河谷多为耕地和果园分布区；沿海的滩涂得到较充分的利用。海垦区用作稻田、鱼塘、盐田、对虾池、水草及水果、藕等作物种植区。滨海沙滩（包括广澳湾）用作防护林、生柑、旱粮、花生等种植区和浅海西施舌贝养殖区。

（4）大亚湾岸段

属基岩港湾岸段，山脉逼近海岸，平原狭窄，岸线曲折，湾中有湾。土地资源利用主要有林地、疏林灌丛，山间盆地为耕地。范和港和考洲洋沿岸的滩地有盐田，鱼、虾、蟹养殖区，浅海水域为贝类养殖区，平海湾以东的沙堤有防护林带。沿岸水域有多处港口码头。惠阳县黄鱼涌和惠东县范和港滩涂有红树林，大亚湾海域是水产资源保护区。

（5）深圳岸段

深圳市西部的深圳湾是以淤泥质为主的海岸，东部大鹏湾为基岩海岸，岸线曲折多湾。丘陵山地是林地以及水库公园、度假村等旅游区。山间盆地和河谷有耕地、畜牧场、果园、花圃、菜园。沿海平原和台地为城市工业、商业、文教及交通用地。沿岸水域有海水捕养区、

面积单位:km²

表3.4 2005年广东省土地利用现状

区域		农用地						建设用地						未利用地			总计
		合计	耕地	园地	林地	牧草地	其他农用地	合计	城乡建设用地			交通水利及其他	合计	未利用土地	其他土地	
									小计	城镇工矿	农村居民点					
珠三角	面积	42 588	7 830	3 035	27 562	32	4 129	8 264	6 668	4 654	2 014	1 596	3 824	1 291	2 533	54 676
平原区	占省/%	28.50	26.52	32.81	27.14	11.67	47.02	48.18	50.56	69.91	30.84	40.25	29.23	18.18	42.33	30.44
粤东	面积	12 293	2 999	1 559	6 734	11	990	1 884	1 420	617	803	465	1340	693	647	15 517
沿海区	占省/%	8.23	10.16	16.86	6.63	4.15	11.27	10.98	10.76	9.27	12.29	11.72	10.24	9.75	10.81	8.64
粤西	面积	26 394	9 302	3 403	12 005	123	1 562	3 372	2 534	648	1 886	838	2 849	1 037	1 813	32 616
沿海区	占省/%	17.67	31.50	36.79	11.82	44.53	17.78	19.66	19.22	9.74	28.88	21.13	21.78	14.60	30.29	18.16

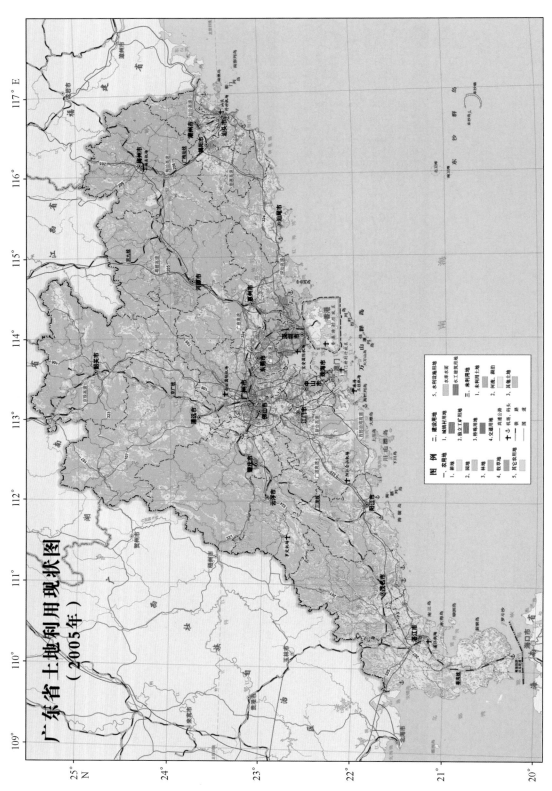

图 3.5 广东省土地资源利用现状图

海上娱乐场。滨海水域有港口码头及海滨浴场。

（6）伶仃洋东岸段

为淤泥质海岸。虎门以北沿海多为宽广的冲积平原，以南沿海平原较窄，台地丘陵较多。平原主要是耕地、果园、村镇经济开发区、鱼虾养殖区等；台地丘陵为林业用地、果园。北部沿岸水域有几处港口，南部沿岸水域是贝类养殖区。

（7）伶仃洋西岸段

为淤泥质海岸。地处珠江蕉门、洪奇沥、横门等分流水道入海处，河网密布，土地平原低洼，为历史上围海造田而成。土地利用类型有耕地、果园、淡水养殖。海堤外有大面积垦滩地，土壤含盐量较低，淡水资源充足，浅海水域是鱼虾捕捞区。

（8）珠海岸段

为砂质及基岩海岸。南、北岸段地形平坦，中段丘陵逼近海岸，多为基岩海岸。低台地海拔为 15～25 m。平原海拔 5 m 以下，主要由冲积、海积平原组成。丘陵上多为疏林灌丛，林地面积少。谷地为耕地、果园、菜地、花圃；沿海平原为城市、工业用地；丘陵用作旅游区；沿岸水域有多处港口码头；泥滩历来是贝类养殖区；岸外岛屿周围海域为海洋捕捞区。

（9）磨刀门、崖门岸段

主要是淤泥质海岸。位于磨刀门、鸡啼门、虎跳门、崖门 4 条分流水道的入海处。内陆山地丘陵为林业用地，其中古兜山林场结合水库辟为山林水库旅游点。沿海有宽阔的平原，为历史上围海造田形成，目前主要利用为耕地、淡水养殖区、果园、村镇农场。白藤湖经改造后，已成为有水乡特色的旅游区。口门外海域是海洋捕捞区。

（10）台山、阳江岸段

以砂质和淤泥质海岸为主。陆上土地类型多样，从陆向海，山地、丘陵以林业用地为主，阳江境内多疏林灌木丛。草坡地草质差，放牧利用率低。阳江西部低丘和台地有较多热带作物园地，沿海还有盐场、砂矿。斗山河、漠阳江、织箕河河谷平原是耕地、城镇用地、果园主要分布区。沿岸水域有广海、镇海、海陵等港口码头，沿岸泥滩是贝类采集区和红树林区。上川岛和下川岛有森林猕猴保护区、海滨浴场和旅游区。海岛周围是海洋捕捞区。

（11）电白、吴川岸段

以砂质海岸为主，沿海多砂质堆积地形。北部台地、低丘为林业用地，尤以电白县境内水土保持林面积大，电白县博贺防护林带闻名省内外。宜牧草地在吴川县博铺和电白县古兜至长水坑等地分布较多，但利用较少。沿海的鉴江、沙琅江、儒洞河等河流下游是耕地主要分布区，还有城镇用地。沿岸滩地有盐场，沿岸水域为海水养殖、港口码头，港外是海洋捕捞区。

（12）湛江港岸段

以淤泥质海岸为主。岸线曲折多湾，岛屿面积大，港湾深浅不一，海涂面积大。内陆台地主要土地利用类型是林地和农作物地，还有湖光岩旅游区。沿海平原有城市用地、经济技术开发区、南海石油开发基地和防护林带。港湾内有大片草滩地。沿岸水域为港口码头、海水养殖区，港湾外是海洋捕捞区。

（13）雷州半岛东南岸段

为淤泥质砂质海岸。玄武岩台地广布，沿海为陆相或海相堆积阶地。气候干旱，地表水短缺，但地下水丰富。台地为林业用地、果园（主要是菠萝）、热带作物（橡胶、剑麻、香茅）种植地及牧地。沿海平原多为水田、盐场、防护林带。海湾水域有港口码头、贝参养殖区，港外海域是捕捞区。

（14）雷州半岛西部岸段

以泥砂质海岸为主。内陆为玄武岩台地，地形起伏和缓，沿海是陆相或海相堆积阶地，沙堤和潟湖发育。河流短小，地表干旱。台地利用为林业用地及热带、亚热带水果（柑橘、香蕉、大蕉、荔枝、菠萝、龙眼等）种植基地；草地资源丰富，但未能充分利用；河谷平原为水田；沿岸滩地为防护林带、盐田、鱼虾养殖区、草滩地；沿岸水域有港口、贝类采养区；北部湾海域是捕捞区。

2）海岸土地资源保护

根据区域自然地理和社会经济特点，以地级市为单位，将广东省海岸带土地资源划分为珠三角平原区、粤东沿海区和粤西沿海区三大区域，提出不同措施以优化土地利用空间配置，合理利用土地资源，并结合土地利用总体规划，保护海岸土地资源。

（1）珠三角平原区

珠三角平原区是全国市场化程度最高的地区，已成为世界重要的制造业基地之一，是推动我国经济社会发展的强大引擎。人口和经济要素高度聚集，基础设施比较完备，城镇化水平快速提高，是我国三大城镇密集地区之一。但在发展中面临着环境污染问题比较突出、资源环境约束凸显、土地利用集约化水平不高等问题。

根据《珠江三角洲地区改革发展规划纲要（2008—2020年）》，到2020年，珠三角要率先基本实现现代化，城镇化水平达到85%左右，成为全球最具核心竞争力的大都市圈之一。以广州、深圳为中心，以珠江口东岸、西岸为重点，加快交通、能源、水利和信息基础设施建设，优先发展现代服务业，加快发展先进制造业，大力发展高新技术产业，改造提升优势传统产业，积极发展现代农业，推进区域经济一体化；主动承接国际高端产业的转移，制定有关政策逐步引导劳动密集型产业向周边地区转移，挖掘发展空间，提高人居环境质量，增强国际竞争力。

在产业升级转移的过程中，珠三角平原区土地利用要以节约集约用地为主导原则，促进土地利用方式的根本转变；严格控制新增建设用地规模，大力盘活并优先利用存量建设用地，积极开展"三旧"改造；提高项目用地投资强度、容积率、建筑系数、土地产出效益等用地标准，减少资源消耗多、技术含量低的工业用地；加大"桑基鱼塘"生态农业模式的保护力度，促进耕地保护与生态建设的有机结合。

（2）粤东沿海区

粤东沿海区西接珠三角城镇群，东邻海峡西岸城镇群，农业生产的气候条件优越，土地利用程度高，水陆空综合交通条件较为优越，但土地资源匮乏，人口密度大，人均耕地资源少，经济发展和基础建设较为滞后。

粤东沿海区应利用海峡西岸经济区的发展机遇，打造成为我国海峡西岸的重要制造业基地；加大对基础设施建设的支持力度，促进公路、铁路、航运等交通网的完善和枢纽建设、促进区域整体发展能力的提高；支持主导产业及配套建设，引导产业集中建设、集群发展；重点发展石油化工、电力、装备制造、电子信息等产业，大力发展和提升纺织服装、工艺玩具、陶瓷、皮革、食品饮料、五金不锈钢等传统产业；依托良好的港口及其他资源条件，大力发展为临港工业和商贸配套的港口物流，规划建设一批现代物流园区，提升区域性中心城市的综合服务功能，增强竞争力；同时充分发挥南亚热带和海洋季风气候的优势，重点建设茶叶、药材、水果、蔬菜等优势农产品基地；充分利用海洋渔业资源，积极发展滨海休闲渔业、海洋生物和制药产业；重点发展具有潮、侨、海等特色的潮汕文化游、滨海度假游等特色旅游产品。

粤东沿海区可通过适度围海造地，拓展用地空间；适当提高人均城镇工矿用地面积，改善城乡人居环境；加大耕地保护力度，发扬"精耕细作"的优良传统，合理有序开发耕地后备资源。

（3）粤西沿海区

粤西沿海区东出南海，西临北部湾，南与海南省相望，在亚太经济圈中具有重要的战略地位，土地资源较为丰富。但长期以来，基础设施建设较为落后，社会经济发展比较缓慢，区位优势未得到充分发挥。

粤西沿海区应积极融入北部湾经济区，重点发展湛江港、茂名港、湛江经济技术开发区东海岛新区、湛江临港工业园和茂名石化工业区，构建湛江、茂名临港重化工业核心区，建设以钢铁、石油化工上游产品为主导的工业体系，构筑临港型、资源型钢铁和重化工业基地，做强电力能源、电器机械、冶金、造纸等支柱产业，培育海洋生物、新医药、新材料、新能源等高新技术产业；利用土地资源丰富和生产条件优越的优势，发展效益农业和生态农业，重点建设水果、蔬菜、蔗糖、畜禽、丰产林等优势农产品基地。

粤西沿海区承担着全省1/3的耕地保有量任务，应积极推进土地整理复垦开发并加大中低产田改造力度，积极开展现代标准农田建设，提高耕地产出率和生产效益；针对农村居民点用地面积较大的特点，应积极开展农村居民点整理，积极探索和推进"城镇建设用地增加与农村建设用地减少相挂钩"，促进区域城市化、工业化的健康发展。

3.1.5.2 海涂资源利用现状与保护

1）海涂资源利用现状

广东省海涂资源和近岸浅海资源的开发主要用于填海造地和水产养殖，少部分用于晒盐、开采建筑材料以及种植红树林等。广东滩涂、浅海可养殖面积合计 8 360 km²，其中滩涂可养殖面积为 1 197 km²。随着沿海港口建设规模扩大，用于工业发展的填海面积随之增加，滩涂可养殖面积减少，伴随养殖技术的进步，浅海可养殖面积则有所增加。下面将以珠海、台山、阳江、徐闻为例进行简述。

（1）珠海市

珠海市滩涂面积为 203.0 km²，占全市土地面积的 12.69%，其中超高滩面积为 3.5 km²，高滩面积为 3.4 km²，中滩面积为 16.1 km²，低滩面积为 12.6 km²，浅滩 168.0 km²。按滩涂底质可分为泥滩和沙石滩，分别占 88.15% 和 11.85%。在 179.0 km² 泥滩中，生有咸水草的草滩有 2.1 km²，红树林林滩有 3.8 km²，曾养牡蛎的老牡蛎滩有 7.3 km²，没有草木生长的光滩有 166.0 km²。

全市滩涂可分4个区：①磨刀门口门滩涂区，包括鹤洲北、鹤洲南、三灶湾、洪湾西、洪湾北、洪湾南6片，占滩涂总面积的 37.61%，该区淡水来源充足，可发展鱼、稻、蔗、果的综合性生产；②东部沿海滩涂区，包括金鼎、唐家、香洲3片，占滩涂总面积的14.77%，是历史上的养牡蛎区，可发展以牡蛎为主、鱼虾蟹结合的咸淡水养殖业；③西部沿海滩涂区，包括雷蛛和平沙两片，占滩涂总面积的20.83%，可以蔗、鱼为主，种养结合的综合经营；④近岸岛屿滩涂区，包括淇澳、横琴、三灶、南水、高栏诸岛，占滩涂总面积26.78%，滩涂形成于岛屿湾内，小片分散，类型多种多样，以浅泥滩和中泥滩居多，可以种植或养殖，尤以发展牡蛎生产潜力大。

（2）台山市

台山市港湾众多，浅海滩涂面积大，沿海20 m水深以内的浅海滩涂就达2 700.0 km²，目前已开发利用的浅海滩涂仅240.0 km²，仍有2 460.0 km²未开发利用。重点发展的优质高效的养殖基地包括：①以上下川岛为主的网箱、沉箱养殖基地，网箱1万多个，面积超9×10⁴ m²，沉箱67个（为国家星火计划项目），养殖石斑等优质品种；②广海湾巴非蛤养殖基地，面积超过30×10⁴ km²；③蓝蛤养殖护养基地，都斛和广海湾各面积超13×10⁴ km²；④上、下川岛2.0 km²文蛤养殖基地；⑤以镇海湾为中心的牡蛎养殖基地，涂养面积33.0 km²，吊养蚝排2 800多个；⑥淡水鳗鱼连片养殖基地，面积8.6 km²；⑦咸淡水养殖基地，20.0 km²；⑧淡水罗非鱼养殖基地，纯养5.3 km²，混养3.3 km²，年产罗非鱼近万吨；⑨此外，还有稀有优质品种海胆养殖0.3 km²，中华乌塘鳢养殖0.3 km²。

（3）阳江市

阳江市20 m等深线以浅的浅海和滩涂面积有1 624.0 km²，其中10 m等深线以浅的浅海面积为620.0 km²，滩涂面积为131.0 km²。河流纵横交错，主要入海河流5条，沿海生态环境极具多样性，成片的红树林有8 000多亩，是鱼虾蟹繁殖生长的理想场所。已发现有经济价值的海水鱼类品种达105种，可开发用于增养殖的品种有20多个。以海陵大堤为界，东面岸线面对浩瀚南海，海涂开阔，浅海居多，西面则滩涂居多。大堤东侧是高位池养虾的好地方，但是越来越淤积，滩涂面积就越来越大。西侧因为污染等问题，近年蚶苗产量不稳定，对虾、牡蛎生产亦受影响，一段时间停滞不前。

（4）徐闻县

海水增养殖是徐闻海洋渔业的主导产业，主要包括浅海养殖和滩涂养殖，养殖对象有鱼类、甲壳类（虾、蟹）、贝类和藻类等。滩涂面积广，地势平坦，土壤结构好，从南部五里乡南山村炮台角至西北部的迈陈镇北街海，海滩面积80.0 km²，其中连片的一、二类宜盐滩涂面积有54.0 km²，占滩涂面积的67.24%。2007年，徐闻县海水养殖面积共63.0 km²，产量39 794 t。其中滩涂养殖面积为31.0 km²，产量17 016 t；浅海养殖面积为22.0 km²，产量18 410 t。

2）海涂资源保护

作为一种重要的自然资源，人类对滩涂的开发利用由来已久。新中国成立后，特别是改革开放以来，广东省沿海滩涂得到了广泛快速的开发和利用，包括农业、渔业、林业以及港口码头、交通运输、城市建设等，它们对广东社会经济的发展起到了举足轻重的作用。

随着国民经济持续高速发展以及城镇化，国民经济各种组分对土地的需求将长期处于紧张状况。同时，滩涂的垦殖利用与行洪、纳潮、排涝、航运交通以及河口生态环境保护等目标之间的矛盾也日益突出。再者，在滩涂基础研究、规划及管理等方面也不同程度地存在一些问题和矛盾，不利于滩涂的可持续利用和发展。因此，树立和落实可持续发展观，科学规划、协同管理、有效保护和科学开发利用滩涂，是广东省沿海滩涂的当务之急，对构建和谐广东具有十分重要的战略意义。

（1）转变观念，建立自然资源价值观

目前，对滩涂资源的认识大多还处于作为土地储备单一性资源的传统观念上，缺乏对滩涂资源系统性的认识，甚至认为荒滩只有围垦成地才算发挥其价值，因此圈涂成地以种植、养殖、建设开发、建码头港口，等等。同时由于没有充分顾及滩涂发育的自然规律和客观需求，而利用了具有排他性的滩涂利用方式，导致不同程度地弱化甚至破坏了滩涂资源的系统特性，特别是动植物生态环境、初级生产力、污染物降解、行洪、纳潮以及人文美学等方面的功能，不利于滩涂的可持续利用和区域社会经济的可持续发展。另外，在开发与保护的关系、资源有偿利用、资源管理协同等方面的观念还有待进一步的转变和提高。

（2）统筹规划，科学实施

广东省海岸线延绵，空间跨度较大，地区社会经济发展差异较大，滩涂开发利用的程度相差也较大。许多地方由于自然条件和基础建设环节的薄弱，滩涂开发利用产业结构及层次相对单一，围滩利用效益较低。目前，一心围垦为了增加土地的行为，或圈定范围不准任何开发利用的狭义保护行为都普遍存在，不符合滩涂可持续发展的要求。因此，需要展开高层次的、跨区域的滩涂总体规划和功能区规划。

（3）综合利用保护，注重生态建设

近年来，在自然演变的背景下，急剧的人类活动使得广东省沿海滩涂在形态发育、滩涂生态及滩涂环境等方面都存在较严重问题。滩涂本身是我们开发利用的对象，同时也是滩涂动植物赖以生活、生产的生境，必须引起我们高度重视，并采取有效的治理和培育措施。只有滩涂的可持续发展，才有人们的可持续利用。

正确处理利用与保护的关系是我们必须面对的基本问题。利用与保护的关系体现了人与自然的关系。利用和保护是一种辩证关系，是度的科学，是和谐的哲学。利用和保护是相互依存和共生的。滩涂是湿地的重要形态，其生物多样性、污染降解、人文价值等与人类的发展和繁荣休戚相关，必须予以高度重视和科学实践。近年来，沿海滩涂的生态保护工作进展迅猛，广东省在综合利用滩涂资源的同时，加强了滩涂的生态保护的意识，同时在实践上也取得了较大成就。各行各业都十分重视沿海滩涂的保护工作，先后建立了湛江红树林保护区、珠海淇澳岛红树林保护区、汕头海岸湿地 GEF 国际湿地示范区等，对广东省滩涂湿地的保护起到了积极的作用。这些措施在控制海岸侵蚀、保持水土和保护生物多样性等方面也发挥着越来越重要的作用。

（4）加大基础研究投入，建立动态监测评价体系

广东省滩涂的基础资料比较缺乏，研究工作相对落后，对滩涂湿地生态系统的特点和环境效应的认识还不够系统及深入。因此，加大投入，统筹社会科学和自然科学，制定系统研究规划，结合生产实际，分期分批有计划地协同展开系统动态监测和深度研究，同时加强行业、学科间交流及信息共享，十分必要和迫切。

3.1.5.3　海域利用现状与保护

1）海域利用现状

根据广东省"908 专项"海域使用现状调查数据显示：广东海域使用总面积为 8 552.6 km²，

约占全省海域面积的 2%。其中，渔业用海面积为 1 449.6 km²，交通运输用海面积为 2 061.1 km²，工矿用海面积为 22.3 km²，旅游娱乐用海占用 163.2 km²，海底工程用海面积为 65.4 km²，排污倾倒用海面积为 258.4 km²，围海造地面积为 110.7 km²，特殊用海面积为 4 422.0 km²，其他用海面积为 0.000 3 km²，以上用海分别占全省海域使用总面积的 16.95%、24.10%、0.26%、1.91%、0.76%、3.02%、1.29%、51.70%、0.000 004%（表 3.5，图 3.6）。

表 3.5　广东各类用海情况统计表

用海 类型	渔业	交通 运输	工矿	旅游 娱乐	海底 工程	排污 倾倒	围海 造地	特殊 用海	其他	合计
面积/km²	1 449.6	2 061.1	22.3	163.2	65.4	258.4	110.7	4 422.0	0.000 3	8 552.6
比例/%	16.95	24.10	0.26	1.91	0.76	3.02	1.29	51.70	0.000 004	100

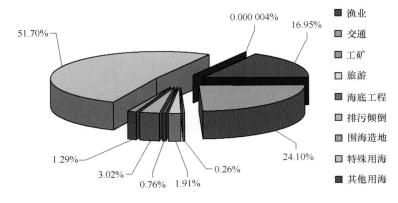

图 3.6　广东各类用海比例图

从广东省海域使用现状来看，渔业用海、交通运输用海、旅游用海、特殊用海等主要用海类型的分布，受资源条件影响比较大，与沿海经济发展状况具有极大的相关度，表现出与资源条件匹配度高、海域使用类型分布地域差异显著的特点。全省的渔业用海主要分布在经济较为落后的粤西沿海，并集中在海岸线比较长的湛江；港口工程、航道等用海主要分布在以珠三角为中心的沿海经济发达地区；旅游娱乐用海集中分布在交通便利、文化特色较浓厚、开发程度较高的粤中和粤东沿海；作为全省用海面积最广的保护区用海主要集中分布在资源丰富的粤东沿海，其次是开发程度相对较低的粤西沿海。

2）海域利用特点

目前广东海域使用开发和利用程度已相对比较高，海域使用现状具有一定的特点。从海域使用类别、结构、资源匹配、类型组合、地域特征、与功能区划对比等进行分析，广东海域使用主要有以下特点。

（1）海域使用类型基本齐全

依据《海籍调查规程》的分类方法，海域使用类型分为 9 个一级类和 31 个二级类。本次海域使用现状调查成果表明，广东海域使用类型包含了各个一级类，覆盖率为 100%。在 31

个二级类中，除了海底隧道用海和海底仓库用海以外，广东海域使用类型包含了其他 29 个二级类用海，覆盖率为 87.10%。因此，广东海域使用类型比较齐全，基本覆盖了一级类和二级类中的各种用海类型。

（2）海域使用结构区域差异明显，与经济资源条件匹配度高

广东渔业用海、交通运输用海、旅游用海、保护区用海等主要用海类型的分布，受资源条件影响比较大，与沿海经济发展状况具有大的相关度，表现出与资源条件匹配度高、海域使用类型分布地域差异显著的特点。全省的渔业用海主要分布在经济较为落后的粤西沿海，并集中在海岸线比较长的湛江；港口工程、航道等用海主要分布在以珠三角为中心的沿海经济发达地区；旅游娱乐用海集中分布在交通便利、文化特色较浓厚、开发程度较高的粤中和粤东沿海；作为全省用海面积最广的保护区用海主要集中分布在资源丰富的粤东沿海，其次是开发程度相对较低的粤西沿海。

（3）海域使用基本符合海洋功能区划要求

广东省海域使用现状与广东省海洋功能区划的对比分析表明，交通运输用海、工矿用海、旅游娱乐用海、海底工程用海、围海造地等非渔业用海基本符合海洋功能区划要求，符合率为 99.88%。全省不符合海洋功能区划的非渔业用海总面积为 8.9 km²，主要是港池、航道和临海工业用海，而且绝大部分集中在湛江雷州。渔业用海以个体户为主，分布分散，不便于集中管理，而且渔民依法用海意识比较薄弱。因此，与非渔业用海相比，渔业用海中不符合海洋功能区划要求的宗海比较多，总面积达 467.0 km²，符合率只有 67.78%。不符合海洋功能区划要求的渔业用海主要分布在湛江、阳江沿海，类型以池塘养殖、底播养殖为主。考虑到养殖用海具有较大的兼容性，可以认为广东海域使用现状基本符合海洋功能区划要求。

3）海域利用保护对策

广东海域使用具有类型齐全、特征用海比例大、用海结构区域差异明显、用海基本符合海洋功能区划等特点。但同时也存在诸多问题，如养殖用海中违规用海多、未确权用海多、高位池养殖乱开发现象普遍、局部养殖密度过大；非养殖用海空间分布不均、交叉用海项目海域使用权界定困难、大型项目用海增多，各行业用海利益冲突加剧；以及海域使用管理中缺乏规划、管理较乱以及越级审批等问题，在很大程度上影响了海域的可持续利用。针对广东海域使用现状及存在问题，为进一步实现海域有序、有度、有偿及科学合理使用，保护海洋和海岸带环境和资源，建议如下。

（1）加强海域使用科学研究，由科技支撑带动科学合理用海

海域使用是一门较为复杂的应用型学科，涉及学科广泛，包含人文、自然、经济等多方面信息。通过与相关科研部门的合作，建立广东省海域使用空间模型，为政府部门引导用海布局提供依据，如此才能保证引导合理的海洋开发，使海洋产业健康有序的发展。

（2）全面落实海域许可证制度和海域有偿使用制度

为了彻底改变海域使用的无序、无度、无偿状况，在"908 专项"海域使用现状调查的基础上，全面贯彻落实海域许可证制度和海域有偿使用制度。

（3）强化依法行政，提高海域执法管理能力

法律，是行政管理部门依法行政的依据，依法行政是海洋管理的必然。要努力提高执法人员综合素质，强化有关执法机构和执法队伍的能力建设，不断提高执法装备水平，充分发

挥陆、海、空立体监视和快速反应的能力，加大海上执法监察力度，对于破坏资源、污染环境、非法使用海域的行为进行严肃处理，发现一宗处理一宗，使广东省的海域使用管理真正做到有法可依，有法必依，执法必严，违法必究。

（4）实施海洋功能区划和制定海域使用总体规划

贯彻实施海洋功能区划是合理开发利用海洋资源，加强海洋环境保护工作，统筹协调海域使用，解决不同部门、行业间用海矛盾的需要。同时海洋功能区划要适应市场经济条件下海洋管理工作的需要，从静态向动态转化。广东省及地方政府应明确功能区划定位，严格按照海域功能分区，制定海域使用开发总体规划，为审批和发放海域使用许可证提供科学依据和技术支持。

（5）深入开展法制宣传工作，增强全民依法用海意识

增强全民的海洋国土观念，提高依法用海意识，是广泛深入地实施海域使用管理的必要条件。要强化宣传，通过广播、电视、报刊、展览、论坛等多种形式，加大对海域使用管理重要性和必要性的认识，使社会各界充分认识到做好海域使用管理的重要性和紧迫性，形成依法用海的良好习惯，为海域使用管理制度的贯彻执行创造一个良好的外部环境。

3.2 港口航运资源

港口航运资源包括港口、航道和锚地，是广东省最重要的海域开发类型。目前全省港口行业正进入一个快速发展的"黄金时期"，沿海各市为适应对外贸易迅速发展的需要，都加强对港口资源的开发利用，港区建设得到了长足的进步，同时加强对各出海航道的疏浚，提高通航能力，扩大港口容量，发挥港口航运在区域经济发展中的带动作用。

3.2.1 港址资源

3.2.1.1 港址资源类型

广东大陆海岸线自东北向西南展布，东起闽粤交界的大埕湾湾头（117°15′E），西至粤桂交界的英罗港洗米河口（109°45′E），全长 4 114 km。岸线曲折，港湾众多。沿海共有大小入海河流 100 余条，流域面积在 1 000 km^2 以上的河流主要有黄冈河、韩江、榕江、龙江、漠河、珠江、漠阳江、鉴江等。其中，珠江流域面积最大，水沙最丰沛，韩江次之，其他均属中小河流，入海水沙较少。这些港湾和入海河口是形成港口的重要海洋资源。根据区域地质背景及动力条件的差异，广东沿海的港口资源类型主要可分为山地溺谷港、台地溺谷港、沙坝—潟湖港、河口港和人工港五大类。

1）山地溺谷港

此类港湾多出现在沉降的山地海岸。因受"多"字形或"X"形扭性断裂群的控制，以及侵蚀作用的影响，在沿海形成一些高低错落、反差强烈的山丘和谷地。由于海平面几经升降，尤其冰后期海进，谷地被海水淹浸而成规模和水深都较大的基岩港湾。这些港湾常年受潮流作用，在径流和陆域掩护下，造成"大湾套小湾"的隐蔽形态，如分布于珠江口东侧的大亚湾、大鹏湾以及香港地区的港湾。由于海岸山脉自北东向南西延伸入海，分水岭偏南，

沿岸无大河泥沙注入，湾床地形相对稳定。目前，这些港湾水深可达 10 ~ 20 m，5 m 和 10 m 等深线靠近岸缘。大亚湾和大鹏湾的底质为深灰色粉砂黏土，是千年缓慢沉积的结果。大亚湾的平均淤积厚度每年不足 1 cm，香港九龙一带海岸岛屿众多，水道纵横，峡道水流急，底质多为粗砂砾或基岩，反映海底长期处于冲刷状态，形成相互连通的深水航道。

珠江口西侧原有一系列山地溺谷港湾，但由于珠江口海岸流西行，珠江入海泥沙常年被海岸流夹带至此海岸沉积，因此形成了广海湾一带较宽广的粉砂淤泥质平原。这里原有的山地溺谷海湾，如上川岛、下川岛的港湾正在受到较强烈的泥沙淤积。西部的海陵山港，由于 1958 年修筑大堤，拦截来自漠阳江的沙源，因而目前仍有较大水深（8 ~ 10 m 以深）。

柘林湾是粤东沿海的深水港湾，现有航道水深 4 ~ 6 m，自汤溪水库（黄冈河）建成和三百门大堤筑成后，泥沙来源减少，其水体含沙量小，自然淤积量不大。

2）台地溺谷港

此类港湾多出现在粤西湛江组、北海组砂砾黏土或玄武岩组成的台地海岸，它们是由台地构造—侵蚀谷地经冰后期海进而形成的雏形，再经潮流的长期塑造，发育了规模较大、水深条件较好的潮汐通道，如雷州半岛东北的湛江湾和西南的流沙湾等。由于湛江港及北部湾潮差较大（平均潮差大于 2 m），各溺谷湾纳潮量也大，大潮纳潮量湛江湾为 6×10^8 m³，流沙湾为 1.3×10^8 m³，加之潮流动力作用强盛，河流来沙较少，因此潮汐通道水深可到 10 ~ 20 m。

台地溺谷港湾内隐蔽，有良好的泊稳条件，可利用的岸线较长，口门区域海浪作用不强，沿岸年总冲刷率普遍在 10 m³ 以下，仅湛江港大于此数。这类港湾拦门浅滩水深可达 5 ~ 7 m，属深水良港。

3）沙坝—潟湖港

此类港湾是以沙坝—潟湖体系的潮汐通道为基础发育起来的，由于河流或大陆架供沙较多，波浪作用较强，沿岸漂沙活跃，砂质堆积广布，普遍形成潮汐通道口内涨潮三角洲和口外落潮三角洲（栏门沙），水深小于 3 m。如粤东的神泉港、甲子港、湖东港、汕尾港等，粤西的水东港、博贺港、乌石港等，其多辟为地方商港或渔港，必须加以疏浚或整治才能通行较大的船舶。

4）河口港

广东沿海主要入海河流有韩江、榕江、螺江、珠江、漠阳江、鉴江等，它们有众多的分流河口或河口湾，在口门形成大小的河口港。河口港是海洋和内陆交通枢纽，其共同特征是径流和陆域来沙较多，在口外海滨，由陆域输入沿海的泥沙也可向河口湾倒灌或有沿岸输沙；部分河口还受较强大的波浪作用，海底掀沙剧烈，形成河口拦门湾滩，使河口处于半封闭状态。

珠江口平均入海水量为 $3\,283 \times 10^8$ m³，年平均悬沙输移量为 $8\,378 \times 10^4$ t，另外每年还有 $3\,000 \times 10^4$ t 左右的胶体微粒与粒子以及一定数量的推移质沙（底沙）进入河口。珠江口平均潮差为 1.0 m 左右，河口湾内波浪作用较弱。珠江三角洲水网稠密，目前有较大的支叉近百条，是主要水运要津。珠江口八大口门中，蕉门、洪奇沥、横门、磨刀门、鸡啼门和虎跳门，主要受西、北江来沙影响，河川径流作用较强，泥沙被输送至河口区域，由于潮流动力消能，加上咸淡水的混合，泥沙淤积较快，通常在口门附近形成大规模的拦江沙，其水深普遍小于 2 ~ 3 m，是船舶航行的障碍。虎门和崖门径流作用较弱，潮汐作用相对较强，口门以内因潮流和径流的冲刷作用，形成了水深数米至十余米的冲刷深槽，但口门以外或河口湾（如伶仃洋、黄茅海）水域宽广，由于泥沙不断淤积，亦发育了规模宏大的拦沙浅滩，但这些拦沙浅滩并非完整连片，由涨落潮流塑造，形成了互相交错的冲刷槽。伶仃洋的东槽（矾石水道）和西槽（伶仃水道）自然水深 5～6 m 以上，成为黄埔港的出海航道。在伶仃洋的东南岸赤湾一带，矾石水道与香港暗士顿水道相连，水深 10 m 以上，近期有冲刷趋势，属优良港址。黄茅海冲刷槽最浅水深仅 3 m 左右，是崖门港出海航道的障碍。

韩江口五大分流河口中，东溪口、外沙河口和新津溪口主要受径流和波浪控制，推移质泥沙来源丰富，河口砾质堆积体非常发育，河口拦门浅滩水深仅 1.0 m 左右；义丰溪和梅溪口主要受径流控制，拦门浅滩水深亦仅 1～2 m，影响船舶航行。榕江口的汕头港在潮流和波浪作用下，外栏门浅滩发育，水深 4.6～4.7 m，5 000 吨级货轮须减载或候潮入港。虽经疏浚，由于口门附近波浪总输沙率每年可达 50×10^4 m³，效果不佳，已成为汕头港扩建的重要障碍。

螺河、漠阳江、鉴江诸河口波浪作用较强，泥沙堆积显著，口外拦门浅滩水深 1.0 m 左右，航道的平面位置和断面形态经常发生变化，对航道极为不利。

5）人工港

此类港口一般不是依托现有港湾而建，通常为某一临海工业选择一些水深条件较好、环境容量较大的岸线，开挖港池和航道，并建防波堤以形成一泊稳条件较好的半封闭状小港湾。如台山电厂、阳江核电站、粤海铁路火车轮渡等。

3.2.1.2　港口资源分布

港口资源是指符合一定规格船舶航行与停泊条件，并具有可供某类标准港口修建和使用的筑港与陆域条件，同时还具备一定的港口腹地条件的海岸、海湾、河岸和岛屿等，是港口赖以建设与发展的天然资源。尽管广东省港湾资源丰富，但有的港湾只适于养殖、开发旅游项目或作其他用途。适合建港需要符合以下条件：

（1）航行条件：保证一定规格船舶不分季节和昼夜，安全、迅速地进出港湾。

（2）停泊条件：具备可供船舶抛锚与系泊，以及进行装卸与过驳作业的足够水面。

（3）筑港与陆域条件：满足港口的各种装备、设施及其他建筑物的平面布置，以及周围自然条件对其与腹地联系的可行性与有利性。

（4）腹地条件：指港口腹地面积的大小，港口与腹地间的交通条件，腹地各种资源的丰度与开发程度，经济发展水平与结构，以及主要的产销联系。

根据广东省"908 专项"海岸带和海岛调查资料，广东省大陆及海岛共有大、小海湾510 多个，其中适宜建设大、中、小型港口的有 200 多个（表 3.6）。在众多港湾中，广澳湾、大亚湾、大鹏湾、伶仃洋、高栏港、海陵湾、湛江湾、琼州海峡沿岸等具有建 10 万～40 万吨级港口的条件，还有其他岸外深水区如南澳岛、万山列岛等也有建深水大港的条件。随着社会的发展和技术的进步，港口资源的开发利用已不仅局限于海湾内，开敞式港口资源的开发将是未来超级深水港口建设的一个重要选择。

表 3.6 广东省沿海适宜建港的主要海湾一览表

沿海市	合计	可建大型港口的海湾		可建中、小型港口或渔港的海湾	
		数量	地 点	数量	地 点
潮州	8	4	西澳、金狮湾、虎屿、汛洲	4	三百门、小红山、碧洲、海山
汕头	25	9	珠池、广澳、烟墩湾、竹栖肚、布袋澳、白沙湾、前江湾、澳内、田心	16	后江、长山尾、猴鼻尖、青澳、云澳、深澳（突平岸）、北角山、鹿仔坑、莱芜、东屿、达濠、河渡、岩石、棉城、关埠、海门
揭阳	9	2	靖海、海湾石	7	资深、神泉、澳角、港寮、地都、双港、青澳
汕尾	13	6	白沙湖（施公寮）、小澳（遮浪）、小漠（大围）、金厢、汕尾（新港）、甲子	7	湖东、乌坎、碣石、烟港、马宫、鲘门、梅陇
惠州	13	5	荃湾、小桂、马鞭洲（东联）、碧甲、许洲	8	澳头、亚婆角、范和港、盐洲、港口、大三门（北和）、巽寮、大辣甲（南湾）
深圳	20	8	大铲湾、妈湾、赤湾、蛇口、盐田港、下洞、秤头角、西冲	12	福永河口、东宝河口、深圳河口、前湾（南头渔港）、后湾（东角头）、沙头角、沙鱼涌、南澳、大梅沙、下沙、大鹏澳（核电码头）、坝港
东莞	7	5	威远、虎门、新沙、西大坦、交椅湾	2	新湾、太平
广州	9	5	黄埔港、南沙、海心洲、江鸥沙、沙南、龙穴岛	4	莲花山、新垦、万顷沙
中山	4	0		4	冲口门、大冲口、鸡头角、新湾
珠海	19	4	高栏（三角山、大杧岛、荷包岛）、桂山（牛头岛、中心洲连岛）、万山（大、小万山连岛）、蜘蛛	15	淇澳（南澳）、外伶仃、内伶仃、东澳、白沥、担杆头、担杆中、唐家、香洲、九洲、湾仔、洪湾、南水、横琴、前山
江门	21	4	赤溪、铜鼓、鱼塘湾、沙堤、南澳湾、下川岛东南连岛区	17	崖门、都斛、烽火角、南湾（广海）、山咀、横山、北陡、洪溶、川山、独湾、沙螺湾、三洲、但湾、宁澳湾、下川、川东
阳江	10	1	阳江港	9	东平、沙扒、溪头、河北、北津、闸坡、三山、北汀、丰头岛
茂名	10	4	水东湾口西岸及南岸、水东湾口东岸、北山岭、莲头岭	6	博贺、爵山、东山（鸡打港）、陈村、森高、水东开发区
湛江	32	4	湛江、东海岛蔚律以西、大庙（南三岛）、调顺	28	博茂、王村港、吴阳、黄坡、雷州、海安、头墩（南村）、流沙、海康、乌石、淡水（硇洲）、南港、北港、三吉、外罗、角尾、企水、江洪、乐民、草潭、北潭、营仔、龙头沙、高寮、麻斜、苍西、霞海、白沙、琼州海峡沿岸
合计	200	61		139	

3.2.1.3 港口潜在资源

根据航行条件、停泊条件、筑港与陆域条件、腹地条件（包括陆向腹地及海向腹地）等综合条件，对雷州半岛流沙湾、南澳岛烟墩湾和万山列岛 3 个具有战略价值的潜在港址进行分析。

1) 雷州半岛流沙湾

流沙湾位于雷州半岛西南端，水域宽广，水深不淤，全天然掩护，避风条件好，是粤西地区仅次于湛江港的天然深水良港。该港湾水路距海南临高、广西北海、越南鸿基市分别约为 52 km、156 km、319 km，是广东省在北部湾通往东南亚各国的理想出口点之一。

流沙湾为台地溺谷海湾。流沙湾潮流动力作用强盛，发育有水深条件较好的潮汐通道——落潮冲刷槽。流沙湾的进口段长约 4 000 m，深槽水深 15 ~ 20 m，深槽宽 500 ~ 600 m。其中，深槽南岸深水线迫近岸边，是优良的建港岸线；北岸的湾口在流沙镇的岬角附近，深槽靠近岸边，亦是优良的建港岸线。另外，拦门浅滩水深达到 5 ~ 6 m。港湾隐蔽，有良好的泊稳条件，海岸处于相对稳定状态，可利用的岸线也较长。

流沙港建于流沙湾的潮汐通道上，现主要有 1 座长 150 m 的 5 000 吨级码头，1 座长 180 m 的 300 吨级 21 车渡码头（用于流沙港—海南临高红牌港之间的客、货运）。2002 年流沙港完成货物吞吐量为 2.1×10^4 t，货类主要是化肥、建材、水泥、盐、糖、越南鸿基煤及其他物资等。但随着西部大开发战略的推进以及广东省东、西两翼发展规划的实施，且流沙港环境容量大，陆域土地资源丰富，距粤海铁路和在建的高速公路较近，具有很大的开发潜力。

在广东省《关于促进粤西地区振兴发展的指导意见》（2010 年）的总体思路中，要求"努力把粤西地区建设成为参与环北部湾地区、大西南地区以及东盟合作发展的门户和桥头堡"。流沙港作为广东省参与环北部湾地区以至大西南地区、东盟合作发展的一个理想出口点，在目前港口腹地经济发展还比较落后的情况下，其优良的深水岸线资源应得到重点保护，以备未来发展之需。

2) 南澳岛烟墩湾

南澳岛位于闽、粤交界处，横跨台湾海峡西南端喇叭口，距离台湾最近处只有 160 n mile，是广东省最靠近台湾的一个海岛，地理位置重要，向来是扼商旅通洋之途，亦是兵家必争之地，素有"闽粤咽喉，潮汕屏障"之誉。

烟墩湾位于南澳岛东南部云澳，为山丘溺谷港湾。该处遮蔽条件好，东有 117 m 高的湾顶山，南有 35 m 高的官屿岛横卧湾口，西南有 4.5 m 高的岛礁及一些暗礁，北、东北和西北是陆域，西有青山，整个湾形似一个湖，仅在东南方向留一个缺口，缺口距离国际航线约 7 km。烟墩湾湾口处水深 10 m，5 m 等深线沿岛屿岸边深入海湾；湾口处 10 m 等深线距湾外 20 m 等深线最近仅约 500 m，水下坡度达 2%。烟墩湾背靠云澳镇，后方平坦陆域较宽广，湾东部湾顶山山体陡峭，山崖迫岸。

烟墩湾水深、泥沙条件均较为理想，但由于南向波浪作用，建港必须建设南向防波堤，可考虑从湾顶山近岸岬角处开始往西南向建设防波堤。官屿岛如果和南角（岬角）连岛，一来可防西南向波浪，二来可增加泊位。从可持续发展角度出发，遵循深水深用的原则，烟墩湾作为优良的深水港区应加以保护。

3）万山列岛深水港

万山列岛位于珠江三角洲沿海中部，为我国沿海南北水运大通道和西江主干流出海航道的交汇处，多条国际航道交汇于此，是广州、深圳、东莞、中山、珠海和港澳地区的出海门户，在广东海洋经济发展中具有十分重要的战略地位。

万山列岛海域蕴藏着 16 km 长、自然水深达 14 ~ 28 m 的深水岸线资源，无泥沙淤积，港口一次性建成后 50 年不存在清淤维护问题，是我国稀有的深水岸线资源，又是珠三角港口群中少有能建 20 万 ~ 40 万吨级的超大型深水港，并且有多座海拔 100 ~ 400 m 岛屿为天然屏障。通过科学利用岸线，适度连岛围填造陆或建防波堤，可以建设万吨级至 40 万吨级深水泊位 70 多个和千吨级内河码头泊位 40 个，足以形成年吞吐量 3×10^8 t 以上世界重量级港口和超大型物流仓储中心。建设万山超大型深水港区，不仅能带动珠三角西部和西江流域经济带的可持续发展，亦将进一步深化粤、港、澳合作，为国际性自由贸易区的形成提供平台，具有巨大的发展前景和深远的战略意义。

大万山岛在万山列岛南端，西北距珠海香洲 39.0 km、澳门 31.2 km。岸线长 14.2 km，面积约 8.2 km^2。由花岗岩构成，大部分为丘陵地。淡水充足，岛上建有蓄水塘。环岛近岸多礁石，水下礁盘延绵。岛的四周有 5 个港湾，主要的万山湾位于岛的西南端，三面环山，筑有避风港，码头两座。西距大万山岛约 1.0 km 的小万山岛，岛长 3.0 km，最宽 2.6 km，最窄 0.7 km，岸线长 11.5 km，面积约 4.4 km^2。由花岗岩构成，植被多为茂密的灌木草丛。岛上有溪水 11 处，终年不断。主要港湾在东南有门颈湾、西侧有沉船湾、南侧有锅底湾，其中前两湾建有码头，附近水深 4 ~ 10 m。

位于大万山岛与小万山岛之间的海峡——南屏门，具有天然的良好水深条件，大部分水深超过 20 m，10 m 等深线迫岸，建港的水深条件甚为理想。海峡西岸，即小万山岛东部地势较平缓，属丘陵地，表层为黑沙土和赤红壤砾土，建港的陆域条件较好。另外，在万山群岛的所有岛屿中，以大、小万山岛的淡水资源最为充足。大万山岛为万山镇所在地，已建有较好的基础设施。如果能解决船舶的泊稳条件，大、小万山岛之间的海域建设大型深水港的条件极为优良。

3.2.2 锚地资源

锚地是指港口中供船舶安全停泊、避风、海关边防检查、检疫、装卸货物和进行过驳编组作业的水域，又称锚泊地、泊地。广东近海许多海湾水域宽阔，周围又多 300 ~ 400 m 高的高地，避风条件较好。据《广东省海洋功能规划》（2008 年），广东省共有锚地区 166 个，其中重点锚地区共 58 个，其他锚地区共 108 个。

广东省适合大、中型船舶避风的锚地区主要有：①汕头港的大船锚地（上游、下游锚地）。汕头湾是三面环陆的天然海湾，湾内水域宽阔，口门处有妈屿和鹿屿两岛及导流防沙堤形成屏障，港内风平浪静，作业条件良好，台风季节是船舶避风的理想之地。②大亚湾有大辣甲西锚地和范和港。③大鹏湾三面环山，湾内水深浪小，水域开阔，为良好避风港湾。④广州港内防台锚地众多，主要有大屿山锚地、舢板洲沙角锚地、大虎锚地、坭洲头锚地、莲花山锚地、大濠洲锚地。⑤湛江港内主要有大型船舶防台锚地、中型油轮防台锚地。湛江港水域宽阔，外有硇洲、东海、南三等岛屿环绕拱卫，为理想的天然深水良港和避风良港。

锚地总面积 446×10^4 m²，1~3 号锚地水深 8~10 m；4 号锚地为引航检疫锚地，水深 17 m；5 号锚地为危险品装卸锚地，水深 6~7 m，锚地均不设浮筒。

3.2.3 航道资源

航道是指在内河、湖泊、港湾等水域内供船舶安全航行的通道，由可通航水域、助航设施和水域条件组成。沿海航道原则上是指位于海岸线附近，具有一定边界可供海船航行的航道。广东省地处南海之滨，海岸线长达 4 114 km，港湾众多，境内有大小河流近 2 000 条，总长约 36 000 km。广东省沿海航道依托本省独特地理位置和区位优势，以强大的经济腹地作为后盾，成为内河和沿海港口之间、陆岛之间、岛岛之间联系的重要交通纽带，在广东水运运输当中发挥着重要的作用。

据 2008 年《广东省海洋功能区划》，全省共有航道区 35 个，功能区面积共 234.18 km²。其中，重点航道区共 15 个，分别为汕头湾港区航道、广澳港区航道、汕尾港航道、马鞭洲进港航道、惠州东航道、惠州港航道、大鹏湾航道、深圳东部航道、深圳西部航道、广州港航道、珠海港航道、台山电厂航道、茂名港航道、湛江港航道、海安港航道；其他航道区 20 个，分别为潮州港航道、南澳北航道、海门航道、甲子港航道、榕江航道、惠来电厂航道、长沙湾水道、乌坎港航道、虎门轮渡航道、九洲港航道、洪湾航道、银洲湖航道、黄茅海航道、广海港航道、沙堤港航道、三洲航道、下川航道、镇海湾水道、阳江港航道、流沙港航道。

3.2.4 港口航运资源开发利用现状与保护

3.2.4.1 工业港口开发利用现状

广东沿海港口已形成以广州、深圳、珠海、汕头、湛江港为主要港口，潮州、揭阳、汕尾、惠州、虎门、中山、江门、阳江、茂名港为地区性重要港口的分层次发展格局。其中，广州港、深圳港、湛江港分别是我国珠江三角洲沿海港口群和西南沿海港口群的中心港口（图 3.7），其货物吞吐量都远高于省内其他港口（表 3.7，图 3.8 和图 3.9）。

表 3.7 2008 年广东省沿海港口吞吐量统计

港口	货物吞吐量/$\times 10^4$ t	外贸吞吐量/$\times 10^4$ t	集装箱吞吐量/$\times 10^4$ TEU	客运吞吐量/万人次
潮州港	347.27	39.56	0.45	—
汕头港	2 806.47	330.43	71.93	—
揭阳港	186.72	—	—	—
汕尾港	386.99	19.48	2.45	—
惠州港	2 459.21	1 695.37	22.93	—
深圳港	21 125.46	16 200.15	2 141.64	358.82
虎门港	1 169.67	165.74	4.74	43.72
广州港	34 700.17	7 941.87	1 100.14	90.44
中山港	2 756.09	754.45	113.63	114.87
珠海港	4 086.22	1 329.15	65.50	510.38
江门港	3 362.58	373.62	63.00	123.24

港口	货物吞吐量/×10⁴ t	外贸吞吐量/×10⁴ t	集装箱吞吐量/×10⁴ TEU	客运吞吐量/万人次
阳江港	243.01	157.16	0.27	—
茂名港	1 821.64	1 031.05	4.61	—
湛江港	10 403.89	4 095.17	28.41	771.02
合 计	85 855.40	34 133.20	3 619.70	2012.49

注：表内"—"表示未能查阅相关数据。

1）琼州海峡

琼州海峡位于雷州半岛与海南岛之间，呈 NEE—SWW 向，长约 80 km，宽 20 ~ 50 km，最大水深为 120 m，海岸类型主要为台地溺谷海岸，局部有平原和低丘基岩海岸。海峡中部和中西部地貌为水下岸坡、谷坡、谷底和洼地、海丘、浅滩、陡坎和沙波，沉积物主要来源于海岸侵蚀供沙、外海及沿岸供沙、河流供沙和海底侵蚀供沙。琼州海峡潮汐水道分为中央潮流深槽、东西部潮流三角洲和南北岸边滩 5 个区域。海峡以东，盐井角附近海区为不规则半日潮，红坎湾海区为不规则全日潮，中部海安湾海区及以西海区为规则全日潮；潮流 NE—SW 向，最大流速 2.47 m/s。

自港口管理体制改革实行"一港一政"原则以来，湛江港区范围已不局限于湛江湾内，还包括整个雷州半岛。海安港位于雷州半岛最南端，是大陆与海南之间重要的交通枢纽，也是大陆最南端港口和最大汽车轮渡港。2008 年 12 月 31 日，距离海安港 2 km、投资 1.3 亿元的湛江市徐闻县"海安新港"建成并启用，该港设有危险品车辆专用码头、滚装船专用码头和综合性货物装卸码头，年货物吞吐量超过 500×10⁴ t，还设有 40 吨标准货柜码头泊位，可出入 8 000 ~ 10 000 吨级轮船。流沙港位于雷州半岛西南流沙湾内，是粤西地区的深水良港，已建成流沙港—金牌港车客轮渡码头，并开通车客渡航线；该港还建有一座 8 000 吨级货柜码头，一座年承修船舶 25 艘的 3 000 吨级船坞，一座 5 000 吨级水产品码头和水产品加工冷藏库及 3 万吨级成品油库和专用码头等。

琼州海峡海区虽已建成像海安港、流沙港等大型货运及客运港口码头，但从其水深及地形地貌看，特别是雷州半岛海域，岸线曲折多湾，岛屿面积大，港湾常年受潮流影响，输沙轻微；受岬角与岛屿掩护，深水近岸，沿岸具建设 10 万 ~ 30 万吨级港口的条件。从地理位置、区位条件以及自然环境看，该区域适合开发为大中型港口的港址除湛江湾外，琼州海峡沿岸和流沙湾是雷州半岛开发深水泊位的最佳选择。随经济发展和建港技术进步，该区域港口资源开发利用不应局限于沿岸一些小海湾内，开敞式港口将是未来深水港口建设的一个重要选择。

2）湛江湾

湛江湾是华南地区最大的潮汐汊道港湾，北有遂溪河注入，是一个大型溺谷海湾，全长超过 50 km，海域面积达 264.9 km²，其中水深超过 10 m 的海域面积达 16.3 km²，并有 10 m 深水槽从湾口延伸至调顺岛北，深槽宽度 300 ~ 1 400 m，全长超过 40 km；东海岛北，水深超过 15 m，局部甚至超过 30 m，口门处达 49 m，主航道距岸仅 300 m，口门航道宽 2 km，深

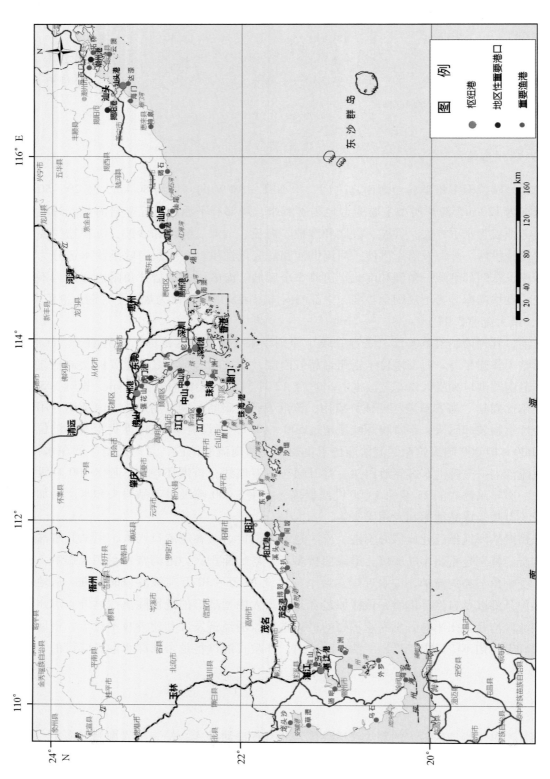

图 3.7 广东省沿海海港口分布图（包括主要渔港）

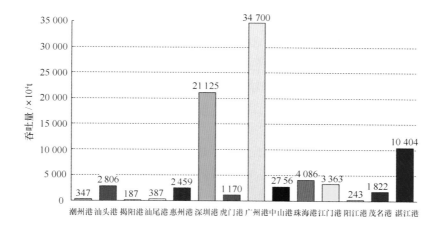

图3.8　2008年广东省沿海港口货物吞吐量

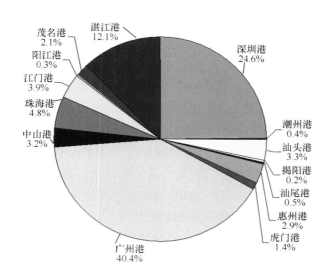

图3.9　2008年广东省沿海港口货物吞吐量占比

水岸线长6.5 km。湾内无大河注入，河流、海域、岸段及海底侵蚀来沙少，活动强度不大；湾内落潮流速大于涨潮，使该海域来沙不易在湾内沉积，维持着潮汐汊道和海岸的相对稳定。

　　目前，湛江港已发展成我国沿海25个主要港口之一。该港30万吨级原油码头于2002年建成投产，为全国最大陆岸原油专业化码头之一；25万吨级矿石码头于2005年7月投产，为华南地区唯一的陆岸专业化铁矿石码头；25万吨级航道于2005年底竣工，使28万吨级船舶可进出该港，现该航道已竣深为30万吨级航道，为亚洲最深人工航道。经过近50年建设，特别是改革开放30年的发展，湛江湾内已建成石油、矿石、煤炭、化肥、粮食、木材、集装箱等专业化泊位和专业化设施，由调顺岛、霞海、霞山、宝满、坡头、东海岛和南三岛7个港区组成，其中宝满和东海岛为重点发展港区，南三岛港区为远景发展港区。目前，湛江港内有近20家港口码头企业，泊位115个，其中万吨级泊位31个，最大靠泊能力30×10⁴ t，码头前沿最大水深19 m。2008年12月23日湛江港吞吐量突破亿吨，也成为广东继广州港、深圳港之后第三个年吞吐量过亿吨的港口。另外，湛江港在建项目有：东海岛港区2个2万吨级通用杂货泊位，宝满港区2个10万吨级集装箱码头，霞山港区30万吨级通用散货码头等。

湛江港有湛江湾、雷州湾、流沙湾、安铺湾和琼州海峡北岸的港口和岸线资源。目前，以湛江港为主枢纽港的环雷州半岛港口群虽已初具规模，但全市可建港口 200 km 岸线，也仅用 13 km，适于建设大型原油码头、集装箱码头和干散货码头，是华南沿海建港费用最低、工期最短的港口。湾内深水岸线 241 km，其中可建深水泊位岸线 97 km，具备建设一流国际深水大港的自然条件。作为支撑湛江大发展的核心载体的湛江港，未来将着力发展以钢铁、石化为龙头的临港重型化工业和以港口物流为重点的现代物流业。

3）博贺湾

博贺湾为茂名港所属，为散装油品、化学品运输为主的港口，包括水东、博贺和北山岭港区。水东港为半封闭型沙坝潟湖港湾，呈东西走向的长椭圆形，湾口朝东南（宽 1 km），腹大口小，腹宽 4.5 km，纵深 9.5 km，面积 34 km²，湾内水深不足 2 m，泥砂质湾底，有多条小河注入，泥质沙滩和红树林滩广阔，沿岸有大片盐田。博贺港区位于博贺湾内，属沙坝潟湖港湾，由尖岗岭—博贺沙坝和东角岭—北山岭连岛沙坝所围成，其口门朝向西，宽 4.5 km，纵深 5.5 km，湾内岸线 24 km，水深不足 4 m，湾底泥沙淤积轻微。湾内泥质沙滩广阔，远岸为大面积侵蚀—剥蚀台地，近岸为海积平原。北山岭港区是茂名港的深水港区，海岸属残丘和台地海岸，无河流注入，陆源泥沙少，淤积轻微，输沙主要为波浪引起的沿岸输沙，年净输入量（11～14）× 10⁴ t。

目前，茂名石化港口公司所属的 30 万吨级原油单点系泊位于北山岭港区离岸 15 km 处。自 1994 年 11 月投产至今，接卸原油已过亿吨。茂名港是珠三角地区乃至国家重要原油接卸港，也是国内最早具备接卸 25 万吨级船舶能力的四大深水港（宁波、舟山、青岛、茂名）之一，在国家能源安全战略和布局中有十分重要的地位。该港拥有 500 吨级以上生产性泊位 11 个，其中万吨级以上的 6 个，年吞吐能力 1 700 × 10⁴ t。茂名港水东港区 3 万吨级进港航道工程现已建成投产，为该区域经济可持续发展注入新的动力。

博贺港湾受博贺浅滩掩护，港内受风浪影响较小。湾内有大片海涂可填海造陆，为港口建设提供优越的自然条件，港区目前正拟扩建国家级中心渔港——博贺渔港。水东港区作为茂名市进出口岸与石化工业的专用港口，其港湾内风浪影响小，周边又有大片海涂可填海造陆，是具发展大港口的优势自然资源，但水东湾潟湖存在多年回淤的趋势。拦门浅滩处因航道浅窄一直制约着茂名港的进一步发展，而水东港区航道由于水深较浅，大船进不来，航道窄，只能单向通行，造成大宗货物无法从港口进出，严重制约茂名经济的发展。

4）海陵湾

海陵湾属大型山地丘陵溺谷湾，面积 180 km²，湾口至湾顶长 30 km，宽 4～8 km。潮汐通道冲刷的 10 m 深槽长 15 km，宽 300～600 m，最大水深 18.4 m。自 1966 年海陵大堤建成后，切断了漠阳江泥沙注入海陵湾，潮流作用增强，涨潮冲刷槽和落潮冲刷槽相应发展，海湾巨大的纳潮量使潮汐通道及湾内、湾口地貌趋于稳定，水体含沙量小（年平均 0.042 9 kg/m³），沉积物以河流供沙及沿岸流携带泥沙为主；该湾潮汐属不规则半日潮，平均高潮 2.48 m，低潮 0.91 m。

海陵湾内的阳江港位于广州港和湛江港两大主枢纽港之间，是广州—湛江水陆交通的中心点。2009 年,阳江港航道建成,全长 16.5 km,底宽 150 m,底标高 −12 m,5 万吨级船舶可乘潮进出。该港发展重点是位于海陵湾的吉树和丰头港区,前者位于阳江市区西南 25 km 处,拥有 8 285 m 深水建港岸线,可建 39 个万吨级以上泊位,已建成并投入使用的码头泊位 7 个,其中 2 个 1 万吨级杂货码头泊位,1 个 2 万吨级油气码头泊位,1 个 1 万吨级和 1 个 3 万吨级粮食码头泊位,1 个 3.5 万吨级通用码头泊位,年吞吐能力达 495×10⁴ t。该港有闸坡、东平、溪头、沙扒、北津、石觉头、海陵湾 7 个港区。目前,除吉树港区外,其余均为万吨以下码头;石觉头、北津港为小型货运港,仅能靠泊 300 吨级以下小船,因航道淤积,使用条件差,设备简陋,吞吐能力较低,已基本停用。海陵湾港区码头港池、航道回淤量少,有数十千米岸线可建深水泊位,万吨级船舶进出不用疏浚航道和候潮,具有建设大型深水港的优良自然条件。

5) 黄茅海

黄茅海海湾是珠江口典型的喇叭状溺谷湾,湾东南侧有南水岛、高栏岛、三角山岛、大忙岛和荷包岛诸岛环抱;赤鼻岛、三虎以南海域为洪季滞流点,泥沙淤积形成拦门浅滩,最小水深 3.2 m。海底地貌为水下岸坡和岛礁,沉积物为砂、粉砂质砂、砂—粉砂—黏土、砂质粉砂、黏土质粉砂、粉砂质黏土 6 种。崖门和虎跳门汇于湾顶,崖门口外沿虫雷蛛至三虎附近有一落潮冲刷槽,为两股落潮流汇聚冲刷而成,加上围垦束水作用,深槽逐年刷深,加之人工疏浚,成为 5 000 吨级船舶出海航道;口内潮流动力强,水深浪静,为江门港重点发展港区。

目前,江门港具有经营性泊位 241 个,最大靠泊能力 7×10⁴ t;崖门 5 000 吨级出海航道、西江下游 3 000 吨级航道,潭江 1 000 吨级航道和劳龙虎水道整治主体工程已经完成。江门港新会港区已建有 5 000 吨级码头泊位 9 个、3 000 吨级码头泊位 2 个,在建 1 万吨级集装箱码头泊位 1 个、5 000 吨级重件码头泊位 1 个等。在东部鱼塘湾—铜鼓湾一带岸线也已建有 7 万吨级煤炭码头泊位 2 个,在建 5 000 吨级杂货码头泊位 2 个。

珠海港是全国 25 个沿海主要港口之一,也是广东沿海港口布局规划的 5 个主枢纽港之一,海岸线长 691 km。至 2008 年年底,珠海港共有生产性泊位 113 个,深水泊位 14 个;每年货物通过能力 4 757×10⁴ t,集装箱 48×10⁴ TEU,客运到发能力 927 万人次(表 3.8)。珠海港由高栏、桂山、九洲、唐家、香洲、洪湾、斗门、井岸 8 个港区组成,目前已形成西区以高栏港为主,东区以桂山港为主,市区以九洲、香洲、唐家、前山、井岸、斗门等港为主的三港口群体。高栏港区已建成水深 13.4 m 主航道和众多码头泊位,为珠海港重点深水港区,以外贸集装箱、油气和干散货等物资运输为主,并为临港工业、物流园区发展服务。桂山港位于进出珠江口航线之要冲,其东北侧是大濠水道,西侧距桂山岛 7 km 处是外轮进出珠江口的主航道及引航、检疫和装卸锚地,是个优良深水港区,已开发大小泊位 24 个,码头岸线长 2 474 m。市区港区多为小型河口港,港内风浪小,水深较浅,为渔港、客货运输码头。

表 3.8　珠海港主要码头泊位表（至 2008 年年底）

用途	泊位长度 /m	泊位总数 /个	8 万吨级 泊位/个	5 万吨级 泊位/个	1 万~3 万 吨级泊位 /个	1 万吨级 以下	设计年通过能力		
							货物 /×10⁴ t	集装箱 /×10⁴ TEU	旅客 /万人次
油气化工	5 473	33	3	6	1	23	3 086	0	0
散煤矿粮	1 088	8	0	2	0	6	999	0	0
多用途	1 027	10	0	0	0	10	227	48	0
客运	1 615	37	0	0	0	37	19	0	927
件杂货	840	12	0	0	2	10	207	0	0
其他	660	13	0	0	0	13	219	0	0
合计	10 703	113	3	8	3	99	4 757	48	927

注：货物单位为 $\times 10^4$ t，集装箱单位为 $\times 10^4$ TEU。

6）伶仃洋

伶仃洋是珠江口东部河道经过虎门、蕉门、洪奇门和横门入海的河口湾，呈喇叭状，湾顶宽 4 km，湾口宽 30 km，纵向长 72 km，水域面积 2 000 km²，水下地形有西部浅东部深、湾顶窄深、湾腰宽浅、湾口宽深的特点。近年来，受挖沙清淤、围垦造地、港口建设等人类活动的影响，伶仃洋水下地形变化加大。海岸类型以平原海岸为主，局部有残丘和台地形成基岩海岸；海底地貌类型包括槽沟、浅滩、沙坡和洼地；沉积物类型为黏土质粉砂、粉砂、砂质粉砂、粉砂质砂、砂、砂－粉砂－黏土共 6 种，以黏土质粉砂分布最为广泛。伶仃洋海域主要港口有广州港、虎门港、中山港和深圳港。

（1）广州港

广州港位于珠江口东珠江—虎门水道上，属河口港，南北长 14 km，东西宽 32 km，由众多大、中、小港区组成，深水港区包括黄埔港区、黄埔新港区、新沙港区、南沙港区、莲花山港区等。截至 2009 年 6 月，该港拥有各类生产用泊位 489 个，包括万吨级以上泊位 58 个，综合货物通过能力 1.35 × 10⁸ t、537 × 10⁴ TEU。目前，广州港已完成内港港区、黄埔港区、新沙港区和南沙港的功能布局，发展重心也正逐步转移到南沙港区，重点开发深水岸线资源，大力建设集装箱、液体石化、汽车滚装和煤炭等深水专用码头泊位。南沙港区已建成 10 个 10 万吨级的现代化集装箱泊位，世界 10 大航运公司中有 9 个已在南沙开辟班轮航线。2009 年年初，南沙港区动工建设 10 万吨级和 7 万吨级粮食卸船泊位各 1 个，2 000 吨级粮食装船泊位 5 个，5 万~7 万吨级通用泊位 4 个，码头货物年通过能力超过 2 300 × 10⁴ t。

（2）虎门港

虎门港位于伶仃洋北端至狮子洋的东岸，处广州—东莞—深圳—香港发展轴带的中间和珠三角经济区中心位置，拥有海岸线 115.9 km，主航道 53 km，水深 5~15 m，宽 2~4 km，3 万吨级船舶可全天候通过，5 万吨级船舶可乘潮进出。该港现有麻涌、沙田、沙角、长安和内河共 5 个港区，74 个码头。至 2008 年年底，虎门港引进投资项目 38 项，总投资 301 亿元，拟建 17 个万吨级以上深水泊位，包括集装箱码头、油气化工码头、散杂货码头、煤炭码头等。其中，新加坡港务集团、中海油、中石化、深赤湾等国内外大型知名企业已相继落户虎门港，两个石化仓储码头已于 2007 年竣工投产，首个 5 吨级级多用途深水泊位——沙田港区

5 号、6 号泊位已开港营运，年吞吐量 30×10^4 TEU 和散杂货 60×10^4 t。沙田港区建成投产的海昌煤码头有 1 个 5 万吨级煤炭泊位和 3 个 2 000 吨级泊位，码头年吞吐煤炭量 950×10^4 t。在建的立沙岛东洲石化码头 5 万 ~ 10 万吨级泊位 2 个，中油通达油库码头 5 万 ~ 10 万吨级泊位 2 个，麻涌港区新沙南作业区的省直属粮库码头 5 万吨级泊位 1 个。

（3）中山港

中山港位于伶仃洋西岸、珠江水系西江和北江入海处，海岸线长 32.6 km。横门水道、洪奇沥水道、磨刀门水道这 3 条通海航道是中山港重要水运通道；有小榄、黄圃、神湾 3 个港区。小榄港区于 2000 年兴建，2005 年扩建工程完成后，泊位数由 3 个增加到 5 个，货物吞吐能力由 100×10^4 t 上升到 180×10^4 t，集装箱年通过能力由 10×10^4 TEU 上升到 25×10^4 TEU。黄圃港区现有泊位 8 个，码头总长 309 m，最大靠泊能力 1 000 t，年通过能力 60×10^4 t。神湾港区码头长 130 m，有 2 个 3 000 吨级泊位，2005 年扩建 1 000 吨级码头泊位 2 个，货物年通过能力 150×10^4 t，集装箱年吞吐量达 20×10^4 TEU。

（4）深圳港

深圳港是华南地区重要的集装箱干线港，位于伶仃洋东岸，毗邻香港，全市 260 km 的海岸线被九龙半岛分割为东西两大部分。东部港区位于大鹏湾内；西部港区则位于珠江入海口伶仃洋东岸，水深港阔，天然屏障良好，经珠江水系可与珠江三角洲水网地区各市、县相连，经香港暗士顿水道可达国内沿海及世界各地港口。

改革开放以来，深圳市港口建设取得了长足的发展。到目前为止，形成了蛇口、赤湾、妈湾、盐田、东角头、福永、沙鱼涌、下洞、内河 9 个港区。截至 2008 年，开发利用港口岸线 35.1 km，拥有 500 吨级以上泊位 143 个，其中万吨级以上泊位 57 个。深圳港将从大港向强港转变，形成"两翼、六区、三主"的总体格局。"两翼"指东、西部两大港口群，"六区"指东部的盐田、龙岗港区和西部的南山、大铲湾、大小铲岛和宝安港区，"三主"指以集装箱运输为重点、体现深圳港核心竞争力的盐田、南山和大铲湾三大主体港区。

盐田港区是以远洋干线集装箱运输为主的大型专业化集装箱港区，依托保税物流园区优势，形成具备保税仓储、流通加工、信息处理、综合服务等现代化功能的综合物流基地，远期有条件部分发展为保税港区；南山港区是以规模化的集装箱运输为主，兼顾客运和通用散杂货运输及修造船基地等多功能的综合性港区，主要由蛇口、赤湾、妈湾、前海湾 4 个作业区和孖洲修船基地组成；大铲湾港区是大型专业化集装箱港区，以集装箱远洋干线运输为主，兼顾近洋、内支航线和少量内贸运输，结合后方物流园区大力发展综合物流，远期有条件部分发展为保税港区。

7）大鹏湾

大鹏湾位于深圳市南部沿海，为山地溺谷湾，海湾西部为九龙半岛（香港地区），北部及东部为大鹏半岛，山地邻近海岸，深水岸线曲折且较长，岬角与海湾相间，多数岸段 10 m 等深线离岸较近，如盐田至正角嘴处 10 m 等深线距岸仅 300 ~ 500 m。海岸类型为基岩海岸、砂质海岸、淤泥海岸、人工海岸，湾内有湾，较多拦湾沙坝分布在湾口，受风力及水力作用影响，沙坝高度从海向陆增高，坡度则向海坡陡；海底地貌为水下岸坡、堆积平原、航道沟、岛岩礁、沙波、沙坝、凹坑和陡坎等；表层沉积物以粉砂质黏土和黏土质粉砂为主，近岸、岬角、河口附近较粗，离岸往远海、往深水区逐渐变细。大鹏湾海域锚地和航道宽阔，港湾外有岛屿屏蔽，避风条件好。

深圳港东部港区——盐田港位于大鹏湾内，为华南地区一个现代化国际中转港口；该港区水深较深，具备建设 5 万～10 万吨级深水泊位的条件。除盐田港外，沙渔涌港、南澳和盐田渔港的港口基础设施还较完善。大鹏湾沿岸无大河注入，离珠江口较远，泥沙来源少，淤积轻微，但大鹏湾沿岸大部分岸坡陡峻，陆地较狭窄，港区仓储建设及货物集疏运条件差。

8）大亚湾

大亚湾位于惠州市惠东县、惠阳市和深圳市龙岗区之间，东接平海半岛，西连大鹏半岛，紧邻大鹏湾和香港海域，湾口朝南，面临南海。该湾属沉降山地溺谷湾，湾中有中央列岛、港口列岛及大辣甲岛等大小岛屿或礁石 50 余个，岸线南北长 30 km，湾口宽 15 km，水深 16～18 m，湾内宽 15～20 km，水深 5～15 m。海岸类型为海蚀山地丘陵海岸、海蚀－海积台地海岸、海积－冲积平原；海底地貌为堆积平原和岛礁区；沉积物类型有粗砂、中粗砂、细砂、砂、砂－粉砂－黏土、粉砂、黏土质砂、黏土质粉砂、粉砂质黏土等九种。湾内没有较大河注入，泥沙来源少，含沙量很低，不足 0.10 kg/m^3，沉积速率小于 0.10 cm/a。

惠州港位于大亚湾内，已发展成为我国外贸原油的接卸港，吸引了壳牌 80 万吨乙烯、中海油 1 200 万吨炼厂等大型石化项目建设。该港分为东江内河港和惠州沿海港，沿海港有荃湾港区、东马港区、碧甲港区和亚婆角、盐洲、港口 3 个装卸点。目前已建成生产性泊位 26 个，包括万吨级以上泊位 13 个（30 万吨级泊位 2 个、15 万吨级 2 个），吞吐量 5 000×10^4 t。东马港区已建成 25 万吨级进港航道和 30 万吨级原油泊位，在建泊位有荃湾港区 2 个 5 万吨级集装箱泊位、2 个 5 万吨级煤炭中转泊位和碧甲港区平海电厂 10 万吨级配套码头。

惠州港的发展已成为珠江三角洲、特别是大亚湾石化基地布局发展的重要依托，该港是京九沿线最便捷出海口，也是从海上进入广东中部腹地的捷径，对发展惠州海洋经济，带动全省经济发展有重要的战略地位。大亚湾内水深浪小，泥沙淤积轻微，水域宽阔，陆域条件好，湾内可建港的岛屿较多，拥有多处适宜建港的岸线，是华南沿海港口资源最丰富的海湾之一，开发前景很大。

9）红海湾

红海湾沿岸港湾众多，汕尾港是湾内的主要港口，属潟湖港，为由品清湖与口门潮汐水道组成的中等规模沙坝潟湖型潮汐通道体系，潮汐水道长 3.1 km，最大水深 10 m；口门西南侧有一条长 1.8 km 的细长边缘沙堤。港内避风条件好，锚地宽阔，无大河注入，泥沙主要来源为涨潮时水流携带细颗粒泥沙。海岸类型主要有基岩海岸、平原海岸和河口三角洲海岸；海底地貌主要为近岸水下侵蚀－堆积斜坡、岛礁、湾内外堆积平原、水下沙嘴、水下浅滩；表层沉积物以黏土质粉砂、黏砂质黏土、砂－粉砂－黏土、细砂为主体，局部地区还有砾砂、粗中砂；水体含沙量较低，为 0.15 kg/m^3，泥沙来源不多，沉积环境较为稳定。

位于红海湾的汕尾港分外港、内港和品清湖 3 个部分，以沙堤为界，西侧为外港，东侧至小岛为内港，水深 2～5 m，主航道 5～10 m，有码头泊位 23 个，其中 7 万吨级泊位 1 个，5 千吨级泊位 3 个，（1～5）千吨级泊位 12 个，千吨级以下泊位 7 个。在建有海丰华城能源配套 3 千吨和 5 万吨级油气码头，陆丰核电配套 5 千吨级码头。红海湾深水岸线不多，只有海湾西岬角、了哥咀岸段和新寮至鹧鸪咀岸段的水深超过 10 m，可建大型港口的港湾有白沙湖、小澳、小漠、金厢、汕尾港、甲子等，均具有建万吨级以上泊位码头的自然和道路交通等基础条件。

10）靖海湾

靖海湾在揭阳市惠来县境内，海岸线长 81.6 km，陆域为台地和冲积 – 海积平原，附近有固定和半固定沙堤带。本海区除神泉湾有龙江干流入海外，均无大河注入，泥沙来源少，深水岸线长，有多处天然避风港，泥沙回淤少。该海湾面积较小，海底地貌较为单一，为水下岸坡、水下浅滩和平原。

揭阳港包括榕江沿岸内河港区和惠来沿海港区，以榕江内河港区为主，沿海港区由靖海港、神泉港、资深港和澳角港等小港组成。该港具有内河集疏运输功能和江海直达运输功能的地区性港口和服务煤炭、石化等大型能源企业的区域性能源大港；目前拥有各类生产性泊位 46 个，其中 3 000 吨级以上的 16 个，码头岸线 2 690 m。榕江全年高低潮水位差别不大，通航条件优越；榕城至汕头出海口 56 km 长的榕江航道，可通航 3 000 吨级，乘潮 5 000 吨级海轮。惠来沿海港区位于惠来县东南沿海，大小港湾众多，水域面积广阔，回淤量小，水深条件优越，地质条件好，具备建大型临港工业项目的条件。2007 年惠来电厂 7 万吨级煤炭码头泊位建成投产，使揭阳港口建设跃上万吨级以上泊位的新台阶。

靖海湾局部岸线水深可达 10 m，15 m 等深线距岸仅 1 km 左右。靖海港区的水深、掩护及集疏运条件好，有待进一步开发建设为大型深水港区。神泉港区因拦门沙变浅，通航条件严重恶化；前詹港区陆域开阔，水深较深，为优良避风港，具备建深水港的条件。目前，靖海湾发展变化主要为靖海港港口建设，湾顶呈侵蚀状态，侵蚀产生的泥沙沿岸向下波侧方向漂移，净输沙量每年约 15×10^4 m³。惠来电厂防波堤建好后，受优势浪的绕射，港内北侧泥沙淤积逐渐扩大，有可能阻塞靖海湾港口门，应该密切注视并进行整治。

11）汕头湾

汕头湾是有较大河流注入和掩护条件较好的优良港湾，由牛田洋、珠池肚两个小海湾组成，港湾入口有妈屿和鹿屿两岛阻挡南海风浪。陆域为广阔的平原和台地，湾内水域辽阔，深水岸线稳定，风浪影响小，水深 6～18 m，而深槽处超过 10 m，5～10 m 深水锚地宽阔。海岸地貌主要有海蚀崖和岩滩，湾底地貌为水下浅滩、冲刷槽和深槽、拦门沙，为潮汐通道淤积型河口湾。该海域有韩江与榕江注入，前者多年平均入海水量 258×10^8 m³，水体含沙量 0.30 kg/m³，年平均入海沙量达 765×10^4 t，表层沉积物主要为粉砂质黏土和黏土质粉砂。

汕头港是我国沿海 25 个国家级主要港口之一，是广东东翼唯一的主要港口，包括老港区、珠池港区、马山港区、堤内港区、广澳港区、海门港区、田心港区、南澳港区及榕江港区，各港区主要用途见表 3.9。至 2008 年年底，全港已建成投产的 1 000 吨级（含 1 000 吨级）以上生产性泊位 55 个，其中万吨级泊位 16 个，码头总长度 7.2 km，设计通过能力为 $2 315 \times 10^4$ t/a，其中集装箱年吞吐能力 58×10^4 TEU。

表 3.9 汕头各港区主要用途一览表

序号	名称	用途
1	老港区	内贸货运及沿海客运服务
2	珠池港区	近洋集装箱、粮食、建材运输
3	马山港区	以煤炭进口运输为主
4	堤内港区	大宗散货、外贸集装箱运输
5	广澳港区	主要发展集装箱运输，大宗散货、杂货及油气化工品的运输
6	海门港区	进口能源物资及原材料的运输
7	田心港区	大宗散货、石化、集装箱
8	南澳港区	集装箱、件杂货、石化、多用途，未来预留发展区
9	榕江港区	内河运输、石化、杂货和轮渡等作业区

12）柘林湾

柘林湾属山地溺谷型海湾，东有柘林半岛，西南和南有海山岛、汛洲岛和西澳岛等环抱，湾内水深浪静，可建港岸线长 39 km，其中可建 10 万～30 万吨级泊位岸线 10.4 km，是粤东地区优良的深水港湾。柘林湾水体含沙量较小，自然淤积速率为 0.5～0.6 cm/a。

潮州港位于柘林湾内，由三百门港区、西澳港区、金狮湾港区和韩江港区共 4 个港区组成。现有 2 000 吨级以上泊位 10 个，分别为大唐电厂 5 万吨级煤码头泊位 1 个，华丰造气厂油气码头 5 万吨级泊位 1 个、5 000 吨级泊位 1 个、2 000 吨级泊位 2 个，5 000 吨级集装箱专用码头泊位 1 个，5 000 吨级多功能货运码头泊位 2 个。在建的潮州港亚太通用码头项目，位于潮州港金狮湾港区，码头建设规模为 5 万吨级散杂货泊位 1 个、3 万吨级多用途泊位 1 个，设计年吞吐能力 300×10^4 t，集装箱吞吐能力 5×10^4 TEU。

3.2.4.2　渔港开发利用现状

在广东省大陆海岸线和海岛海岸线上，平均每隔 28 km 的岸线就有一个港湾，这些港湾一般都是渔港（或是渔港兼商港，或是商港兼渔港）。广东是渔业大省，全省沿海乡镇 193 个，专业渔民约 95 万人，有大小渔港 133 个。根据《广东省志·水产志》（2000 年出版），广东省报农业部批准公布的沿海国有渔业基地、群众渔港和渔业港区共有 115 个（统计至 1999 年，包括内河渔港）。在《广东省海洋功能区划》（2008 年）中，属海洋行政主管部门管辖的有 89 个渔港和渔业设施基地建设区。渔民靠海为生，以渔为业，依港为家。但是，由于种种原因，渔港建设跟不上渔业生产发展的需要，存在着渔业码头泊位不足，渔船装卸困难；港池航道淤浅严重；避风塘少，避风设施差，渔民生命财产安全缺乏必要的保证等突出问题。

1994—2003 年，广东省实施渔港建设专项工程，对全省 56 个渔港进行了整治，包括：①实施码头、防波堤、拦沙堤、护岸建设和港池、航道疏浚等渔港整治工程，从而改善了渔港的功能，使渔民生命财产和安全有了更多的保障；②编制渔港总体规划，坚持科学建港，坚持渔港建设与城镇建设相结合，使渔港脏乱差的现象得到有效控制；③挽救了一批濒临"死亡"的渔港，许多渔港原来存在的航道港池淤塞、渔船有港难返、渔民有家难归的现象有了较大的改善；④通过加快渔港配套设施的建设，大大地促进水产品的流通，增加了渔民收入和地方政府的税收，从而促进了渔区经济的发展。但是，渔港所在地区，大多数是经济力量比较薄弱的地区，经整治的渔港，仍然是泊位和码头不足、避风条件差、配套设施不完善，而且只是对 133 个渔港中的 56 个进行了整治。

为了加强渔港建设，2003 年国家制定渔港建设标准制，重点扶持国家级中心渔港和国家一级渔港的建设，以促进渔业经济的发展。为此，广东省海洋与渔业局制定了《国家级中心渔港、一级渔港申报评审实施指南》，并确定国家级中心渔港及国家一级渔港培育对象。其中，国家级中心渔港有 10 个，包括云澳渔港、海门渔港、汕尾渔港、蛇口渔港、莲花山渔港、东平渔港、闸坡渔港、博贺渔港、硇洲渔港、乌石渔港；国家一级渔港有 12 个，包括柘林渔港、三百门渔港、达濠渔港、神泉渔港、碣石渔港、新湾渔港、崖门渔港、溪头渔港、沙扒渔港、通明渔港、草潭渔港、龙头沙渔港。

渔港建设从此进入新的阶段，渔港、避风塘等基础设施建设加快，渔港的防灾抗灾能力有了较大提高。目前，农业部已批准建设的广东省国家中心渔港、国家一级渔港 10 个，分别是云澳渔港、海门渔港、闸坡渔港、硇洲渔港、乌石渔港共 5 个国家级中心渔港，以及三百门渔港、达濠渔港、沙扒渔港、草潭渔港、龙头沙渔港共 5 个国家一级渔港。至 2009 年，广东省国家级中心渔港、一级渔港在建 5 个，分别是 3 个国家级中心渔港（海门渔港、硇洲渔港、乌石渔港）和 2 个国家级一级渔港（三百门渔港、沙扒渔港）；立项 4 个，分别是 1 个国家级中心渔港（云澳渔港）和 3 个国家一级渔港（达濠渔港、龙头沙渔港、草潭渔港）；1 个国家级中心渔港——闸坡渔港已竣工验收，并在 2008 年抗击"黑格比"台风中发挥了防灾减灾的重要作用。

3.2.4.3　港口航运资源保护

1）沿岸水土保持

广东沿岸地处热带和南亚热带季风区，气候具有高温多雨、干湿季明显、温差较大、暴雨频繁且强度较大的特点，由此形成了与水土流失有关的几个特点：①岩石风化作用较强，风化层较厚，一般可达数米至数十米；②暴雨频繁，坡面流和河流具有量大流急的特征，托运泥沙能力较强；③植物易于生长并形成植被覆盖地面。

自 20 世纪 50 年代以来，经过多次大规模砍伐森林，华南地区植被覆盖率显著下降。漠阳江 50 年代平均含沙量 0.12 kg/m³，60 年代后期至 80 年代平均增加至 0.3 kg/m³，含沙量增加促使北津港河口拦门沙航道明显淤浅，如 80 年代比 50 年代淤浅约 0.5 m。粤东陆丰县螺河河口的烟墩港，亦因水土流失加重，河流含沙量增大，泥沙来源增加，拦门沙航道显著淤浅。但是，河口拦门沙航道变浅的因素较为复杂，河流含沙量增大只是其众多原因之一。直到现在，关于水土流失使港口航道环境及条件恶化的定量观测资料还很少，但水土流失加剧使拦门沙航道淤浅的定性因果关系是毋庸置疑的。今后应加强这方面的研究，制定出有效措施，这对华南港口资源的保护具有十分重要的意义。

2）保护港湾水域

广东较优良的港口资源大多数是潮汐港和河口港。建设港口的港池、航道和锚地需要有足够深的水域，但仅仅这样还不够，还需要保护潮汐通道赖以存在的海湾水域。海湾纳潮面积大小与潮汐通道稳定性呈正比关系。最近 30 多年以来，由于天然淤积和人为作用，广东许多潮汐通道港和河口港的海湾水域面积显著减少，缩小幅度为 5% ～50%。其中，20 世纪 70

年代前以浅滩开辟盐田和围垦作农田而减少面积最为显著，80年代以来在海湾浅滩围垦进行水产养殖甚为普遍，如粤西水东湾近30多年来因围垦养殖导致海湾纳潮面积缩小约20%。纳潮面积缩小继而导致潮汐通道淤浅变窄，拦门沙航道水深减少约0.3 m。当然，对于利用海湾浅滩进行的围垦，不应当不加分析地一概反对，但对规划以开发港口资源为主的海湾，则应以开发利用和保护港口资源为主，其他的开发利用应放到次要地位，尤其是应尽量不进行减少水域面积的开发利用，以免人为破坏港口资源。

3）保护海岸稳定性

海岸的稳定性影响着港口船舶的泊稳条件和泥沙淤积问题，因此砂质海岸的稳定性与砂质海岸段的港口资源优劣有密切的关系。受沙堤或沙嘴保护的港口，若沙堤或沙嘴遭受破坏，则港口受波浪作用，泊稳条件恶化。如粤东汕尾港，由于有沙嘴屏障，港内水面平静，但1979年台风浪将沙嘴冲决后，人们在沙嘴决口处挖取建筑用沙，加速沙嘴破坏，使外海波浪直接传播到渔业码头，在南向尤其是西南向波浪作用下，船舶不能靠泊，码头与街道经常受风暴潮增水的威胁。1987年以人为措施建堤填补决口，汕尾港才恢复了其原来良好的泊稳条件。

4）减少泥沙回淤

广东港口大部分有泥沙回淤问题，故泥沙回淤问题被列为评价和利用港口资源的首要问题。一些水利工程的失败，主要原因为对泥沙来源、运动和沉积规律没有正确的认识，尤其是对河口港泥沙问题认识不正确。有些工程是基于拦断河流直接输沙，以解决港口泥沙问题的设想进行设计的。实际上华南许多中小河口港的泥沙来源，一部分是河流直接来沙，但一般直接来沙是随洪水而来，这时冲刷能力较强，泥沙不易落淤，不一定会产生直接的严重的淤积。河流来沙通常经波浪和潮流的再作用，在河口附近运动和淤积；另外还可能有海域来沙，在波浪和潮流作用下，于河口地区淤积。粤东神泉港原为优良的小港口，可进出200吨级船舶。1956年在邦庄附近建隆江闸，使隆江改道取近路入海，而不再流入神泉港。虽然切断了隆江的直接来沙，减少了泥沙来源，但在动力上首先减少了神泉港出口的河流流量有效指标，其次减少了纳潮面积，从而减少纳潮量和减弱潮流作用，结果导致波浪作用增强，使波浪成为控制神泉港口门泥沙搬运和沉积的主要动力，导致出海水道淤浅拦门沙航道显著淤高。一般情况下拦门沙航道低潮时水深0.6 m，波浪作用强的5—7月间最浅，曾经出现过0.2 m的水深，航道弯曲且不稳定。1985年采用增大纳潮量的办法，并于口门西侧建拦沙堤，使航道水深增大至2.5 m，神泉港又成为繁荣的小港。

3.3 矿产资源

3.3.1 建筑砂石资源

海砂是指分布于海洋环境中的砂质沉积物，是重要的海洋矿产资源。海砂按工业用途可以分为：用于提取金属或非金属矿物的海洋砂矿和用作填料或集料的建筑用海砂，如不特别指出，海砂就指建筑用海砂。根据水深以及埋藏条件，广东海砂分布可分为4种类型：砂质海岸带、20 m水深以浅海域表层海砂、20 m水深以深海域表层海砂、埋藏砂体，各种海砂整体分布见图3.10。

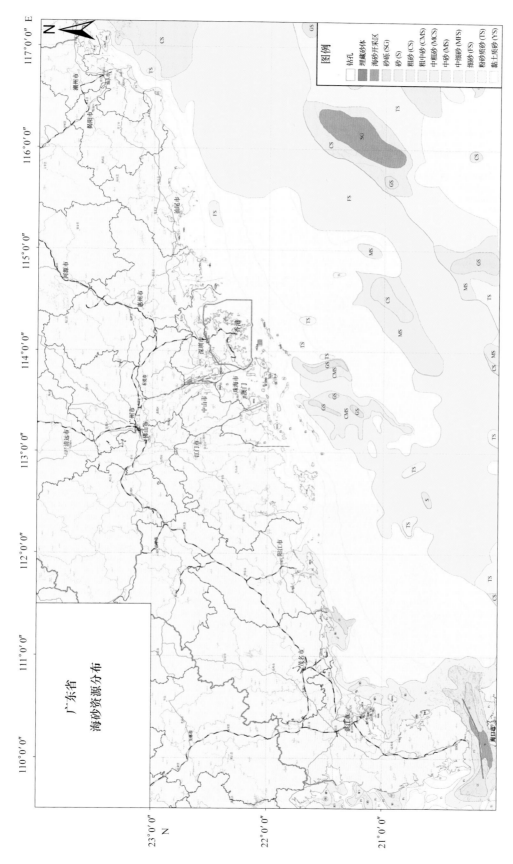

图 3.10　广东省海砂资源分布

3.3.1.1 砂质海岸带

广东岬湾型海岸的湾内多有沙滩分布。粤东地区主要分布在海门湾、甲子港、碣石湾、红海湾、大亚湾、大鹏湾；粤西地区主要分布在阳江—湛江海岸以及漠阳江口、鉴江口等海湾河口。

粤东以砂质为主的岬湾型海岸：位于韩江口与珠江口之间，地貌上属岬湾型海岸。由于地处热带，又多花岗岩山地丘陵，尤其在植被遭到破坏的情况下，几十米厚的风化壳为海岸带提供了丰富的粗粒物质。该段由东往西分别是汕头港、海门湾、甲子湾、碣石湾、红海湾、大亚湾、大鹏湾，它们之间是一些基岩岬角。海滩部分比较广，沙堤、沙嘴、沙坝和连岛坝发育。

粤西以砂质为主的岬湾型海岸：从珠江口以西直至雷州半岛，砂质海岸发育，近岸海底海砂沉积也特别丰富。该段东部的广海湾等3个海湾，由于受沿岸流携带的细粒物质影响，泥质潮滩比较发育，砂质海滩较少，潮下带多为细粒沉积。电白、吴川海岸类型类似粤东的甲子港和碣石湾海岸，沙坝–潟湖体系十分发育，并以砂质海岸为主。雷州半岛海岸物质来源除玄武岩之外，主要是更新统的湛江组和北海组砂砾石层，水下岸坡粗粒沉积主要有砂砾和粗砂。

3.3.1.2 20 m 水深以浅海域表层海砂

广东省沿海20 m水深以浅海域共发育30个表层砂体，总储量达到250×10^8 m^3，在分布上大致分为8个区域，其中雷州半岛周围海域海砂区、海陵岛周围海域海砂区和电白沿海海域海砂区储量最为丰富，分别为160×10^8 m^3、56×10^8 m^3和18×10^8 m^3（表3.10）。

表3.10 广东省20 m水深以浅表层砂体

序号	海砂区名称		水深/m	储量/$\times 10^8$ m^3
1		南澳岛东南海域海砂区	0～20	4.90
2		海门湾海砂区	0～25	3.40
3		碣石湾海砂区	0～5	0.30
4	红海湾海砂区	汕尾港海砂区	0～6	0.36
5		芒屿岛东侧海砂区	0～6	0.28
6		考洲洋口门海砂区	5～12	0.30
7	大亚湾海砂区	平海湾东侧海砂区	0～18	0.56
8		大辣甲东侧海砂区	5～15	0.64
9		虎门外海砂区	5	0.44
10		蕉门外海砂区	5	0.24
11		洪奇门外海砂区	5	0.42
12	珠江口海砂区	磨刀门外海砂区	0～5	1.24
13		鸡啼门外海砂区	2	0.28
14		崖门外1号海砂区	5	0.07
15		崖门外2号海砂区	5	0.13

续表 3. 10

序号	海砂区名称		水深/m	储量/×10⁸ m³
16	珠江口海砂区	崖门外 3 号海砂区	5	0.06
17		小铲岛东南海域海砂区	5	0.04
18		内伶仃岛西侧海域海砂区	0 ~ 5	0.04
19		淇澳岛东北海域海砂区	5	0.05
20		淇澳岛东侧海域海砂区	5	0.05
21		淇澳岛东南海域海砂区	5	0.05
22		高栏岛西侧海域海砂区	3	0.05
23		高栏岛南侧海域海砂区	18	0.07
24		白沥岛东侧海域海砂区	20	2.10
25		大蜘洲岛东侧海域海砂区	15	0.04
26		小万山岛南锅底湾海砂区	5 ~ 18	0.14
27		东澳岛西北水域海砂区	5 ~ 10	0.02
28	阳江—电白沿海海砂区	海陵岛周围海域海砂区	0 ~ 20	56.00
29		电白沿海海域海砂区	0 ~ 25	18.00
30	雷州半岛周围海域海砂区		0 ~ 20	160.00

1）南澳岛东南海域海砂区

南澳岛东南海域广泛分布着细砂和粗砂，20 m 水深以浅海砂区面积 245 km²，海砂为残留沉积，与海岸带间隔着泥质沉积。

2）海门湾海砂区

海门湾海砂区为一依海岸线发育的狭长区域，包括达濠湾、海门湾和靖海沿岸的近海海域，水深 0 ~ 25 m，底质类型主要为细砂，在该海砂区的最南端发育一小块砾砂，海砂区面积 170 km²。

3）碣石湾海砂区

碣石湾海砂区为漯河口门外的一个依海岸线发育的狭长区域，水深 0 ~ 5 m，底质类型为细砂，海砂区面积 14 km²。

4）红海湾海砂区

红海湾海砂区中有 3 块海砂分布区，分别为汕尾海砂区、芒屿岛东侧海砂区和考洲洋口门海砂区。汕尾港海砂区为汕尾港口门外的一个依海岸线发育的狭长区域，水深 0 ~ 6 m，底质类型为细砂，海砂区面积 18 km²。芒屿岛东侧海砂区呈团块状，东侧与海岸相接，水深 0 ~ 6 m，底质类型为粉砂质砂，海砂区面积为 14 km²。

5）大亚湾海砂区

大亚湾海砂区中有两个海砂分布区，分别为平海湾海砂区和大辣甲东侧海砂区。平海湾东侧海砂区为一个依海岸线发育的狭长区域，水深 0～18 m，底质为细砂，海砂区面积约 28 km²。大辣甲东侧海砂区呈团块状，水深 5～15 m，底质为粉砂质砂，海砂区面积为 32 km²。

6) 珠江口海砂区

珠江口海砂区 20 m 水深以浅的表层砂体有 19 个之多：

（1）虎门外海砂区：该海砂区位于虎门外，为一横椭圆状砂体，水深 5 m 左右，底质为砂，海砂区面积为 22 km²。

（2）蕉门外海砂区：该海砂区位于蕉门口外，为一团块状砂体，水深 5 m 左右，底质为砂，海砂区面积 12 km²。

（3）洪奇沥外海砂区：该海砂区位于洪奇沥口外，分选性极好，形成水下沙坝（拦门沙），水深 5 m 左右，底质类型主要为砂，仅西侧是一块粉砂质砂体。海砂区面积为 62 km²。

（4）磨刀门外海砂区：该海砂区位于磨刀门口外，分选性极好，形成水下沙坝（拦门沙），水深 0～5 m，底质类型主要为砂，仅西侧一块粉砂质砂体、海砂区面积为 62 km²。

（5）鸡啼门外海砂区：该海砂区位于鸡啼门口外，为一横椭圆状砂体，水深 2 m 左右，底质类型为砂，海砂区面积为 14 km²。

（6）崖门外 1 号海砂区：该海砂区位于崖门口外，水深 5 m 左右，底质类型为砂，海砂区面积为 3.4 km²。

（7）崖门外 2 号海砂区：该海砂区位于崖门口外，紧邻岸边，水深 0～5 m，底质类型为粉砂质体，海砂区面积为 6.7 km²。

（8）崖门外 3 号海砂区：该海砂区位于崖门口外，水深 5 m 左右，底质类型为粉砂质体，海砂区面积为 2.9 km²。

（9）小铲岛东南海域海砂区：该海砂区位于小铲岛东南海域，紧邻小铲岛，为一长条状砂体，底质类型为粉砂质砂，海砂区面积为 2 km²。

（10）内伶仃岛西侧海域海砂区：该海砂区位于内伶仃岛西侧海域，紧邻内伶仃岛，为一团块状砂体，底质类型为粉砂质砂，海砂区面积为 2 km²。

（11）淇澳岛东北海域海砂区：该海砂区位于淇澳岛位于内伶仃岛东北侧海域，水深 5 m 左右，底质类型为粉砂质砂，海砂区面积为 2.3 km²。

（12）淇澳岛东侧海域海砂区：该海砂区位于淇澳岛位于内伶仃岛东侧海域，水深 5 m 左右，底质类型为粉砂质砂，海砂区面积为 2.7 km²。

（13）淇澳岛东南海域海砂区：该海砂区位于淇澳岛位于内伶仃岛东南侧海域，水深 5 m 左右，底质类型为粉砂质砂，海砂区面积为 2.5 km²。

（14）高栏岛西侧海域海砂区：该海砂区位于高栏岛与荷包岛之间海域，水深 3 m 左右，海砂区面积为 2.6 km²。

（15）高栏岛南部海域海砂区：该海砂区位于高栏岛南部海域，水深 18 m 左右，底质类型为粉砂质砂，海砂区面积为 3.6 km²。

（16）白沥岛东侧海域海砂区：该海砂区位于白沥岛东侧海域，水深 20 m 左右，底质类型主体为粉砂质砂，中间夹一团块状砂，海砂区面积为 105 km²。

（17）大蜘洲岛东侧海域海砂区：该海砂区位于大蜘洲岛东侧海域，为一团块状砂体，水深 15 m 左右，底质类型为粉砂质砂，海砂区面积为 2 km²。

（18）小万山岛南锅底湾海砂区：属岛屿斜坡浅海区，水深 5 ~ 18 m。经详细钻探勘探，储量 0.14×10^8 m³，粗中砂，砂层厚度 10 ~ 20 m。

（19）东澳岛西北水域海砂区：此处为水深 5 ~ 10 m 的浅海区。估算储量越 0.02×10^8 m³，中粗砂，砂层厚度 2 ~ 7 m。

7）阳江—电白沿海海砂区

阳江—电白沿海海砂连续分布，但根据海砂发育形态可分为海陵岛周围海域海砂区和电白沿海海域海砂区。

（1）海陵岛周围海域海砂区：该海砂区分布于海陵岛周围海域，水深 0 ~ 20 m，底质类型为细砂和中砂，分布面积 560 km²。

（2）电白沿海海域海砂区：该海砂区分布于电白沿海，水深主体在 0 ~ 20 m，最深达到 25 m，底质类型主要为细砂、中砂和砾砂，呈带状分布，随着水深增加从海岸带向外依次为细砂带、中砂带和砾砂带，海砂区分布面积约 900 km²。

8）雷州半岛周围海域海砂区

雷州半岛周围海域海砂分布非常广泛，海砂区面积共约 8 000 km²。除流沙港和海康港东侧部分海域沉积物较细以外，其余海域均被砂质沉积物覆盖，底质类型有砂砾、砾砂、粗砂、粗中砂、中砂、中细砂、细砂、粉砂质砂和黏土质砂。

吴川以南至琼州海峡东口的雷州东海区广泛分布的是细砂，仅鉴江口外发育长条状的粗中砂砂带，湛江口外发育一块中细砂砂体并向湛江港内部延伸，硇洲岛正南发育一椭圆状中砂砂体。

湛江港内部海砂主要分布在特呈岛、东头山岛一线以东，海砂类型主体为粗中砂，其次为中细砂、粉砂质砂、砂砾、中砂。

琼州海峡砂体的分布特征是，从海峡中间向东、西口及两侧，砂体呈环带状分布，分别为砂砾、砾砂、粗砂和细砂。琼州海峡东口，砂体呈环带状，由中心向外分别为砂砾、粗砂、细砂；琼州海峡西口，砂体也呈环带状，由中心向外分别为砾砂、粗砂、细砂、黏土质砂。

雷州半岛西侧流沙港和海康港以西海域，沉积物较细，主要是黏土质砂；纪家西侧海域海砂分布呈环带状，由岸边向近海，由中心向外，分别为砾砂、中砂、细砂、黏土质砂；乐民西侧海域海砂分布也呈环带状，由岸边向近海，由中心向外，分别为中粗砂、粗中砂、细砂、黏土质粉砂；安铺港内主要为黏土质砂，港外为中粗砂。

3.3.1.3　20 m 水深以深陆架表层海砂

广东省沿海 20 m 水深以深的陆架表层海砂分布呈带状广布于广东沿海外陆架（图 3.10），主要是台湾浅滩以西、海南岛以东的大陆架外侧的砂质堆积区，以细砂为主，占 60% ~ 75%，含少量粉砂质砂、中砂、粗砂等（高为利，2009）。

3.3.1.4　埋藏砂体

广东省沿海水域埋藏砂体的调查以珠江口海域最为详细，其他海区因调查与研究程度较低，因此揭示的埋藏砂体数量不多。根据"908 专项"的调查结果，珠江口共分布有 17 个埋藏砂体,初步估算其总储量达到 12.43×10^8 m^3(表3.11)。其中,预测海砂储量大于 1.0×10^8 m^3 的海砂区有4个区,分别为川鼻深槽至拦江沙头海砂区、内伶仃岛南部水域海砂区、深圳湾内海砂区和桂山岛东大濠水道海砂区,预测4个区的海砂总储量为 5.5×10^8 m^3,占埋藏砂体总储量的44%。

表 3.11　珠江口海域埋藏砂体分布及储量预测表

序号	海砂区名称	水深/m	储量/$\times 10^8$ m^3
1	交椅沙海砂区	0~2	0.13
2	川鼻水道至拦江沙头海砂区	3~15	2.00
3	内伶仃岛西北水域海砂区	4~10	0.78
4	内伶仃岛南部水域海砂区	1~6	1.00
5	深圳湾内海砂区	2~4	2.50
6	妈湾以南暗士顿水道海砂区	10~15	0.50
7	外伶仃岛东南水域海砂区	25~27	0.30
8	白沥岛东南水域海砂区	17~25	0.70
9	黄茅岛西部水域海砂区	5~10	0.01
10	小蒲台西北水域海砂区	7~8	0.80
11	磨刀门河床(大涌口至拦门沙海砂区)	0~5	0.50
12	桂山岛东大濠水道海砂区	10~30	1.00
13	隘洲岛西部水域海砂区	15~20	0.47
14	牛头岛—桂山岛西部水域海砂区	9~12	0.30
15	九洲港航道中段海砂区	5	0.15
16	横琴岛东南水域海砂区	7~8	0.40
17	三灶岛东南水域海砂区	10~11	0.80

3.3.2　砂矿资源

广东沿海一带广泛分布着不同时期的变质岩、侵入岩和火山岩,含有各种重矿物。由于各种长期的地质、地貌变化的综合作用,塑造了各种阶地以及沙堤、沙坝、港湾、岬角等,这些地貌单元埋藏的滨海砂矿资源十分丰富。

对滨海砂矿资源的调查,勘探与开发始于新中国成立之后。20世纪50年代初,中山大学、中国科学院、华南热带生物资源综合考查队等对粤西沿海砂矿资源进行调查,结果表明广东滨海砂矿资源非常丰富,其储量在全国居首位。在漫长的海岸线上,分布着许多大小矿床,其中主要砂矿有砂锡矿、钽铌铁砂矿、独居石砂矿、玻璃砂矿和稀土矿等。这些砂矿多沿海岸呈长条状分布,与海岸线大致平行。已知的矿体都赋存于全新世形成的沙堤、沙地、海滩中。单个矿体面积大小不等,大者可达十几平方千米,矿层的厚度一般在10 m以内,且多直接出露地表,易于开采。

广东省海岸带形成锡石、锆英石、独居石成矿带。砂锡矿主要分布在沿岸地带,多属中、小型残积型和坡积型,是广东省海岸优势矿种之一。如海丰梅陇、赤坑陆丰博美、深圳坪山、中山长江、台山圆山头等都是砂锡矿重要产地。锆英石和独居石也在广东省海岸带含量普遍较高,有的地区达到工业品位或可开采品位的高含量点有上百个,多数分布在近岸15 m等深线以内,独居石以含铈、钍、钇和镧等稀土元素为主,具有很重要的经济价值,很多矿点已开采。粤西沿岸有独居石 19 个点，最高含量每立方米可超过 1 kg。其中，具有较大开采价值的远景矿产储量有大陆沿海石英砂 2 015×10^4 t，阳江独居石 2×10^4 t，锆英石 29×10^4 t；已设矿场开采的滨海砂矿主要有珠海市下栅玻璃砂矿（年产量 5×10^4 t）和粤东陆丰的甲子锆矿，在全国都比较著名。

3.3.2.1 滨海砂矿总体特征

广东省大陆海岸线长，滨海砂矿资源丰富，20 m 水深以浅近海存在多处砂矿异常区，共有大、小矿床（点）90 处。广东省滨海砂矿独居石、磷钇矿、锆英石、钛铁矿和金红石的储量，在全国同类型矿床中名列首位。

根据滨海有用矿物品等级，在广东省沿海 20 m 水深以浅海域共有 6 个 I 级异常区和 3 个 II 级异常区，在 20 m 水深以深的近海则存在 8 个 II 级异常区（图 3.11）。广东省滨海砂矿异常区主要包括粤东（饶平—陆丰）、粤中（陆丰—阳江）、粤西（阳江—吴川）、雷州半岛 4 个区域，其中以漠阳江口和雷州半岛沿海砂矿资源相对丰富。

3.3.2.2 滨海砂矿异常区

1）20 m 水深以浅近海砂矿异常区

（1）粤东（饶平—陆丰）
此段海岸 20 m 水深以浅近海未发现有意义的砂矿异常区。

（2）粤中（陆丰—阳江）
此段海岸 20 m 水深以浅近海仅发现 1 个 II 级砂矿异常区，为锆石、金红石砂矿 II 级异常区。该砂矿异常区位于惠东县平海东岸，面积 100 km^2。此带海岸为堆积岸，沉积物为细砂，有用矿物为锆石和金红石。异常区内有 2 个高含量点，金红石最高含量为 1 944 g/m^3，区内矿物主要是由附近河流带来。

（3）粤西（阳江—吴川）
此段海岸 20 m 水深以浅近海发现 2 个 I 级砂矿异常区，1 个 II 级砂矿异常区。位于阳江县海陵岛南岸至闸坡湾内的 I 级砂矿异常区为锆石、独居石砂矿 I 级异常区，面积约 130 km^2。此带为岛屿港湾海岸，岛屿南岸地形较陡，岸边水动力作用强烈。沉积物为细砂，有用矿物主要是独居石，伴有锆石。据区内 3 个高含量点统计，独居石平均含量为 5 403 g/m^3，最高可达 7 290 g/m^3，可见该区远景较好，其矿物主要来自海陵岛和陆上的变质岩、混合岩。

位于粤西吴川县乾塘至谭巴沿岸浅水带的锆石、独居石砂矿 I 级异常区，面积约 150 km^2。此带为凹岸，水浅地缓，以堆积为主，沉积物主要是细砂，部分为粗中砂。有用矿物主要是独居石，伴有锆石。区内有 4 个独居石高含量点，独居石平均含量 121 g/m^3，最高为 160 g/m^3；锆石仅有一个高含量点，其他矿物更少。总之，该区矿物含量不高，但其他成矿条件有利，加上岸上有乾塘、吴阳和谭巴等独居石、锆石砂矿床，故将其列为 I 级异常区。

锆石、独居石砂矿 II 级异常区位于电白港至沙扒镇之间的浅海地带，面积约 350 km^2。此带地质构造复杂，海岸为港湾岬角岸，岛屿多。水动力作用强烈，沉积物粗，分布大面积的粗中砂和砾石，但异常区内主要是细砂。有用矿物主要是独居石，伴有锆石。

145

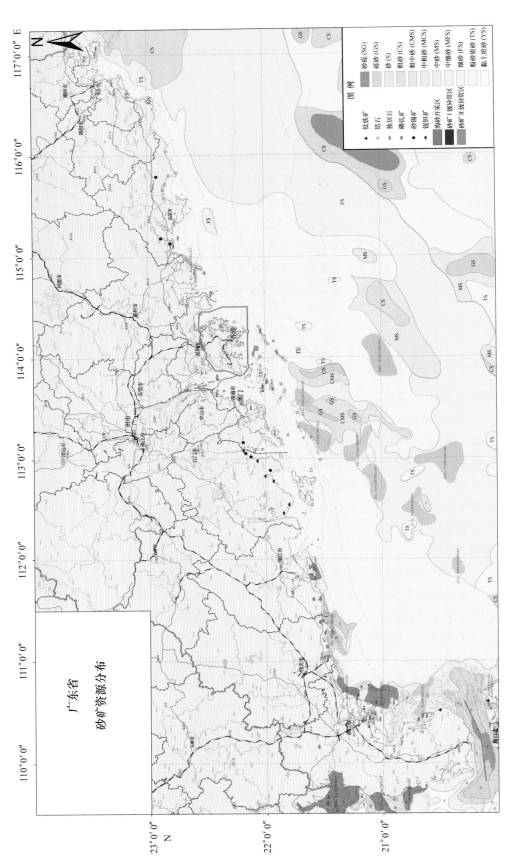

图 3.11　广东省砂矿资源分布

（4）雷州半岛

此段海岸 20 m 水深以浅近海发现 4 个 I 级砂矿异常区、1 个 II 级砂矿异常区。其中，位于湛江港口外即南三岛与硇洲岛之间水深 15 m 以内浅水地带的 I 级砂矿异常区为锆石、独居石砂矿 I 级异常区，该异常区面积约 500 km²，共有 6 个高含量点，这些高含量点中独居石平均品位为 266 g/m³，最高值为 765 g/m³，而锆石为 1 940 g/m³，高达 6 820 g/m³。

位于唐家西侧海区的 I 级砂矿异常区为金红石、锆石砂矿 I 级异常区，面积约 280 km²。异常区内堆积地形发育，沉积物为细砂和黏土质砂。有用矿物以锆石和金红石为主，个别点有独居石。区内有 8 个高含量点，锆石平均含量为 1 481 g/m³，最高值为 1 853 g/m³，而金红石为 835 g/m³，最高为 1 293 g/m³。

位于江洪西侧的 I 级砂矿异常区为金红石、锆石砂矿 I 级异常区，面积约 300 km²，有用矿物以锆石、金红石为主，伴有钛铁矿。本区共有 8 个高含量点，按高含量点统计，锆石平均含量为 1 511 g/m³，最高值为 4 100 g/m³，而金红石则为 986 g/m³，高者 2 520 g/m³。

横跨广东和广西两省海域的 I 级砂矿异常区为独居石、锆石砂矿 I 级异常区，该异常区位于北部湾东北角即北海南至草潭之间，包括安铺港和铁山港在内，圈定面积约 1 200 km²。区内地形平坦，发育着多种沉积物类型，其中以中粗砂为主，其次为黏土质砂、细砂及中细砂。有用矿物主要是锆石、独居石，伴有金红石。

II 级异常区为独居石、锆石砂矿 II 级异常区，位于雷南新寮东侧，面积约 400 km²。该异常区内浅滩、沙垄地形发育，沉积物为细砂。有用矿物以独居石、锆石为主。

2）20 m 水深以深近海砂矿异常区

在广东省 20 m 水深以深近海发现 8 个 II 级砂矿异常区，各异常区情况详见表 3.12。

表 3.12　20 m 水深以深砂矿异常区一览表

序号	地理位置	面积/km²	地形地貌	沉积物类型	砂矿类型	高含量点			矿物来源
						点数	平均值/(g·m⁻³)	最高值/(g·m⁻³)	
1	万山南深水砂带	170	水深地缓	黏土质砂	钛铁矿、锆石砂矿	1		钛铁矿：16 460 锆石：1419	残留
2	万山南深水砂带	200	水深地缓	细砂和粉砂质砂	金红石、钛铁矿砂矿		III—IV 级含量		残留
3	川岛东南深水砂带	400	水深地缓	粉砂质砂和细砂	独居石、金红石砂矿	2	金红石：792 独居石：57	金红石：1 299 独居石：114	残留
4	川岛东南深水砂带	400	水深地缓	细砂	金红石、锆石砂矿		IV 级含量		残留
5	川岛南深水砂带	700	水深地缓	细砂和粉砂质砂	金红石、锆石砂矿		IV 级含量		残留
6	川岛南深水砂带	520	水深地缓	细砂	锆石、金红石砂矿		IV 级含量		残留
7	阳江南深水砂带	450	水深地缓	细砂	金红石、锆石砂矿	1		锆石：4 582 金红石：8 530	残留
8	阳江南深水砂带	150	水深地缓	粉砂质砂	金红石、钛铁矿砂矿	1		钛铁矿：10 256	残留

3.3.3 油气资源

海洋蕴藏了全球超过70%的油气资源，全球深水区最终潜在石油储量高达 $1\,000 \times 10^8$ 桶，深水是世界油气的重要接替区，深水油气资源的开发也正在成为世界石油工业的主要增长点和科技创新的前沿。初步调查表明，我国南海具有丰富的油气资源和天然气水合物资源，南沙群岛海域全部或部分在我断续国界线以内的新生代含油盆地有13个，即曾母盆地、万安盆地、文莱—沙巴盆地、南薇西盆地、南薇东盆地、永暑盆地、九章盆地、礼乐盆地、北和南巴拉望盆地、安渡北盆地、南沙海槽盆地及北康盆地等，总面积约 $41 \times 10^4\,km^2$。据国土资源部、国家发改委和财政部联合编写的《新一轮全国油气资源评价》（2005年），这13个盆地在我断续国界线内的面积约 $37.15 \times 10^4\,km^2$，石油地质资源量 $107.6 \times 10^8\,t$，天然气地质资源量 $79\,000 \times 10^8\,m^3$。

南海周缘发育了大小几十个盆地，其中南海北部以珠江口盆地最大，油气产量最高。中海油深圳分公司已连续15年保持了超过 $1\,000 \times 10^8\,m^3$ 的油气产量。然而，珠江口盆地的油气资源分布并不均匀，陆架上主要产区在东部的珠一坳陷，如惠州坳陷区，目前浅水区已发现油气地质储量达 $(7 \sim 8) \times 10^8\,t$，其中惠州坳陷达 $5 \times 10^8\,t$。地质学家们总结发现，珠江口盆地的油气富集成藏与后期（10 Ma以来）菲律宾海板块挤压碰撞引起的新构造运动有关。近年来，珠江口盆地一个重要的突破是深水（水深大于300 m）油气。自从2006年第一口深水钻探井荔湾3-1获得突破，中海油深圳分公司不断加大研究和勘探力度，并将深水勘探列为近期的勘探重点之一。至2009年年底，珠江口盆地已在白云坳陷获得荔湾3-1、流花34-2、流花29-1三个重大的油气发现，其中流花29-1-1井钻遇总厚度达70 m的净气层。中海油深圳分公司目前在白云坳陷和荔湾坳陷已有13口深水钻井，大部分见到工业性油气藏，初步评价白云和荔湾深水区具有 $200 \times 10^8\,t$ 的天然气资源量。鉴于深水油气勘探对勘探技术的高要求和高投入状况，珠江口盆地的深水勘探主要以合作的形式推进，实现了在技术、资金和深水领域研究等各方面与国际大公司的共享。

3.3.4 其他资源

广东沿岸还埋藏着其他多种金属和非金属矿产，许多矿床已被探明或开采，不过这些矿床以中小型为主，散布在漫长的海岸线上。按照工业用途，这些矿产包括燃料矿产、黑色金属、有色金属及贵金属、化工原料、建筑材料、地下热矿水和肥水等。

燃料矿产主要有煤和天然气。其中，煤分布在惠东、宝安，远景储量约为 $560 \times 10^4\,t$，正在开采；第四纪浅层天然气见于珠江三角洲之中山、顺德、南海、番禺诸县市，为海陆交互沉积地区的天然气，成分以甲烷为主。

黑色金属铁矿在广东省沿海也有广泛分布，比较重要的有饶平暗井、惠东铁炉嶂、九龙马鞍山、珠海南山铁矿等，皆以磁铁矿为主，这些铁矿大部分在开采。其余锰、铬、钛等皆为砂矿，存于海滨。

岭南是我国著名的有色金属之乡，其部分矿床也分布在海滨。除砂矿以外，原生脉状况也不少。钨产于阳江南鹏（已采尽）、澄海莲花山、海丰陶河、深圳大鹏岭澳等处，多伴生有铜、铋、锡等；铅、锌、铜、银等多金属矿产矿床在广东也有发现，比较重要的有海丰梅陇。

在湛江，目前已发现 33 种矿物资源，有开采价值的矿产 155 处，其中大型矿 5 处，中型矿 23 处。大宗的矿产有石灰石 55×10^8 t、白云石超过 $3\ 000 \times 10^4$ t、石英石 770×10^4 t。非金属矿产高岭土、硅藻土、膨润土、泥炭土的储量和质量均居全省前列，其中高岭土品位高、储量大、开发前景广阔。矿泉水总流量 $4\ 000\ \mathrm{m^3/d}$，地下温泉丰富，可规划开发利用。

3.3.5　矿产资源开发利用现状与保护

3.3.5.1　矿产资源开发利用现状

受深海采矿技术水平限制，目前海洋矿业主要集中于滨海砂矿开采。广东省砂海资源丰富，广泛分布与粤东、珠江口和粤西近岸海域，其中以珠江口海砂的开采程度为高。据中海关总署公布资料显示（中华人民共和国海关总署，2008），2008 年 1—10 月广东省天然砂出口量达 302.5×10^4 t，比 2007 年同期下降 42.2%，降幅基本与 2007 年持平，2008 年各月仍维持在 50×10^4 t 的低位之下，其中 9 月、10 月分别出口天然砂 27.7×10^4 t 和 25.7×10^4 t，同比分别下降 28.9% 和 10.5%。2008 年 1—10 月广东省出口天然砂的企业仅有 7 家，其中 6 家出口规模均在百万吨以上；而去年同期出口天然砂企业共有 96 家，其中 82 家出口不足 10×10^4 t，67 家不足 100 t，说明规模较小的企业逐渐被淘汰，天然砂出口向少数几家大型企业集中。从 2010 年 6 月起，广东采用海砂海域使用权挂牌出让的方式规范海砂开采秩序。根据行政许可法的要求，对于有限自然资源开发利用，应当采取招标、拍卖的方式作出行政许可。国家海洋局决定在广东全省海域实施海砂开采海域使用权拍卖挂牌转让，并委托广东省海洋与渔业局负责组织开展拍卖挂牌的具体工作，国家海洋局将不再受理广东省海域海砂开采海域使用申请。但是，由于海砂需求市场很大，采砂利润很高，导致珠江口海域海砂开采使用海域的企业越来越多。各企业恶性竞争，纠纷不断，超范围开采，超量开采，超载运输的现象严重，采完又缺少恢复生态和海砂资源的措施，偷采行为也十分频见，造成海砂无序、无度开采，从粤东汕尾、珠江口、磨刀门到粤西湛江都有海砂盗采报道。近年来，海监、渔政、边防等部分联合执法，严厉打击违规违法盗采海砂行为，整治了广东省海砂开采秩序，保障了海砂资源的可持续开发利用。

广东海洋油气开发处于稳步发展状况，2000—2006 年间海洋原油产量稳定在 $1\ 300 \times 10^4$ t 左右，2001 年海洋原油产量最低为 $1\ 225 \times 10^4$ t，2004 年海洋原油产量最高为 $1\ 482 \times 10^4$ t（图 3.12）。海洋天然气产量呈 "V" 字形发展趋势，2000 年海洋天然气产量 $34.6 \times 10^8\ \mathrm{m^3}$，2003 年下降到 $27.4 \times 10^8\ \mathrm{m^3}$，2006 年上升到 $54.9 \times 10^8\ \mathrm{m^3}$（图 3.13）。

广东省海岸带矿产资源开发历史悠久，粤东和粤西岸段的钨、锡矿自 20 世纪 30 年代就开始开采。目前阳江市南鹏岛的钨矿已经采空，澄海的莲花山钨矿、陆丰海丰一带的锡矿、珠海市的玻璃砂矿等均由专业矿山建厂开采，其余的海岸带矿产资源基本上属于民营开采，尤以建筑类石料开采最为普遍。

3.3.5.2　海洋矿产资源保护建议

海洋矿产资源是人类社会可持续发展的重要物质基础，实现海洋矿产资源的可持续利用，要求不断提高海洋资源的开发利用水平，统筹兼顾资源开发与环境保护，努力实现海洋资源与海洋经济、海洋环境的协调发展。

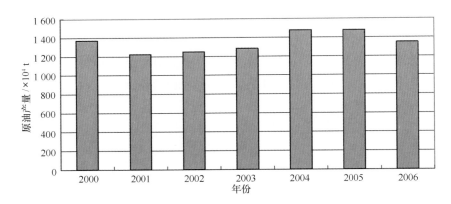

图 3.12　海洋原油产量变化情况

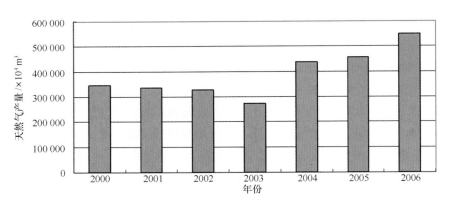

图 3.13　海洋天然气产量变化情况

（1）以海洋地质工作为先导，不断增强海洋地质矿产勘探水平和力度，摸清海域矿产资源家底。海洋地质工作应坚持以"国家利益与环境保护"并重，以国家需求为导向，努力改善装备，吸纳培养人才，在国家基础性、战略性和公益性的综合海洋地质调查和研究工作上不断增强我国海域地质矿产勘探水平和力度，尤其是资源评价和普查勘探力度。此外，海洋公益性地质调查工作要加强与商业性矿产勘查开发相结合，做好基础资料的服务工作。

（2）制定海洋矿产资源开发利用规划，不断增强海洋矿产资源管理水平。在对海域矿产资源调查摸底的基础上，要尽快制定海洋矿产资源开发利用规划。在规划中要对海域的优势矿种加以保护，根据国民经济发展需要合理安排各类矿产资源的开发利用。此外，在海洋矿产资源管理中要加强有偿使用、持证开采、落实环境保护责任等措施。

（3）加强海洋矿产资源开发利用的宏观调控与政策引导。海洋矿业是一个新兴的产业，正处于不断发展壮大过程中。除了海洋油气开发规模稍大一些外，海洋固体矿产勘探开发需要不断深入。政府部门应该加强对海洋矿业的宏观调控与政策引导，鼓励、促进该行业健康、有序地发展。

（4）加强海洋矿产资源开发利用高新技术研究与开发，加强国际合作，努力推广实施清洁生产。要围绕提高资源开采利用水平、降低开采成本、努力保护环境等来采取多方面的措施：一是要加强海洋矿产资源开发利用高新技术研究与开发；二是要加强国际合作，坚持走自我开发与国际合作并举的道路；三是要树立保护海洋环境的意识，努力在企业中推广实施清洁生产。

3.4 生物与水产资源

3.4.1 海岸带植被资源

3.4.1.1 植被资源概况

广东省海岸带森林覆盖率较低。据统计，森林植被的面积（包括红树林）加上灌丛的面积约超过 50 000 hm²，占海岸带总面积的 15%。其中，属自然林的（包括红树林）超过 11 000 hm²，仅占林地面积的 22%；属人工林的超过 38 000 hm²，占林地面积的 78%。广东省红树林面积有 10 471 hm²，是中国红树林面积最大的省份。广东省海岸带的人工植被主要为农作物群落和人工林，是现状植被的主要类型，人工植被中以木麻黄林、桉树林和农作物群落最多。根据 "908 专项" 调查的统计，广东省海岸带共有维管束植物 168 科，613 属，975 种。其中，蕨类植物 23 科，37 属，49 种；裸子植物有 6 科，7 属，10 种；被子植物有 139 科，579 属，916 种。各大类群的科、属、种数量及其在广东区系和中国区系中所占的比例见表 3.13。在广东海岸带植物区系中蕨类植物和种子植物的科均占中国区系中的近一半，科、属、种均在广东植物区系中占据重要地位，显示广东省海岸带的植物区系组成非常丰富。由于海岸带的气候受到海洋的调节，具有气温高、冷期短、无霜期的特点，植被组成种类热带性仍较强。因此，广东省海岸带的植被组成种类以热带—亚热带的科、属为主（超过 60%），重要的科有豆科、禾本科、菊科、大戟科、莎草科、桃金娘科和桑科等。

表 3.13 广东省海岸带植物区系组成统计

分类群	数量			占广东区系比例/%			占中国区系比例/%		
	科	属	种	科	属	种	科	属	种
蕨类植物	23	37	49	36.5	26.6	10.5	36.5	16.1	1.9
种子植物	145	586	926	66.2	40.9	18.6	41.7	20.3	3.3

参照《海岸带调查技术规程》（国家海洋局 "908 专项" 办公室，2005）和《中国植被》（中国植被编辑委员会，1980）的分类原则，并结合本省海岸带植被特点，将广东省海岸带植被划分为 8 个植被型组、14 个植被型、36 个植被类型；其中，人工植被型组 2 个，人工植被植被型 4 个，人工类型 9 个。各类型如下：

I 针叶林

I₂常绿针叶林

1 马尾松林（*Comm. Pinus massniana*）

2 湿地松林（*Comm. Pinus elliottii*）

II 阔叶林

II₁落叶阔叶林（缺）

II₂常绿阔叶林

3 香蒲桃林（*Comm. Syzygium odoratum*）

4 潺槁木姜子、鸭脚木林（*Comm. Litsea glutinosa、Schefflera octophylla*）

II₈ 红树林

5 秋茄、桐花树林（*Comm. Kandelia candel、Aegiceras corniculatum*）

6 白骨壤林（*Comm. Kandelia candel、Avicennia marina*）

7 红海榄林（*Comm. Rhizophora stylosa*）

8 海漆（黄槿）群落（*Comm. Excoecaria agallocha*）

9 老鼠簕群落（*Comm. Acanthus ilicifolius*）

10 银叶树群落（*Comm. Heritiera littoralis*）

11 无瓣海桑林（*Comm. Sonneratia apetala*）（引种栽培）

III 灌丛

III₂ 常绿灌丛

12 潺槁木姜子（鸭脚木）、桃金娘（酒饼簕）群落（*Comm. Litsea glutinosa、Rhodomyrtus tomentosa*）

13 黄牛木（鸭脚木）、九节群落（*Comm. Cratoxylum cochinchinense、Psychotria asiatica*）

IV 草丛

IV₁ 草丛

14 纤毛鸭嘴草、蜈蚣草群落（*Comm. Ischaemum indicum、Eremochloa ciliaris*）

15 五节芒、纤毛鸭嘴草群落（*Comm. Miscanthus flridulus、Ischaemum indicum*）

IV₂ 灌草丛

16 桃金娘、岗松 – 芒萁灌草丛（*Comm. Rhodomyrtus tomentosa、Baeckea frutesens – Dicranopteris linearis*）

17 岗松 – 蜈蚣草（纤毛鸭嘴草）灌草丛（*Comm. Baeckea frutesens – Eremochloa ciliaris*）

18 潺槁木姜子（鸭脚木）– 纤毛鸭嘴草灌草丛（*Comm. Litsea glutinosa – Ischaemum indicum*）

19 桃金娘 – 纤毛鸭嘴草灌草丛（*Comm. Rhodomyrtus tomentosa – Ischaemum indicum*）

IV₃ 稀树灌草丛

20 散生台湾相思（–桃金娘）–芒萁稀树草丛［*Comm. Acacia confusa（–Rhodomyrtus tomentosa）– Baeckea frutesens*］

21 散生马尾松（台湾相思）–桃金娘–纤毛鸭嘴草稀树灌草丛（*Comm. Pinus massoniana – Rhodomyrtus tomentosa – Ichaemum indicum*）

22 散生马尾松（–桃金娘）–芒萁稀树草丛［*Comm. Pinus massoniana（–Rhodomyrtus tomentosa）– Dicranopteris linearis*］

23 散生马尾松（–桃金娘）–岗松–芒萁（鹧鸪草）稀树灌草丛）［*Comm. Pinus massoniana（–Rhodomyrtus tomentosa）– Baeckea frutesens – Dicranopteris linearis*］

V 滨海盐生植被（缺）

VI 滨海沙生植被

VI₁ 草本沙生植被

24 遏刺、厚藤（单叶蔓荆、转转草）群落（*Comm. Spinifex litoreus、Ipomoea pes – ca-*

prae)

　　25 短穗画眉草、茅根群落（*Comm. Eragrostis cylindrica、Perotis indica*）

Ⅵ₂灌木沙生植被

　　26 露兜簕、酒饼簕群落（*Comm. Pandanus tectorius、Atalantia buxifolia*）

Ⅶ 沼生水生植被

Ⅶ₁沼生植被

　　27 芦苇群落（*Comm. Phragmitea communis*）

Ⅷ 木本栽培植被（人工植被）

Ⅷ₁经济林（缺）

Ⅷ₂防护林和用材林

　　28 桉树林（*Comm. Eucalyptus* spp.）

　　29 台湾相思林（*Comm. Acacia confusa*）

　　30 大叶相思林（*Comm. Acacia auriculiformis*）

　　31 木麻黄林（*Comm. Casuarina equisetifolia*）

Ⅷ₃果园

　　32 荔枝园（龙眼园）（*Comm. Lithci chinensis*）

　　33 柑橘园（*Comm. Citrus reticulate、C. sinensis*）

Ⅸ 草本栽培植被（人工植被）

Ⅸ₁农作物群落

　　34 水稻群落（*Comm. Oryza sativa*）（农田、菜地等）

　　35 甘蔗群落（*Comm. Saccharum officinarum*）

Ⅸ₂特用经济作物群落（缺）

Ⅸ₃草本型果园

　　36 香蕉园（*Comm. Musa acuminata*）

3.4.1.2　天然植被及其分布

　　天然植被不是广东省海岸带现状植被的重要类型，共有 6 个植被型组、8 个植被型和 25 个植被类型（群系或群丛组），现分述如下。

　　Ⅰ 针叶林

　　广东省海岸带分布的为常绿针叶林，仅有 1 个类型，即马尾松林，另有少量湿地松林（栽培）。

　　Ⅰ₂常绿针叶林

　　1 马尾松林（*Comm. Pinusmassniana*）

　　本类型主要呈小片状分布，多为飞机播种，总面积约 17 km²；其中分布面积较大的有粤东岸段（以陆丰和惠州最多）的近海丘陵山地。群落优势种以马尾松为主，局部地段还混生有少量台湾相思。马尾松多为中龄林，生长势较差，乔木层覆盖度一般为 20% ~ 50%，株高 4 ~ 8 m，每百平方米 3 ~ 10 株。林下灌木和草本植物层主要有桃金娘、岗松、九节、梅叶冬青、蜈蚣草、芒萁、纤毛鸭嘴草等。

2 湿地松林 *Comm. Pinuselliottii*

本类型较少见，多呈小片状分布，主要在滨海沙荒地和部分丘陵地区，多为近年引种栽培，总面积约 0.5 km²，其中面积较大的分布在电白县岸段的近海丘陵山地。群落优势种以湿地松为主，局部地段还混生有少量桃金娘、潺槁木姜子、土蜜树、岗松、九节、芒萁等。生长势较好，乔木层覆盖度一般为 30% ~ 60%，株高 4 ~ 6 m。林下灌木和草本植物层覆盖度较小，为 20% ~ 50%。

Ⅱ 阔叶林

广东省海岸带分布的阔叶林基本为常绿阔叶林，由于人类长期的干扰，现状植被主要为次生林。

Ⅱ₂ 常绿阔叶林

常绿阔叶林是南亚热带地带性植被类型，主要分布于海岸带环境较湿润的丘陵低山的上部，组成种类以热带、亚热带植物区系为主，群落特征显出热带、亚热带过渡的特点。广东省海岸带分布的常绿阔叶林面积较小，总面积约 15 km²；其分布的海拔高度也偏低。

3 香蒲桃林（*Comm. Syzygiumodoratum*）

本类型仅分布于粤东岸段深圳市南澳镇东涌近海边坡地（22°28′42″N，114°31′39″E），海拔 10 ~ 20 m。环境湿润，群落呈片状分布，面积约 0.05 km²，是海岸带目前保存较好的风水林，外貌呈浓绿色，树冠起伏，林内结构较简单，乔木层、灌木层和草本层各一层，组成种类丰富，多为热带、亚热带的常绿树种。乔木层唯一的建群种是香蒲桃，高度约 10 m，覆盖度约 85%。林下灌木种类较多，主要有香蒲桃、密花树、豺皮樟、九节、乌饭树、银柴等；草本植物层较稀疏，主要有半边旗、中华苔草、沿阶草等，藤本植物常见的有瓜馥木、紫玉盘、贴生石韦、伏石蕨等。

4 潺槁木姜子、鸭脚木林（*Comm. Litseaglutinosa、Scheffleraoctophylla*）

本类型多分布于海岸带环境较湿润的丘陵低山坡地及山腰，呈片段分布，总面积约 15 km²，其中面积较大的分布在惠州的惠阳县岸段。群落外貌呈黄绿色，树冠起伏较大，覆盖度 50% ~ 80%。组成种类较丰富，以热带性植物为主。乔木层的建群种主要有潺槁木姜子、鸭脚木，另外还伴生有假苹婆、黄牛木、土蜜树等，高度在 3 ~ 5 m。林下灌木种类较多，主要有九节、降真香、豺皮樟、黄杨、桃金娘等，高 1 ~ 2 m。草本层较稀少，主要有弓果黍、沿阶草、剑叶凤尾蕨等，藤本植物常见的有酸藤子、海金沙、扭肚藤、紫玉盘等。每百平方米有植物 15 ~ 25 种，木本植物 100 ~ 200 株。

Ⅱ₃ 红树林

红树林在广东省海岸潮间带分布较普遍，呈带状片段分布，其中面积较大的在粤西岸段（如雷州半岛岸段），另外在珠江口岸段及粤东岸段也有少量分布，但多呈间断性小片状分布；总面积约 100 km²，其中雷州半岛占 80%。组成种类丰富，共有 12 科 14 属 22 种，主要植被类型有 8 个群落。

5 秋茄、桐花树群落（*Comm. Kandeliacandel、Aegicerascorniculatum*）

本类型在广东省海岸潮间带分布较普遍，呈带状片段分布在潮间带内缘，其中面积较大的在粤西岸段（以雷州半岛为主），另外在珠江口岸段及粤东岸段也有少量分布，总面积约 30 km²。组成种类的建群种以秋茄、桐花树为主，另外还伴生有白骨壤、老鼠簕、海漆、黄槿等，局部还有一些红海榄、木榄、榄李。群落只有 1 层，高度在 1.5 ~ 2.5 m，丛生，板状根及呼吸根发达，树冠稠密，覆盖度约 75%。

6 白骨壤群落（*Comm. Avicenniamarina*）

本类型在广东省海岸潮间带分布也较普遍，主要出现在半砂质海岸滩涂地段，多呈小片段分布于潮间带外缘，其中面积较大的在粤西岸段（如湛江岸段），另在珠江口岸段及粤东岸段也有少量分布，总面积约 30 km²。组成种类的建群种以白骨壤（局部有较多秋茄）为主，另外还伴生有秋茄、桐花树、老鼠簕、海漆、黄槿、木榄等。群落只有 1 层，高度在 1.0～2.0 m，丛生，呼吸根发达，树冠稠密，覆盖度约 70%。

7 红海榄群落（*Comm. Rhizophorastylosa*）

本类型主要分布于粤西岸段（主要在湛江岸段）淤泥质海岸滩涂地段，淤泥深厚，呈强酸性，总面积约 10 km²。组成种类的建群种以红海榄为主，另外还伴生有秋茄、白骨壤、桐花树、木榄、老鼠簕、海漆、黄槿等。群落只有 1 层，高度在 1.5～2.5 m，丛生，呼吸根及气生根发达，树冠稠密，覆盖度约 80%。

8 海漆（黄槿）群落（*Comm. Excoecariaagallocha*）

本类型在广东省海岸潮间带分布普遍，多呈带状分布于海岸高潮间带及边缘，面积较大的在粤西岸段（以雷州半岛岸段为主），另外在珠江口岸段及粤东岸段也有少量分布，总面积约 10 km²。组成种类的建群种以海漆为主，另外还伴生有黄槿、秋茄、白骨壤、桐花树、木榄、老鼠簕等。群落只有 1 层，高度在 1.5～3.0 m，丛生，树冠较稠密，覆盖度约 60%。

9 老鼠簕群落（*Comm. Acanthusilicifolius*）

本类型在广东省海岸潮间带分布较普遍，多呈小片段间断分布于潮间带外缘，其中面积较大的在粤西湛江岸段，在其他岸段也有少量分布，总面积约 10 km²。组成种类的建群种以老鼠簕为主，另外还伴生有秋茄、白骨壤、桐花树、海漆、黄槿、卤蕨等。群落只有 1 层，高度在 0.5～1.5 m，丛生，覆盖度约 50%。

10 银叶树群落（*Comm. Heritieralittoralis*）

本类型在广东省海岸带极少见，仅分布于深圳市葵涌镇盐灶村和海丰县小漠镇香坑村的高潮间带，总面积约 0.12 km²。组成种类的建群种以银叶树为主，另外还伴生有一些黄槿、海漆、老鼠簕，在中、低潮间带还有秋茄、白骨壤、桐花树等。群落只有 1 层，高度在 3.0～10.0 m，覆盖度 50%～70%。

11 无瓣海桑林（*Comm. Sonneratiaapetala*）

本类型在广东省海岸潮间带分布较普遍，为引种栽培的红树林群落，面积较大的在粤西岸段（以雷州市岸段为主），另外在吴川市中山镇、珠江口岸段的淇澳岛及粤东岸段也有少量分布，总面积约 20 km²。组成种类的建群种以无瓣海桑为主，多数为纯林，局部还伴生有秋茄、白骨壤、桐花树、木榄、老鼠簕等。群落只有 1 层，高度在 4.0～7.0 m，丛生，树冠较稠密，覆盖度约 50%。

红树林是一种特殊的植被资源，对防风护岸，促淤造陆及维护海岸自然生态平衡有积极的作用。因此，红树林具有重要的生态、经济和社会效益，应加强保护。

Ⅲ 灌丛

灌丛是指由灌木状的种类组成为主的植被类型，是森林反复砍伐后演变而成的次生性植被，在动态上是不稳定的。灌丛在广东省海岛分布很广，是现状植被的主要类型之一。广东省海岛上的灌丛主要为常绿灌丛，密生成林状，组成种类以热带、亚热带植物区系成分为主，根据生境条件和建群种中优势种的组合不同，划分为 15 个群落类型。

Ⅲ₂ 常绿灌丛

12 潺槁木姜子（鸭脚木）、桃金娘（酒饼簕）群落（Comm. Litseaglutinosa、Rhodomyrtustomentosa）

本类型多分布于海岸带环境偏干旱的丘陵山坡地段及山顶，通常呈片段分布，总面积约 5 km²，群落覆盖度约 60%。组成种类以潺槁木姜子、鸭脚木、桃金娘、酒饼簕为优势，局部还伴生有土蜜树、九节、野漆树等，高度在 1~2 m，局部有 2~3 m。草本层较稀少，主要有沿阶草、剑叶凤尾蕨、茅草、纤毛鸭嘴草等，藤本植物常见的有海金沙、扭肚藤、酸藤子、无根藤等。

13 黄牛木（鸭脚木）、九节群落（Comm. Cratoxylumcochinchinense、Psychotriaasiatica）

本类型多分布于海岸带环境偏干旱的丘陵山坡地段及山腰，通常呈片段分布，总面积约 5 km²，群落覆盖度约 60%。组成种类以黄牛木、鸭脚木、九节为优势，局部还伴生有潺槁木姜子、降真香、豺皮樟、桃金娘、春花、土蜜树、酒饼簕等，高度在 1.0~2.5 m。草本层较稀少，主要有芒萁、沿阶草、纤毛鸭嘴草、剑叶凤尾蕨等，藤本植物常见的有海金沙、扭肚藤、酸藤子、无根藤等。

Ⅳ 草丛

草丛是指以草本植物为主，局部伴生有各种灌木的植被类型，包括草丛、灌草丛和稀树灌草丛 3 个类型。其组成种类也较丰富，类型多样，在本省海岸带分布较普遍，有 350 km² 左右，也是现状植被的主要类型之一。

Ⅳ₁ 草丛

由草本植物组成为主的草丛是一种偏途演替的植被类型，在海岸带分布广，但面积不大，约 30 km²，根据其生境条件和组成种类划分为 2 个类型。

14 纤毛鸭嘴草、蜈蚣草群落（Comm. Ischaemumindicum、Eremochloaciliaris）

本类型在广东省海岸带环境偏干旱的丘陵山坡地段及山顶有分布，其中面积较大的有汕尾市岸段。群落外貌呈黄褐色，通常呈小片状分布，总面积约 25 km²，群落覆盖度约 50%。组成种类以纤毛鸭嘴草、蜈蚣草为主，局部还伴生有芒萁、五节芒、野香茅、白茅、野古草、山白菊等。草丛中还零散分布有山芝麻、了哥王、岗松、酒饼簕等。群落高度在 0.3~0.6 m。

15 五节芒、纤毛鸭嘴草群落（Comm. Miscanthusflridulus、Ischaemumindicum）

本类型较少见，主要分布于海岸带环境偏干旱的丘陵山坡地段及山腰，其中面积较大的在深圳市大鹏半岛及台山市岸段。群落外貌呈黄褐色，通常呈小片状分布，总面积约 0.5 km²，群落覆盖度约 50%，高度在 0.3~2.0 m。组成种类以五节芒、纤毛鸭嘴草为主，局部还伴生有山芝麻、剑叶凤尾蕨、海金沙、芒萁、蜈蚣草、野香茅、白茅等。

Ⅳ₂ 灌草丛

由灌木和草本植物共生组合而成的灌草丛是广东省海岸带一种分布很广的植被类型，总面积约 100 km²，也是现状植被的一个主要类型。根据其生境条件和组成种类可划分为 4 个类型。

16 桃金娘、岗松 - 芒萁灌草丛（Comm. Rhodomyrtustomentosa、Baeckeafrutesens – Dicranopterislinearis）

本类型在广东省海岸带分布较广泛，面积较大的在海丰县及深圳市大鹏半岛。群落外貌呈黄褐色，有明显的灌木和草本植物层片，环境呈旱生性，较干热，总面积约 20 km²。组成种类灌木层以桃金娘、岗松为主，局部还零散分布有土蜜树、细齿叶柃、豺皮樟、酒饼勒、九节、山芝麻等，高度在 0.4~1.2 m，疏丛生，覆盖度约 25%。草本层植物以芒萁为主，局部还伴生有纤毛鸭嘴草、野香茅、野古草、鹧鸪草等，高度 0.1~0.4 m，覆盖度约 40%。此外，还有海金沙、雀梅藤、酸藤子等藤本植物。

17　岗松 – 蜈蚣草（纤毛鸭嘴草）灌草丛（*Comm. Baeckeafrutesens – Eremochloaciliaris*）

本类型在广东省海岸带分布也较广泛，面积较大的在粤东潮阳县、海丰县及深圳市大鹏半岛等岸段。群落外貌呈黄褐色，灌木和草本植物层片不明显，环境呈旱中生性，较干热，总面积约 5 km²。组成种类灌木层以岗松为主，局部还零散分布有桃金娘、豺皮樟、酒饼勒、九节、山芝麻等，高度在 0.4~0.8 m，疏丛生，覆盖度约 20%。草本层植物以蜈蚣草、纤毛鸭嘴草为主，局部还伴生有芒萁、野香茅、鹧鸪草等，高度在 0.1~0.4 m，覆盖度约 30%。此外，还有海金沙、雀梅藤、酸藤子等藤本植物。

18　潺槁木姜子（鸭脚木）– 纤毛鸭嘴草灌草丛（*Comm. Litseaglutinosa – Ischaemumindicum*）

本类型在广东省海岸带分布也较广泛，面积较大的在粤东潮阳县岸段、粤西阳西县岸段。群落外貌呈绿褐色，有明显的灌木和草本植物层片，环境呈中偏旱生性。总面积约 20 km²。组成种类灌木层以潺槁木姜子、鸭脚木为主，局部还零散分布有土蜜树、细齿叶柃、桃金娘、豺皮樟、酒饼勒、九节、山芝麻等，高度在 0.8~2.0 m，疏丛生，覆盖度约 25%。草本层植物以纤毛鸭嘴草为主，局部还伴生有芒萁、蜈蚣草、野香茅、鹧鸪草等，高度 0.1~0.4 m，覆盖度约 30%。此外，还有海金沙、雀梅藤、酸藤子等藤本植物。

19　桃金娘 – 纤毛鸭嘴草灌草丛（*Comm. Rhodomyrtustomentosa – Ischaemumindicum*）

本类型在广东省海岸带分布也较广泛，面积较大的在粤东潮阳县和汕尾市岸段、粤西台山市岸段。群落外貌呈绿褐色，有明显的灌木和草本植物层片，环境呈中偏旱生性。总面积约 50 km²。组成种类灌木层以桃金娘为主，局部还零散分布有土蜜树、细齿叶柃、降真香、潺槁木姜子、鸭脚木、豺皮樟、酒饼勒、九节、山芝麻等，高度在 0.5~1.5 m，疏丛生，覆盖度约 20%。草本层植物以纤毛鸭嘴草为主，局部还伴生有芒萁、蜈蚣草、野香茅、鹧鸪草等，高度 0.1~0.4 m，覆盖度约 30%。此外，还有海金沙、雀梅藤、酸藤子、鸡眼藤等藤本植物。

Ⅳ₂ 稀树灌草丛

本类型指在灌草丛散生有稀疏乔木而形成的一种复合群落（植被类型），在广东省海岸带的丘陵地段分布较广，总面积约 200 km²，根据其生境条件和组成种类划分为 4 个类型。

20　散生台湾相思（– 桃金娘）– 芒萁稀树草丛荫道 [*Comm. Acaciaconfusa （– Rhodomyrtustomentosa）– Baeckeafrutesens*]

本群落在广东省海岸带较少见，面积较大的在粤东海丰县和汕尾市岸段及深圳市大鹏半岛等岸段，总面积约 20 km²。群落乔、灌、草镶嵌，外貌呈黄绿色，结构明显，环境呈中偏旱生性。组成乔木层主要为散生台湾相思，高度在 4~8 m，覆盖度约 15%。灌木层种类较多，以桃金娘、鸭脚木、潺槁木姜子等为主，局部还零散分布有豺皮樟、酒饼勒、土蜜树、春花、九节等，高度在 0.8~2.0 m，疏丛生，覆盖度约 20%。草本层植物以芒萁为主，局部还伴生有野香茅、野古草、鹧鸪草、蜈蚣草和纤毛鸭嘴草等，高度在 0.3~0.6 m，覆盖度约 35%。此外，还有海金沙、雀梅藤、无根藤、酸藤子等藤本植物。

21 散生马尾松（台湾相思）-桃金娘-纤毛鸭嘴草稀树灌草丛［*Comm. Pinusmassoniana（-Rhodomyrtustomentosa）-Ichaemumindicum*］

本群落在广东省海岸带有一定分布，面积较大的在粤西台山市岸段，总面积约 30 km²。群落乔、灌、草镶嵌，外貌呈黄绿色，结构明显，环境呈中偏旱生性。组成乔木层主要为散生马尾松或台湾相思，高度在 4~8 m，覆盖度约 15%。灌木层种类较多，以桃金娘等为主，局部还零散分布有潺槁木姜子、鸭脚木、豺皮樟、酒饼勒、土蜜树、春花、九节等，高度在 0.8~2.0 m，疏丛生，覆盖度约 20%。草本层植物以纤毛鸭嘴草为主，局部还伴生有野香茅、野古草、鹧鸪草、蜈蚣草和芒萁等，高度在 0.3~0.6 m，覆盖度约 30%。此外，还有海金沙、雀梅藤、无根藤、酸藤子等藤本植物。

22 散生马尾松（-桃金娘）-芒萁稀树草丛［*Comm. Pinusmassoniana（-Rhodomyrtustomentosa）-Dicranoterislinearis*］

本群落在广东省海岸带分布较广泛，面积较大的在粤东的惠东县岸段、海丰县岸段、深圳市大鹏半岛岸段及粤西的台山市、恩平县岸段等，总面积约 120 km²。群落乔、灌、草镶嵌，外貌呈绿褐色，结构明显，环境偏旱生性。组成乔木层主要为散生马尾松，高度 4~8 m，覆盖度约 15%。灌木层种类较多，以桃金娘、鸭脚木、潺槁木姜子等为主，局部还零散分布有黄牛木、豺皮樟、酒饼勒、土蜜树、春花、九节、岗松等，高度在 0.8~2.0 m，疏丛生，覆盖度约 15%。草本层植物以芒萁为主，局部还伴生有纤毛鸭嘴草、野香茅、野古草、鹧鸪草和蜈蚣草等，高度在 0.3~0.6 m，覆盖度约 40%。此外，还有海金沙、雀梅藤、无根藤、酸藤子等藤本植物。

23 散生马尾松（-桃金娘）-岗松-芒萁（鹧鸪草）稀树灌草丛［*Comm. Pinusmassoniana（-Rhodomyrtustomentosa）-Baeckeafrutesens-Dicranoterislinearis*］

本群落在广东省海岸带分布也较广泛，面积较大的在粤东珠海市岸段、深圳市岸段及粤西台山市岸段等，总面积约 20 km²。群落乔、灌、草镶嵌，外貌呈绿褐色，结构明显，环境偏旱生性。组成乔木层主要为散生马尾松，高度在 4~8 m，覆盖度约 20%。灌木层种类较多，以桃金娘、岗松等为主，局部还零散分布有鸭脚木、潺槁木姜子、黄牛木、豺皮樟、酒饼勒、土蜜树、春花、九节等，高度在 0.8~2.0 m，疏丛生，覆盖度约 10%。草本层植物以鹧鸪草和芒萁为主，局部还伴生有纤毛鸭嘴草、野香茅、野古草和蜈蚣草等，高度在 0.3~0.5 m，覆盖度约 30%。此外，还有海金沙、雀梅藤、无根藤、酸藤子等藤本植物。

Ⅵ 滨海沙生植被

本类型指由耐盐、耐干热、抗风沙的灌木和草本植物自然分布于滨海沙滩地而形成的各种植物群落，在广东省海岛分布面积不大，约 30 km²。按群落的特征和生境条件的不同，划分为沙生草丛和沙生灌丛两类。

Ⅵ₁ 草本沙生植被

本群落主要分布于沿海半流动或固定沙土地段，由耐旱、耐盐与抗风的匍匐草本或藤本植物种类组成，按其优势种主要划分为 2 种类型。

24 鬣刺、厚藤（单叶蔓荆、转转草）群落（*Comm. Spinifexlitoreus, Ipomoeapes-caprae*）

本群落在广东省海岸带较普遍，通常呈带状分布于海岸带的近海滨沙滩前缘带，在各个海区的海滨沙滩地段常有分布，但面积不大，总面积约 20 km²。代表样地如粤西岸段的阳西县沙扒月亮湾海滩。群落外貌呈灰绿色，片状分布，组成种类以邋刺、厚藤为主，局部还伴生有单叶蔓荆、转转草、盐地鼠尾粟、孪花蟛蜞菊、铺地黍、滨海月见草、仙人掌、阔苞菊、白子菜等。植株高 0.2～0.5 m，覆盖度约 40%。

25 短穗画眉草、茅根群落（*Comm. Eragrostiscylindrica、Perotisindica*）

本群落在广东省海岸带也较常见，呈带状分布于海岸带的近海滨沙滩前缘带，通常在邋刺、厚藤群落的内缘。但面积不大，总面积约 10 km²。代表样地如粤西岸段的台山市广海镇附近、阳西县沙扒镇附近海滩。群落外貌呈灰绿色，片状分布，组成种类以短穗画眉草、茅根为主，局部还伴生有单叶蔓荆、邋刺、厚藤、盐地鼠尾粟、孪花蟛蜞菊、铺地黍、仙人掌、阔苞菊、白子菜等。植株高 0.2～0.5 m，覆盖度约 20%。

Ⅵ₂ 灌木沙生植被

本类型指由灌木种类组成为主的各种群落，呈块状或带状交错分布于沙生草丛的内缘或海岸边，所在地一般为半固定或固定的沙土地段，受海风及海浪影响较大，是海滨沙生植被演替的中级阶段的类型，根据其种类组成和生境条件划分为 2 种类型。

26 露兜簕、酒饼簕群落（*Comm. Pandanustectorius、Atalantiabuxifolia*）

本群落为海滨沙滩地分布较常见的类型，面积不大，多呈条带状分布。代表样地如汕尾市小漠镇、惠东县港口镇及平海镇附近地区，总面积约 2 km²。通常受海风和海浪作用较大。群落外貌呈深绿色，密灌丛状，组成种类以露兜簕、酒饼簕主，局部还伴生有仙人掌、单叶蔓荆、草海桐、假茉莉、雀梅藤、了哥王、桃金娘等，草本植物常见有野香茅、邋刺、盐地鼠尾粟、厚藤、白子菜等。植株高 1.0～2.0 m，群落总覆盖度约 40%。

Ⅶ 沼生水生植被

本类型是由湿生和水生植物组成的植被类型。在广东省海岸带只有沼生植被。

Ⅶ₁ 沼生植被

本类型包含滨海滩涂、河谷或季节性积水的沼泽地段，经常受咸淡水交替浸淹而形成，由湿生性的植物（主要为草本植物）为建群种所组成的植被类型。在广东省海岸带超过 1 000 hm²，且主要为芦苇群落，另有极少量香蒲群落。

27 芦苇群落（*Comm. Phragmiteacommunis*）

本类型还包括其他面积较小的沼生植被，如香蒲群落等，通常分布于海岸带的河口海滩的潮间带、河谷或季节性积水的沼泽地段，面积较大的在珠江口岸段的滨海滩涂地段，总面积约 10 km²。群落外貌呈灰绿色，密集丛生，组成种类以芦苇为建群种，局部还伴生有短叶茫茫、茫茫、黄槿、假茉莉、老鼠簕、香蒲、桐花树等植物种类。群落植株高 1.0～2.0 m，总覆盖度约 60%。

3.4.1.3 人工植被及其分布

人工植被是指人类对自然的开发利用与改选、经营和管理所形成的各种植被群落。人工植被组成种类较简单，类型不多，面积约 700 km²，主要分布于一些居民较少、人为干扰较轻的岸段。根据栽培种类的特点和生境条件，划分为木本栽培植被和草本栽培植被 2 个植被型组，4 个植被型和 9 个群落。

Ⅷ 木本栽培植被

Ⅷ₂防护林和用材林

本类型主要分布于沿海沙地和台地，共包括 4 个群落，总面积约 400 km²。

28 桉树林（*Comm. Eucalyptus* spp.）

桉树林是由隆缘桉、柠檬桉等到桉属（*Eucalyptus*）植物为主组成的群落，是华南地区重要的造林树种，多用于造纸。本类型分布较普遍，总面积约 120 km²，是防护林和用材林中面积最大的植被类型，其中以雷州半岛面积为最大。乔木层树高 5～10 m，胸径为 5～12 cm，覆盖度约 75%，林下空旷。

29 台湾相思林（*Comm. Acaciaconfusa*）

本类型分布也较普遍，总面积约 60 km²，其中面积较大的在珠海市岸段。台湾相思也是海岸带丘陵绿化的一个主要树种。本群落乔木层的建群种主要为台湾相思，高 5～8 m，覆盖度约 60%。林下灌木种类较多，主要有鸭脚木、潺槁木姜子、黄牛木、豺皮樟、酒饼勒、土蜜树、梅叶冬青、春花、九节等，高度 1～2 m，覆盖度约 20%。草本层植物主要有弓果黍、乌毛蕨、沿阶草等，覆盖度约 20%。藤本植物常见的有海金沙、扭肚藤、菝葜和鸡矢藤等。

30 大叶相思林（*Comm. Acaciaauriculiformis*）

本类型在广东省海岸带较少见，总面积约 5 km²，其中面积较大的在汕尾市岸段和深圳市岸段的丘陵坡地。群落外貌呈深绿色，乔木层的建群种主要为大叶相思，伴生有台湾相思，高 4～10 m，覆盖度约 70%。林下灌木种类较多，主要有潺槁木姜子、豺皮樟、酒饼勒、梅叶冬青、春花、九节、土蜜树等，高度 1～2 m，覆盖度约 30%。草本层植物主要有弓果黍、乌毛蕨、沿阶草等，覆盖度约 30%。藤本植物常见的有海金沙、扭肚藤、菝葜等。

31 木麻黄林（*Comm. Casuarinaequisetifolia*）

本类型主要为海岸防护林，在广东省海岸带分布非常广泛，总面积约 200 km²。其中以茂名市（电白县）和湛江市（吴川市等地）岸段较为集中。基本为纯林，结构只有乔木层和草本层。群落外貌呈黄绿色，乔木层木麻黄高 6～15 m，覆盖度约 60%。林下空旷，灌木种类很少，主要有马缨丹、土蜜树、潺槁木姜子、酒饼勒等，高度 0.5～1.5 m，覆盖度约 5%。草本层植物主要有铺地黍、黄花稔、茅根等，覆盖度约 5%。藤本植物常见的有海金沙、扭肚藤、菝葜和鸡矢藤等。

防护林和用材林不仅具有防风固沙、调节气候、改良环境等生态效益，同时作为沿海居民的用材、燃料及林副业产品原料等，也具有重要的经济效益，应加强管理和发展。

Ⅷ₃果园

32 荔枝园（龙眼园）（*Comm. Lithcichinensis*）

本类型在广东省海岸带较少见，总面积约 0.2 km²，主要分布于居民较多的一些低丘平地；呈小片状分布，多为中龄林，外貌呈深绿色，高 3～5 m，分枝低，生长一般。

33 柑橘园（*Comm. Citrusreticulate*、*C. sinensis*）

柑橘园在广东省海岸带很少见，总面积约 0.03 km²，主要分布于粤东岸段居民较多的一些低丘平地。呈小片状分布，多为中幼龄林，外貌呈深绿色，高 2～4 m，分枝低，生长中等。

Ⅸ 草本栽培植被

本类型在广东省海岸带分布非常广泛，是人工植被的主要类型，组成种类丰富多样，其中主要有水稻、花生、甘蔗、番薯、香蕉、各类蔬菜等，总面积约 300 km²。

Ⅸ₁农作物群落

34 水稻群落（*Comm. Oryzasativa*）（农田、菜地等）

水稻是广东省农作物的主要类型，在海岸带居民较多的地段均有分布，面积较大的在珠海市岸段和湛江市岸段水利条件较好的平地，总面积约 200 km²。呈小片状分布，种类主要为双季稻。

35 甘蔗群落（*Comm. Saccharumofficinarum*）

本类型是一种复合性群落，以作物轮作的组合而成，包括水稻－甘蔗轮作、番薯－花生－甘蔗轮作或间种等。在广东省海岸带分布面积不大，多呈小片状分布，总面积约 100 km²，主要分布于粤西岸段的一些低平地段。

Ⅸ₃草本型果园

本类型为人工栽培的草本型果类所组成的植被类型，在广东省海岸带主要有香蕉、大蕉、凤梨等，按栽培面积仅划分为香蕉园 1 个类型。

36 香蕉园（*Comm. Musaacuminata*）

本类型在广东省海岸带分布较普遍，但多为小片状或散生分布于村边、平缓地段，总面积约 2 km²，以广州市南沙镇面积较大，种类主要为香蕉，其他还有大蕉、西瓜、凤梨等。

3.4.1.4　海岸带植被分布特征

（1）植被类型较多，现状植被以人工和次生植被为主，外貌结构富于热带性。

广东省地处热带北缘，濒临热带南海，具有高温多雨的热带海洋性气候特点，因而广东省海岸带蕴藏着较丰富的植物资源及其组成的植被类型。共计有植被类型 36 个，其中属自然植被的有 27 个，属人工植被的有 9 个。植被资源丰富，在外貌和结构方面均有较明显的热带性。因长期人类经济活动的影响，森林植被保存率低。现状植被以人工植被（主要为人工林和农作物群落）和次生植被（主要为灌草丛）为主。

（2）植被组成种类丰富，热带成分比例大，具有热带、亚热带过渡的特点。

广东省海岸带共有维管束植物 168 科，613 属，975 种。它们当中属于热带和泛热带成分约占 70%；属于典型热带的种类不多，说明广东省海岸带植被具有热带、亚热带过渡的特点。

（3）植被在水平分布上从东北向西南（或从北向南）热带性逐渐增强，温带成分逐渐减少。垂直分布规律不明显。

（4）具有多种多样的植被生态系列，植被分布呈一定环带状分布。如从滨海沙滩向海拔较高的地方，植被分别为红树林（如有）/沙生草丛、沙生灌丛、灌草丛、沙生灌丛或次生林。

（5）丘陵山地植被的南北坡差异性较明显。东南坡一般光、热充足，为阳坡，风较大，蒸发强，环境较干热，土壤侵蚀较重，水土流失严重，现状植被类型以旱生性和中生性为主，如草丛或灌草丛等，植株较矮，具刺和呈垫状，且覆盖度较低。西北坡条件相反，为阴坡，现状植被类型以中生性为主，如稀树灌草丛或次生林等，覆盖度也较大。

（6）植被分布呈现一定的区域性。如红树林、桉树林和湿地松林主要分布于粤西岸段，阔叶林和马尾松林主要分布于粤东岸段。

3.4.2 海洋生物资源

3.4.2.1 海洋渔业资源

海洋渔业资源是指海洋中具有开发利用价值的经济动植物种类和数量的总称。海洋渔业资源中，最重要的是海洋鱼类资源，还有海洋软体动物资源、海洋甲壳动物资源、哺乳动物资源、海藻资源等。

广东省位于南海之滨，海岸线蜿蜒曲折，海岛、礁盘众多，游泳生物种类繁多，是广东海岸带周围海域主要的海洋捕捞渔业资源。广东属于热带亚热带季风气候，海洋气候特别明显，海域广阔，入海河流携带大量营养物质，在沿岸、河口形成众多重要渔场，有粤东台湾浅滩渔场、汕头渔场区、甲子渔场区、垠口渔场区、汕尾渔场区、担杆—大星针渔场区、泥口渔场区、珠江口二门外渔场区、珠江口渔场区、珠江口万山底渔场区、珠江口上六十渔场区、珠江口中八十渔场区、南鹏—上下川渔场区、沙堤口渔场区、放鸡—海陵渔场区、粤西粗平尾渔场区、七洲渔场区、抱虎渔场区、广东外海捕捞区、粤东外海捕捞区、珠江口外海东部渔场区、珠江口外海西部渔场区、东沙岛采捕场区等20多个，渔业资源相当丰富。

广东省海洋捕捞渔业资源中的生物种类丰富多样，多数种类为暖水性种类，少数为暖温性种类，极个别为冷温性种类，沿岸河口性的种类多，但个体小。许多大陆架海域的经济种类每年洄游至岛屿或沿岸周围繁殖、索饵，其成体出现少，幼体出现多。多数种类的分布较广泛、分散、不作长距离的洄游，因而在一定海域周围可捕到同一种类。中上层鱼类资源衰退明显，出现大宗群体少。

海洋捕捞渔业资源主要种类，系指经济价值较高的种类或虽经济价值一般但其群体较大的种类。广东省海洋捕捞的主要种类有：中上层的蓝圆鲹、颌圆鲹、金色小沙丁鱼、脂银鲱、金枪鱼、四指马鲅、鲳鱼、银鲳、乌鲳、海蜇等；中下层有大黄鱼、梅童、带鱼、鲈鱼、黄鲫、康氏马鲛、马鲛、中国枪乌贼、杜氏枪乌贼、枪乌贼等；底层近地层的有中华海鲶、鳗鲶、海鳗、蛇鳝、真鲷、短尾大眼鲷、二长棘鲷、金钱鱼、刺鲳、多鳞鱚、条尾鲱鲤、鲱鲤、海马、对虾类、鹰爪虾、须赤虾、锯缘青蟹、梭子蟹、东风螺等；近珊瑚礁的石斑鱼类、黄鳍鲷、黑鲷、平鲷、胡椒鲷、灰鳍鲷、笛鲷、猪齿鱼、黑斑迪鲷、龙虾、琵琶虾、真蛸、短蛸、海胆等。海洋捕捞方式主要有刺网、围网、拖网、张网等作业方式。

据《广东海洋环境监测公报》，2010年广东省沿海渔业资源量维持在较高的水平，但优质种类所占比例较低。反映渔业资源状况指标的双拖作业渔获率处于近10年来的较高水平，为323.8 kg/h，与上年相比较少了10.4%。带鱼、马鲛、头足类、篮子鱼、大眼鲷、金钱鱼、刺鲳、银鲳、乌鲳、大黄鱼等优质种类所占比例为14.2%，与上年相比下降了42.1%。实施休渔制度前的1993—1998年期间，渔获率急剧下降。自1999年南海实施伏季休渔制度、2002年广东省开展大规模人工鱼礁建设、实行渔民转产转业政策、加强海洋渔业资源保护区建设、加大人工增殖放流力度等一系列保护海洋渔业资源措施后，渔获率逐渐提高，2002—2010年渔获率均明显高于实施伏季休渔制度前的水平（图3.14）。

3.4.2.2 海水养殖资源

海洋生物资源开发利用的一个重要方面就是将野生生物资源驯化进行人工养殖和繁殖，

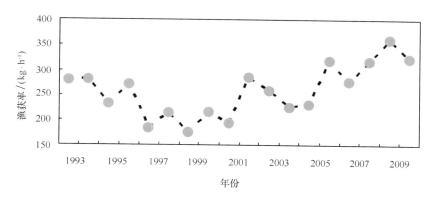

图 3.14 双拖作业渔获率年际变化

即海水养殖。改革开放以来，广东海水养殖业进入崭新的发展阶段，20 世纪 80—90 年代养殖面积不断扩大，产量逐年大幅增加。进入 21 世纪后，在其他海洋产业竞争用海的挤压下，广东海水养殖面积出现一定萎缩，但随着海洋科技贡献率的提高，海水养殖产量却出现小幅稳步提升。据广东省统计年鉴，2000 年全省海水养殖面积 1 949 km^2，占全国海水养殖面积 12 437 km^2 的 15.7%，海水养殖产量 168.97×10^4 t，占全国海水养殖产量 1 061.29×10^4 t 的 15.9%；2008 年全省海水养殖面积 1 897 km^2，占全国海水养殖面积 15 789 km^2 的 12.0%，海水养殖产量 222.98×10^4 t，占全国海水养殖产量 1 340×10^4 t 的 16.6%。

我国海域共有 3 039 种鱼类记录，隶属 3 个纲、40 个目、288 个科，其中南海有 2 772 种，约占 91.5%。我国传统养殖的主要品种是鲷科鱼类。1980 年以来，东南沿海省份发展了海水网箱养鱼，鲈鱼、石斑鱼、真鲷、黑鲷、黄鳍鲷、尖吻鲈等 10 多种海水鱼类的网箱养殖发展很快。目前，广东省海水养殖方式主要是滩涂养殖、浅海养殖和深海养殖，海水养殖的生物种类达到 70 余种。其中，海水鱼类超过 50 种，主要养殖鱼类有鲈鱼、石斑鱼、军曹鱼、美国红鱼、真鲷、平鲷、黑鲷、斜带髭鲷、花尾胡椒鲷、星斑裸颊鲷、灰鳍鲷、黄鳍鲷、紫红笛鲷、红笛鲷、千年笛鲷、约氏笛鲷、勒氏笛鲷、高体鰤鱼、卵形鲳鲹、布氏鲳鲹、鲻鱼、军草鱼等；虾蟹类主要有凡纳宾对虾（引进种）、细角滨对虾（引进种）、斑节对虾、日本囊对虾、中国明对虾、墨吉明对虾、长毛明对虾、刀额新对虾、近缘新对虾、锯缘青蟹、梭子蟹；贝类主要有近江牡蛎、江珧、杂色鲍、九孔鲍、方斑东风螺、文蛤、翡翠贻贝、华贵栉孔扇贝和马氏珠母贝、大珠母贝、珠母贝、企鹅珍珠贝、海湾扇贝等；棘皮动物主要有紫海胆、糙海参；大型养殖藻类有坛紫菜、广东紫菜、江蓠、龙须菜等。

滩涂养殖主要包括滩涂贝类养殖、潮间带池塘养殖、鱼塭养殖，它们均以潮间带为主要开发区域。滩涂贝类养殖以牡蛎为主，其他种类有泥蚶、文蛤、菲律宾蛤仔和缢蛏等。池塘养殖种类以甲壳类和鱼类为主，其中，甲壳类主要有斑节对虾、日本对虾、长毛对虾和锯缘青蟹，鱼类有鲻、黄鳍鲷和鲈鱼等。

浅海养殖是利用潮间带及低潮线以外的浅海区域养殖水产生物，以发展网箱鱼类养殖（包括沉箱）和浅海贝类养殖（包括底栖贝类护养增殖）为主，其次为浅海藻类养殖及浅海礁盘增殖等。网箱养鱼类主要养殖品种有赤点石斑鱼、鲑点石斑鱼、紫红笛鲷、真鲷、黑鲷、平鲷、黄鳍鲷、军曹鱼、美国红鱼、尖吻鲈等。养殖贝类主要为附着性、固着性种类如牡蛎、翡翠贻贝、扇贝、合浦珠母贝等，包括文蛤、西施舌、江珧等埋栖性种类的护养增殖等。养殖藻类主要为紫菜、羊栖菜等。浅海礁盘增殖以紫海胆等棘皮动物和螺、鲍等为主要护养增殖对象。受热带气旋等制约因素影响，广东浅海养殖仍以风浪较小的内湾水域为主要开发利用场所。近10年来不少沿海市、县重视发展浅海贝类护养增殖、浅海礁滩增殖、沉箱养殖等，但不少项目尚未得到大规模应用推广。因此，广东对开阔型海湾及等深线5 m浅海的利用率仍极低，养殖条件适宜的海湾存在养殖过度开发的现象。

深海养殖为近年来才发展的生产项目，主要为深水网箱养殖。1999年广东省从挪威引进首组深水抗风浪网箱，目前已在深圳、饶平县的柘林湾、汕头市的海门湾、汕尾市的红海湾、珠海市的万山、惠州市的大亚湾、阳江市的阳东、湛江市的南三岛和东海岛等地建立省级深水抗风浪网箱养殖推广示范基地。

3.4.2.3 海洋生物药用资源

中国是将海洋生物用作药物最早的国家之一，经过数千年的发展，海洋药物已成为传统中医药的重要组成部分。截至2008年，中国近海已记录的海洋药物及已进行现代药理学、化学研究的潜在药物资源已达684味，其中植物药205味，动物药468味，矿物药11味；涉及海洋药用动植物1 667种（植物272种，动物1 395种），另有矿物18种。

中国海洋药用生物资源分布于整个中国海域。中国海区已经记录海洋生物22 561种，隶属于5个界、44个门，显示了丰富的物种多样性（黄宗国，2008）。在海洋药用生物资源中，大多种类及其分布为中国所特有，有些是世界珍稀物种，这为现代海洋中药和海洋药物研究提供了独特的资源基础。除历代本草记载的药物外，现代药物研究又筛选发现了一批具有开发价值的药用生物资源。特别是20世纪70年代以来，现代天然产物化学、药物化学和药理学的研究涉及了许多古人未曾涉猎的资源领域。在海洋药用生物资源中，主要有15个生物门类（植物7个门，动物8个门）1 667个物种。其中，脊索动物门最多，达547种；软体动物门次之，有480种。特别是现代海洋药物研究中的热点生物种类，如珊瑚礁生态系的柳珊瑚、软珊瑚有33种，红树林生态系的红树植物有23种，显示了广阔的药用前景。

药用海洋植物现知的有100多种，研究较多的为海洋藻类中的药用种类，主要分布在蓝藻门（Cyanophyta）、绿藻门（Chlorophyta）、褐藻门（Phaeophyta）、金藻门（Chrysophyta）、甲藻门（Pyrrophyta）和红藻门（Rhodophyta）。已知的100多种海洋药用植物中，广东有70多种，如公元1世纪左右的《神农本草经》记载海藻（指的是羊栖菜 *Sarassum fusiforme*）"味苦寒，主瘿瘤气，颈下核，破散结气，痈肿症瘕坚气"等。紫菜（*Porphyra*）可以防治甲状腺肿大、淋巴结核，近年来发现它能去除血管壁上积累的胆固醇，有软化血管、降低血压、预防动脉硬化的效用。海带（*Laminaria japonica*）的提取物和制剂有缓解心绞痛、镇咳、平喘的功效，可治高胆固醇、高血压、动脉硬化症。

广东省药用海洋动物的各个门类几乎都有，现知在1 000种以上，研究较多的为腔肠动物、海洋软体动物、海洋节肢动物、棘皮动物、海洋鱼类、海洋爬行动物和海洋哺乳动物的一些种类。根据广东"908专项"生物生态调查资料，除渔业资源以外，有四大类，其中虾蟹类有61种（虾类27种，蟹类31种，蚲3种），螺、贝类共63种（螺37种，贝类36种），鱼类共45种，棘皮动物共14种（海胆类4种，海蛇尾类5种，海星4种，海参1种），此外还有其他物种11种。同时根据历史资料，收集了除渔业资源外的其他海洋生物59种，包括底栖海藻29种，水母类2种，珊瑚类3种，星虫类2种，软体动物6种，棘皮动物15种，哺乳动物 1 种及肢口类 1 种。

过度捕捞等不当的开发利用行为使海洋生物资源迅速衰退，一些用作药物的野生种群受到了严重的威胁，许多珍稀濒危海洋生物物种数量也日趋减少。根据 2004 年发布的《中国物种红色名录》显示，中国海洋生物濒危物种数达 556 种。其中，软体动物中有 23 种濒危，另 22 种极危，12 种绝灭；受评估的 1 000 多种十足甲壳类（虾、蟹类）中，有 58 种濒危；被认为是幸存的活化石的 3 种剑尾类（鲎）中，有 2 种濒危，1 种极危；棘皮动物中有 66 种濒危，其中 150 种海参类中竟有 53 种为濒危。此外，许多原来资源量十分丰富的物种，如巨蛤、钟螺、珊瑚、海参、鲸、海豚、海龟、鲨鱼、鳐鱼等，目前均已成为濒危物种。处于濒危状态的物种主要是高值优质食物、药物来源，如海参、龙虾、对虾、大黄鱼等，以及有收藏欣赏价值的各种贝类（壳）、珊瑚等。

中国海洋药用生物中，广东近海以及南海被列入濒危或保护物种的有 221 种，药用物种的濒危比率达 14.0%。其中，哺乳动物受到的威胁最大，在 28 种药用物种中有 27 种为濒危或保护物种，占药用数的 96.4%；近 1/2 的药用爬行动物和刺胞动物（珊瑚）为濒危种，濒危比率分别为 47.4% 和 46.1%；鸟类和棘皮动物受到的威胁也较大，濒危比率分别为 37.0% 和 25.3%。海洋药用生物的物种多样性和生态系统保护，已成为十分紧迫的重大课题。

3.4.3 生物与水产资源开发利用现状与保护

3.4.3.1 植被资源开发利用与保护

广东省海岸带共有 36 个植被类型，其中天然林仅 4 个植被类型，红树林另有 7 个植被类型。这些植被类型有很重要的生态价值、科研价值及开发利用价值，由于面积小，应进行重点保护。红树林作为海岸一种特殊的植被，具有抗风消浪、淤积泥沙、固岸造陆等作用，又是鱼、虾蟹等栖息觅食的场所，蕴藏着多种丰富的资源，对维护沿海自然生态平衡有重要意义，同时也具有重要的开发利用价值。广东省目前保存了中国面积最大的红树林（超过 100 km²）。但是，广东省红树林资源的破坏日益严重，比 20 世纪 50 年代已减少了近 2/3。因此，我们必须重视和保护红树林，严禁砍伐和破坏，有条件时可考虑人工恢复。

此外，入侵种控制也是一个需要考虑的方面，广东省海岸带植物中有很多外来入侵植物，最严重的是微甘菊、飞机草和五爪金龙。在很多地方这些入侵种已严重影响土著植物种的生长，甚至杀死或毁坏当地原生植被。因此，必须重视这些入侵种的危害，尽早采取有效措施进行控制，保护土著植物及原生植被。

3.4.3.2 海洋生物资源开发利用与保护

1）开发利用现状

迄今为止，海洋生物资源已为人类提供了大量多种多样的食物、药品、原材料等物质，未来将有更多更新的海洋生物所独有的重要物质被不断地开发利用。现代科学技术，特别是生物技术的高速发展，对海洋资源与环境领域的发展产生了巨大的牵引力，必将对未来持续地发展和利用海洋生物资源产生无法估量的推动作用，进而为解决世纪人类资源匮乏的问题开创新路。生物技术中的前沿技术——基因组学技术，将在海洋生物资源保护和基因资源利用中发挥极其重要的作用。

（1）海洋食品利用与开发

根据发展总的态势，广东省在今后一段时期内，主要任务应以高新技术来充分挖掘水产品的利用价值，提高水产品的利用率，提高渔获物的加工率，在资源充分利用的前提下，使水产品加工向以食品为主的系列化、多样化以及高值综合利用的多功能化方向发展。此外，鱼虾贝藻生活在特定的海水环境中，其食物链与生物圈同陆生动植物相比有很大差异，并保持着特有的进化方式，在营养、风味、质地、保健功能等方面也具有诸多特异性。今后广东省食用海洋生物资源研究开发重点发展的领域应是海洋生物食用新资源的发现与开发、食用海洋生物新资源安全性评价、海洋水产生物资源高质化利用以及海洋水产品深加工利用。现选取部分代表性资源开发现状简述如下。

汕头市龙须菜的养殖面积在 2002—2007 年 6 年间增加了 60 倍以上，2002 年以来龙须菜养殖规模合计 3 522 hm²，累计收获鲜菜 89 800 t，累计创产值 6 140 多万元，累计创利润 4 055 万元。耕地面积仅有 400 hm² 的南澳县，2007 年龙须菜养殖面积达到 1 334 hm² 以上，相当于"耕地面积"向海洋延伸了 2 倍以上，海藻养殖加工的产业链已经在汕头初步形成。

贝类是广东海水养殖的主要类群，近 10 年来，沿海各地对开展贝类护养增殖予以高度重视，使贝类增养殖面积和产量得到大幅度提高。广东省阳江有中国蚝都的美称，阳江市海洋环境优良，近江牡蛎养殖面积超过 2 668 hm²，产量 29×10⁴ t，占广东省牡蛎总产量的 31%，年产值 11 亿元。其中主产区阳西县养殖面积达 4 万多亩，产量 15×10⁴ t，产值 6 亿元。广东南澳县是广东最大的太平洋牡蛎养殖基地，2005 年全县海水养殖总面积达 2 753 hm²，产量 5.38×10⁴ t，产值 18 785 万元，其中太平洋牡蛎养殖面积达 1 400 hm²，占全县养殖面积 51%，养殖产量 3.78×10⁴ t，占全县养殖产量 70.4%。

（2）海洋药物利用与开发

广东省海洋药用生物的开发利用具有悠久的历史，近年来海洋生物基因的研究进展迅速，对海洋药物的研究与开发起了巨大的推动作用。如广东珠海海洋滋补食品公司和深圳海王药业有限公司利用牡蛎等海味，成功开发了"东海三豪"、"牡蛎 EXT 全营养片"和"金牡蛎"3 种保健食品，备受人们欢迎。中国科学院南海海洋研究所运用中医药理论和通过科学论证，从珍珠贝中提取出有效部位制成珍珠贝胶囊，用于治疗动脉粥样硬化症，完成了一种安全、高效、可控、稳定的国家 II 类新药的临床前研究，并向国家药监局申报了新药临床试验。

今后广东省药用海洋生物资源研究开发领域的首要任务是进行系统全面的海洋药用生物资源调查与评价，在此基础上，结合资源化学、天然产物化学、化学生态学等研究方法，以典型海洋及滨海湿地生态系中重要药用生物为重点，追踪分离鉴定生物活性物质和具有他感或自毒作用的化学生态物质，评价其药用价值和开发前景。重点领域包括海洋生物药用新资源的开拓利用，药用海洋微生物资源筛选、发现和利用，海洋共生微生物分离、鉴定、培养与发酵，海洋活性天然产物高效筛选、分离与鉴定及海洋生物药用功能基因克隆与表达。

（3）海洋生物材料利用与开发

海洋生物材料是十几年来被人类重视开发的新天然材料资源，具有来源丰富、无毒安全、生物可降解等优点。海洋生物材料，如甲壳质和褐藻胶等在药物缓释胶囊中的研究受到广泛重视，重点研究领域为医用生物材料、可降解生物膜材料、组织修复生物膜材料、药物缓释膜材料、纳米材料及微载体以及高分子表面活性生物材料等。

近年来广东省藻胶业发展较快，主要产品为褐藻胶（Algin）、琼胶（Agar）和卡拉胶（Carrageenan）。20 世纪 40 年代，琼胶工业首先在北方的大连、青岛开始，主要是用石花菜做原料，到了 50 年代在南方的广东开始用江蓠加工琼胶，此后广东省的琼胶厂不断增多，在全国占有一定的地位。20 世纪 70 年代，在海南岛琼海县海水养殖场利用麒麟菜制造卡拉胶，80 年代在广东又开始利用沙菜加工卡拉胶，近年来更利用卡帕藻进行卡拉胶的加工，年产量进一步提高。制造卡拉胶的原料主要有麒麟菜、卡帕藻、沙菜、角叉藻等。

另外，几丁质是一类重要的海洋资源，它在生物体内具有保护及支持生物体的作用，估计在地球上每年生物产生的几丁质高达 $1\ 000 \times 10^8$ t。目前几丁质的重要性已日益受人注目，广东省近十多年来在生产技术、生物合成机理、生物特性及应用均取得了显著的成就。研究结果表明几丁质和壳聚糖在食品、生物医用材料、轻工纺织、日化、农业和环境等领域具有广泛的应用。目前主要利用废弃的虾、蟹壳来生产几丁质或壳聚糖，广东省每年有数量极多的这样的虾、蟹资源未被充分利用。

（4）海藻生物能源物质利用与开发

全球面临着严重的能源短缺和环境污染问题，开发和利用可再生、无污染的生物能源是未来能源领域的重要发展方向。我国海藻生物量巨大，通过光合作用，源源不断地将太阳能转化为生物能。利用海藻生产生物能源极有可能成为一种新的能源替代品。研究发现，某些海藻如葡萄藻的含烃量高达细胞干重的 85%，所产烃的组成和结构与石油极其相似。改造后的大型海藻（工程藻）中脂质物质含量可高达 60% 以上，脂质物质又可转化为石油。某些微藻通过光合作用可以产生大量的氢，借此可运用光合生物水解技术生产清洁燃料氢。

广东省藻类能源的利用尚处于研究阶段，我国一些科研机构和企业也开始关注海藻能源的研究和开发，中国科学院南海海洋研究所海洋生态学科组也正在开展以海藻为原料生产生物能源的研究。目前已经建立了科学的微藻养殖基地，筛选出几个较优的能源藻藻种，同时对高油脂藻种的最佳培养条件进行了摸索，建立起微藻养殖体系，水质动态及对环境影响的科学检测和控制。同时正在将室内研究的成果进行室外的中小规模试验中，为下一步利用微藻大规模生产生物能源打下坚实的基础。

2）开发利用过程中存在的问题

广东省海洋资源种类繁多，利用价值高，开发潜力大，但由于目前科技水平和海洋观念的限制，广东省在海洋生物资源开发与保护过程中还存在许多问题。

（1）其他海洋生物资源养殖业面临发展"瓶颈"

养殖布局缺乏有效理论依据、优良品种缺乏、苗种性状退化、养殖生态环境恶化等问题都已成为制约广东省海水养殖业稳定持续发展的主要瓶颈问题。另外，由于质量保障体系不健全，使得水产养殖生产过程滥用药物和在饵料中添加违禁成分的现象较为普遍，全省水产品质量安全问题相当突出。近年来出口水产品多次发现贝毒、抗生素残留，特别是对虾的氯霉素残留，严重影响了水产品出口。

（2）加工业基础薄弱、规模小、技术落后

从整体来看，目前广东近海海洋生物资源产业的发展层次不高，海洋捕捞和海水养殖仍然占主导地位，而水产品加工、海洋医药和保健品制造、海洋生物产品贸易等海洋生物第二、第三产业发展相对缓慢，还未形成规模。海洋生物资源产业结构没有实现向合理化、高级化的方向发展，既不利于海洋生物的综合开发，也不利于产业经济效益的提高。海洋生物科研成果相对较少，现有成果未能及时得到转化并形成新的生产力，产、学、研相结合的有效机制尚未形成。由于科学技术对整个海洋生物产业乃至海洋经济贡献率不高，海洋生物资源产业仍然保持着粗放型的增长方式。

（3）沿海生态环境不断恶化，水质污染严重

近几年来，随着广东近海整体发展速度的提高，海岸带和海岛的开发程度较大，且密度也较高，不少开发商在海边大搞房地产开发，破坏了滩涂原有的生态系统；填海造地等开发活动破坏了近海生物；无序的水产养殖对环境造成了一定压力，围海养虾使自然滩涂湿地面积锐减，同时也使重要经济海洋生物物种的生息和繁衍地不复存在。由于近年捕捞强度增大，海洋渔业资源的可再生能力遭到破坏，海洋生物资源严重衰竭。伴随着临海工业规模的进一步扩大，排放入海的工业废水量不断增加，加之生活污水大量注入海域，致使凡是处在河口的海域都受到严重污染，直接破坏了海洋生物资源的生存环境。

（4）海洋生物资源管理问题突出

海洋生物资源开发和管理混乱、联动协调基础较弱、政府引导能力不足、管理模式和主体单一化、法律与法规执行效果欠佳以及生态环境保护的认识与行为相悖等问题大量存在。

3）保护措施

（1）健全相关法律，加强监督，提高执法能力

及时修改制定和实施各种法律法规，使海洋管理的方方面面工作都有法可依，做到中央法律和地方法规相统一，综合性法律和专项法规相配套；并出台一部能够统一有效地管理、协调各种海洋活动的海洋综合管理法律整合海洋执法力量，形成执法合力，加强执法力度；做到有法必依，违法必究，执法必严；从法律上防止一部分人（或地区）为了追求经济增长而造成大量污染，结果损害了大多数人（或地区）的生活权利，防止一部分人为了少数人或小集团的目前利益从而大肆破坏污染海洋环境和生物资源，损害大多数人的长远利益，建立海上执法协调委员会，协调海监、渔监、港监、海事、公安及边防等海洋执法队伍的利益关系，形成联动治理的利益基础，划清界限，明确职责，实行严格的并且具有很强操作性的责任追究制度加强海洋执法队伍建设，提高海洋执法队伍的执法素质。

（2）加强海洋生态环境教育和宣传

改变社会的观念，从内在的层面提升社会对海洋生态环境保护的认识，明确保护环境的重要意义，并使海洋生态环境保护变成一种自觉的行为。其次，在外在的层面上，要做到积极地宣传和普及海洋环保知识教育，并且还要用法律的手段来规范社会的用海行为。

（3）重点加强对污染源的治理

据统计，海洋的污染80%来源于陆源污染物的排放，临海工业快速发展也给广东近海海域的生态环境带来了较大的压力。要有效地控制海洋污染源，就必须要坚持河海统筹、陆海兼顾的原则，必须实行以防为主、防治结合的方针，以陆源的防治为重点，同时严格控制海上污染，实现海陆互动，努力改善海洋环境质量。具体来说，要达到有效地保护和利用海洋生物资源，就必须加大沿海城区城市水环境综合整治力度，就必须加快重点入海河流整治步

伐，就必须抓好直排海企业污染防治工作，认真组织实施好循环经济项目，推行清洁生产和创建零排放企业。

（4）确立大产业制观念，优化产业结构

海洋生物产业内部也涵盖了第一、第二及第三产业，海洋生物经济的发展对整个广东近海海洋经济的发展具有重要的意义。面对当前广东近海海洋生物资源低层次开发利用的现状，广东近海区域更应该牢固树立大产业制的观念，实现海洋生物各产业协调发展，优化海洋生物产业结构，重视海水养殖业，以实现养护海洋生物资源，促进海洋生物经济发展的目的。

（5）建立和完善海洋生物资源管理的信息服务系统

海洋生态系统复杂多变，海洋生物资源的开发需要以可靠的信息为前提，需要及时的监控和安全保障。因此，建立海洋基础信息海洋预警预报，海洋环境监测及海洋防灾救灾等系统就成了海洋生物资源开发工作中必不可少的内容，一些地区已建立了若干个海洋生态环境监测台站，如对大亚湾、珠江口、雷州半岛附近海域等都进行了定期的海域生态监测。

（6）完善海洋保护区体系建设

在系统调查和论证的基础上，统筹规划，逐步建立布局合理、类型齐全、层次清晰、重点突出、面积适宜的海洋生物自然保护区体系。建设海洋自然保护区，主要保护濒危、珍稀海洋生物物种、药用生物物种及其栖息地，完整地保存自然环境和自然资源的本来面貌。特别加强对特殊海洋生态系统的保护，如对具有代表性、典型性和完整性的生物群落和非生物环境共同组成的生态系统的保护。除海洋自然保护区和海洋特别保护区外，建立海洋公园也是保护重点物种的重要措施。

（7）开展保护区科学研究与监测

海洋保护区是天然的科研实验室，为大量的物种、种群、物种多样性、自然遗传变异、关键种与其他物种及环境的相互作用等方面的研究提供了良好的场所。在保护区开展科学研究与监测工作，可全面了解海洋自然保护区的状况，为准确反映保护目标与环境之间的相互关系和相互作用提供科学数据，从而为制定相应的管理政策提供依据。目前建立的海洋自然保护区大多以保护生物多样性、海洋和海岸生态系统为目的，建议建立以生态监测为主的海洋自然保护区监测体系。

（8）采用代用品和人工养殖品

禁止或限制使用国家重点保护的濒危野生海洋生物，严格限制对濒危物种的开发，特别是限制以濒危野生海洋生物为药材的新药审批。同时开展代用品研究以寻找和扩大药源，提倡使用代用品和人工养殖品。人工养殖和栽培是防止野生海洋药用生物资源衰退的重要措施。目前，中国海洋生物养殖的种类有 112 种，其中药用生物种类达 92 种，占全部养殖种类的 82.1%。一些濒危物种如海龙、海马、褐毛鲿、红鳍东方鲀等，均可进行大规模人工养殖。此外，进行濒危海洋野生药用生物的组织培养、细胞培养研究和基因库、种质库建设，对未来药用生物资源的可持续利用具有不可估量的价值。长期以来，全民的资源保护意识和法制观念薄弱，对野生生物资源往往是先破坏再保护。在开发海洋药用生物资源的同时，更有责任提高人们保护野生生物资源重要性的认识，强化人们珍惜资源、保护资源的意识，以实现海洋药用生物资源的持续利用。

3.5 水资源

水是生命之源，是人类和一切生物赖以生存与发展的最重要的物质基础，是不可替代的战略性资源。广东省是我国沿海地区水资源相对丰富的地区，但部分沿海城市和海岛资源型缺水明显，水资源时空分布不均导致旱涝交替，水资源灾害性天气严重；特别是近年来，由于水资源污染等原因，广东省已成为水质性缺水形势日趋严峻的沿海省份之一。

随着广东省经济社会的高速发展和城市化、工业化进程的加快以及人民生活水平的不断提高，用水量的急剧增加和粗放的水利用方式使得污染排放的压力越来越大，水环境容量受到严峻挑战。同时，广东省还是我国沿海地区受咸潮影响最为严重的省份。水资源问题已成为制约广东省经济社会发展的重要因素之一，向大海要水、要资源成为解决广东省淡水资源短缺的重要措施之一。

3.5.1 淡水资源

淡水资源总量是指当地降水形成的地表和地下产水总量，即地表产流量与降水入渗补给地下水量之和。由于地表水和地下水密切相连、互相转化，河川径流中包括了一部分地下水排泄量，地下水补给量中有一部分来源于地表水的入渗，故不能将地表水与地下水资源量之和作为水资源总量，而应扣除两者之间互相转化的重复计算的水量。

3.5.1.1 地表水资源

地表水资源量是指河流、湖泊、冰川等地表水体逐年更新的动态水量，即当地天然河川径流量，主要根据分区代表站实测径流量和用水、蓄水、调水等资料进行计算。广东省海岸带多年平均地表水资源总量为 $4\,363 \times 10^8\ \text{m}^3$，其中本地径流量 $1\,133 \times 10^8\ \text{m}^3$（含浅层地下水 $181 \times 10^8\ \text{m}^3$），占水资源总量的 26%；外来水量以西江为最大，约占地表水资源总量的 51%；北江次之，占 9%；东江和韩江分别占 5% 和 6%。

广东省海岸带降水属多雨带和湿润带，径流属丰水带和多水带，但它们的时空分布不均，水资源也不平衡。单位面积（每平方千米）产水量以粤东岸段 $116 \times 10^4\ \text{m}^3$ 为大；珠江口岸段为 $99.5 \times 10^4\ \text{m}^3$；珠江口岸段以西至吴川为 $112 \times 10^4\ \text{m}^3$；雷州半岛仅有 $68.0 \times 10^4\ \text{m}^3$。产水量的最大值与最小值之比为 1.7 倍。粤东岸段整体来说虽然单位面积产水量大，但中部沿海沙荒地，由于地表截流条件很差，因此淡水资源甚为缺乏。雷州半岛单位面积产水量小，虽然从雷北廉江县鹤地水库通过青年运河引水解决了遂溪县、湛江市及海康县部分地区农业用水问题，但雷南及雷中缺水现象仍很严重。表 3.14 列出了 1997—2007 年广东省及其沿海城市地表水资源量的情况。

表 3.14　1997—2007 年广东省及其沿海城市的地表水资源量

地表水资源量 /（$\times 10^8\ \text{m}^3$）	1997 年	1998 年	1999 年	2000 年	2001 年	2002 年	2003 年	2004 年	2005 年	2006 年	2007 年
广东省	2 628.9	1 784.3	1 484.7	1 597.6	2 211.8	1 873.8	1 448.7	1 177.8	1 738.5	2 207	1 571.8
广州	108	75	69	75	92	72	59	55	72	93	65.1

地表水资源量 /（×10⁸ m³）	1997 年	1998 年	1999 年	2000 年	2001 年	2002 年	2003 年	2004 年	2005 年	2006 年	2007 年
深圳	25	19	18	22	26	16	16	14	20	24	17.5
珠海	22	19	14	16	22	18	14	12	15	18	12.3
汕头	31	16	14	17	20	15	17	12	19	31	17.6
惠州	170	128	110	145	160	94	85	67	127	183	119.6
汕尾	115	68	57	66	82	70	61	34	65	85	60
东莞	32	23	18	23	27	19	18	17	24	31	22.6
中山	24	16	13	16	19	18	16	15	16	20	14.1
江门	144	120	84	84	136	110	106	85	107	120	86.3
阳江	163	122	73	70	129	117	87	69	84	76	71.4
湛江	129	58	74	72	126	136	83	62	65	68	85.9
茂名	203	102	81	88	147	154	88	78	91	98	72.5
潮州	43	29	29	34	30	28	26	24	32	51	33.1
揭阳	98	63	55	57	76	65	61	38	62	93	66.4

广东省的降水、径流存在季节分配不均和年际变化较大的特点，因此有时会发生洪、涝，有时会出现春旱、秋旱或春秋连旱。对洪涝、干旱区，要按照自然规律和经济规律合理规划，采取一系列工程和非工程措施，调节水资源，逐步消除灾难。

沿海地区有些地方水资源受到污染，尤其是靠近大、中城市的河段，污染趋于严重，在不同程度上降低了水资源的可利用量。如潮州、汕头、广州、佛山和茂名等城市附近河段，水质较差，有关部门正在采取各种保护措施。

由于沿海经济建设的发展，工业和城市生活用水日益增长；沿海平原和丘陵区，由于供水设施及水资源量有限，农业用水供需矛盾日益严重。据汕头经济特区规划，龙湖区每年需水约 1 460 × 10⁴ m³，达濠石油工业基地每年需水量约 31 536 × 10⁴ m³，合计约需水量 3.3 × 10⁸ m³，供不应求，应引起重视，有计划地予以解决。

1）粤东岸段

根据粤东沿海 12 个县、市和 19 个水利化分区（154 个区）的资料统计，多年平均降水量为 1 834 mm（180 × 10⁸ m³），径流深 1 032 mm（径流量 101 × 10⁸ m³），单位面积产水量 103.2 × 10⁴ m³/km²，人均水量只有 1 418 m³/a，亩均水量只有 2 847 m³/a。各分区之间差别也较悬殊，如澄海、潮安、潮阳等地区沿海人均水量较大，为 400～700 m³/a，汕头市则只有 200 m³/a。由于处于韩江和榕江入海地段，过境客水较丰，用水问题较易解决；而饶平、南澳、陆丰等地区沿海，没有或少客水可供利用，且当地降水、径流都属低值区，是严重缺水的地方。汕尾境内河水流量大，汛期长，平均径流深 1 495 mm 左右，全市年均产水量达 78 × 10⁸ m³。惠州淡水资源丰富，水质优良，东江、西枝江纵贯全市，全市现有自来水厂 50 多个，其中市区有水厂 4 个，还将斥巨资把西枝江水引调一部分到大亚湾地区，以适应大亚湾区的发展。

2）珠江口岸段

由于有充沛的过境客水，水资源丰富，大多数地方供需矛盾较易解决，但大、中城市附近河段，由于水质污染，供水也存在一定问题。沿海岛屿及海滨地带，以及发展中的城市，特别是深圳市、珠海市，工业、生活及旅游用水急剧增长，尚需通过规划，采取措施，妥善解决。

3）粤西岸段

根据沿海 9 个县、市和 19 个水利化分区（153 个区）的资料统计，粤西海岸带多年平均降水量 1 730 mm（284×10^8 m³），径流深 927 mm（径流量 152×10^8 m³），单位面积产水量 92.7×10^4 m³/km²，人均水量 2 674 m³/a，亩均水量 2 506 m³/a，其中分区人均水量和亩均水量低于全省水平的分别占 68% 和 79%。县与县或分区与分区之间差别较悬殊，例如，台山和阳江人均水量和亩均水量都较大，其中上川岛、下川岛由于耕地少，人口少，亩均水量可达 16 765 m³/a，人均水量可达 10 692 m³/a，分别为全省平均数的 3.3 倍和 3.0 倍；而电白县以西的县、分区，亩均和人均水量都比较小，其中吴川市人口多，耕地多，径流量较小，因此亩均和人均水量都比较小。

3.5.1.2 地下水资源

地下水资源量是指地下饱和含水层逐年更新的动态水量，即降水和地表水入渗对地下水的补给量。广东省海岸带地下水资源主要有孔隙潜水和承压水，分布于雷琼自流盆地、河口平原及山间谷地的松散岩类中。其中，孔洞裂隙水分布于雷琼地区的火山岩，裂隙溶洞水分布于盆（谷）地的碳酸盐岩类中，基岩裂隙水分布于丘陵台地中。表 3.15 列出了 1997—2007 年广东省及其沿海城市地下水资源量的情况。

根据《广东省海岸带和海涂资源综合调查》资料，本省海岸带地下水天然资源总量约为 $6\,541.92 \times 10^4$ t/d；基岩山区地下水排泄量，枯季为 $1\,433.97 \times 10^4$ t/d，年平均为 $2\,811.74 \times 10^4$ t/d。目前，我省沿海各种类型地下淡水的开采量为 251.19×10^4 t/d，而总开采资源为 $1\,156.76 \times 10^4$ t/d，开采量约占开采资源的 22%。即使开采量较大的雷州半岛，也只占其开采资源的 23.3%，可见地下水资源的开发潜力仍比较大。

广东沿海地下水开采量最大的是湛江市，其近郊的工农业和生活日用水量达 40.89×10^4 t，其中 85% 以上为地下水。现有 8 个地下水源地，均位于雷琼自流盆地东北部，有厚千余米的松散岩类，分为浅层、中层、深层承压水，开采资源 249.00×10^4 t/d，现开采量仅占开采资源的 16%，因此有广阔的开发前景。

珠江口和粤东岸段的主要城镇和港口开采地下水的规模都较小，除广州市外，多以开采滨海平原后缘或沙堤（沙地）的松散岩类孔隙水为主，民井日开采量一般为数十至数百吨，目前广州市供水基本上靠引珠江水解决。粤东和珠江口岸段，今后供水方向仍然以河溪或水库等地表水源为主，地下水只能作为补充或分散供水水源。唯汕头市北面 18 km 的彩塘，初步查明松散岩类孔隙水开采资源 6.42×10^4 t/d，可作为汕头市的后备供水水源地。

表 3.15　1997—2007 年广东省及其沿海城市的地下水资源量

地下水资源量 ／（×10^8 m^3）	1997 年	1998 年	1999 年	2000 年	2001 年	2002 年	2003 年	2004 年	2005 年	2006 年	2007 年
广东省	550.7	472.6	405.5	429	527.8	466.4	404.8	331.4	400.8	487	406.3
广州	22	19	17	18	20	16	14	13	14	17	13.8
深圳	5	5	5	6	6	4	4	3.5	3.9	48	3.9
珠海	4	4	3	3	4	3	2	2	2	2.3	1.1
汕头	7	4	5	6	7	5	4	3.3	3.6	6.1	3.8
惠州	36	34	28	38	40	24	29	22	30	41	32.5
汕尾	22	17	14	16	18	17	14	7.8	13	85	14.4
东莞	6	6	5	7	8	6	5	4.9	5.3	6.6	5.6
中山	5		5	5	5	5	3	2.4	2.4	2.8	1.4
江门	29	31	20	20	28	25	23	18	20	22	17.7
阳江	33	33	16	15	23	23	22	17	18	17	17.1
湛江	39	26	35	35	44	47	27	21	20	20	27.6
茂名	41	28	23	25	36	38	28	25	26	28	21.8
潮州	9	7	8	9	9	8	7	6.8	7	10	7.9
揭阳	19	16	14	15	18	16	15	9.5	13	18	16.4

3.5.2　海水资源

我国是水资源大国，但同时也是人均水资源贫国，海水利用是解决我国水资源危机的重要措施之一。对于水资源短缺形势日益严峻的广东省，海水利用替代淡水资源量不断上升，海水利用战略地位明显增强。同时，随着海水利用技术的不断成熟和发展，海水利用作为解决沿海地区水资源短缺的重要途径，将为弥补水资源缺口做出越来越大的贡献。广东省尤其是部分资源性与水质性缺水并存的沿海城市，海水利用作为一种成熟的非常规水资源供水方式，可与节约用水、引水工程、再生水回用等共同构成多种开源节流措施。因此，将海水利用纳入广东省沿海地区水资源供给体系，为沿海地区提供水资源安全保障具有重要战略意义。广东省海岸线曲折漫长，海水资源丰富，加之沿海地区经济发展水平高，海水开发利用前景十分广阔。

海水水资源根据开发利用的方式，可以分为海水直接利用和海水淡化两个亚类。海水直接利用是指不经过淡化，直接用海水代替淡水。海水直接利用主要用于两个方面：一是用海水代替淡水直接做工业用水，用量最大的是做工业冷却用水，其次还用于消防、洗涤、除尘、冲尘、冲渣、化盐等；二是做生活杂用水，主要是作冲厕用水。海水的直接利用是解决沿海城市工业用水和大生活用水的重要途径。沿海城市工业用水占城市用水的 80%，而工业冷却水占工业用水的 80%。城市生活水中，冲厕用水占 35%，也可以直接用海水代替。海水淡化，是指从海水中获取淡水的技术和过程。海水淡化方法在 20 世纪 30 年代主要是采用多效蒸发法；20 世纪 50 年代至 80 年代中期主要是多级闪蒸法（MSF），至今利用该方法淡化水量仍占相当大的比重；20 世纪 50 年代中期的渗析法（ED）、20 世纪 70 年代的反渗透法

（RO）和低温多效蒸发法（LT – MED）逐步发展起来，特别是反渗透法（RO）海水淡化已成为目前发展速度最快的技术。

3.5.3 海水化学资源

海水化学资源是指海水中所含具有经济价值的化学物质。作为地球上最大的连续矿体的海洋水体，其中蕴含着几乎所有的化学元素，它们在海水中的浓度大小不一，但是总量都很可观，因为海水的总量是十分巨大的。这些化学元素，有些已开始被人类所利用，是现时的资源，有些虽暂时未被人类所利用甚至还未被发现，但随着科技的进步和人类对资源的需求，终有一天会被人类发现和开发利用，它们是潜在的资源。现时的海水化学资源主要是海盐以及其他的一些化学元素。

3.5.3.1 海盐资源

海水的总体积大约为 13.7×10^8 km³，海水中含有的化学元素达 80 种之多，储存着几乎是取之不尽的化工原料。海水总含盐量高达 5×10^{16} t 之多，这为人类提供了极其丰富的资源。随着社会经济和科学技术的发展，人们为着解决和化工原料日趋紧张的矛盾，海盐资源的综合开发利用已处于特别引人注目的地位。海水的主要成分有 Na^+、Mg^{2+}、Ca^{2+}、K^+、Cl^-、SO_4^{2-}，这 6 种成分占海水成分的 99.5% 以上，表 3.16 列出了海水中主要化学元素的含量。通常所说的海盐主要指钠盐、镁盐、钾盐和钙盐，钠盐在海盐中产量最大，应用最广泛，人们把氯化钠称为百味之王，化工之母，其次还有硫酸钠、碳酸氢钠和碳酸钠；镁盐主要是包括氯化镁、氧化镁、硫酸镁、碳酸镁；钾盐主要包括氯化钾、硫酸钾；钙盐主要为碳酸钙、硫酸钙。氯化钠在海水中的含量约 3.5% 左右；镁的含量仅次于氯化钠，海水中的镁总量约 $2\,000 \times 10^{12}$ t；溴也是最为重要的化工原料源之一。

表 3.16 海水中主要海盐元素的含量

元素	符号	浓度/（mg·L⁻¹）	海水中总量/（×10¹² t）
氯	Cl	18 980	29 300
钠	Na	10 561	16 300
镁	Mg	1 271	2 000
硫	S	884	1 400
钙	Ca	400	600
钾	K	380	600
溴	Br	65	100
碳	C	28	40

3.5.3.2 海水中其他化学元素

海水中溶存着 80 多种元素，其中不少元素可以提取利用，具有重要的开发价值。据计算，每立方千米海水中含有 $3\,750 \times 10^4$ t 固体物质，其中除氯化钠约 $3\,000 \times 10^4$ t、镁约 450×10^4 t 外，钾、溴、碘、铷、钼、铀等元素也不少。若把每立方千米海水中的物质提炼出来，其价值约等于 10 亿美元。目前海水提溴和提镁在国外已形成产业，海水提钾、碘、铀、重水等尚处于研究阶段。

3.5.4 海水资源开发利用现状与保护

随着社会经济发展和城市化进程加快，广东省淡水资源不足、分布不均、用水效率不高的问题日益突出，水量日渐短缺，水质日趋恶化，城市缺水问题突出，缺水范围不断扩大，难以满足沿海地区快速发展需求。加速海水利用技术产业化已成为水资源开源节流、解决工业和城市缺水的有效途径。作为海洋大省，广东省海水利用前景广阔，近年来也积极推动海水利用技术攻关，加强技术队伍建设。据统计，2005—2008 年广东从事海水利用业的人员分别为 0.9 万、1 万、1 万和 1.1 万，2009 年广东实现海水利用业增加值 55 亿元。

3.5.4.1 海水直接利用情况

广东省的海水直接利用已有一定基础。在海水直流冷却方面，火电厂和核电厂直接利用海水作为工业冷却水已具有一定规模。2000 年全省海水直接利用量为 79.26×10^8 m³，主要用于火电厂冷却水，利用较多的城市是沿海的东莞和深圳；2004 年全省海水利用量 105.2×10^8 m³，主要为火电厂冷却用水；2005 年全省海水利用量 96.2×10^8 m³，主要为火电厂冷却用水。在海水循环冷却方面，广东省海水循环冷却应用走在了全国沿海地区的前列。2004 年 9 月，在深圳福华德电厂建成了我国首例电力系统万立方米级海水循环冷却项目—— 28 000 m³/h 海水循环冷却示范工程。该工程的运行，标志着我国在海水循环冷却领域取得重大技术创新和产业化突破，填补了国内空白，达到国际先进水平。在海水脱硫方面，广东当属我国海水脱硫应用的先行者。我国海水烟气脱硫技术研究起步较晚，在 20 世纪末，该技术才获得迅速发展与推广应用。深圳西部电厂 4 号机组是我国第一个烟气海水脱硫项目，该机组引进挪威 ABB公司的纯海水脱硫工艺设计及设备配套，并于 1999 年 3 月竣工投入运行，随后带动了福建、山东及广东其他地区海水烟气脱硫技术的推广应用。

3.5.4.2 海水淡化情况

广东省海水淡化起步于 20 世纪 80 年代，是我国开展海水淡化较早的地区之一，具有海水淡化开创性和指导意义的成功范例。如 1984 年广东番禺市沙仔岛建成了我国第一个海（咸）水民用电渗析淡化站，日产淡水 300 t，平均电耗每吨 1.07 度，吨水成本 1.02 元，稳定运行 14 年之久，为全国海岛供水和沿海地区城镇供水提供了具有示范性意义的技术经验。

另外，广东省拥有一定的海水淡化设备配套生产及工程设计能力。目前广东省从事反渗透、电渗析淡化设备配套生产的单位有 23 家，淡化技术应用工程公司有 80 多家，已初步形成以反渗透技术为主体的淡化技术产业群体。其中，在海水淡化方面业绩比较突出的有珠海格凌和江河海、顺德德力、广州晶源、中山宝迪龙等公司。如江河海公司，其前身是珠海莫高海水淡化设备工程有限公司，至今已生产销售船用海水淡化设备（1～5 t/d）150 套、钻井平台用海水淡化设备（10～60 t/d）30 套；自 2005 年以来，曾陆续向俄罗斯、泰国、印度、朝鲜、巴拿马、希腊、巴基斯坦等国家出口小型海水淡化设备共 27 套，另有销往台湾 1 套。

175

3.5.4.3 海水化学资源利用情况

近年来，我国海水化学资源利用技术得到较快发展，其中海水制盐作为传统产业得到广泛发展，海水提取钾、溴、镁等技术也不断取得积极进展，目前我国已建成万吨级海水提取硝酸钾和万吨级浓海水制取膏状氢氧化镁示范工程以及百吨级气态膜法提溴中试装置等。

广东省海水化学资源利用主要集中在海水制盐，海水提取钾、溴、镁及深加工等方面的发展较少。目前，广东省海盐年产量 25×10^4 t，产量主要集中在广东省雷州盐场、徐闻盐场、阳江盐场、电白盐场四大国有盐场，其余多数为生产规模小、生产方式落后的小盐场。随着国家制盐产业政策的调整，广东省不断淘汰小盐场的落后产能，引导被取缔盐场的转型发展，使盐场布局逐步合理化。

3.5.4.4 海水资源利用保护

在海水综合利用业方面，制订鼓励和扶持海水综合利用业发展的政策，初步建立海水综合利用的政策法规体系、技术服务体系和监督管理体系，营造产业发展和基础研究的良好环境。推进海水淡化和直接利用工作，建设较大规模的海水淡化和海水直接利用产业化示范工程，在深圳、湛江等地区创建国家级海水综合利用产业化基地。建设滤膜法海水淡化技术装备生产基地，强化技术创新和转化能力，降低成本，使海水淡化水成为缺水地区和海岛的重要水源和以企业为主体的生产和生活用水。提高技术装备的设计、加工水平和产品产业化能力，在沿海地区的电力等重点行业大力推广利用海水为冷却水，在有条件的沿海城市建设海水冲厕示范小区。

在海洋化工业方面，要加强海洋化工系列产品的开发和精深加工技术的研究，推进产品的综合利用和技术革新，拓宽应用领域。加强盐场保护区建设，扶持海洋化工业发展。加快苦卤化工技术改造，发展提取钾、溴、镁、锂及其深加工的高附加值海水化学资源利用技术，扩大化工生产，提高海水化学资源开发和利用水平。

随着陆地化学资源的日渐匮乏，海水中的化学资源必将日益受到重视而逐渐为人类所开发利用。广东省是一个海洋大省，拥有十分巨大的海域和相当长的海岸线，也意味着拥有十分丰富的海水化学资源。但同时，我们也要清楚地认识到，即使对于海水这样一个巨大的液体矿，其资源量和环境承受力也是有限的，所以我们必须要重视合理开发及合理保护，不然这个巨大的矿藏就会变成巨大的污染源，最终危害人类的生存和发展。

3.6 海洋能源

海洋能主要包括潮汐能、波浪能、海流能（潮流能）、海水温差能、海水盐差能，更广义的海洋能还包括海洋上空的风能、海洋表面的太阳能以及海洋生物质能等。海洋能的特点是开发利用没有环境污染，不占用宝贵的陆地空间，还可以进行各种综合利用，是一种有发展潜力的新能源，已引起许多海洋国家的重视。

3.6.1　风能

风能是地球表面大量空气流动所产生的动能。在海洋上，风力比陆地上更加强劲，方向也更加单一。据估测，1 台同样功率的海洋风电机在 1 年内的产电量，比陆地风电机要高 70%。

广东省沿海及岛屿风速大，面积广，风能蕴藏量大，风力资源潜力巨大。根据广东省气候与农业气象中心在过去 7 年多时间里的观测与研究，广东省海洋风能资源总蕴藏量为 1.32×10^8 kW，技术可开发量为 $8\,107.7 \times 10^4$ kW，居全国第三位。广东省近海海域的风能丰富区主要位于汕头市、潮州市和揭阳市，其面积占近海海域面积的 30.2%。广东省近海风能区划及占全省海域的百分比见表 3.17。

表 3.17　广东省近海风能区划及占全省海域的百分比

指标	丰富区	较丰富区	可开发区	贫乏区
平均风功率密度/（W·m^{-2}）	>200	200～150	150～100	<100
对应海域面积/（×10^4 km^2）	2.19	1.95	1.70	1.41
占全省近海海域的百分比/%	30.2	26.9	23.4	19.5
风能资源总蕴藏量/（×10^4 kW）	916.9	3 411.3	2 119.8	704.9
技术可开发量/（×10^4 kW）	429.8	2 677.9	0	0

广东省沿海风能资源属丰富区，平均风功率密度较高（图 3.15），年平均风速 6～7 m/s 或以上，有效风能密度普遍在 200～300 W/m^2 以上，有的地区达 400～500 W/m^2，有效发电时间约 7 500 h，约占全年时间的 85%，可装风机面积达 539 km^2，近期可装机容量达（550～600）×10^4 kW，相当于全省水力发电的装机容量（660×10^4 kW），每年可发电（100～120）×10^8 kW·h，开发潜力相当大。

3.6.2　潮汐能

潮汐能是指海水潮涨和潮落形成的水的势能，其利用原理和水力发电相似。潮汐能的能量与潮量和潮差成正比，或者说与潮差的平方和水库的面积成正比。与水力发电相比，潮汐能的能量密度很低，相当于微小发电的水平。世界上潮差的较大值为 13～15 m，我国的最大值为 8.9 m（杭州湾澉浦）。一般说来，平均潮差在 3 m 以上就有实际应用价值。

广东省沿海平均潮差 1～2 m，由于潮差较小，潮汐类型又是以不规则半日潮为主的混合潮型，因此整个沿海区域潮汐能较小，平均功率密度较低，是全国沿海能量密度最低的省份之一（图 3.16），因此开发利用条件较差。从整体来看，西部沿海潮汐能略高于东部沿岸，故广东省潮汐能资源主要分布于珠江口以西沿海，虽然珠江口以西站址数仅占全省的 65%，但可开发装机容量却占 90%。

广东沿岸可开发利用的潮汐能总装机容量为 57.3×10^4 kW，年发电量为 15×10^8 kW，位列福建省、浙江省、辽宁省与上海市之后。根据"908 专项"对广东省 26 个潮汐能坝址调查的结果，潮汐能蕴藏量为 39.7×10^4 kW，技术可开发量为 35.26×10^4 kW、年发电量为 9.70×10^8 kW·h（表 3.18）。可开发利用区坝址数为 4 个，蕴藏量 8.18×10^4 kW，技术可开

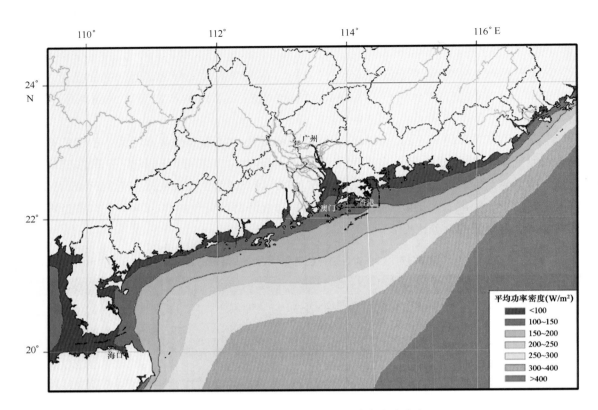

图 3.15　广东沿海风能资源年平均功率密度分布

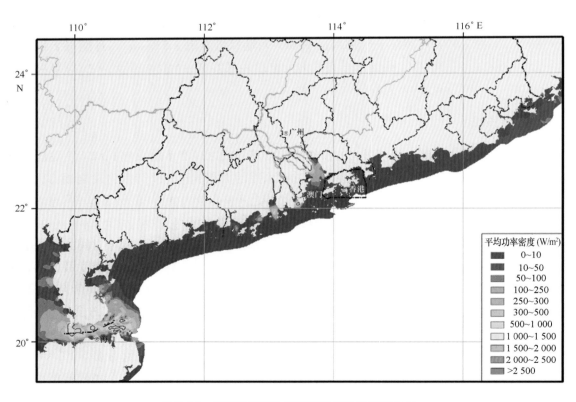

图 3.16　广东沿海潮汐能资源平均功率密度分布

发量 7.26×10^4 kW，年发电量 2.00×10^8 kW·h。贫乏区坝址数为 19 个，蕴藏量 31.67×10^4 kW，技术可开发量 28.13×10^4 kW，年发电量 7.73×10^8 kW·h。

表 3.18 广东省潮汐资源统计

序号	站址名称	地址	GIS 库区采用面积/km²	潮差/m 平均	潮差/m 最大	蕴藏量 装机容量/($\times 10^4$ kW)	蕴藏量 年发电量/($\times 10^8$ kW·h)	技术可开发量 装机容量/($\times 10^4$ kW)	技术可开发量 年发电量/($\times 10^8$ kW·h)
1	牛田洋	汕头	62.244	0.98	2.04	1.35	1.177 6	1.20	0.328 8
2	海门港	潮阳	1.879	0.69	1.36	0.02	0.017 6	0.02	0.004 9
3	甲子港	陆丰	8.464	0.86	2.12	0.14	0.123 3	0.13	0.034 4
4	碣石港	陆丰	1.880	0.86	2.12	0.03	0.027 4	0.03	0.007 6
5	乌坎港	陆丰	2.953	0.86	2.12	0.05	0.043 0	0.04	0.012 0
6	白沙湖	海丰	11.173	0.86	2.12	0.19	0.162 8	0.17	0.045 4
7	汕尾港	海丰	22.126	0.86	2.12	0.37	0.322 4	0.33	0.090 0
8	长沙港	海丰	10.743	0.86	2.17	0.18	0.156 5	0.16	0.043 7
9	考洲洋	惠阳	26.788	0.79	2.17	0.38	0.329 4	0.33	0.092 0
10	范和港	惠阳	31.216	0.79	2.17	0.44	0.383 8	0.39	0.107 2
11	镇海湾	台山	58.222	1.41	2.47	2.60	2.280 3	2.32	0.636 6
12	三丫港	阳江	2.571	1.41	2.93	0.12	0.100 7	0.10	0.028 1
13	北津港	阳江	9.303	1.41	2.93	0.42	0.364 4	0.37	0.101 7
14	海陵岛	阳江	60.849	1.41	2.93	2.72	2.383 2	2.42	0.665 4
15	沙扒港	阳江	14.095	1.41	2.93	0.63	0.552 0	0.56	0.154 1
16	鸡打港	电白	2.206	1.41	2.93	0.10	0.086 4	0.09	0.024 1
17	博贺港	电白	33.470	1.72	2.93	2.23	1.950 6	1.98	0.544 6
18	水东港	电白	30.283	1.72	3.55	2.02	1.764 9	1.79	0.492 7
19	南陂河	吴川	17.194	1.72	3.55	1.15	1.002 1	1.02	0.279 8
20	南三岛	湛江	39.382	1.72	3.55	2.62	2.295 2	2.33	0.640 8
21	湛江盐场	湛江	1.425	2.13	4.51	0.15	0.127 4	0.13	0.035 6
22	通明港	湛江	131.659	1.78	4.51	9.39	8.217 8	8.34	2.294 3
23	北莉口	徐闻	64.749	1.78	4.51	4.62	4.041 5	4.10	1.128 3
24	流沙港	徐闻、雷州	55.900	2.18	3.33	5.98	5.233 5	5.31	1.461 1
25	海康港	雷州	7.614	2.18	3.33	0.81	0.712 4	0.72	0.199 0
26	企水港	雷州	11.615	2.18	3.33	1.24	1.087 4	1.10	0.303 6

3.6.3 波浪能

波浪能是由风力和海水重力的作用引起海水沿水平方向周期性运动而产生的能量，因此波浪能是海洋表面波浪所具有的动能和势能。波浪是由风把能量传递给海洋而产生的，波浪的能量与波高的平方、波浪的运动周期以及迎波面的宽度成正比。海洋波浪能是一种取之不尽、用之不竭的可再生绿色能源。和其他海洋可再生能源一样，波浪能是解决人类面临的能源和环境问题的有效手段之一。

广东省波浪能资源丰富，沿岸大部分海域平均波高均在 0.5 m 以上，个别站点可达 1.5 m 左右，最大波高可达 12 m 左右。全省波浪能蕴藏量为 464.64×10⁴ kW，理论年发电量 407.02×10⁸ kW·h，技术可开发装机容量为 455.72×10⁴ kW，年发电量为 399.21×10⁸ kW·h，波浪能资源总蕴藏量和可开发利用量在全国均占第一位。从区域分布来看，广东省沿岸波浪能资源一半以上分布在珠江口以东沿岸岸段，这些地区多为基岩港湾海岸，波浪季节变化小，潮差也小，波浪能平均功率密度在 3 kW/m 以上（图 3.17），其中北部遮浪、中部万山群岛、担杆岛附近海域波浪能平均功率密度最大，在 4.5 kW/m 以上。因此，粤东沿岸岸段是我国波浪能资源蕴藏量丰富，开发条件好的地区之一。

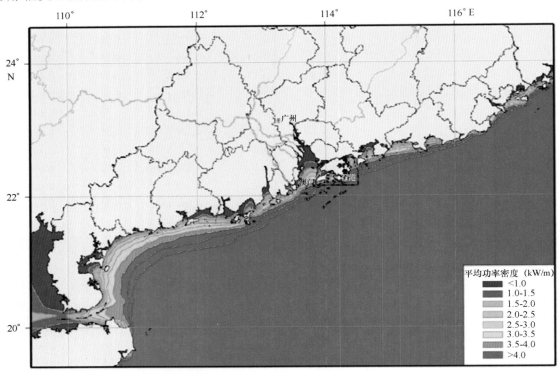

图 3.17 广东沿岸波浪能功率密度分布图

3.6.4 其他

3.6.4.1 潮流能

潮流能是另一种以动能形态出现的海洋能，是由于潮汐导致的有规律的海水流动。潮流能随潮汐的涨落每天 2 次改变大小和方向。一般来说，最大流速在 2 m/s 以上的水道，其潮流能均有实际开发的价值。

广东省沿岸潮流能资源较弱，理论平均功率密度为 13×10⁴ kW。历史研究表明广东省潮流能资源主要分布于珠江口以西海域，以琼州海峡和雷州半岛东部沿岸较多（图 3.18）。其中，琼州海峡潮流资源最丰富，为 37.73×10⁴ kW，占全省 73.6%；其次是湛江海区，为 8.91×10⁴ kW，占 17%，其余海区潮流能蕴藏量很小。广东沿岸水道潮流能资源统计见表

3.19。由于各水道海底底质多为淤泥底，且水深较浅，很不利于潮流能的开发利用。

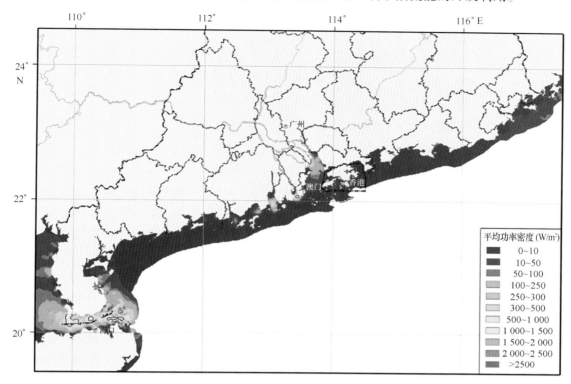

图 3.18 广东沿岸潮流能资源年平均功率密度分布

表 3.19 广东沿岸水道潮流能资源

序号	站位（水道）	所属县市	最大功率密度 / (kW·m⁻²)	最大流速 / (m·s⁻¹)	蕴藏量 / (×10⁴ kW)	技术可开发量 / (×10⁴ kW)	技术可开发年发电量 / (×10⁴ kW)
1	伶仃水道	中山市	1.66	1.48	0.70	0.07	613.20
2	矾石水道	深圳市	2.65	1.73	1.90	0.28	2 452.80
3	金星门	珠海市	1.50	1.43	0.20	0.02	175.20
4	马骝洲水道	珠海市	1.07	1.28	0.04	0.04	350.40
5	宽河口	金湾区	1.07	1.28	0.06	0.01	52.56
6	鸡啼门	金湾区	1.83	1.53	0.10	0.01	87.60
7	崖门口	斗门区	1.50	1.43	0.40	0.04	350.40
8	王景门	台山市	1.07	1.28	0.30	0.05	438.00
9	镇海湾口	台山市	2.43	1.68	0.30	0.03	262.80
10	海陵山港	阳江	2.02	1.58	0.50	0.08	700.80
11	南三水道东口	湛江	1.83	1.53	0.10	0.01	87.60
12	湛江港外口门	湛江	2.43	1.68	1.30	0.13	1 138.80
13	硇洲水道	湛江	2.43	1.68	0.50	0.08	700.80
14	雷州湾口	雷州	1.83	1.53	0.26	0.39	3 416.40
15	外罗水道	徐闻县	4.35	2.04	4.20	0.63	5 518.80
16	琼州海峡东口	徐闻县	6.72	3.83	20.08	2.01	17 588.33
合计					30.94	3.87	33 934.49

3.6.4.2 温差能

温差能是指海洋表层海水和深层海水之间水温之差的热能。海洋的表面把太阳的辐射能的大部分转化成为热水并储存在海洋的上层。另一方面，接近冰点的海水大面积地在不到1 000 m的深度从极地缓慢地流向赤道。这样，就在许多热带或亚热带海域终年形成20℃以上的垂直海水温差，利用这一温差可以实现热力循环并发电。

我国温差能资源蕴藏量大，资源主要分布在南海和台湾以东海域，尤其是南海中部的西沙群岛海域和台湾以东海区。南海海域辽阔，水深大于800 m的海域约（140～150）×10^4 km^2，位于北回归线以南，太阳辐射强烈，是典型的热带海洋，表层水温均在25℃以上。500～800 m以下的深层水温在5℃以下，表、深层水温差在20℃～24℃，蕴藏着丰富的温差能资源。据初步计算，南海温差能资源理论蕴藏量约为（1.19～1.33）×10^{19} kJ，技术上可开发利用的能量（热效率取7%）约为（8.33～9.31）×10^{17} kJ，实际可供利用的资源潜力（工作时间取50%，利用资源10%）装机容量达（13.21～14.76）×10^8 kW。目前，广东省基本不具备该种能源的开发条件。

3.6.4.3 盐差能

盐差能是指海水和淡水之间或两种含盐浓度不同的海水之间的化学电位差能，主要存在于河海交接处。同时，淡水丰富地区的盐湖和地下盐矿也可以利用盐差能。盐差能是海洋能中能量密度最大的一种可再生能源。通常海水盐度（35）和河水之间的化学电位差有相当于240 m水头差的能量密度。这种位差可以利用半渗透膜（水能通过，盐不能通过）在盐水和淡水交接处实现，利用这一水位差就可以直接由水轮发电机发电。

我国海域辽阔，海岸线漫长，入海的江河众多，入海的径流量巨大，在沿岸各江河入海口附近蕴藏着丰富的盐差能资源。据统计，我国沿岸盐差能资源蕴藏量约为3.9×10^{15} kJ，理论功率约为1.25×10^8 kW；广东省为2 807.66×10^4 kW，占全国总量的17%。广东省入海河流有珠江、韩江、漠阳江、鉴江等，盐差能蕴藏量比较可观的主要是珠江，其次是韩江。

珠江入海口共有8个，流域降水充沛，盐差能蕴藏丰富。根据历史资料计算，珠江年平均盐差能蕴藏量为2 308×10^4 kW。根据"908专项"2009年实测资料计算，珠江盐差能蕴藏量为1 864×10^4 kW。珠江流量年际变化相对稳定，但年内流量变化较大，最大流量与最小流量之比则达几十倍到上百倍。

韩江流域地处南亚热带，雨量充沛，径流丰富，年内、年际变化较大。根据潮安站1951—1983年的资料，多年平均最大功率达355.0×10^4 kW，而最小只有82.9×10^4 kW。流量的月变化及洪、枯季节变化也很大，每年4—9月为洪季，盐差能功率占全年的80.7%，10月至翌年3月为枯季，盐差能功率仅占全年的19.3%。根据"908专项"2009年实测资料计算，韩江年平均盐差能功率为96.5×10^4 kW。

3.6.5 海洋能源开发利用现状

在潮汐能利用上，广东沿海自20世纪50年代后期，开始兴建了一些小型潮汐电站，如磨蝶门、镇口和黎洲角潮汐电站。但由于种种原因，先后停办而废弃。20世纪70年代初又在顺德市甘竹滩兴建了潮汐电站，位于西江入北江的入口处，将西江、北江的洪水和潮汐结合起来使用。该站总装机容量为 5 000 kW 中有 250 kW 12 台，200 kW 10 台。自 1974 年运行以来，年平均利用 2 400 ~ 2 600 h，年供电 1 200 × 10^4 kW·h。

我国波力发电研究于 1978 年从上海兴起，并很快扩展到广州、北京、大连、青岛、天津和南京等地。自 20 世纪 80 年代中期，坚持至 90 年代中期的仅有中科院广州能源所。1990 年中科院广州能源所在珠江口大万山岛上研建的 3 kW 岸基式波力电站试发电成功，1996 年研建成功 20 kW 岸式波力实验电站和 5 kW 波力发电船，随后又在广东汕尾研建完成了 100 kW 岸式波力实验电站。"十五"期间中科院广州能源所在国家"863"和中科院创新方向性项目支持下，研究独立稳定的波浪能发电系统。2005 年 1 月 9 日，在汕尾波浪能电站波浪能独立发电系统第一次小功率实海况试验获得成功。从试验结果看，波浪独立发电系统在抗冲击、稳定发电、小浪发电方面已达到预期效果。该系统由独立发电系统、制淡系统及漂浮式充电系统三部分组成。一座总装机容量 50 kW，允许最大波浪能峰值功率为 400 kW 的波浪能独立供电系统，在汕尾市遮浪镇基本研制成功，可惜在当年 8 月的一次台风过程中运行 29 h 后，因装置被巨浪击毁而停止运行。

早在 1958 年建设潮汐电站热潮中，广东就开展了潮流发电试验。广东顺德县水电局在桂畔海水闸下进行试验，水轮机转子直径 0.6 m、4.5 m，两台装置均可在流速为 1 m/s 时发电。试验表明此类电站结构简单、方便易行、投资较小、不影响排灌，但功率较低。

20 世纪 80 年代初广州等地开展了温差发电研究。1986 年广州研制完成开式温差能转换试验模拟装置，利用 30℃以下的温水，在温差 20℃的情况下，实现电能转换。1989 年又完成了雾滴提升循环试验研究，有效提升高度达 20 m，为当时世界同类设备达到的最高值。但进入 20 世纪 90 年代后便终止了研究。

在盐差能发电研究方面，我国尚处于实验室原理性研究的初级阶段。

在风能利用上，目前广东省已发展有南澳、惠来两个大型风电场，总装机容量 6.69 × 10^4 kW，居全国第二位，占全国总装机容量的近 20%，其中南澳风电装机达 5.4 × 10^4 kW，已成为全国第二大风电场。

3.7 旅游资源

广东滨海自然景观和人文景观类型丰富多样，沿海自然环境优美，山水石土、园林花草、鸟兽虫鱼等千姿百态，名人辈出，古迹文物众多，形成了山水风景、水库湖泊、园林温泉、天然浴场、海岛胜地、自然物象、历史古迹、古建筑群、名人故居等多种类型的滨海旅游资源。

3.7.1 旅游资源类型与分布

3.7.1.1 滨海旅游资源概况

广东滨海旅游资源相当丰富，数量众多，种类齐全，主要有滨海自然旅游资源、海湾资源、海岛资源、文化遗迹、城市设施、生物资源、现代化建筑和妈祖文化等（表 3.20）。滨海自然旅游资源占滨海旅游资源总量的 67.2%，其中海湾资源占总量的 39%，海岛资源占 15.2%，生物资源占 5.8%，而其余类型的礁石资源、湿地资源、火山资源、温泉资源共占 7%。广东潜在人文旅游资源占滨海旅游资源总量的 32.8%，其中文化遗迹类资源占 13.3%，城市设施占 7.8% ，现代化建筑和妈祖文化各占 5.1% 和 4.3% 。因此，广东滨海旅游资源以滨海自然旅游资源为主，海湾资源、海岛资源、文化遗迹、城市设施、生物资源、现代化建筑和妈祖文化等占据重要地位，又以海湾资源数量最多、分布最广。

表 3.20　广东省滨海旅游资源类型、等级、单体数量统计　　　　单位：个

大类	小类	一级	二级	三级	四级	五级	总计
滨海自然旅游资源	海湾	10	22	43	22	3	100
	礁石	2	4	3	0	0	9
	海岛	2	14	17	6	0	39
	湿地	1	0	3	1	0	5
	火山	0	0	1	0	1	2
	温泉	0	0	0	1	1	2
	生物	0	5	4	5	1	15
	小计	15	45	71	35	6	172
滨海人文旅游资源	标志性建筑	0	0	2	0	1	3
	文化遗迹	11	9	14	0	0	34
	现代建筑	0	3	4	6	0	13
	城市设施	3	2	11	4	0	20
	妈祖文化	1	3	4	3	0	11
	节事活动	0	1	1	1	0	3
	特色饮食	0	0	0	0	0	0
	小计	15	18	36	14	1	84
总计		30	63	107	49	7	256

从资源的等级来看，一级滨海资源占了滨海资源总量的 15% ，二级资源占 24.6% ，三级资源占到了 41.8% ，四级资源占了 19% ，五级资源则只占到 2.7% 。作为滨海旅游资源主体的海湾资源，四级以上只占总量 9.7% ，四级以上海岛占 2.3% ；五级的滨海人文类旅游资源只占 0.3% ，四级以上的文化遗迹资源则是空白。这说明，尽管广东潜在滨海旅游资源相当丰富，但是高等级的滨海旅游资源并不太多，尤其是高级别的滨海人文类旅游资源非常缺乏。与周边的广西、福建、海南，甚至更远的东南亚地区作比较，广东省滨海资源尽管在数量和规模上占据优势，但在滨海旅游资源的品位和级别上则优势并不突出。

广东尽管位于全球亚热带地区，具有一定的亚热带海洋气候，有一定的优势，但是从全国范围来讲，夏天不如北方的滨海凉快，冬天就更不如南方的海南温暖。广东滨海气候两边不靠的特点，在一定程度上制约了广东滨海旅游的发展。

总之，广东是滨海旅游资源大省，海岸线长，约占全国的 1/5 ，滨海旅游资源有总量和规模的优势，但与海南及东南亚地区相比，滨海旅游资源的等级及气候优势并不突出。

3.7.1.2　滨海旅游资源区域分布

广东滨海旅游资源总量大、分布广。粤东、粤西和珠三角的资源对比体现广东滨海旅游资源区域分布的不平衡。首先从资源条件讲，粤西的自然旅游资源，尤其是海滩资源非常突

出；粤东的人文旅游资源，特别是妈祖文化和古迹优势明显；而珠三角较为综合，海岛资源丰富，海滩资源等级也较高。珠三角不仅资源规模大、等级高，而且是广东滨海旅游设施条件最好的地区，粤西次之，粤东相对落后。

1) 粤东

粤东地区主要是指传统意义上的潮汕地区，也就是汕头、潮州、揭阳和汕尾 4 个城市。从表 3.21 看出，粤东的滨海旅游资源总量上占广东滨海旅游资源总量的 23.8%，相对于粤西来说，资源总量小很多。粤东自然滨海旅游资源占广东滨海旅游资源总量的 13.3%，人文类旅游资源占 10.5%，可以看出，粤东虽然滨海旅游资源总量上不如粤西，但是滨海人文旅游资源相对于粤西来说要丰富得多。事实上，粤东集中了广东省为数众多的滨海人文旅游资源，而且许多海滩资源和海岛资源都与妈祖文化、宗教文化结合在一起，形成了粤东滨海旅游资源的一大特色。其中，海湾资源占总量的 8.2%，海岛资源占 2.7%，礁石资源占 1.6%；在人文资源方面，文化遗迹资源占 5.9%，妈祖文化占 2.3%。粤东浓厚的妈祖文化氛围使得粤东集中了广东的众多妈祖文化资源、而且相对于珠三角地区，粤东的文化遗址资源年代较早，较为古老。由于经济发展较为落后，因此粤东相对于粤西和珠三角来说，城市设施和现代化建筑资源很少，占广东滨海旅游资源的不足 2%，且缺乏湿地、火山和温泉资源。

表 3.21　粤东潜在滨海旅游资源类型、等级、单体数量统计　　　　单位：个

大类	小类	一级	二级	三级	四级	五级	总计
滨海自然旅游资源	海湾	3	7	5	6	0	21
	礁石	2	2	0	0	0	4
	海岛	0	4	2	1	0	7
	湿地	0	0	0	0	0	0
	火山	0	0	0	0	0	0
	温泉	0	0	0	0	0	0
	生物	0	1	0	1	0	2
小计		5	14	7	8	0	34
滨海人文旅游资源	标志性建筑	0	0	0	0	0	0
	文化遗迹	8	2	5	0	0	15
	现代建筑	0	0	1	1	0	2
	城市设施	1	0	2	0	0	3
	妈祖文化	0	2	3	1	0	6
	节事活动	0	0	0	1	0	1
	特色饮食	0	0	0	0	0	0
小计		9	4	11	3	0	27
总计		14	18	18	11	0	61

从资源等级上看，粤东的一级滨海旅游资源占广东滨海资源总量的 5.7%，二级资源占 7.0%，三级资源占 7.0%，四级资源占 4.3%，而五级资源基本空白。也就是说，粤东的滨海旅游资源在广东省内资源的等级还是相对低的。粤东滨海自然旅游资源中，一、二级资源

占 7.4%，三级资源占 2.7%，四级资源占 3.1%；人文旅游资源中，一、二级资源占 5.1%，三级资源占 4.3%，四级资源占 1.2%。因此，粤东的滨海自然旅游资源等级明显较低，一、二类资源成为主体；相比较而言，粤东的滨海文化旅游资源结构更为合理。

粤东的滨海旅游资源主要集中在汕头和汕尾两个城市，又以汕尾的较为丰富。南澳岛集中了汕头市主要的滨海旅游资源，尤其是沙滩资源。揭阳的滨海旅游资源绝大部分是人文旅游资源，主要是靖海炮台、靖海古堡和神泉胜景等文化遗迹。潮州的海岛资源和海滩资源较多，其余资源匮乏，这些海岛和海滩的资源等级不高。汕尾的海滩资源质量在粤东地区比较突出，妈祖文化资源多。总的来讲，粤东的海滩资源集中在了汕尾和汕头的南澳岛，其他资源分布较为零散。

2）珠三角

珠三角是广东省的中心地带，主要是指珠江出海口周边的城市，包括了广州、深圳、惠州、东莞、中山、珠海 6 个城市。从表 3.22 可看出，珠三角地区的滨海旅游资源总量占广东省滨海旅游资源总量的 41.4%，集中了广东省近一半的滨海旅游资源。珠三角滨海自然旅游资源占广东省旅游资源总量的 27.3%，人文旅游资源占 14.1%，相对而言自然旅游资源是主体，而珠三角滨海人文旅游资源在总量上都要多于粤东和粤西地区。珠三角滨海自然旅游资源中，海岛资源占总量的 6.6%，温泉资源占 2.7%，礁石资源占 2.0%；人文旅游资源中，文化遗迹资源占 5.1%，城市设施资源占 3.5%，现代建筑占 3.1%。显然，珠三角地区不同于粤东和粤西地区，海湾资源不是主体，但集中了温泉、礁石等粤东、粤西较为缺乏的资源，又以海岛资源突出。珠三角发达的经济也得到了体现，珠三角的城市资源和现代化建筑明显从数量上要优于粤东和粤西。总体来讲，珠三角的滨海自然旅游资源以海岛资源为主，滨海文化旅游资源以文化遗迹为主，尤其是清末鸦片战争的炮台遗址。

表 3.22　珠三角潜在滨海旅游资源类型、等级、单体数量统计　　　　单位：个

大类	小类	一级	二级	三级	四级	五级	总计
滨海自然旅游资源	海湾	2	5	18	8	2	35
	礁石	0	2	3	0	0	5
	海岛	1	8	5	3	0	17
	湿地	1	0	3	0	0	4
	火山	0	0	0	0	0	0
	温泉	0	0	0	1	1	2
	生物	0	2	3	2	0	7
小计		4	17	32	14	3	70
滨海人文旅游资源	标志性建筑	0	0	1	0	0	1
	文化遗迹	1	5	7	0	0	13
	现代建筑	0	3	3	2	0	8
	城市设施	0	1	6	2	0	9
	妈祖文化	0	1	1	2	0	4
	节事活动	0	1	0	0	0	1
	特色饮食	0	0	0	0	0	0
小计		1	11	18	6	0	36
总计		5	28	50	20	3	106

从资源等级上看，珠三角地区一级滨海旅游资源占总量的 2.0%，二级资源占 10.9%，三级资源占 19.5%，四级资源占 7.8%，五级资源占 1.2%。珠三角的滨海旅游资源不仅在总量上占有优势，而且资源的等级也较高。在滨海自然旅游资源方面，一、二级资源占总量的 8.2%，三级资源占 12.5%，四级以上资源占 6.6%；在人文旅游资源方面，一、二级资源占总量的 4.7%，三级资源占 7.0%，四级以上资源占 2.3%。也就是说，珠三角的滨海自然旅游资源和人文旅游资源分布较为合理，资源品位较高。

珠三角地区的滨海旅游资源主要分布在广州、深圳、惠州和珠海，东莞和中山则相对匮乏。珠海的滨海旅游资源主要是海岛资源，海滩的质量不高；深圳的大鹏半岛和惠州的稔平半岛集中了珠三角的主要的高等级海滩资源；广州市的滨海旅游资源集中分布在南沙，资源的等级和规模都不是很突出；东莞市滨海旅游资源主要是虎门炮台等人文资源。

3）粤西

粤西地处广东省西部，包括湛江、茂名、阳江和江门 4 个滨海城市。粤西的滨海旅游资源，无论在总量上，还是资源等级上，自然资源都是主体。从表 3.23 可以看出，粤西的滨海旅游资源总量上占广东滨海旅游资源总量的 34.7%，也就是 1/3 左右，资源相当丰富。滨海自然旅游资源占广东滨海旅游资源总量的 26.7%，人文类占 8.2%，很明显，粤西的自然滨海旅游资源是主体。进一步来看，海湾资源占总量的 17.2%，海岛资源占 5.9%，生物资源占 2.3%，文化遗迹资源占 2.3%，城市设施资源占 3.1%。这就是说，粤西的滨海自然旅游资源以海湾资源为主，人文旅游资源则主要是城市设施和文化遗迹。

表 3.23　粤西潜在滨海旅游资源类型、等级、单体数量统计　　　　单位：个

大类	小类	一级	二级	三级	四级	五级	总计
滨海自然旅游资源	海湾	5	10	20	8	1	44
	礁石	0	0	0	0	0	0
	海岛	1	2	10	2	0	15
	湿地	0	0	0	1	0	1
	火山	0	0	1	0	1	2
	温泉	0	0	0	0	0	0
	生物	0	2	1	2	1	6
小计		6	14	32	13	3	68
滨海人文旅游资源	标志性建筑	0	0	1	0	1	2
	文化遗迹	2	2	2	0	0	6
	现代建筑	0	0	0	3	0	3
	城市设施	2	1	3	2	0	8
	妈祖文化	1	0	0	0	0	1
	节事活动	0	0	1	0	0	1
	特色饮食	0	0	0	0	0	0
小计		5	3	7	5	1	21
总计		11	17	39	18	4	89

从资源等级上看，粤西一级滨海旅游资源占广东省滨海旅游资源总量的4.3%，二级资源占6.6%，三级资源占15.2%，四级资源占7%，五级资源占1.6%。其中滨海自然旅游资源方面，一、二级资源占总量的7.8%，三级资源占12.5%，四级以上资源占6.2%；滨海人文旅游资源方面，一、二级资源占3.1%，三级资源占2.7%，四级以上资源占2.3%。

粤西的滨海旅游资源最为丰富的是湛江市和阳江市，优秀的滨海海岛资源是江门的上下川岛、阳江的海陵岛、茂名的放鸡岛以及湛江的东海岛。这些海岛拥有粤西绝大多数的海滩资源，也是所在市主要的滨海资源集中地点，最有代表性的是阳江海陵岛的十里银滩，是广东省少有的五级滨海旅游资源。粤西其他滨海资源主要集中在湛江，湛江漫长的海岸线成为种类丰富和数量众多的滨海旅游资源。

3.7.2 重要旅游景区（点）

3.7.2.1 粤东岸段

粤东海岸带处于莲花山南侧，背山面海，沿海山丘广布花岗岩石蛋地形，岬角与海湾相间，精耕细作的平原郁郁葱葱，金色的海滩环岸断续相嵌，香甜的瓜果四时接茬，美味的海鲜品种众多，这些为开发旅游资源提供了物质基础。

粤东沿海旅游资源不仅具有水光山色之妙，而且由于有古老文化，源远流长，风流荟萃，许多自然风景区都保存着人文景观与历史足迹，给人以探胜访古之情趣，大大提高了自然景观的观赏价值。

1) 汕头海区

汕头海区的旅游资源以沐浴海滩、山林胜景、古迹、寺庙为主体，组合好，布局紧凑，自然景观和人文景观一炉共治；又地处北回归线，气候温和，一年四季均可旅游；水产资源丰富，海水养殖基础好，以擅长烹制海鲜为特色的潮州美食历来享誉东南亚，为旅游招徕更添诱惑力。汕头海区的旅游资源有八大特点，即海韵，区位好，组合好，气候温和，有美食而相得益彰，历史上与台、港旅游点相关联，糅合地方色彩与宗教色彩，与游客需要对口径。

南澳岛的南宋古迹与香港九龙的宋皇台一脉相连；中澎岛的国姓井和台南铁砧山的国姓井同是郑成功所掘；叠石岩古寺的名气波及东南亚。因此，从历史的角度看，能更深刻发掘这些旅游资源的潜在价值。

汕头市滨海旅游资源有70余处，大致可归为海、山、潮、侨、庙、史等几类，其中已评定国家级森林公园1处，省级风景名胜区、自然保护区各1处，省级重点文物9处，省级旅游度假区2处，其他景点40余处。

2) 海门湾

海门湾井都沙滩和田心沙滩平坦，沙细洁白，水质清澈，周围环境优美，是天然的滨海浴场。海门湾所依托的潮阳市内名胜古迹甚多，尤以寺、塔、院为著。灵山护国禅寺（建于公元791年，为广东省重点文物保护单位）、棉城文光塔、峡山祥符峰、赵浦涵元塔、仙城翠峰岩、西胪古雪岩、河浦宝峰岩之古刹等为潮汕著名风景区。莲花峰濒临南海，为文天祥登峰望帝舟处，建有忠贤祠、莲峰书院、终南古刹等，并有摩崖石刻20多处，文天祥剑刻"终南"二字遗迹尚存。棉城附近还有文马碣、紫云岩、东岩、大小北岩、卓锡寺、金顶寺、石岩寺、弥勒殿、双忠祠、地藏阁、观音阁等胜景。潮阳为广东省革命老区，1928年，中共东江特委在今红场镇白坟村建立"红场"，作为大南山革命活动中心。此外，别具一格的潮汕佳肴、特产小食、风土人情和城市风貌也丰富。

　　3）红海湾

　　红海湾依托汕尾市的城区和海丰县，山海风光兼备，名胜古迹多，依山傍海，自然景色优美，旅游资源丰富，既有历史悠久的人文景观，又有风光旖旎的自然旅游资源，地上地下蕴藏着丰富的文化遗产。有怪石嶙峋别具海滨风貌的南澳山，奇石重叠的黎明洞，拥有八景美称的得道庵，带有明代土木建筑风格的马宫，具有健身治病功效的汤湖温泉，有品清湖、鲤鱼尾等多处滨海海水浴场，风景秀丽的南门吊洞；还具有历史考究价值的宋存庵、谢道山宝塔、倚壁虎炮台、遮浪古炮台、华帝古庙、瞰下古城、摩崖碑刻、方饭亭、北帝庙、宗师岭、准提阁等；此外，还有遮浪岩、龟龄岛等海岛风光。海丰是我国农民运动最早的发源地，是革命先烈彭湃同志的故乡，是我国第一个最早成立苏维埃政府的地方。具有开发潜力的汕尾市郊至银排之间的滨海沙滩及浅海水域，其自然条件可与广东沿海已开发的并被誉为金或银海岸的海湾旅游场所相媲美。红海湾周围海域的旅游景点有：凤山祖庙旅游区、红海湾遮浪岛、海丰红宫红场、碣石玄武山、金厢观音岭、上护温泉、清云山定光寺、海丰莲花山等。

　　4）大亚湾

　　大亚湾风光秀丽，既有洁白细柔的沙滩、奇岩怪石、清澈的海水，也有翠绿山峦、古庙、要塞炮台。亚热带特色的宜人气候，夏凉冬暖，全年适合旅游活动。海鲜丰富，佳肴美味，又给这里的旅游增添了诱人的色彩。区位优越，毗邻港澳和深圳特区，且背靠侨乡，华侨和港澳台胞众多，也是开发旅游资源的一大优势。位于大亚湾北部的惠阳县霞涌镇的霞涌海滩，砂质细腻，沙滩宽阔，水质清澈，还有清泉古寺和千石岛点缀其中，自然景色十分优美，常令游人流连忘返，已被辟为大亚湾游乐场，吸引着众多的国内外游客；霞涌以东的现代化大型度假村，有酒楼、旅游别墅以及世界一流的高尔夫球场、海滨浴场等设施。

3.7.2.2　珠江口岸段

　　珠江口岸段旅游资源十分丰富，由于邻近港澳，又有两个经济特区及祖国南大门广州市，因此是旅游资源开发利用最多的岸段。

　　1）深圳市

　　深圳市背山面海，海岸线长，尤其是东部的大鹏湾，岩岸、砂岸交错分布，在岬角之间，有多处沙细水清、风光宜人的海湾，是天然海滨浴场，从东至西计有西冲湾、水沙头、迭福、溪涌、小梅沙、大梅沙等，每年吸引不少游客。深圳市的内伶仃岛，岛上有大片的林木和野生的果木，风光秀丽，还有野生猴群，建立了内伶仃岛猕猴自然保护区。宝安区往北至东莞的岸段有不少具有纪念意义的文物古迹，太平镇内建有著名的林则徐公园，园内有闻名中外的销烟池、虎门人民抗英纪念碑、纪念馆，附近还有沙角炮台和威远炮台等古迹；与太平镇一湾之隔的阿娘鞋岛，传说是由南海龙王三公主逃避神圣追赶时仓皇掉下珠江的绣花鞋浮出水面而成；离太平镇不远的东莞市，已有1 200多年历史，文物古迹也不少，与"迎恩"门楼遥遥相望的剑鳌洲塔，建于500多年前，坚实雄伟，气势磅礴；室内的可园，建于清道光年间，是广东四大名园之一；还有市东南的黄旗山、同和水库等景色，可以组成一历史文物古迹为主的旅游路线。

目前，深圳市旅游主要是海上运动、海滨景区休闲度假。度假旅游主要集中于大鹏半岛两侧和大亚湾，主要为海滨游泳场、游艇、海上运动休闲旅游区。风景旅游主要分布在沙头角明斯克航母世界、深圳湾华侨城旅游区、滨海大道城市景观旅游区、沙头角城市景观旅游区。游艇停泊区主要集中在蛇口、桔钓沙。

2）广州市

广州山清水秀，风光旖旎，旅游资源丰富，旅游景点100多处，其中以白云山、珠江、越秀山、东站广场、陈家祠、黄花岗七十二烈士墓、广东奥林匹克体育中心、莲花山以及中山纪念堂、黄埔军校、南越王博物馆、广州白云国际机场、广州国际会展中心、广州艺术博物院、广州花卉博览园、华南植物园、从化温泉、番禺香江野生动物世界、宝墨园、广东美术馆、广州抽水蓄能电站旅游区、流溪河国家森林公园、上下九路商业步行街、北京路商业步行街等景点最负盛名。

广州市南部南沙地区拥有丰富的旅游资源，区内名胜古迹众多，旅游资源丰富多彩。从自然旅游资源来看，有位于珠江狮子洋的两个海岛——上横挡岛、下横挡岛，地处虎门口，风景优美；在万顷沙南部有自然科学研究价值的红树林植被及大面积的湿地自然生态系统。南沙地区有濒临海洋、水网密布以及生态要素保持原状的优势，适宜发展滨海生态休闲旅游业。为了建设旅游强市，推进广州南部滨海旅游的发展，广州市全力打造"广州滨海黄金游廊"，形成以线带群、以群串点、辐射带动、特色鲜明、区域联动的广州南部精品精区群。全线包括黄埔军校、广东科学中心、长隆欢乐世界、莲花山和百万葵园等在内的人文、自然景观，既包含了岭南特色的建筑、民俗、文化风情，又有高科技、娱乐主题旅游区和大量的农业观光、生态休闲景点（包括农家乐、渔家乐和林家乐）100多个，其中有广州唯一的5A级景区——长隆旅游度假区，还有世界最大的科学馆——广东科学中心等，是广州旅游资源最丰富、等级最高的区域之一。

3）中山市

中山市位于珠江三角洲中部偏南的西、北江下游出海处。中山市的名人胜迹、五桂山脉和珠江三角洲南部的水乡特色，形成了多姿多彩的人文与自然景观。市内主要旅游景点有：翠亨孙中山故居、中山影视城、孙中山纪念馆、中山纪念中学、孙文纪念公园、孙中山纪念堂、五桂山逍遥谷、翠竹园漂流乐园及革命历史根据地、紫马岭公园、中山温泉、长江水库旅游区、孙文西路步行街、横门海上庄园、三乡泉林旅游山庄、民众岭南水乡、丰本农业科技园、大涌卓旗山公园及烟墩山古塔、西山禅寺、南山古香林、宋帝遗迹、罗三妹山、桥头小琅环等。

滨海旅游业是中山市积极酝酿的海洋产业，也是目前具有较好发展势头和较大发展潜力的产业。根据中山市"温泉度假城"规划，利用海上温泉资源，依靠粤港澳大三角旅游区，结合孙中山名人城市品牌，在南朗镇沿海地区发展海洋生态休闲旅游，打造滨海休闲度假和海洋生态旅游特色品牌。

4）珠海市

珠海市是珠江三角洲南端的一个重要城市，位于广东省珠江口的西南部，地势平缓，倚山临海，海域辽阔，百岛蹲伏，有奇峰异石和秀美的海湾、沙滩。珠海自然环境优美，山清水秀，海域广阔，有 100 多个海岛，素有"百岛之市"美称。城市规划和建设独具匠心，突出旅游意识，自然和谐，优雅别致，极富海滨花园情调和现代气息。1991 年，珠海以整体城市形象为景观被国家旅游局评为"中国旅游胜地四十佳"之一。

珠海滨海旅游资源丰富，文化底蕴浓厚，概括起来有海洋文化、度假文化、休闲文化、酒吧文化、沙滩文化、生态文化、宗祠文化等。①海洋文化：香炉湾的"珠海渔女"雕塑，象征珠海是海洋的女儿；中国海岸线最后一艘保存完好的清代三桅式古帆船，为珠海平添了海洋的神秘；海盗遗踪与海防炮台，记录着古往今来海洋上的风云变幻；而海上"丝绸之路"的遗存和清代海关的遗址，则昭示着近代中国从大陆文明走向海洋文明的漫长历程。②度假文化：作为江海交汇、景色迷人的岭南水乡，珠海是海内外闻名的度假胜地。"住水边、食海鲜、玩水面、亲近大自然"的省级白藤湖度假区；有"岭南华清池"之称的御温泉度假城；依山傍水、以酒文化为主题的斗门酒吧城；集会所、枪会、狩猎场、山地高尔夫球场为一体的万盛乡村俱乐部等，都是阖家小住、情侣度假或是亲友欢聚的理想去处。③休闲文化：情侣路仿佛珠海的城市名片，在青山绿水间沿着海岸曲折蜿蜒。阳光、沙滩、温泉、山峦、海岛，珠海的自然景观处处充满着诗情画意，吸引着越来越多的中外游客，把珠海作为自己休闲度假的理想之地。无论是在月下的礁岩观潮听涛，还是随风中的游艇漂海垂钓，心旷神怡的感觉，总让人们对珠海流连忘返。④酒吧文化：毗邻港澳的珠海，是开放型的国际化城市，酒吧文化是不可或缺的城市色彩。水湾路的酒吧一条街，虽然不及香港的兰桂坊热闹，但掩映在绿色园林中的露天欧式情调、正宗的葡萄牙红酒和德国啤酒，却也吸引了流连忘返的国内外酒客。⑤沙滩文化：珠海有 340 多个海滩，虽然多数尚未开发，但珠海人的海滩情结却已难割舍。从市区的菱角咀，到高栏岛的飞沙滩；从东澳岛的南沙湾，到三灶岛的金海岸；从外伶仃的银沙泳场，到荷包岛的大南湾，珠海人在月下的海滩踏浪弄潮、篝火野炊，好不惬意！而每年一届的沙滩音乐派对，更仿佛盛况无比的海神节。⑥生态文化：珠海高度注重生态保护，形成了独特的生态文化。全国最大的海岸滩涂湿地保护区、全国最大的红树林保护区、全国罕见的水松林保护区、全国唯一的中华白海豚保护区，平添了珠海的生态魅力。而横琴岛上依山临海的深井村，更因草木葱翠、空气清新，被珠海市确定为"生态文明示范村创建点"。⑦宗祠文化：珠海祠堂众多。黄杨山一带有多个赵氏大宗祠，均为南宋王朝兵败崖门之后，由散居当地的皇室后代所建，其中南门的绿漪堂保存最为完好；明代的荔山黄氏大宗祠，记录了族人的吏治；清同治年间的杨氏大宗祠，则是杨家将后代南迁后的祖祠，保存有朝廷褒奖的封匾。这些古祠堂，蕴含了深厚的历史文化资源。

3.7.2.3 粤西岸段

粤西岸段从台山县赤溪半岛至廉江县英罗港，其中不乏风景优美且适合发展旅游业的岸段，因此旅游潜力很大。

1）广海湾—镇海湾

旅游资源近年来发展较快，广海南湾紫花冈明成化三年的"海永无波"是广东省最大石刻之一，赤溪龙潭沸墨，大隆湖山（大隆洞水库）石笔清潭，上川岛明末天主教遗址和飞沙滩、下川岛王府洲等，都是沿岸旅游胜地。因毗邻广州和香港、澳门，交通方便，发展旅游事业条件优越。上川岛茶湾—飞沙滩—高冠沙滩首尾相接，绿色的木麻黄林带蜿蜒海滩，形成了优美景色，有"东方夏威夷"之美称。逐步发展成为以疗养、度假、观赏、海滨浴场为一体的游览区。靠近台城、位于东部沿岸的赤溪半岛，是具有较好开发条件的滨海沙滩，此地砂质呈黑色，沙滩上能行驶车辆，与洁白的沙滩相比，别具景色。还有被誉为台山古称八景之首的石花山，建于明代万历四十一年（1613年），高48 m的凌云古塔；全国著名的大隆洞水库；下川岛的海浴游乐中心，等等。该岸段可大力发展农舍田园旅游、名胜旅游、海滨旅游和田园旅游。

2）海陵湾

海陵岛力岸村有宋少傅张世杰墓及祠堂古迹。海陵岛大角环和马尾大洲岸段，岸滩长3 km，沙滩宽阔，砂质纯净，面向南海，大浪滚滚，风景秀丽。两湾均已辟为闸坡海水浴场，分浅、中、深3级，为海水日光浴及旅游胜地。此外，闸坡有多种海鲜名产，吸引许多外地旅客前来旅游。

3）电白县岸段

电白县旅游资源丰富，主要资源分布在沿海，适宜于开发滨海旅游、温泉旅游、海上旅游、海岛旅游、热带特殊风光旅游、名胜古迹风景旅游等。在这里旅游既可观赏热带红树林和珊瑚礁海岸的自然景观，也可饱尝热带防护林风光的幽雅，观看野生动物和日出与晚霞，有的还适合开展钓鱼、观海等活动，甚至可以潜入海底作"龙宫探胜"，以及岸边快艇滑水的水上活动。古迹有电城的四宫、六庙、明代神电卫旧址，还有罗城井和冼夫人墓等。水东镇东南沿海虎头山—龙头山一带为主要风景区和游览地，有望海亭、"绿色长城"林带；海滩广阔，坡度平缓，砂质洁净。麻岗镇热水温泉、放鸡岛"理欲吐珠"、"南天还费"、"渔火闹汛"、"放鸡回蓝"等风景；岛之周围海水清澈透明，是理想的潜水旅游地，又有丰富的物产，包括各种海鲜、海珍品、亚热带水果等。温泉也是一项十分宝贵的旅游资源。大多数温泉含有多种微量元素，有很高的医疗价值，电白县沿海温矿泉就有7处之多，应充分开发利用，发展温泉旅游业，形成小良—虎头山和龙头山—大放鸡岛—古迹—水东吃海鲜及矿泉浴的旅游网。

4）湛江港—雷州半岛

湛江附近岸段具有发展旅游业的优越条件，自然旅游资源多种多样，有海岛、海滩、林带、水库、火山口等，又有丰富的物产，包括各种海鲜、海珍品、热带和亚热带水果等。主要旅游区有湖光岩、特呈岛、东海岛、湛江港海上旅游等，以上述旅游资源为基础，组成以湛江市为中心，突出海上活动的多功能综合旅游区。雷州半岛周边旅游资源以沐浴海滩、石壁、瀑布、海崖和山林胜景、天然湖泊、古迹、寺庙为主。各旅游资源组合好，布局紧凑，自然景观和人文景观相互辉映，又地处亚热带，气候温和，一年四季均可旅游。

主要旅游区有：①湖光岩，是粤西著名的历史悠久的风景区，在湛江市南 20 km，为火山爆发而形成的火山湖；②特呈岛，在湛江港内，离霞山 4 km，岛岸有 7 km 长的沙滩，砂质较好，为市区居民度假休息好场所；③东海岛，距湛江市区 60 km，有林带面积 27.5 km²，旅游区位于岛的东部，有纯白细洁的沙滩，背靠茂密的防护林带，岛东的海滩巨浪滚滚，岛北的海滩碧波入境，建成多种海上活动、度假、疗养的综合性旅游区；④湛江港海上旅游，从霞山海滨经湛江内港、特呈港、洞头岛至东海岛蔚律港，可饱览海上风光，是湛江城市景观区；⑤雷州城古迹、西湖、三元塔，赤坎市区的寸金桥公园，洲岛的灯塔和潜水旅游，等等。

3.7.3 旅游资源开发利用现状与保护

3.7.3.1 旅游资源开发利用现状

根据旅游资源的开发利用方式，海岸带旅游区分为风景旅游区、度假旅游区和游艇停泊区 3 种类型。目前，广东省海岸带有风景旅游区 39 个，度假旅游区 77 个，游艇停泊区 15 个。滨海旅游设施是滨海旅游业发展的良好保障，要大力发展滨海旅游业，首先要有丰厚的旅游设施。截至 2008 年，广东沿海城市共有宾馆（酒店）3 514 家（表 3.24），占全省宾馆（酒店）54.09%，其中星级宾馆（酒店）857 家，占全省星级宾馆（酒店）73.56%；拥有客房 296 535 间，占全省 74.03%；拥有床位 504 251 张，占全省 72.59%。目前，广东大手笔打造横琴长隆国际海洋度假区，总投资逾 100 亿元；广州"水乡"计划全面启动，邮轮旅游悄然兴起；海上"丝绸之路"博物馆如期建成，"水晶宫"开门迎客，掀起了新一轮滨海旅游发展高潮。2009 年广东滨海旅游业实现增加值 767 亿元，同比增长 10.91%，占海洋生产总值的 11.28%，占全省主要海洋产业总产值的 31.62%。

表 3.24 2008 年广东沿海城市宾馆（酒店）住宿设施

市别	宾馆/家	五星	四星	三星	二星	一星	客房/间	床位/张	客房出租率/%
广州	1 402	9	31	110	66	2	121 137	207 622	59.0
深圳	488	10	28	67	38	0	48 622	74 994	61.5
珠海	391	8	8	64	8	0	36 525	68 137	64.6
汕头	48	3	7	20	10	2	7 397	12 556	54.8
江门	62	3	5	19	5	0	10 306	16 263	60.0
湛江	176	1	5	25	12	0	5 841	10 430	69.3
茂名	31	1	2	5	10	0	4 320	6 145	68.4
惠州	604	2	9	39	13	0	23 457	41 744	70.0
汕尾	21	0	2	11	2	0	2 582	7 683	–
阳江	39	1	3	16	14	0	4 002	7 534	49.0
东莞	103	20	25	35	17	2	19 510	26 846	58.9
中山	114	3	6	22	7	2	8 819	17 358	58.8
潮州	17	0	3	5	3	1	1 518	2 383	70.0
揭阳	18	1	5	1	2	1	2 499	4 556	55.3
合计	3 514	62	139	439	207	10	296 535	504 251	

在区域开发利用现状上，粤东、珠三角和粤西这 3 个区域的滨海旅游资源开发历史、设施条件及发展状况等都具有非常突出的区域特点。纵观广东滨海 14 个地级市，粤西 4 市的滨海旅游资源不仅丰富，而且基础设施条件较好。首先是道路交通设施，粤西的对外交通便利，路况很好，路面宽广；比较缺乏的是部分景点景区的进入性及内部交通较差。住宿接待设施方面，湛江、阳江、江门和茂名的酒店不仅众多，设施质量高，而且价格相对珠三角地区便宜得多。这些住宿设施集中分布在中心城区以及旅游热点地区，比如，闸坡镇、湛江市区。其他娱乐设施和景区基础设施相对于粤东来讲是比较丰富的，尽管相对珠三角地区还是比较落后。

珠三角地区的经济发达，基础设施条件好，旅游发展起步早，层次也较高。珠三角滨海旅游资源的设施条件是最为完善和丰富的。道路交通系统，无论是对外交通还是对内交通，路况都很好，而且通车里程也很长，这在广州、深圳表现得很突出。住宿设施、餐饮设施和娱乐设施也很丰富，而且珠三角地区的旅行社等旅游机构也很多，极大地方便了游客出行。对比粤东和粤西，珠三角地区的景区建设投入大，管理更先进，效益也更好。

相对于粤西和珠三角，粤东的滨海旅游资源开发是比较落后的，很多优秀的滨海旅游地区到目前为止都没有得到开发，或者才刚刚得到投资建设。这就使得粤东的滨海旅游基础设施整体上落后于粤西和珠三角地区，如景区的进入性、内部交通条件、景区设施等都相对落后。此外，粤东的住宿设施、餐饮设施也要没有粤西和珠三角地区丰富，即便是中心城区，酒店的等级和质量要低得多，而且收费较高，其他的滨海旅游休闲设施就则欠缺。

3.7.3.2　滨海旅游资源保护

滨海旅游资源的无序、过度及不合理开发利用影响着滨海旅游业的可持续发展，邻近海域海洋环境受到不同程度的污染，也将降低滨海旅游资源的等级，危害滨海旅游业的发展，因此滨海旅游资源的保护主要在开发管理上及海洋环境保护等方面下工夫。一些具体的保护措施如下：

（1）成立海岸带综合管理组织，统一协调滨海旅游开发管理。随着海洋国土和海洋经济在广东省新时期社会经济发展战略中的地位不断提升，各种产业对于稀缺的滨海岸线的争夺日益激烈。目前，广东省尚未成立海岸带综合管理组织，与海岸带及近海海域利用和管理的相关职能由省海洋与渔业局统筹负责。但海洋局并不具备协调所有与滨海地区管理相关的部门的能力和实施海岸带综合管理的能力，由于机构设置的复杂性，海洋局并没有权力去干涉滨海地区管理所有方面的问题。此外，由于滨海旅游产业现阶段在经济产出方面的相对劣势，使得众多潜力较大的滨海旅游岸线被其他经济产出更高的产业所挤占，滨海旅游的社会效益和发展潜力难以发挥。因此，单一行政机构管理下的海岸带管理体制在海岸带资源利用矛盾日益突出的背景下显得愈益滞后，迫切需要成立具有更高行政协调能力的海岸带综合管理组织，负责实施海岸带综合管理战略。在新的海岸带综合管理框架中，需要统筹考虑滨海旅游与相关滨海产业发展之间的关系，为滨海旅游发展预留足够的空间。

（2）申请设立广东滨海旅游改革示范区，争取中央和地方的政策和资金支持。广东省与国家旅游局已签署《关于建立局省紧密合作机制备忘录》，将广东作为"中国旅游综合改革示范区"和《国民旅游休闲计划》的试验省份，国家旅游局将全力支持广东开展旅游综合改革试点，充分发挥广东旅游在全国旅游改革发展中排头兵和试验田作用，推动广东旅游业在新的历史起点上实现新的跨越。广东滨海旅游发展应抓住这一政策契机，积极申请设立若干广东滨海旅游改革示范区，并争取将其纳入到广东省与国家旅游局建立的"中国旅游综合改革示范区"合作框架中，更多的获得来自中央和地方的政策和资金支持，为广东滨海旅游健康快速发展提供广阔坚实的政策平台，同时也有助于探索新时期广东滨海旅游发展道路和模式，为全国滨海旅游发展创造更多更好的新鲜经验。

（3）尽量控制污染性工业项目挤占滨海岸线，保护滨海生态环境。广东正处于工业转型升级和加快发展阶段，临港工业、石油化工、机械制造、能源电力等重工业项目不断上马并大量挤占滨海岸线，给滨海生态环境造成了巨大压力，使得海岸带面临资源日渐枯竭和环境持续恶化的危险。为了实现广东滨海旅游可持续发展，保护日益稀缺且脆弱的滨海生态环境，为子孙后代留下一些资源，应尽量控制污染性工业项目挤占滨海岸线，加强对广东海岸带资源利用的管制，预留旅游开发潜力较大的滨海旅游区用地。对已落户工业项目尽量提高环保等级要求，尽量降低工业发展对滨海生态环境的压力。

（4）优化滨海旅游业发展层次。从世界范围内看，高端的滨海旅游主要集中在海岛旅游上。广东滨海的海岛众多，具有发展高端滨海旅游的优势，应当选择区位、生态较好的海岛，重点开发，树立高端旅游品牌。大型度假区对中高端及中端客人有较大吸引力，是广东滨海旅游发展的中坚力量。大型综合性度假区是最成功的发展模式，是加勒比海、东南亚等地区滨海旅游发展的成功经验。优化滨海旅游业发展层次，可以着力发展高端海岛度假和大型综合性滨海度假区，优化广东省滨海旅游产品层次。

（5）提升危机管理意识。如前所述，20 世纪 90 年代中期，广东省滨海旅游经历了一次投资的高潮，其影响至今尚未完全消除。进入 21 世纪，广东省滨海旅游的发展进入新的投资热潮，如海陵岛十里银滩在建成"南海一号"展馆后，兴建了五星酒店群，惠州巽寮湾正投资 100 多亿元的大型度假地产、五星级度假酒店、游艇等，惠阳辣甲岛要建成中国的马尔代夫等。虽然本轮投资较 90 年代中期更加理性，但投资额度、档次更高、面积更广，需要政府在规划层面给予控制，避免重复投资、过度投资，破坏滨海资源，影响滨海旅游的可持续发展。此外，开发和建设都应当经过充分的分析论证，不应以破坏旅游资源为代价，在不具备资金和技术支持的条件时不应急于进行海洋旅游资源开发。

3.8　海岛资源

3.8.1　海岛数量、分布、面积

广东省海岛东起南澎列岛，西至徐闻县的赤豆寮岛，北抵饶平县的东礁屿，南达徐闻县的二墩，共有海岛 1 350 个，其中面积在 500 m² 以上的有 734 个（不含 49 个干出沙）。根据岛屿面积大小，可将海岛划分为特大岛、大岛、中岛、小岛以及微型岛 5 类，广东省沿海各市根据海岛面积分类统计结果见表 3.25。由表可知，广东全省无面积大于 2 500 km² 的特大岛；面积介于 100 ~ 2 500 km² 之间的大岛共 5 个；面积介于 5 ~ 100 km² 之间的中岛共 24 个；面积介于 500 m² 至 5 km² 之间的小岛共 705 个；面积小于 500 m² 的微型岛共 616 个。

表 3.25　广东省各沿海市海岛面积统计

市名	特大岛 ≥2 500 km²	大岛 100 ~ 2 500 km²	中岛 5 ~ 100 km²	小岛 500 m² 至 5 km²	微型岛 <500 m²	合计
潮州市	0	0	1	31	21	53
汕头市	0	1	1	56	26	84
揭阳市	0	0	0	42	45	87
汕尾市	0	0	1	105	189	295
惠州市	0	0	0	109	31	140
深圳市	0	0	0	16	12	28
广州市	0	0	3	10	1	14
东莞市	0	0	1	1	2	4
中山市	0	0	2	2	0	4
珠海市	0	0	9	130	53	192
江门市	0	1	4	111	136	252
阳江市	0	1	0	47	17	65
茂名市	0	0	0	11	9	20
湛江市	0	2	2	34	74	112
合计	0	5	24	705	616	1 350

　　按照社会属性分类，可将海岛分为有居民海岛和无居民海岛。统计表明，广东有居民海岛共 46 个，其中村级岛 29 个，乡级岛 13 个，县级岛 4 个；无居民海岛共 1 304 个，占全省海岛总数的 96.6%。广东省最大的 5 个岛均为有居民海岛，分别为东海岛（249.5 km²）、上川岛（137.7 km²）、南三岛（118.8 km²）、南澳岛（106.6 km²）和海陵岛（103.3 km²）。此外，下川岛、达濠岛和横琴岛面积均超过 50 km²，硇洲岛面积接近 50 km²，其他海岛面积则相对较小。

　　对比《广东省海岛资源综合调查》（1995 年）数据，有居民海岛总数增加了 2 个。由于陆地海岸线的变化及人为活动的影响，汕尾市新增 1 个有居民海岛——施公寮岛（暂名），广州市因岸线变化新划入了 4 个有居民海岛——沙仔、海鸥岛、小虎和大吉沙，阳江市新增 1 个有居民岛—骑鳌岛（暂名），共新增 6 个；而珠海市的三灶岛和南水岛、湛江市的新寮岛和公港岛 4 个海岛已围填成陆地，不再是有居民海岛。

　　广东省的 7 个领海基点，除石碑山角在大陆上以外，其余均位于海岛上，分别是南澎列岛（1）、南澎列岛（2）、针头岩、佳蓬列岛、围夹岛和大矾石（表 3.26）。

表 3.26　广东省领海基点岛屿

序号	岛名	东经/E	北纬/N	位置
1	南澎列岛（1） （芹澎岛）	117°14′34″	23°13′21″	南澳县南澎列岛南部，西北距 21 km，距大陆鸡笼角 37.5 km
2	南澎列岛（2） （东母礁）	117°13′51″	23°12′19″	南澳县芹澎岛西南方，与胶政礁、西母礁共同组成南大礁。位于南澳县界最南端，三礁成"品"字形分布，相距约 500 m，东母礁在南大礁东部
3	针头岩	115°07′28″	22°18′59″	惠东县东南，红海湾以南，西北距大星山 32.1 km

续表 3.26

序号	岛名	东经/E	北纬/N	位置
4	佳蓬列岛（平洲）	113°58′05″	21°48′44″	珠海市加蓬列岛西南部、湾洲岛南 0.9 km，北尖岛西南 10.9 km，东北距香港岛 48 km，为万山群岛最南岛
5	围夹岛	112°38′03″	21°34′28″	台山市川山群岛东南，北距上川岛 0.31 km
6	大矾石	112°21′37″	21°27′43″	台山市下川岛西南 22.12 km，北距大陆 27.2 km

3.8.2　海岛上资源数量与分布

3.8.2.1　海岛植被资源

广东省海岛森林总面积超过 42 000 hm^2，其中自然林约 12 000 hm^2，占 28.5%；人工林约 30 000 hm^2，占 71.5%。从植物区系上看，维管植物共 199 科 879 属 1 618 种，蕨类植物有 31 科 53 属 84 种；裸子植物 7 科 9 属 14 种；被子植物 161 科 818 属 1 520 种。各大类群的科、属、种数量及其在广东区系和中国区系中所占的比例见表 3.27。在广东海岛植物区系中蕨类植物和种子植物的科均占中国区系中的近一半，科、属、种均在广东植物区系中占据重要地位，显示广东省海岛的植物区系组成非常丰富。

广东省海岛植物的 199 个科中，含 50 种以上的科有 6 个，它们是茜草科 Rubiaceae（52 种）、莎草科 Cyperaceae（54 种）、大戟科 Euphorbiaceae（72 种）、菊科 Compositae（98 种）、蝶形花科 Papilionaceae（101 种）、禾本科 Gramineae（108 种）；含 20~49 种的科有 13 个；含 11~19 种的科有 22 个；含 2~10 种的科有 107 个，仅含 1 种的科有 51 个。

表 3.27　广东省岛屿植物区系组成统计

分类群	数量			占广东区系比例/%			占中国区系比例/%		
	科	属	种	科	属	种	科	属	种
蕨类植物	31	53	84	49.2	38.1	18.1	49.2	23.1	3.2
种子植物	161	818	1 520	73.6	57.1	30.6	46.3	28.3	5.4

3.8.2.2　海岛港湾资源

港湾是一项宝贵的海岛空间资源，是海岛开发利用的重要基础。广东海岛多有优良的港湾条件，适宜建设各种类型的港口。粤东海岛的港湾以基岩山地溺谷湾为主，近岸水深，港池宽阔。珠江口的万山群岛、高栏列岛均有优良的港湾，潮流作用强，水下地形较稳定，多条深槽和国际航道穿行岛屿之间，港湾风浪较小，是大型深水港的优良选址。粤西的海陵湾、湛江港，湾内有海岛掩护，泊稳条件好，泥沙回淤小，海岛面积较大，且邻近陆域土地资源丰富，适宜建设深水港及临港工业。此外，有的相邻海岛可以相连，如桂山岛与中心洲、牛头岛相连，有的海岛还可以与大陆相连，如高栏岛与南水建堤相连，形成深水近岸的良港。广东省主要的海岛港湾有 56 个（表 3.28）。

表 3.28 广东省主要海岛港湾资源

序号	海区	主要港湾
1	粤东区	南澳岛的后江湾、深澳湾、竹栖澳湾、青澳湾、烟墩湾、云澳湾；南澎岛的南澎北湾；海山岛的柘林湾；达濠岛的汕头港、广澳湾和后江湾等
2	大亚湾区	澳头湾、范和港、大鹏湾、巽寮湾、涸凼湾等；大辣甲的南湾、大三门岛的北扣湾、妈湾
3	珠江口区	内伶仃岛的北湾和东湾；外伶仃岛的庙湾、塔湾，担杆岛的担杆头湾、担杆中湾；二洲岛的油甘湾、北槽湾；直湾岛的直湾、马鞍湾；北尖岛的海鳅湾、蟹旁湾；庙湾岛的下风湾；蜘洲列岛的细洲湾、蜘洲湾；桂山岛的一湾；三门岛的三门湾；竹洲岛的后湾；白沥岛的白沥湾；大万山岛的万山湾；小万山岛的门头湾；东澳岛的东澳湾、大竹湾；淇澳岛的金星门湾；荷包岛的荷包湾和笼桶湾等
4	川山群岛区	上川岛的沙堤湾、三洲湾；下川岛的南澳港、挂榜湾等
5	粤西海区	海陵岛的闸坡港；南坡岛的码头湾；南三岛的湛江港、特呈湾；东海岛的东北岸蔚津港；硇洲岛的南港；赤豆寮岛的企水港

3.8.2.3 海岛生物资源

广东海岛位于南海北部海域，南北海流交汇，受大尺度潮流影响，且有珠江、韩江、鉴江等大陆江河淡水携丰富营养物质注入，海洋生物种类繁多，生物量大。全省大陆和海岛岸线、海底地形复杂多变，明礁、干出礁众多，适宜海洋生物栖息、繁衍。根据海岛资源调查的统计，广东省海岛周边海域分布有浮游植物 406 种，浮游动物 208 种，鱼卵仔鱼 58 种，底栖生物 828 种，潮间带生物 763 种，海洋鱼类有 1 065 种，其中常见的经济价值较高的鱼类 100 多种。各种海洋生物种类和数量存在明显的季节变化和空间分布不均，海洋生物初级生产力旺盛，生长时间长，为发展资源增养殖、海洋医药提供有利的条件。

根据广东省海岛潮间带底栖生物的调查结果，粤东海区海岛潮间带主要底栖生物共 10 门 196 种，其中软体动物 88 种，节肢动物 46 种，藻类 25 种，环节动物（多毛类）23 种，棘皮动物、腔肠动物各 4 种，星虫动物、纽虫动物各 3 种。珠江口海区海岛潮间带底栖生物共 11 门 197 种，其中软体动物最多，共 72 种；节肢动物次之，为 60 种；其他的如环节动物 27 种，棘皮动物 1 种，其他动物（纽形动物、螠虫动物和星虫动物）4 种，藻类 26 种。粤西海区海岛潮间带底栖生物共 201 种，其中软体动物最多，有 90 种；节肢动物次之，52 种；此外，环节动物 35 种，棘皮动物 4 种，鱼类 3 种，其他动物（纽形动物、腔肠动物、腕足动物和星虫动物）7 种，藻类 10 种。

3.8.2.4 海岛旅游资源

广东海岛自然景观和人文景观资源丰富，既有蓝天碧海、迷人的海湾沙滩、独特的地貌景观，如南澳岛的青澳湾、大万山岛的浮石湾；又有水上运动、海底观光的良好场所，如大放鸡的海底潜水基地；同时，丰富的生物资源也具有观赏、休闲、科考等多种旅游功能。海岛人文景观主要包括考古遗迹、古建筑、纪念地、宗教庙宇、近现代建筑、民俗风情等，如达濠古城、东澳铳城、硇洲岛灯塔、东海岛"人龙舞"等。因受历史、民俗和自然环境等多种因素的影响，海岛旅游资源内容丰富且具有神秘色彩，能产生较强的旅游吸引力。

3.8.2.5　海岛再生能源

海岛常规能源储量有限，从大陆引进能源的成本很高，充分利用海岛丰富的可再生能源是解决满足海岛开发所需能源的重要途径。海岛的可再生能源主要包括风能、太阳能和潮汐能、波浪能、潮流能、温差能等海洋能。其中，风能是目前已实际利用的主要能源类型。

广东沿海风力较大，海岛的风能资源丰富。根据广东省海岛综合调查对全省风能资源的调查分析，南澳岛、担杆岛、黄茅洲、上川岛等岛屿的年平均风速均在 6 m/s 以上，有效风能密度均为 200 W/m^2 以上，有效风速小时数在 5 000 h 以上，有效风速频率也都在 67% 以上，属风能资源丰富区。邻近大陆的岛屿或岛上环境较闭塞的地方，其风能储藏量较小，但按其年有效风能密度、有效风速时数等指标来看，仍属风能较丰富区，如南澳岛的隆澳和海陵岛的闸坡。

在海岛太阳能资源方面，除南澳岛位于太阳能较丰富区、阳江海区的闸坡位于太阳能欠缺区外，其余海岛位于太阳能可利用区（年太阳总辐射量介于 1 280 ~ 1 510 kW·h/m^2）。广东省海岛及其周边海域太阳能资源在年内的分配不均匀，夏半年各月多于冬半年各月，其中 7 月是全年太阳能最集中的月份，7 月各岛屿太阳总辐射量介于 134 ~ 170 kW·h/m^2。各海岛年均日照时间大致为 1 800 ~ 2 300 h，南澳岛、汕尾海区的海岛和硇洲岛年平均日照时间较多。

3.8.2.6　海岛淡水资源

广东海岛淡水资源十分有限，除部分近陆海岛有条件引入大陆客水外，大部分海岛的淡水来源主要是大气降水。总的水资源状况是地表缺水，地下水欠丰，供水不稳定。全省海岛年平均降水量介于 1 100 ~ 2 200 mm，大气降水年内时间分布极为不均，汛期（4—9 月）降水量占全年的 80%。除少部分面积和地形起伏较大的海岛，植被覆盖良好，有常年性河流之外，大部分海岛由于岛陆面积小，蓄水条件差，降水形成的地表径流大部分汇入海洋，难以利用，少部分降水下渗补给形成的地下水资源是海岛淡水资源的一个重要组成部分。虽受集水面积的制约和地表径流直接入海的影响，地下水储量有限，但不少岛屿的地下水源仍是可供采用的主要水源。

3.8.2.7　海岛矿产资源

广东岛屿大部分由燕山期花岗岩组成，构造成矿体系属华南东西向沿海内生金属成矿带的组成部分，因此岛屿的内生矿床和滨海砂矿比较丰富，此外也有部分沉积次生矿。其中，金属矿产大部分分布在燕山期花岗岩中，属高温热液裂隙充填型，多呈脉状，规模不大，品位不均匀。如南澳岛的铁矿、钨矿、锰矿和上川岛的铀矿、锡矿；珠江口南水岛的钨矿，荷包岛的钨铜矿和高栏岛的锡、铌、金矿。砂矿有珠海市高栏岛南迳湾的金矿，深圳市内伶仃岛南湾和黑沙湾的钛铁矿，三灶岛黑沙环钨钛砂矿，台山市上川岛的玻璃砂矿（储量约 8 000×10^4 t，开采中）。非金属矿产有珠海市三灶岛斜尾村附近的钾长石矿，南水岛后山牛角垄高岭石黏土矿（估计储量约 10×10^4 t）等。

此外，建筑材料如建筑用沙和石料均有分布，但色泽光滑、地质较密的花岗岩和分选较好宜建筑用的滨海中细砂，需选择开采。目前港澳建筑用料短缺，已在珠江口一些岛屿开采，如珠海市横琴岛四塘乡的采石场、三灶岛的采沙场。在石灰材料上，岛屿居民多用贝壳和珊瑚块烧制石灰。珊瑚礁人为破坏已相当严重，须采取断然措施严加制止。贝壳或贝壳堤可适当开采，贝壳堤多为全新世沉积，在岛屿中堆积也颇普遍。如饶平县海山岛黄隆镇南面的贝壳海滩岩，沿岸呈水平分布，厚 3~5 m，延长 2~3 km，岛上居民除用作烧石灰外，还直接切割成砖块作建材用。

3.8.3 海岛开发与保护

3.8.3.1 海岛开发利用现状

广东省海岛资源丰富，但历史上由于各种自然因素的限制，至 1989 年广东省海岛资源综合调查前，除少数条件好的大岛开发较早、经济和社会比较发达外，其余海岛基本处于自然状态。近年来，广东省委、省政府和地方各级政府颁布了灵活的海岛开发政策和措施，设立了试验区、开发区，建造港口，发展旅游、海水增养殖和海洋捕捞，许多海岛的面貌发生了较大的变化，岛民生活水平有了明显提高。

从已有的开发活动来看，广东海岛的开发多集中于近岸的面积较大的海岛，大部分海岛，尤其是无居民海岛，仍处于待开发状态。就开发方式来看，广东省绝大多数海岛以海洋渔业为主导产业，部分海岛有种植业，海岛旅游、海洋交通运输和海洋矿产开采等产业仍处于粗放型发展阶段。

1）海洋渔业

广东海岛所在地区的气候、岛岸地形地貌、海水水质等优越的自然条件给渔业捕捞和海洋增养殖等海洋渔业活动提供了良好的基础。海岛水产增养殖的开发，与大陆沿岸地区比较，开发起步相对较晚。

粤东海区海岛渔业主要包括海洋捕捞和海水增养殖，海洋渔业活动集中在南澳岛、柘林湾、甲子港、碣石湾等海湾沿岸海岛。南澳岛建有多个渔港，其中云澳渔港是综合性的国家中心渔港，目前已具有一定的规模，南澳岛周边分布有较多的海水养殖区，以北部海湾分布较多。柘林湾的海岛建有柘林港、三百门渔港、海山渔港等渔港，以近海作业为主，岛群周边形成滩涂、浅海、垦区、网箱养殖并举的养殖产业布局。碣石湾沿岸海岛渔业以增养殖为主，并在金厢角和田尾山等海域建设人工鱼礁；亿达洲鲍鱼养殖基地和海马养殖基地亦在该海湾内，加之金厢至烟墩港口海域有国家海洋部门划定的人工优化生态系统及综合开发试验区，有利于恢复海洋渔业生态系统，更高效地开发利用渔业资源。

大亚湾海区以海水增养殖为主，主要海洋渔业活动集中在澳头湾、港口列岛周边海域，中央列岛、辣甲列岛周边海域也有分布。澳头湾建有小鹰咀港、澳头渔港，但是由于澳头湾、荃湾半岛港口开发以及近岸城镇的发展，海岛周边海域的水质受到一定程度的影响。大亚湾港口列岛海域海水增养殖规模不断扩大，产量逐年提高，浅海养殖主要分布在纯洲、沙鱼洲邻近海域；网箱养殖发展较快，但较为零散，主要分布在许洲西北侧海域。

珠江口海区海岛渔业包括渔港建设、增养殖、捕捞等。目前，已建有东澳、万山、桂山、庙湾、外伶仃、担杆头、南水、荷包等渔港，是珠江口海洋捕捞的重要基地。万山群岛的海岛海湾具有海水交换性好的特点，大蜘洲、竹洲、横岗岛、桂山岛等海岛的部分海湾已成为网箱养殖基地。海水增殖的品种主要有贝类和海珍品，包括青洲水道西、青洲与头洲之间海域的浅海贝类增殖和各海岛沿岸的海珍品护养。万山渔场是珠江口沿海的重要渔场，具有捕捞价值的鱼类达200多种，海洋捕捞产业是该海域海洋经济的主要产业之一，主要作业方式有底拖网、刺钓等。珠江口西部的浅海养殖主要分布在草堂湾、长栏湾、高栏列岛东部的鸡啼门出海口等海域，增殖区以贝类增殖为主，集中于黄茅海内。近年来，结合口门整治，珠江口西部滩涂围垦发展较快，当为满足陆域城市建设和港口及相关产业发展的需要，围垦后形成的陆域不再为养殖所用，因此该区的滩涂养殖数量和产业均有所减少。

川山海区海洋渔业是川山群岛的传统产业，主要有海洋捕捞和海水养殖。上川岛沙堤渔港是国家中心渔港，目前已初具规模，是海洋捕捞的区域性重要基地。海水养殖包括海水增养殖、网箱养殖，海水增养殖集中在广海湾与川山群岛之间海域以及上川岛大湾海等良好港湾，增养殖类型以贝类为主，其中翡翠贻贝养殖规模较大。

粤西海区海洋渔业是粤西海区海岛的传统产业，主要有海洋捕捞和海水养殖。闸坡渔港是国家中心渔港，附近海域已形成对虾、牡蛎、翡翠贻贝、文蛤和海水鱼类养殖为主，养殖、增殖和护养并举，水面、水体、海底沿海岸带逐渐开发利用的多元化养殖新格局，建成海陵湾海桩架吊样牡蛎基地、闸坡旧澳网箱养殖基地等著名的养殖基地；硇洲渔港也是国家中心渔港，正逐步建成集渔船避风、水产品加工、补给、休闲渔业等多种功能为一体，具有区域性、开放性和示范性的现代渔港综合经济区。雷州半岛沿岸海区和海岛，也多有海水养殖分布，如雷州湾、新寮岛及周边海岛、流沙湾等。

2）海岛旅游业

广东海岛的滨海旅游资源丰富多样，海岛旅游业已成为发展海岛经济的重要途径。目前，全省海岛旅游业已有一定的规模，在主要的有居民海岛和一些条件较好的无居民海岛，已建立一些富有地方特色的旅游区，客源以国内游客为主。但由于受旅游开发政策、资金、区域经济发展水平和消费需求等多方面因素的限制，大部分海岛至今保持原貌，海岛旅游开发仍为资源驱动型。

粤东海区海岛以旅游为主导的现代服务业迅速兴起，依托优美的自然景观，独特的历史人文资源，建成一批旅游景点及配套设施。如南澳岛的青澳湾度假旅游区、总兵府景区、金银岛景区等，旅游已成为南澳的优势产业，初步形成南澳旅游热线。达濠岛旅游业已初具规模，主要有休闲、度假、观光等，已建礐石风景名胜区、青云岩景区、妈屿岛海滨浴场、东湖海滨浴场、澳头红树林生态区等一批旅游休闲景区。遮浪岩及其邻近海域景色优美，风浪较大，已设为海上帆板训练基地，是汕尾市重要的滨海旅游区之一。红海湾的龟龄岛是兼具历史文化特色和优美环境的海岛，周边海域具有丰富的礁盘生物资源，保护价值较大，是潜在的开发区域。

大亚湾海区海岛具有丰富的生态旅游资源，大辣甲、小辣甲、赤洲、三角洲、宝塔洲等众多海岛拥有优美的沙滩，植被保持较好。旅游活动主要在大辣甲、三角洲、宝塔洲等海岛，建有较完善的旅游设施，其中大辣甲建有登岛码头，旅游活动的规模较大。但大亚湾海区的海岛多位于大亚湾水产资源自然保护区中，旅游活动必须与保护相协调。

珠江口海区海岛旅游是珠江口海区开发的重要内容。该区域海岛交通便利，旅游资源丰富，拥有巨大的市场和广阔的发展空间，海岛旅游开发具有很大的潜力。海岛旅游开发主要分布在上横挡、下横挡、威远岛、淇澳岛、野狸岛、九洲列岛、高栏列岛、东澳岛、外伶仃岛等。上横挡、下横挡、威远岛位于虎门前哨，岛上保存有炮台、门楼、官厅等历史遗迹，已设为旅游区。珠海市区沿岸的淇澳岛依托红树林自然保护区、白石街、苏兆征故居等自然和人文景观，优良的环境，逐步建设集休闲度假、生态旅游、历史文化等多样化的旅游区。香洲湾的野狸岛、九洲列岛离陆较近，已分别建成海滨公园、省级旅游区，野狸岛上新开工建设珠海歌剧院，与珠海情侣路滨海景观带相得益彰，休闲文化旅游开发潜质极大。万山群岛以东澳岛旅游综合开发试验区为龙头，东澳岛、外伶仃岛、桂山岛、大万山岛已开发了各具特色的旅游区域或旅游景点，还开辟了广州—万山群岛环海游、邮轮停泊、外伶仃岛和东澳岛海上风光游等旅游路线。高栏列岛海域的旅游资源主要为滨海浴场，目前主要已建有高栏岛飞沙滩旅游区、荷包岛大南湾旅游区。

川山海区海岛旅游开发较早，类型多样，内容丰富，目前已具有一定的规模，基础设施建设较为完善。上川岛飞沙滩和下川岛王府洲旅游度假区是省级旅游区，有较高的知名度，设有海水浴场，以及海上运动和休闲娱乐设施。川山海区西部的漭洲、东部的乌猪洲也是潜在的海岛旅游开发重点区域。

粤西海区拥有省内多个面积较大的海岛，如东海岛、南三岛、海陵岛、硇洲岛等，旅游资源类型丰富，海岛旅游开发较早，目前已形成具有一定区域影响力的旅游区。如海陵岛已建成"南海一号"博物馆、闸坡大角湾旅游度假区、金沙滩旅游区、十里银滩旅游区、马尾岛海水浴场等旅游景点，逐步建设成阳江市滨海旅游的产业集群；大放鸡旅游区、东海岛龙海天省级旅游度假区、南三岛森林公园旅游区、硇洲岛灯塔海景等旅游区，均具有独特的资源、生态特色。

3）海岛种植业

种植业是广东省海岛土地利用的主要方式之一。广东省面积较大的海岛，如东海岛、南三岛林地 1 220 hm²，林木蓄积量 4.96×10^4 m³，该林地结合实际，改造低产林，营造丰产林，已成为以林为主，多种经营的综合性林业基地。此外，南澳岛的黄花山林场有世界珍稀的竹柏林和国内外珍贵的红枫、杜鹃、瑞香、黄杨等各种野生盆景植物，已于 1992 年被国家林业部批准建立为国家森林公园。种植业在粤西海区海岛开发利用中仍占有重要地位，主要集中在湛江湾附近的海岛，如硇洲岛、南三岛、新寮岛等。面积较大的海岛上多种植有大片桉树林，是重要的造纸工业原料。

4）港口及临港工业

广东省许多有人居住海岛均有港口资源，目前已建有港口和码头 50 多个。近年来，依托港口的临港工业所占的比重也越来越大，这些产业中包括国家重大产业调整如钢铁、炼化项目等。

粤东海区达濠岛广澳港区作为汕头市实施从内海向外海战略转移的主要港区，正在打造我国东南沿海深水大港，目前已建成 5 个万吨级以上泊位。荃湾半岛的石化工业和港口建设已初具规模。马鞭洲港区已建成并投入使用的 30 万吨级原油泊位 2 个，15 万吨级原油泊位 3 个，原油罐区库容 90×10^4 m³，是目前全国规模最大的原油接卸基地。

风电产业是南澳岛的特色工业，经过近 20 年的发展，目前南澳岛的风电装机总容量已达

12.9×10^4 kW，年风力发电量近 3×10^8 kW·h，风电场主要分布在岛陆上，目前岛陆风电场建设空间已趋饱和。白沙岛已建有红海湾风电场，一期工程已于 2003 年建成投产，并已扩容至 2.04×10^4 kW·h，是广东省首个被正式批准的清洁发展机制项目。陆丰核电站位于碣石湾东南部的天尾山，目前已开工建设。达濠岛是汕头市"一市两城"发展战略中新南区的重要组成部分，位于汕头经济特区范围内，汕头保税区、华能电厂等一批重点项目已建成运行。

珠江口海区依托全国沿海主要纽港广州港、深圳港、珠海港，是腹地广阔的海陆交通枢纽，加之良好的深水岸线和深槽、水道，港口、临港工业开发无疑成为其开发利用的主要方式。该海区海岛港口、临港工业开发主要分布在沙仔岛、小虎岛、龙穴岛、大铲岛、桂山岛、高栏岛。

沙仔岛作业区以汽车滚装、杂货运输为主，小虎岛作业区以能源、液体化工运输为主，南沙作业区（龙穴岛）以外贸集装箱运输为主，相应发展保税、物流、商贸等功能，并结合临港工业开发承担大宗散货的运输。龙穴岛造船基地是全国三大造船基地之一，龙穴岛也是广州地区主要的深水泊位及临港工业发展区。上述 3 个海岛港口作业区是广州港南沙港区的主要作业区。

深圳西部的大铲湾港区作为深圳港未来发展的重点港区，大铲岛已建有的 LNG 发电厂、修造船厂等临港工业设施和海关将极大地推动大铲湾港区的建设和发展。

现在的桂山岛由原桂山岛、牛头岛、中心洲通过围填海连接起来，形成水深、避风条件较好的桂山港区，该港区为深水港区，目前由一湾渔业、客运、军用及辅助船舶码头区，三湾油品仓储、中转区和牛头岛、中心洲石料出口简易码头三部分组成。一湾、牛头岛、中心洲已建成 9 个以陆岛主要向香港供应石料；三湾为中燃阿吉普供油基地，已建成 1 个 5 万吨级多点系泊成品油泊位及 2 个 500 吨级成品油泊位。

依托高栏岛建成的高栏港区已开发南迳湾和南水两个作业区。南迳湾作业区已建成珠江三角洲地区油气品转运基地，南水作业区依托电厂、钢厂等建成企业专用码头及公用码头；高栏港区有生产性泊位 19 个，其中深水泊位 9 个，货物通过能力 $1\,786 \times 10^4$ t；加之高栏岛面积大，与南水已建成连岛大堤，交通条件便利，基础设施建设较好，并已规划在连岛大堤东侧建设重石化工业区，高栏岛将形成高栏半岛，港口与临港工业开发前景十分广阔。

粤西海区深水条件优良，港口较多，多集中在大陆沿岸地区，主要有阳江港、博贺港等。依托海岸港口的资源优势，逐步促进海岛临港工业的发展。海岛临港工业处于发展初期，目前只有少量饲料加工、有色金属加工及农海产品加工项目，生产规模较小。钢铁、石化等大项目将带动东海岛的机械装备制造业、加工业和其他新兴海洋产业发展，并由此使东海岛及其邻近的硇洲岛、南三岛等海岛的产业结构发生根本性转变。

5）盐业开发

海岛盐业开发历史悠久，明末清初，粤东和珠江口的海岛已出现盐田。南澳岛、达濠岛、海山岛、东海岛和南三岛曾是广东海盐的主要产地。20 世纪 60 年代是海岛盐业发展的黄金时代，盐田扩大，生产稳定，产量增长；但由于盐价政策和交通、养殖、房地产等原因，近年来盐田逐渐减少，且有继续减少的趋势。

6）矿产及油气资源开发

广东海岛处于南海北部大陆架区，已探明有北部湾盆地、珠江口盆地和台湾浅滩等油气田，蕴藏量丰富。

金属矿产多分布在燕山期花岗岩中，规模不大，品质不均，储量有限，分布零散。南澳岛有锰矿、钨矿、铁矿，荷包岛、淇澳岛和南鹏岛等岛有钨矿，高栏岛有锡、铌、金矿；上川岛有锡矿。砂矿分布较普遍，南澳岛、内伶仃岛、东海岛、新寮岛等岛有钛铁矿，高栏岛有砂金矿。

据不完全统计，目前全省海岛采石场有80多家，年开采量超过4 000×10⁴ t，尤以珠江口海岛为甚。机械化程度高的大型采石场16家，年开采量达3 000×10⁴ t。利用砖土和贝壳开办砖厂、石灰窑的30多家，主要集中在东海岛、南三岛、海陵岛、上川岛、下川岛等海岛。南水岛的高岭土和三灶岛的石英砂等都曾开采；金属矿产和矿砂的开采较少；海岛建筑材料的开采，给大多数海岛的植被、地貌环境造成严重破坏，鸟兽的生境栖息地遭受严重干扰甚至毁灭。

7）海岛上其他重大项目

近年来，沿海各地加大了对海岛进行工业开发的力度，尤其是在珠江口和大亚湾海区。国家和省的重大项目在海岛上的主要包括：湛江盈风风力发电工程、湛江钢铁基地、湛江石化产业园、湛江南三大桥、硇洲中心渔港、上下川岛联网供电工程海底电缆、上川岛沙堤渔港修船厂、珠海船舶和海洋工程装备制造基地、南沙港区、深圳孖洲修船基地、马鞍洲港区、乌屿核电站、汕头南澳大桥、南澳县云澳中心渔港工程等。

3.8.3.2 海岛保护

广东海岛地处亚热带气候区域，植被茂盛，动物种类繁多，景观资源丰富，具有很高的保护价值。建立自然保护区是海岛保护的主要方式之一，自然保护区为修复、恢复海岛及周边海域生态系统发挥了重要作用。据不完全统计，截至2008年12月，广东省有156个海岛位于13个已建的海洋自然保护区内，占广东省海岛总数的15.1%；此外，约有60个海岛上也建立了以湿地、红树林、候鸟、海岛生态、珍稀物种等为保护对象的自然保护区，如上川岛车旗猕猴自然保护区，南澳候鸟自然保护区等；有些海岛岛陆建有自然保护区，周边海域也建有海洋自然保护区，如南澎列岛、勒门列岛等。在《广东省海洋功能区划》（2008年）中，龟龄岛（汕尾）、担杆—佳蓬列岛（珠海）、淇澳岛（珠海）、南鹏列岛（阳江）、大放鸡岛（电白）、硇洲岛（湛江）、特呈岛（湛江）、赤豆寮岛（徐闻）、赤屿（南澳）、平屿（南澳）等海岛周围海域被划定为海洋自然保护区。另有部分海岛上有文化遗迹和自然遗迹保护区，如潮州海山岛海滩岩地质遗迹保护区、珠海大万山岛浮石湾侵蚀海岸保护区、珠海淇澳岛沙丘遗迹保护区、台山上川岛方济阁文化遗迹保护区和阳西青洲岛自然景观保护区。

海岛资源的保护除建立保护区之外，还应当针对海岛的开发利用，建立和执行相应的一些措施，具体如下。

（1）政府加大资金投入，优惠政策扶持

海岛的地理位置及历史原因造成海岛各项基础设施建设非常落后，海岛四面环海的自然属性也决定了海岛的发展难度大于陆地，因由海岛本身吸引外资能力较弱，尤其是广东省东西两翼，经济相对落后，但拥有丰富的海岛资源，表现更为明显，省级政府需要加大对海岛进行资金扶持，针对海岛的特殊情况，对海岛开发制定优惠政策，以吸引外资、技术及人才。鼓励海岛经济的发展，在海岛开发过程中，必须重视创造优越的硬环境和软环境，特别重要的是创造改革和开放的软环境。为了达到可持续发展的目的，必须加强海岛综合管理。要合理、适度地开发利用海岛资源，避免盲目和破坏性的生产活动；在开发过程中要重视生态环境的保护，特别要重视那些在保持生物多样性中能发挥重要作用的岛屿。

（2）加强海岛开发的法制管理

广东海岛众多，资源类型丰富，离岸较近，开发条件较好，加快海岛开发是广东海洋经济发展、建设海洋经济强省的客观需要。同时，广东海岛生态环境敏感脆弱，海岛开发不宜简单照搬陆地开发的模式，绝不允许以牺牲海岛及邻近海域资源的可持续利用和生态系统健康为代价进行破坏性开发。因此，必须加强海岛开发的法制管理。

海岛管理相关法律规章为海岛的行政管理、保护与利用规划、资源开发、生态保护和科学研究等活动提供法律依据，是海岛法制管理的重要基础。随着，国家层面的海岛保护法及其配套文件应尽快制订和颁布实施，以及广东省海岛保护规划的颁布，加强海岛开发的审批、研究、推行海岛资产评估办法，实行海岛有偿使用制度和用岛生态补偿制度，正确处理社会效益、经济效益和生态效益的关系；建立海岛开发保护规划、无居民海岛开发利用许可制度，对领海基点岛屿、具有特殊价值的岛屿建立严格保护制度，严禁炸岛、炸礁，积极引导海岛的合理开发和利用，保护海岛生态环境，促进海岛的可持续发展。

（3）合理规划海岛开发布局

因岛制宜、合理规划是海岛开发的重要前提。海岛开发必须依据海岛资源组合类型、遵循海岛生态规律、结合海岛开发现状，有序有度地进行。海岛开发方式具体可以分为以下3种类型：①优化开发型：多种资源优势型的海岛，因其资源类型相对齐全，已有一定的开发基础，基础设施也相对较好，海岛开发的综合性较强，资源环境受到的压力相对较大，一般应以优化开发为主。对优化开发型海岛的开发应注重综合管理，即应合理规划海岛产业空间布局、发展时序、发展规模，协调多个优势产业之间的关系，推进各产业形成相互促进的关系。海岛产业一般优先发展港口交通运输业，推进岛、海、陆一体化建设，进而带动现代海洋渔业、临海工业、综合物流、旅游业的开发，形成多种优势产业协调发展的格局。这种类型的海岛在广东省主要有东海岛、海陵岛、南澳岛等。②限制开发型：这种开发方式强调开发利用与生态保护并重。复合资源优势型的海岛，因其资源类型、资源量有一定的制约性，海岛开发空间相对较小，资源环境承载能力较为有限，一般以限制开发为主。对限制开发型海岛的开发应突出其优势资源特色，重点开发1~2个优势产业；同时，海岛开发应着力体现生态保护。具有列岛、群岛特征的海岛可推行多岛联合开发，形成具有区域特色的优势产业集群。这种类型的海岛在广东省主要有东澳岛、大万山岛、特呈岛等。③自然保护型：广东沿岸的小型海岛、远离大陆的海岛、资源贫乏的海岛、生态脆弱的海岛，以及具有珍稀濒危生物物种、独特景观和特殊保护价值的海岛，多为单一资源优势型的海岛，应以自然保护为主，设立海岛自然保护区，加强生态服务功能的保护和生态建设，适度发展生态旅游、水产增养殖。同时，鼓励海洋自然保护区内的单位和个人参与海洋保护区的建设、保护和管理。加强海洋自然保护区内海岛的科学研究，建立海岛宣传、科普、教育基地，积极开展海洋生态、区域性洄游物种、迁徙物种保护的交流和国际、区域合作。这种类型的海岛在广东省主要有南澎列岛、佳蓬列岛。

（4）对开发实施严格的管理

海岛生态环境脆弱，海岛的开发利用应实施严格的管理，并坚持"三低一高"的开发原则（即低层建筑、低密度开发、低容量利用、高绿化率），以确保滨海旅游资源的生态不会因过度开发受到损害、不会破坏原有的地貌特征，确保游客在旅游区内真正走入大自然，得到休闲的享受。针对海岛不同区位特色和环境容量，采取相应保护措施，限制海岛开发强度，控制上岛游客量，避免资源过度开发，提倡生态旅游运作模式，保持海岛资源的天然风韵。在对开发商进行环境保护教育的同时，不忽视对游客自我约束意识的教育，以保护环境，实现海岛资源的可持续发展。

（5）建立海岛开发管理示范区

海岛数量众多，可选择自然条件优越，基础设施相对较好的海岛进行开发管理示点工作，"以点带面"，进行重点规划设计和规划调整，引导开发资本的理性投入和开发，积累管理经验，引导全省海岛管理工作。

第 4 章 海洋灾害

海洋灾害按照其发生时间过程的缓急区分，可以分为突发性灾害和缓发性灾害。突发性灾害主要包括风暴潮、风暴海浪、海雾、赤潮等。缓发性灾害主要包括海岸侵蚀、港湾淤积、海平面上升、海水入侵沿海地下含水层、沿海土地盐渍化等。此外，人为活动造成的海洋污染有的呈突发性发生（如海上油船溢油、漏油等），有的为缓发性发展过程（如海水富营养化）。广东省海洋灾害按照其成因区分，可以分为四大类型：海洋环境灾害（风暴潮、海浪、海平面上升、海雾等）、海洋地质灾害（海岸侵蚀、港湾淤积、海水入侵、地面沉降和海底滑坡等）、海洋生物灾害（赤潮、外来有害物种入侵等）和人为海洋灾害（海洋污染等）。广东省海洋灾害分布范围广，覆盖了沿海各地区和海岛，灾害类型多，发生次数也多。广东沿海尤其是珠江三角洲经济发展迅猛，而海洋灾害所造成的经济损失也相当惊人，成为广东省沿海地区对外开放和社会经济可持续发展的一种制约因素。

4.1 环境灾害

4.1.1 风暴潮灾害

风暴潮灾害是发生在沿海的一种来势迅猛、破坏力强的严重海洋灾害。由于剧烈的大气扰动，如强风和气压骤变（通常指热带和温带气旋等灾害性天气系统）导致海水异常升降，使受其影响的海区的潮位大大地超过平常潮位的现象，称为风暴潮。风暴潮伴随着狂风巨浪，可引起海潮暴涨、堤岸决口、船舶倾覆、农田受淹及房屋被毁等，给人民生命财产和工农业生产造成巨大损失。

广东沿海是我国风暴潮灾害最严重的地区，风暴潮灾害几乎每年都有发生，少则 1 次，多则 5 次以上。风暴潮带来的损失越来越严重，如 2008 年的"0814 号"热带气旋造成直接经济损失 118 亿元。从区域上来看，以粤西沿海的雷州半岛东岸、粤东沿海的汕头—饶平地区和珠江三角洲的珠江口风暴潮最为严重。沿海的珠江三角洲、韩江三角洲及众多入海河流的河口地区，洪水季节中的 6—10 月正是风暴潮最活跃的时期，当洪水下泄时，如遇风暴潮，形成的灾害就更加严重。对于防御风暴潮除兴建高标准堤防外，还应该保护滨海湿地生态系统，提高预报及应急抗灾能力。

4.1.1.1 风暴潮灾害类型

从诱发风暴潮的大气扰动特征来分，风暴潮有两类：一类是热带气旋引起的风暴潮，另一类是由温带气旋和冷空气活动而产生的温带气旋风暴潮。风暴潮灾害一年四季均可发生，从南到北所有沿岸均无幸免。热带风暴潮主要集中在 7—10 月，特别是 8 月、9 月。较大的温带风暴潮主要发生在晚秋、冬季和早春,即 11 月至翌年 4 月。风暴潮能否成灾,在很大程度上取决于其最大风暴潮位是否与天文潮高潮相叠,尤其是与天文大潮期的高潮相叠。当然,也决定于受灾地区的地理位置、海岸形状、岸上及海底地形。广东省近海多为浅海,大陆架广阔,这些条件对风暴潮的形成发展十分有利,因此广东沿海是风暴潮频繁和多发地区。如果最大风暴潮位恰与天文大潮的高潮相叠,则会导致发生特大潮灾。当然,如果风暴潮位非常大,虽然未遇天文大潮或高潮,也会造成严重潮灾。8007 号热带气旋风暴潮就属于这种情况。当时正逢天文潮平潮,由于出现了 5.94 m 的特强风暴潮位,仍造成了严重风暴潮灾害。

依国内外风暴潮专家的意见,一般把风暴潮灾害划分为 4 个等级,即特大潮灾、严重潮灾、较大潮灾和轻度潮灾。各级潮灾所对应的参考灾情及风暴潮位如表 4.1 所示。

表 4.1　风暴潮灾害等级

等级	特大潮灾	严重潮灾	较大潮灾	轻度潮灾
参考灾情	死亡千人以上或经济损失数亿元	死亡数百人或经济损失 0.2 亿~1 亿元	死亡数十人或经济损失约千万元	无死亡或死亡少量或经济损失约数百万元
超警戒水位参考值	>2 m	>1 m	>0.5 m	超过或接近

4.1.1.2　风暴潮灾害的现状

据《广东省自然灾害史料》,公元 798—1949 年的 1 000 多年时间里,大约有 1 440 次热带气旋灾害袭击广东,历史风暴潮(仅记有"海溢"、"咸潮泛涨")记载共 120 年,其中粤东沿海最多达 46 年,珠江三角洲及粤西沿海分别有 38 年和 36 年。

广东历史上发生死亡万人以上风暴潮的年份,粤东沿海有 1618 年、1922 年,珠江三角洲有 1862 年、1867 年、1874 年,而粤西沿海 1863 年海康也死亡数千人。1922 年《潮州志》记有"8 月 2 日下午 3 时风初起,傍晚愈急,9 时许风力益厉,震山撼岳,拔木发屋;以海汐骤至,暴雨倾盆,平地水深丈余,沿海低下者且数丈,乡村被卷入海涛中;已而飓风回南,庐舍倾塌者尤不可胜数。灾区淹及澄海、饶平、潮阳、南澳、惠来、汕头等县市;计共死三万四千五百余人,庐舍为墟,尸骸遍野"。1618 年,"八月潮州六县海阴大作,溺万二千五百余人,坏民居三万间";普宁"八月台风大雨,水腾涌直上,高寻丈,涨溢城门,水赤色,五日乃退"。1867 年,惠阳"八月大雨飓风,府学宫棂星门石柱倒折,文星塔顶飞坠,沿海漂没万余人"。1874 年,"八月十三日广州台风,风从东南海上起。顷刻潮高二丈。浊若泥潭,澳门坏船千余,溺死者万人,捡得尸者七千,香港死者数千"。1863 年,"海康八月十五日夜,飓风大作,海堤崩溃。东西两洋田舍悉被漂没,居民淹死者约数千人"。可见,历史上广东沿海的风暴潮灾害是十分严重的。

据《热带气旋年鉴》,1949—2008 年间,登陆广东省的热带气旋多达 203 次,其中粤西地区 95 次,粤东地区 52 次,珠江口地区 56 次。在这些热带气旋登陆的时段里,绝大部分都伴生有风暴潮灾害。而风暴潮灾害中直接经济损失超过 100 亿元的灾害有 2 次,分别由"9615 号"、"0814 号"热带气旋引起;直接经济损失为 20 亿~50 亿元的风暴潮灾害 5 次,分别为"9308 号"、"9713 号"、"0103 号"、"0104 号"和"0313 号"热带气旋引起。"8007

号"（即 1980 年第 7 次热带气旋，下同）热带气旋最大风暴潮增水达 5.90 m，湛江南渡站测的最高风暴潮位为 5.94 m，其增水值是我国有潮位资料以来的首位，在世界上也名列第三位。沿海的雷州、徐闻、吴川、遂溪、湛江等县市 343 宗海堤被冲垮 320 宗，占 93%，农业受灾面积 20.9×10⁴ hm²，死亡 296 人，失踪 137 人，损坏涵闸 396 座。"9316 号"热带气旋 1993 年 9 月 16 日登陆时，中心附近最大风力 12 级，适逢天文大潮期的高潮涨潮时段，在热带气旋的袭击下，使珠江内的中山、珠海、深圳、广州一带于 17 日先后出现历史最高风暴潮位，使广州、珠海、深圳等 11 市 37 个县（市）受到不同程度的灾害。全省受灾人口 569 万人，倒塌房屋 0.8 万间，农作物受灾面积 1.362×10⁴ hm²。"0814 号"热带气旋于 2008 年 9 月 24 日在茂名市电白县陈村镇附近登陆，阳江北津验潮站最大风暴潮增水 2.70 m，最高潮位超过当地警戒潮位 1.65 m。受风暴潮和近岸巨浪的共同作用，广东沿海 39 个市、县受到影响，受灾人口 737.05 万人，直接经济损失 118 亿元，死亡 22 人；堤防决口 834 处，长 28.87 km；堤防毁坏 2 118 处，长 650.62 km；护岸损坏 1 055 处；塘坝损毁 1 033 座；房屋损毁 2.92 万间；海水养殖受损面积 57 154 hm²；971 艘船只沉没；3 093 艘船损坏。

4.1.1.3 风暴潮灾害的分布

在热带气旋侵袭下，广东沿海各地均会发生程度不同的风暴潮，属多发而且严重的主要有以下 3 个地段。

1）粤西沿海岸段的雷州半岛东岸

雷州半岛东岸是广东沿海台风暴潮最严重的地区，最严重的一次风暴潮是"8007 号"热带气旋造成的，是我国迄今为止实测到的最高风暴潮位。此外，"8616 号"、"6311 号"、"6508 号"等太平洋热带气旋，在雷州半岛东岸都造成了比较大的增水和比较高的风暴潮位。热带气旋进入 18°—22°N、109°—113°E 的海区范围以后，粤西沿海才会产生增水，热带气旋在海南岛文昌至雷州半岛的徐闻之间登陆，特别是穿越琼州海峡进入北部湾的太平洋热带气旋，是形成雷州半岛东岸风暴潮严重的主要热带气旋路径。雷州半岛东岸的雷州湾，是大尺度弯曲海岸，是这里容易出现特大风暴潮的重要原因。

2）粤东沿海岸段的汕头—饶平地区

该区域 20 世纪近 80 年间，发生过多次比较大的风暴潮，尤以 1922 年的大海潮、1969 年的"6903 号"风暴潮以及 1979 年的"7908 号"风暴潮最为严重。沿海不少地方的风暴潮最大增水达 2.5～3.2 m，最高风暴潮位都在 3.0 m 以上。造成汕头—饶平地区沿海风暴潮严重的是热带气旋越过 120°E，进入 19°N 以北、114°—120°E 海区，并在粤东沿海一带登陆，特别是穿越菲律宾北部、巴林塘海峡进入南海东北部海面的太平洋热带气旋，产生的影响就比较大。由于汕头港和柘林湾呈漏斗状，当热带气旋把海水推向岸边时，海水易于堆积而难以扩散。这是造成本岸段风暴潮严重的主要原因。

3）珠江三角洲岸段的深圳—台山地区

登陆珠江三角洲岸段的热带气旋约占登陆广东沿海热带气旋的 30% 以上。热带气旋进入 20°N 以北、114°E 以西的海面，并在那一带沿海登陆的热带气旋，都会使珠江三角洲产生热带气旋增水。风暴潮引起珠江口一带最大增水值在 2.0~2.5 m 之间。珠江口在 1983—1994 年的 12 年间，就有"8309 号"、"8908 号"和"9316 号"3 个相继突破当时实测历史最高潮位的风暴潮，使珠江口沿海各潮位站先后出现破纪录的 2.3~2.7 m 最高风暴潮位。此外还有"6402 号"、"7411 号"等热带气旋都造成了灾害性的风暴潮。珠江河口是一个喇叭口和网河区并存的复式河口，当强大的热带气旋把海水由喇叭口向内推进时，海水可向网河区的河网扩散，但当风暴潮发生时，恰遇上游洪水下泄，风暴潮波上传受阻，与洪水波叠加，即使是较弱的热带气旋或者不是直接登陆珠江口的热带气旋，也会造成较大的灾害。

4.1.1.4 风暴潮灾害的特征

公元 798—1949 年间，大约有 1 440 次热带气旋灾害袭击广东省，1949—2008 年间，登陆广东省的热带气旋多达 203 次（表 4.2）。由于 1949 后的风暴潮资料较为详细，因此主要结合过去 60 年发生的风暴潮灾害情况，特别是典型风暴潮灾害，对广东省风暴潮进行特征分析和总结。

表 4.2　1949—2008 年登陆广东的热带气旋月次数统计

月份	热带低压	热带风暴	强热带风暴	台风	合计	频度/%
4 月	0	1	0	0	1	0.49
5 月	1	1	2	3	7	3.45
6 月	2	5	9	5	21	10.34
7 月	7	14	15	15	51	25.12
8 月	12	8	15	15	50	24.63
9 月	4	9	15	15	50	24.63
10 月	4	4	4	22	17	8.37
11 月	1	1	2	5	5	2.46
12 月	0	1	0	1	1	0.49
合计	31	44	62	66	203	100

1）灾害出现频繁，伴随热带气旋出现

据《热带气旋年鉴》，在 1949—2008 年的 60 年里（表 4.3），广东风暴潮灾害几乎每年都有发生，在发生灾害的年份中，出现灾害次数少则 1 次，多者达 5 次以上，如 2001 年 7 月短短的 20 多天内，就先后有"榴莲"、"尤特"和"玉兔"3 次热带气旋登陆广东。风暴潮灾害强度与热带气旋关系密切，就一个风暴潮过程来说，随着热带气旋靠近海岸，风切应力使海水向岸堆积，造成风暴潮。风暴潮大小主要决定于热带气旋强度即热带气旋中心附近最大风速和中心气压，当热带气旋中心附近风速越大，中心气压越低，风暴潮就越大，灾害也就越严重。

表 4.3 1949—2008 年广东省沿海较大风暴潮灾害统计

台风编号	登陆地点	中心最大风速 / (m·s⁻¹)	最高潮位 /m	最大增水 /m	农作物受灾面积/万亩	死亡人数 /人	直接经济损失/亿元
6402	斗门		3.10	1.85	17.60	28	1.10
6903	惠来	50		3.14	131.55	1554	1.98
7908	深圳	55		3.30	36.75	121	
8007	雷州	40	5.94	5.90	313.50	433	4.00
8309	珠海	60	2.63		343.80	45	5.00
8908	阳西		2.60	2.49	363.60	30	11.13
9316	台山—斗门		2.69	2.62	306.45	25	19.62
9615	吴川	50	4.49	1.74	705.00	208	175.70
0104	海丰—惠东	30	4.29	2.15	437.55	26	28.58
0313	惠东—中山	35	3.95	1.54	208.50	37	28.55
0814	电白			2.70	621.87	26	118.25

注：表内"空白"表示无记录。

2）灾害时间跨度大，出现范围广

从风暴潮发生的时间来看，每年的 4—12 月里均有可能发生，时间跨度大，但 7 月、8 月、9 月三个月是发生的高峰期。从风暴潮发生的地域来看，广东沿海均会发生，出现范围广，风暴潮发生的地点随机性较大。但是粤西沿海的雷州半岛东岸、粤东沿海的汕头—饶平地区和珠江三角洲的珠江口最为严重，而以粤西雷州半岛西部海岸最轻。

3）灾害损失巨大

从《广东省自然灾害史料》来看，1949 年以前出现的风暴潮灾害死亡人数多，例如 1862 年珠江口一次风暴潮灾害死亡人数 8 万余人。1949 年以后也出现多次较大的风暴潮灾害，在重灾情况下，人员伤亡一次可达 1 500 多人，一次造成农作物受灾面积可达 620 多万亩，一次经济损失可达 170 多亿元，轻灾损失也达数百万元。1978 年以来死亡人数虽然较 1949 年前大大减少，但财产损失却大大增加，其原因是沿海地区工农业、商业等经济建设发展较快，国民经济产值比过去大幅度增加，灾害造成的损失也越大。

4）与海岸地形直接相关

风暴潮大小与地形特点有比较明显的关系。例如粤西沿海的雷州半岛东部海岸以及粤东沿海的汕头、饶平等市（县）一带海岸，其风暴潮特别严重，主要原因是雷州湾是大尺度弯曲海岸，汕头港和柘林湾均像口袋形状，水体易于堆积而难以扩散，因此往往造成比较大的风暴潮增水。在一些海湾，其湾顶的台风增水往往比湾口的增水大得多，例如"7908 号"风暴潮，大亚湾湾顶稔山水龙海堤的风暴潮位为 3.04 m，最大增水为 3.30 m，而湾口的港口潮位站，只有 0.88 m 和 1.14 m，湾顶的风暴潮最大增水为湾口的 2.89 倍。

5）灾害叠加效应

当风暴潮适遇天文大潮，则风暴潮位就越高，风暴潮灾害也越严重。每逢农历初一至初三或十五至十八天文大潮期间，若碰上风暴潮袭击，天文大潮叠加风暴潮，则造成比通常更高的风暴潮位，并可能突破当地实测历史最高潮位，例如"6903 号"、"8309 号"、"8908 号"和"9316 号"风暴潮就是明显的例子。

当风暴潮适遇洪水时，河口区的风暴潮位会大大增加，易造成洪水被顶托而不能畅泄大海，大量洪水滞留河口，加大灾害损失程度。根据洪水遇风暴潮的统计，一般可使风暴潮潮位比同等热带气旋条件下的风暴潮增加 0.2 ~ 0.5 m。这是广东省风暴潮冲垮海堤，造成严重经济损失的主要原因。

4.1.2 大浪、巨浪灾害

4.1.2.1 灾害性海浪概况

根据我国近海海洋综合调查专项《海洋灾害调查技术规程》中的定义，有效波高 ≥4 m 的海浪称为灾害性海浪，有效波高 ≥4 m，持续时间 ≥6 h 的海浪过程称为灾害性海浪过程。广东省沿海灾害性海浪发生时间有较明显的季节性，而海浪的分布和季节变化主要取决于夏季的热带气旋和冬春季的强冷空气的影响。其中，6—10 月主要致灾因子为热带气旋，12 月至翌年 4 月致灾因子为冷空气，5 月、11 月常为热带气旋和冷空气共同作用影响。根据 1990 年以来我国海上发生的经济损失超亿元的 26 个海难事故看，其中 22 个集中发生在 6—9 月，占总次数的 85%；而又以 7—8 月最多，达 12 次，占总次数的 46%。从诱发巨浪的原因看，21 次大事故是由热带气旋引起的，占总次数的 81%；而仅有 5 次是冷空气形成的。

热带气旋是广东沿海地区最为严重的灾害性天气，广东省沿海灾害性海浪的发生主要取决于热带气旋的影响。热带气旋对广东沿岸的影响主要在 5—11 月，尤以 7—9 月出现频率为高，最高达 70% 以上。据 1949—2008 年共 60 年间热带气旋资料统计来看，登陆广东沿岸的热带气旋有 215 个，平均每年 3.6 个。在登陆广东沿岸的热带气旋中，热带低压（中心附近最大风速 10.8 ~ 17.1 m/s）5 个，占 2.6%；热带风暴（中心附近最大风速 17.2 ~ 24.4 m/s）20 个，占 10.4%；强热带风暴（中心附近最大风速 24.5 ~ 32.6 m/s）89 个，占 46.4%；热带气旋（中心附近最大风速大于 32.6 m/s）78 个，占 40.6%。从统计资料看，登陆广东沿岸的热带气旋的强度都非常大，相应的危害性也非常大。

受台湾海峡、巴士海峡地形的影响，在秋末至春初（12 月至翌年 4 月）冷空气南下作用期间，南海东北部和巴士海峡附近海面容易出现巨浪，位处东北季风通道上的广东沿海尤其是粤东沿海较易出现大浪，从而出现灾害性海浪过程。5 月和 11 月，经常是热带气旋和南下冷空气共同作用，形成强盛的梯度风，也容易出现大风遍布整个南海海域的情况，此时沿岸常为大到巨浪，外海则会出现巨浪、狂浪以上的浪场。

灾害性海浪在岸边伴随风暴潮冲击摧毁沿海的堤岸、海塘、码头和各类构筑物，沉损船只，席卷人畜，并致使大片农田被淹，农作物受损和水产养殖遭殃，严重影响海岸带及沿海的社会、经济发展。风暴海浪在海上掀翻船只，摧毁海上工程和海岸工程，给海上航行、海上施工、海上军事活动和海上生产作业等带来极大的危害。据统计，1993 年 6—9 月的 3 个月内，广东海域有中国籍和外国籍船舶 19 艘被热带气旋巨浪击沉。在 2000—2003 年期间，被风暴浪击沉的船舶数量达 2 356 艘，死亡、失踪 560 人。其中，2000 年船舶沉没 64 艘，损坏 174 艘，死亡 20 人；2001 年沉没货船 194 艘，渔船 23 艘，损坏渔船 400 艘，死亡（失踪）343 人，直接经济损失 3.11 亿元，此外因巨浪损失鱼虾贝类产量 12 504 t，直接经济损失 11.39 亿元；2002 年船舶沉损合计 1 274 艘，死亡（失踪）94 人，直接经济损失 2.5 亿元；2003 年沉损各种船舶 227 艘，死亡（失踪）103 人，直接经济损失近 1.15 亿元。

4.1.2.2　灾害性海浪个例

1）"6903 号"台风海浪灾害

1969 年 7 月 26 日 20 时，受"6903 号"台风影响，巴士海峡以东洋面形成波高 9 m 的狂涛区。27 日 20 时南海受其影响形成狂浪区，中心最大波高 8.5 m，28 日 14 时台风进入南海，南海形成波高 10 m 的狂涛区，于 30 日 14 时减弱为 4 m 以下狂浪区，狂浪区维持约 90 小时。7 月 28 日袭击汕头，云澳海洋站测得风速 40 m/s，最大波高 5.1 m。

"6903 号"台风给汕头地区及南海造成大灾，在潮阳县牛田洋垦区，8.5 km 长、3.5 m 高的海堤被削剩下 1.5 m 高。汕头市平均进水 1.5 ~ 2.0 m，汕头市一些钢筋混凝土结构的二层楼房被吹塌，市区成为泽国，全市死亡 1 554 人，其中大学生死亡 83 人，解放军死亡 470 人。据受灾严重的汕头、澄海、潮阳、饶平、南澳等县市统计，共冲毁海堤 180 km，农作物受灾面积达 8.77×10^4 hm²，房屋倒塌 82 381 间，受灾人口 93 万，直接经济损失 1.98 亿元。

2）"7908 号"台风海浪灾害

"7908 号"台风于 1979 年 7 月 29 日在西太平洋形成，台风基本稳定向西北偏西方向移动。8 月 1 日下午穿过巴士海峡进入南海东北部，2 日上午掠过汕头地区西部海面，横扫汕头市直至珠江口沿海地区，于 2 日上午 11 时 30 分左右在深圳市大鹏公社登陆，登陆时风速 55 m/s，汕尾最大阵风 60.4 m/s。此后穿过珠江口和佛山地区移到肇庆和湛江地区南部减弱为低压。该台风具有强度大、移速快、范围广的特点，与"6903 号"台风相似。台风附近最大风速达 70 m/s，在海上最低气压为 898 hPa，8 级大风半径为 250 km，在台风登陆及其后 5 ~ 6 h 内，台风中心附近最大风速仍有 40 m/s。受"7908 号"台风影响，南海东北部于 1979 年 8 月 1 日 14 时起形成波高 6 m 以上的狂浪区，浪区于 2 日 08 时扩展到整个南海北部，最大波高为 6.5 m，最大风速为 34 m/s，过程维持约 66 h。

这次台风浪冲崩广东沿海堤围 766 处，在大亚湾范和港，大浪卷到两岸房顶上，附近海堤冲毁 46 处。潮阳县牛田洋全长 13 km 的大堤冲淹 7.3 km，最大缺口超过 180 m，沉船 309 艘，撞坏 1 515 艘，死伤 1 400 人。海丰县损毁渔船 895 艘，其中全毁 364 艘，死亡 3 人，重伤 26 人。惠东县损毁渔船 481 艘，其中全毁 149 艘，冲毁海堤 7 782 m，涵洞 126 座。据统计，受灾县、市 37 个，死亡 121 人，农作物受灾面积 24.5×10^4 hm²，溃决堤围 23.7 km。

3）"8007 号"台风海浪灾害

"8007 号"台风于 1980 年 7 月 17 日 08 时在西太平洋 11°N、143°E 生成。21 日穿过菲律宾进入南海，向西偏西方向移动，22 日（农历八月十四）20 时在雷州半岛南端越过琼州海峡继续向西北行，此后逐渐减弱为低压槽。这个台风具有强度强、范围广、移速快、台风要素稳定少变的特点，平均移动速度为 33 km/h，最快移动速度 35.9 km/h，其中心附近最大风速始终保持 40 m/s，最大风半径为 94 km，8 级大风范围半径为 300 km，6 级大风范围半径为 600 km，台风登陆时风速 42 m/s。受"8007 号"强台风的影响，南海东部及巴士海峡于 1980 年 7 月 21 日 14 时形成波高为 6 m 以上的狂浪区，22 日 08 时扩展至南海北部，23 日 08 时该浪区移至北部湾，过程最大波高为 8 m，最大风速为 34 m/s，过程维持约 48 h。

由于风暴潮来势猛，在短短的数小时内海水就淹没了沿海村庄、城镇、港口码头。风暴潮和海浪的共同作用下，海堤和沿海建筑物的基底被海水掏空而倒塌。沿海的海康、徐闻、吴川、遂溪、湛江等县市 343 宗海堤冲垮 320 宗，占总长 412 km 的 93%。防御标准较高的海康大堤长 22 km，堤顶高程 8 m（黄海基面），堤顶宽 6 m。在"8007 号"风暴潮冲击下，堤顶被冲刷大半，7 个缺口，并摧毁新建 130 万元的油库一座，湛江港内 2×10^4 t 外轮被浪抛到防波堤边，沉损船共计 3 133 艘。由于湛江及沿海的海堤被冲垮，海水倒灌，农作物受灾面积 20.9×10^4 hm²，死亡 414 人，失踪 137 人，伤 645 人，溃决堤围 526 km，损坏涵闸 393 座，直接经济损失 4 亿元以上。

4）"9207 号"台风海浪灾害

1992 年 7 月 17 日 14 时在菲律宾以东洋面生成一热带低压，20 日 20 时穿过吕宋岛进入南海，强度加强，中心风力为 20 m/s，21 日 20 时中心风速为 25 m/s，22 日 14 时加强为台风，中心风速 35 m/s，中心气压为 975 hPa，23 日 03 时登陆湛江时，中心风速为 30 m/s，中心气压为 980 hPa，07 时左右再次在广西沿海登陆。"9207 号"台风第一次登陆广东时，雷州半岛西部沿海出现了 5~6 m 的巨到狂浪，硇洲岛海洋站 23 日观测到 2.5~2.7 m 的偏东向浪。

广东省湛江市海康县雷高海堤，被海浪冲毁挡土墙 8 段，长 1 260 m，冲毁排洪防潮涵闸 3 座。湛江市保护东海岛的西湾大堤，多处堤段被冲毁。吴川县海沟排洪纳潮闸 6 孔，每孔面积 3.24 m²（1.8 m × 1.8 m），全部崩塌。这期间湛江、阳江、茂名 3 市共 16 个县不同程度受灾，损坏机动船 147 艘，风帆船 540 艘，海岸防护工程和水利工程受到严重破坏，据不完全统计共损失 7.08 亿元。

5）"0307 号"台风海浪灾害

2003 年 7 月 21 日"0307 号""伊布都"台风在菲律宾以东洋面形成并加强为台风，7 月 22 日 20 时穿过菲律宾进入南海，于 7 月 24 日 10 时前后在广东省阳西至电白之间沿海地区登陆，登陆时台风中心气压 960 hPa，近中心最大风速 38 m/s。"伊布都"及其后紧跟的"天鹅"（"0308 号"）台风先后在南海造成 4 m 以上的巨浪达 6 天以上，南海北部 6 m 以上的狂浪达 3 天，最大浪高 11 m。

"伊布都"台风正面袭击广东省西部，致使阳江、茂名、江门、湛江等不同程度受灾。根据广东省三防指挥部初步统计，这次受灾的阳江、茂名、江门、湛江等 7 市共 381 个乡镇，受灾人口 477.6 万，死亡 3 人。倒塌房屋 5 950 间，直接经济损失 19.07 亿元。其中农作物受灾面积 30.9 × 10⁴ hm²，水产养殖受损面积 3.4 × 10⁴ hm²。停产工矿企业 1 951 个，公路中断

29 条，毁坏路基 723.2 km。损坏堤防 2 067 处计 180.9 km，堤防决口 800 处计 73.3 km，损坏护岸 636 处，水闸 1 208 座。

6）"0312 号"台风海浪灾害

2003 年 8 月 20 日 20 时 "0312 号" "科罗旺" 在菲律宾东北洋面形成，随后强度迅速增强，先以西南方向经过吕宋岛，后转西北向移动。25 日凌晨擦过海南文昌东北部海面，于 6 时 15 分在广东省湛江市徐闻县前山镇登陆，登陆时中心附近最大风力 12 级（风速达 35 m/s），阵风 37 m/s，最低气压 965 hPa。"科罗旺"台风造成南海中部、北部 4 m 以上的巨浪达 3 d，北部 6 m 以上的狂浪达 2 d，最大浪高 9 m。

"0312 号"台风（科罗旺）于 8 月 25 日 06 时左右在广东省湛江徐闻县前山镇登陆，致使湛江、茂名、阳江等不同程度受灾。根据广东省"三防"指挥部初步灾情统计，以上 3 市共有 20 个县（市、区）229 个乡镇受灾，受灾人口 509.7 万人，倒塌房屋 0.906 万间，死亡 2 人，直接经济损失 8.474 亿元。受台风浪的影响，广东省 151 艘渔船损坏，沿海滩涂养殖网箱、渔排受损严重，水产品损失 1.5×10^4 t，损坏堤防 755 处，累计 266.8 km，堤防决口 53 处，损坏护岸 350 处，水闸 190 座，冲毁塘坝 165 座。

7）"0601 号"台风海浪灾害

2006 年 5 月 9 日 20 时 0601 号台风"珍珠"在西太平洋贝劳群岛附近海面生成，13 日 08 时前后移入南海中部海面，强度逐渐加强成为台风。18 日凌晨 2 时 15 分在汕头澄海区和饶平县交界地区登陆。登陆时，中心风力 12 级（35 m/s），中心气压 960 hPa，7 级大风半径 400 km，10 级大风半径 100 km。台风"珍珠"路径奇，强度强，范围广，给广东带来了狂风骤雨和巨浪，粤东沿岸普遍出现风暴增水和巨浪灾害。

台风"珍珠"给粤东带来的海洋灾害主要由大风和巨浪引起，海洋水产养殖和渔业捕捞船在此次台风过程中受损严重，防波堤、海塘以及海岸工程受损较为轻微。由于有海洋灾害预报和加强了防范，此次台风没有人员因为灾害性海浪而死亡或者失踪。但汕尾市、汕头市、饶平市、惠来县 4 县市损毁渔船 1 448 艘，损失水产养殖 30 多万亩，损坏堤防 1 426 处，合计长约 145 km，损坏水闸 154 处。

8）"0814 号"台风海浪灾害

"0814 号"台风"黑格比"于 2008 年 9 月 19 日晚在菲律宾以东的西北太平洋洋面上生成，生成时中心附近最大风力 8 级（18 m/s）。22 日下午增强为强台风，穿过巴林塘海峡后径直向西北偏西方向移动，于 24 日早上 6 时 45 分在广东省茂名市电白县陈村镇附近登陆，登陆时中心附近最大风力 15 级（48 m/s），气压 940 hPa。台风登陆后继续往西北偏西方向移动并逐渐减弱，24 日傍晚在广西境内减弱为热带风暴，25 日早晨进入越南。台风"黑格比"的特点是：移动速度快，云系范围广，路径笔直，强度稳定。

据初步统计，该次台风过程共造成广东省茂名、阳江、湛江、珠海、中山、江门 6 个市 32 个县（市、区）344 个乡镇 652 万人受灾，死亡 22 人，失踪 4 人，倒塌房屋 15 322 间，直接经济总损失约 77 亿元。广州市 14 个乡镇 99 个行政村（居委会）受淹，广州外江堤围 193 处出现漫顶，农作物 15.3 万亩受灾。在遭遇狂风和巨浪的袭击下，全省 971 艘渔船沉没，

3 093 艘渔船损坏，粤西地区养殖渔排损毁殆尽，渔业损失惨重；全省海堤决口共 524 处，长 52 km，损坏 744 km。

9）751210 冷空气海浪灾害

1975 年 12 月 10 日 10 时，受冷空气影响，14 时在南海北部形成狂浪区，20 时维持。东海北部也观测到 7.3 m 的狂浪，12 日 08 时东海北部狂浪消失，其余维持。13 日 14 时扩展到东海南部，14 日 08 时东海南部狂浪消失，其余维持。20 时扩展到南海南部，直至 12 月 30 日 14 时该狂浪区消失，其间观测到的最大波高为 15 m，最大风速 28 m/s，共维持 21 d。

10）821212 冷空气海浪灾害

1982 年 12 月 12 日 08 时，受冷空气影响在东海中部、南部和台湾省以东洋面形成 6 m 以上狂浪区。14 时东海中部和南部狂浪消失，其余维持。13 日 08 时移到南海中部，13 日 20 时移到巴士海峡。14 日 08 时移到南海中部，16 日 08 时移到东海东北部。17 日 08 时移到台湾省以东洋面，14 时扩展到南海东北部，20 时移到巴士海峡。18 日 08 时移到东海南部、台湾海峡和台湾省以东洋面，14 时移到南海东部，20 时移到东海东南部。19 日 08 时移到巴士海峡和南海南部。23 日 08 时南海南部狂浪消失，巴士海峡狂浪区维持，23 日 20 时消失，最大波高 10 m，最大风速 22 m/s，维持 12 d。

4.1.3 海雾灾害

海雾是一种发生在海上及沿岸地区上空的低层大气中，由于水汽凝结而产生的大量水滴或冰晶使得水平能见度小于 1 km 的危险性天气现象（潘蔚娟等，2007）。南海海域内出现的海雾，按其成因而论，主要是平流雾和锋面雾。平流雾是暖湿空气流经较冷的海面时，其低层达到饱和或者过饱和状态下产生的，因此平流雾的形成需要有暖湿空气、冷的海面和弱的大气环流，以及合适的风场等条件；锋面雾是在冷锋或静止锋影响过程中出现的。在实际情况中，海雾往往是由上述两者共同作用所致，故常称之为混合雾。

南海海雾的出现有明显的季节性，主要的雾季为 12 月至翌年 5 月，其中以 3 月出现雾的机会最多，8—11 月南海海域内极少见到海雾。南海海雾的海域分布相对比较集中，主要出现在北部沿海一带，雾区自冬至春逐渐向北、东转移（宋丽莉，2006）。因此华南沿海是我国海雾多发区之一。据资料统计，在华南沿海雾季平均雾日数在 10 d 以上，一些地区如琼州海峡、北部湾、珠江口和汕头沿海等雾日数甚至达到 20 d 以上（屈凤秋等，2008）。

广东沿海海雾主要出现在冬春季，其总的年际变化特征是，3 月在粤东沿海出现一个相对的多雾中心，至 5 月海雾减少，6 月、7 月仅北部海区可见雾，但出现频率大为减少。在广东沿海不同地区，海雾的年分布及雾日数、月变化、产生条件等也存在一定差异。根据徐峰等（2011）对粤西湛江站、雷州站及徐闻站数十年以来记录的历史资料的统计分析，3 个站的雾日数月变化趋势基本一致，雾日主要集中在每年的 1—4 月及 12 月，其中 3 月雾日最多，7 月雾日最少。1958—2000 年台山市上川气象观测站记录的资料显示，该地区沿海大雾以平流雾为主，也基本集中在每年的 12 月至翌年 4 月，这一时段的雾日数占全年总雾日数的 90% 以上，其中尤以 2—4 月为大雾多发期。而产生海雾的有利水文气象特征是偏南风、相对湿度 95%~100%、气温 10℃~28℃（叶朗明和赵建峰，2009）。珠江口以及粤东沿海各站多年平均年大雾天数差异较大，惠东深圳最少而澳门最多。珠江口海雾主要集中出现在每年的1—4月，6—8月的发生概率很低；但中山和惠阳较为特别，大雾发生频率最高的月份是11月、12月和1月，另外3月和9月出现的概率也较高；其他各地都是3月发生频率最高（潘蔚娟等，2007）。张朝锋（2002）利用1961—1985年汕头站、1966—1981年遮浪站以及东山站的月报表、历史天气图等资料，统计得出粤东海区出现海雾的气候特征：粤东海区的海雾主要出现在1—5月，其中4月为雾的旺季，8—9月基本没有全日雾（表4.4，表4.5）；雾的生成主要在夜间，早晨出现最多，日出后开始消散；在水文气象方面，一般以东北—东南风向、风速3~6 m/s、平均气温20℃以下、相对湿度80%以上最易出现海雾。

表4.4 汕头站历年各月雾日数统计（1961—1985年）

雾日	1月	2月	3月	4月	5月	6月	7月	8月	9月	10月	11月	12月
平均	2.1	2.6	3.7	3.4	1.3	1.4	0.8	0.3	0.8	1.2	1.0	2.0
最大	7.0	7.0	8.0	8.0	5.0	5.0	3.0	1.0	4.0	6.0	4.0	6.0
最小	0.0	0.0	0.0	0.0	0.0	0.0	0.0	0.0	0.0	0.0	0.0	0.0

表4.5 遮浪站历年各月雾日数统计（1966—1981年）

雾日	1月	2月	3月	4月	5月	6月	7月	8月	9月	10月	11月	12月
平均	1.4	3.2	5.2	5.7	1.9	0.2	0.1	0.0	0.0	0.0	0.0	0.7
最大	8.0	7.0	13.0	12.0	7.0	1.0	4.0	1.0	0.0	0.0	0.0	4.0
最小	0.0	0.0	0.0	1.0	0.0	0.0	0.0	0.0	0.0	0.0	0.0	0.0

海雾是冬、春季广东沿海的重大海洋气象灾害之一。海雾是造成海上恶劣能见度的主因，因此对沿海地区人民的日常生活、生产运输、海上作业等带来不便，持续时间较长、能见度极低的海雾常常引发各类严重的事故，使沿海地区的国民经济和社会生活受到重大影响，并造成巨大的经济损失。如1978年3月5日，"汕海006"轮在汕尾莱屿附近因雾触礁沉没，2人失踪；1979年1月31日，载有4 220 t电石的希腊籍"阿里比奥"轮在珠江口牛头角因雾搁礁爆炸，死亡及失踪21人；1983年4月27日，陆丰县甲子渔业8大队的"2811号"帆船因浓雾被"红旗126"轮撞沉，失踪2人；1984年2月9日，香港流动渔船"M62933A"在外伶仃以东5 n mile处因雾与"惠民"轮碰撞而沉没，死亡、失踪各1人；1988年2月6日，上海远洋公司"潮河"轮和巴拿马籍"BACHERNA BREEZE"轮因浓雾在粤东海面相撞；1993年2月5日，"新会01066"渔船因雾与新加坡"HONG HWA"轮相撞而沉没，失踪4人；1994年1月31日，"三行2002"轮在南澳岛附近因雾大，碰沉"南澳31063"渔船，失踪3人；1998年2月4日，在深圳机场客运码头1、2号浮灯附近，由于浓雾能见度差，"宇航2号"高速客船与"潮供油8号"油船碰撞；2000年3月16日，琼州海峡大雾弥漫，能见度低，"临海306"轮与"银海8号"在琼州海峡北部外罗门航道附近水域相撞，载有118 t化肥的"银海8号"随即沉没。

4.2 地质灾害

海岸带是广东省国土的重要组成部分，在国民经济建设中发挥着重要作用。由于受海洋、陆地和人类开发等多重作用，广东省海岸带自然环境已经发生了重大变化，海岸带地质灾害频繁发生。目前广东省海岸侵蚀日趋严重，海水入侵范围不断扩大，滨海湿地面积日益萎缩，其他地质灾害也呈现出迅速上升趋势。海岸带地质灾害不但对海洋工程建设具有潜在威胁，也对沿海生态系统造成了严重破坏，海岸带地质灾害已经成为制约沿海经济可持续发展的关键环节。

4.2.1 海岸侵蚀

广东海岸线长度为 4 114 km，由于地处热带及亚热带，加之地质构造与岩性较为复杂，故海岸类型多样，侵蚀海岸现象也较为普遍，许多岸段被侵蚀后退，有些还十分严重，因此海岸侵蚀是广东省主要的海洋地质灾害。据初步统计，自 20 世纪 50 年代以来，广东沿海海岸线发生了很大变化，其中海岸蚀退现象比较明显，广东省约有 900.6 km 的海岸遭受不同程度的侵蚀，造成海岸后退、土崖崩塌，道路和良田被破坏，防护林和旅游资源被毁坏，严重威胁到沿海居民的生产和生活。而导致海岸侵蚀的原因既有自然环境变化的因素，如海平面上升、风暴潮等，也有人类活动的影响，如河流筑坝拦沙、海砂开采、不合理工程修建等，近年来随着经济的快速发展，人类活动已经成为海岸侵蚀的主导因素。

4.2.1.1 海岸侵蚀现状

根据对航卫片的遥感解译，以及不同年代地形图、海图资料的综合对比，广东海岸近几十年来总体上处于侵蚀状态。利用 1978 年 1∶10 000 地形图海岸线与 2006 年 1∶50 000 广东省海岸线修测图进行对比分析，按照《海洋灾害调查技术规程》中的海岸稳定性分级标准（表 4.6），统计得出广东省各种不同侵蚀强度的海岸长度及比例（见表 4.7）。

表 4.6 海岸稳定性分级标准

稳定性	海岸线位置变化速率（r）		岸滩蚀淤（s）
	砂质海岸/（m·a⁻¹）	淤泥质海岸/（m·a⁻¹）	蚀淤速率/（m·a⁻¹）
淤涨	$r \geqslant +0.5$	$r \geqslant +1$	$s \geqslant +1$
稳定	$-0.5 \leqslant r < +0.5$	$-1 \leqslant r < +1$	$-1 \leqslant s < +1$
微侵蚀	$-0.5 \geqslant r > -1$	$-1 \geqslant r > -5$	$-1 \geqslant s > -5$
侵蚀	$-1 \geqslant r > -2$	$-5 \geqslant r > -10$	$-5 \geqslant s > -10$
强侵蚀	$-2 \geqslant r > -3$	$-10 \geqslant r > -15$	$-10 \geqslant s > -15$
严重侵蚀	$r \leqslant -3$	$r \leqslant -15$	$s \leqslant -15$

注：表内"+"代表淤涨，"-"代表侵蚀。

表 4.7 广东省不同侵蚀强度的海岸长度统计

类型	稳定岸线	微侵蚀岸线	侵蚀岸线	强侵蚀岸线	严重侵蚀岸线	淤积岸线
长度/km	996.1	484.4	238.7	88.8	88.7	2 217.3

由于各岸段的岩性组成、海岸走向等性质不同以及受海洋动力和沿岸人为活动影响程度的不同，各岸段的侵蚀情况也存在一定差异。按海岸物质组成、地貌形态及侵蚀状况等，广

东省的海岸侵蚀可以分为基岩海岸侵蚀、砂质海岸侵蚀、生物海岸侵蚀和人工海岸侵蚀4种类型。由于基岩海岸侵蚀速率较小，可以认为基本处于稳定状态；淤泥质海岸一般位于港湾以内，处于稳定或淤涨状态；人工海岸可被认为是稳定的海岸，但海岸侵蚀对其造成的经济损失不可忽视；砂质海岸侵蚀现象最为普遍，是主要的侵蚀海岸类型。

1）基岩海岸侵蚀

广东基岩海岸长度为394.6 km，约占海岸线总长度的9.6%。岩性以花岗岩、花岗闪长岩为主，广泛分布于电白以东的广东大陆沿海半岛、岬角，主要集中在珠江口至海丰鲘门一带。基岩海岸质地坚硬，不易受侵蚀，故海岸后退速度较慢。但由于基岩形成年代较老，在华南湿热气候下易形成风化壳，继而被海浪冲刷而剥落，地貌上往往形成半岛或岬角。现代海岸侵蚀现象明显，常表现为基岩裸露的海蚀陡崖，海滩多数为宽度窄、坡度陡的砾石滩。

岩性为半胶结的海岸主要分布在雷州半岛。半胶结沉积是第四纪早、中更新世在雷琼凹陷堆积的以滨海相为主的砂砾沉积，时代为早更新世的属湛江组，中更新世属北海组。北海组是继湛江组之后的滨海相沉积，与湛江组呈假整合关系。颗粒组成下粗上细，其中下部为砂砾层，上部为黏土质砂层，胶结程度较差，易风化，抗侵蚀能力与全新世松散沉积物相似。由于地貌上为较宽的台地，因此在侵蚀作用下往往形成陡坎，其间的玄武岩夹层则在坡脚下堆积。正常波浪情况下，这类海岸的侵蚀速度较慢，但在风暴潮作用下，侵蚀速度加快。如雷州半岛海岸侵蚀强烈的赤坎村沿岸，由2003年12号台风及天文潮引发的风暴潮，使该村附近的海岸线向陆后退了近10 m（图4.1）。

图4.1 雷州半岛东岸台地基岩海岸侵蚀

2）砂质海岸侵蚀

广东省砂质海岸岸线长度约746.2 km，占全省大陆岸线总长度的18.1%。砂质海岸地势低平，地貌上主要有沙坝、三角洲等。近几十年来，砂质海岸岸线变化很大，既有侵蚀，也有堆积，但总体以侵蚀为主。

（1）沙坝海岸侵蚀

该类海岸主要分布在粤东海门湾至红海湾、粤西海陵山湾至鉴江口，沿海多为更新世洪积—冲积阶地或侵蚀台地与山丘。海岸的磨蚀形态和堆积形态交替分布，残丘或阶地的岬角向海突出，海湾内凹，由于拦湾沙坝发育而形成众多潟湖，如粤东的靖海、神泉、甲子、碣石、汕尾港；粤西的博贺、水东。此类海岸的连岛沙堤或拦湾沙坝形成时间较早，多呈弧形，坝外海滩较窄。

目前大多数沙坝处于缓慢向陆移动的动态平衡状态中，但当动力或泥沙交换条件改变，如潟湖面积减小时，会使沙坝海岸遭受显著侵蚀。广东茂名水东港沿岸为15~25 m的侵蚀堆积台地（图4.2），大沙坝因受海平面上升和潟湖面积减小的影响，沙坝超复于潟湖沉积物质上。根据现在海岸线数千米之外的钻孔出现潟湖相沉积物，可推算出岸线向陆后退的平均速率约为1 m/a，但近百年来已增加至2~3 m/a。如水东临海的上大海村，近百年来因受台风海浪侵蚀，海岸向陆后退超过了200 m，速率达2~3 m/a，沙坝附近的宴镜村海岸后退速率也达1 m/a，可观察到沙坝整体不断被侵蚀后退。汕尾品清湖潟湖出口的沙嘴在1979年长度达1 900 m左右，形状头大腰细，中段最狭窄宽度只有100 m，高潮时有超过10 m宽的脊顶未被淹没。近年来，由于潟湖面积减少，潮水动力减弱，且表面植被被砍伐，沙嘴被侵蚀切断，使原来受沙嘴屏障的汕尾渔港处于南向风浪的直接作用之下，部分临海街道面临着风暴潮和海浪的直接威胁。经过修复后，目前已基本处于稳定状态，但是附近浅滩仍不断被冲刷蚀低。

图4.2　水东沙坝海岸侵蚀陡坎

（2）三角洲海岸侵蚀

广东最大的三角洲为珠江三角洲，由于其巨大的输沙量及其两侧的基岩海岸，故海岸侵蚀不明显，并处于稳定或者弱淤涨状态，这可从遥感影像图中清晰地反映出来。其余的一些三角洲如韩江三角洲、漠阳江三角洲、鉴江三角洲等由于泥沙来源减少和波浪水动力增强等因素影响，沿岸海岸侵蚀现象明显或呈增强趋势。尤其是近数十年来，人类活动的加强使海岸普遍遭受侵蚀。

韩江三角洲由于流域开发，其上游地区水土流失严重，入海泥沙较多，在波浪作用下，沿岸沙堤及水下沙坝发育。随着上游水土保持工作的加强及河流水库的修建，入海泥沙逐渐减少。东溪河口、外砂河口和新津河口以河流波浪作用为主，水动力较强，在泥沙来源不足的情况下，岸滩和水下岸坡持续被强烈冲刷，岸滩地形变化大。据1959—1971年韩江口测深资料的对比，莱芜岛至新津河口岸段的浅海区普通被冲刷，刷深幅度为0.5～2.0 m。此外，由于该区域沿岸经济发达，人口密集，海岸侵蚀受人类活动影响明显。为保护海岸免遭蚀退，新津河口东侧至外沙河口西侧修筑了大量的人工护堤，其直接结果是沙滩下蚀，水下岸坡刷深变陡，浅水等深线向陆推移，最终人工海堤被冲毁倒塌。因此，韩江三角洲的海岸侵蚀主要以岸滩下蚀为主，水下泥沙不断被冲刷搬运。根据广东省"908专项"海岸侵蚀调查结果，自2008年5月至2009年5月，整个监测区 -3.5 m以深的等深线基本有向陆推移的趋势，-3.5 m以深区域的平均蚀低约10 cm，即刷深速率约10 cm/a。

漠阳江三角洲的海岸侵蚀主要表现为岸线后退明显。漠阳江口门外发育有东西向宽约30 km的拦门滩，滩顶水深0.4～2 m，浅滩发育了东西两支汊道，东支向南东延伸，西支向正南延伸，水深1～2 m，浅滩沉积物以细砂为主。近几十年来，受人类活动、气候变化等因素的影响，海岸呈侵蚀后退趋势，在强波浪作用下岸线后退尤为明显。如阳江口低潮线自1957—1981年后退了近200 m，平均后退速率达8 m/a。直接由风暴潮造成的海岸侵蚀也十分严重，如2008年的"黑格比"台风使漠阳江口东侧海岸后退了将近20 m（图4.3）。广东省"908专项"海岸侵蚀监测结果显示，漠阳江入海口东侧海岸属于强侵蚀海岸，岸线后退快速、海底冲刷严重，并在风暴潮作用下侵蚀加剧。在监测期间，老防波堤被冲毁，滩脊后沟槽被充填，滩脊后退幅度达20～30 m；滩面坡度变化不太大，但海底刷深较为严重，平均刷深速率约25 cm/a。

图4.3　2008年9月"黑格比"对漠阳江口东海岸防风林的破坏

3）生物海岸侵蚀

广东省的生物海岸主要是红树林海岸和珊瑚礁海岸。红树林一般生长在淤泥质港湾内，并且有抵御海浪、固定泥沙的作用，因此红树林海岸基本处于淤积状态。珊瑚礁海岸主要分布在雷州半岛西南部的徐闻境内，以灯楼角岬角两侧最为发育，长约 10 km，宽约 0.5～1 m。海岸及潮间带多为沙滩和岸礁，属滨海－浅海相砂泥质碎屑岩和湖泊相含膏盐碎屑岩构造，岩性特征以浅灰绿色粉砂岩、棕红色泥岩和灰黑色玄武岩为主。20 世纪 70 年代，由于渔民修建房屋而大量开采珊瑚礁，造成大面积破坏；90 年代后期，角尾乡渔民在珊瑚礁区养殖珍珠，导致珊瑚礁对海岸的防护能力降低，波浪直接传输至海滩并产生侵蚀。近年来，随着保护意识的加强，破坏珊瑚礁的活动逐渐减少，海岸侵蚀也随之趋于减弱。

4）人工海岸侵蚀

人工海岸主要包括海堤、防波堤、码头、拦沙堤以及其他工程构筑物形成的海岸，这些人工海岸主要集中在三角洲、河口码头及临海城市周围。据统计（马毅，2005），广东省沿海主要防潮海堤全长 2 438.36 km，捍卫面积 5 182.52 km²，人口 93.085 万人。其中，粤东岸段主要海堤长 592.52 km，捍卫面积 882.8 km²，人口 347 万人；珠江口岸段主要堤围长 1 505.72 km，捍卫面积 2 228.95 km²，人口 454.62 万人；粤西岸段主要海堤长 340.12 km，捍卫面积 2 070.76 km²，人口 129.23 万人。这些海堤整体来说防御能力较低，在海浪尤其是风暴潮期间的大浪作用下，往往容易被冲毁。如韩江新津河口附近海堤经过海浪的拍打冲刷，现已基本倒塌，堤脚前滩泥沙也被严重淘蚀（图 4.4）。

图 4.4 外砂河口西侧海岸被冲毁的防波堤

防波堤、码头等重点工程项目的人工海岸是比较坚固的，在海岸侵蚀调查中发现这些设施岸线稳定，受海浪作用影响较小。在一些城市或临海村庄往往有临海人工海岸，一般较为坚固，但是有些因为高程较低在风暴潮时会被淹没或者出现崩塌现象。在一些临海村庄村民为了抵御海浪入侵，修建了防波堤，但是往往由于质量不高，常在强风暴潮时被冲毁，如徐闻赤坎村海堤，先后修建多次，但是都被风暴潮冲毁。随着社会经济和海洋事业的不断发展，人工岸线类型和长度将快速增加，未来人工海岸的防护也显得越来越重要。

4.2.1.2 海岸侵蚀分布

侵蚀岸线的长度及侵蚀强度往往受海岸的岩性组成、地貌特征、岸线形态等因素控制，因此海岸侵蚀的分布也与这些因素相关。粤东海岸岸线长 984.8 km，砂质海岸和基岩海岸相间分布，岬湾海岸特点十分显著，即使较长的砂质海岸——韩江三角洲、碣石湾和红海湾海岸，其间也被数段基岩海岸间隔。岩石岬角和弧形砂质海岸的相间交错使砂质海岸断续分布，多被分隔为数百米至数千米的岸段，因此基岩岬角对砂质海岸的淤侵情况起了一定的控制作用。此外，岬湾砂质海岸在同一区域的不同岸段可能存在侵蚀和堆积两种状态，从而使侵蚀总量及强度减小。据广东省"908 专项"海岸侵蚀调查统计，粤东岸段属于侵蚀性质的海岸长度为 290.4 km（图 4.5），占粤东海岸线长度的 29.5%，具体统计数据见表 4.8。

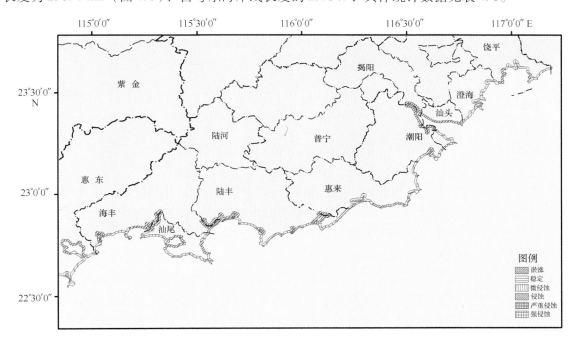

图 4.5 粤东海岸侵蚀强度分级

表 4.8 广东海岸侵蚀等级分类统计　　　　　　　　　　　　　　　长度单位：km

类型	稳定		微侵蚀		侵蚀		强侵蚀		严重侵蚀		淤积	
	长度	比例	长度	比例	长度	比例	长度	比例	长度	比例	长度	比例
粤东	326.9	33.2%	151.5	15.4%	64.8	6.6%	37.7	3.8%	36.4	3.7%	367.5	37.3%
珠江口	460.8	34.0%	105.7	7.8%	7.3	0.5%	3.0	0.2%	0.8	0.1%	778.4	57.4%
粤西	208.5	11.8%	227.2	12.8%	166.6	9.4%	47.9	2.7%	51.5	2.9%	1 071.3	60.4%

珠江口岸段海岸线长约 1 356.0 km，以基岩海岸为主，砂质海岸零星分布。来自珠江的悬移质泥沙使三角洲滨线不断向海推移，因此本区的侵蚀岸段主要分布在珠江口两侧海岸，并且侵蚀强度较小，属于侵蚀性质的岸线长度约 117.0 km，约占粤中岸线长度的 8.6%（表4.8，图 4.6）。

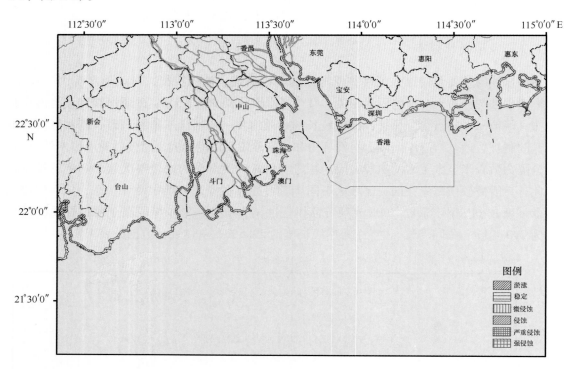

图 4.6　珠江口海岸侵蚀强度分级

粤西岸段海岸线长 1 773.1 km，是广东省砂质海岸最集中的岸段，其长度占粤西岸线总长度的近一半。粤西岸段海岸类型较多，主要有：阳江以东为岬湾海岸，电白至雷州半岛东南为沙坝海岸，雷州半岛南至西南部为基岩海岸，雷州半岛西部为低沙坝海岸。由于砂质海岸分布较广泛，因此粤西岸段的海岸侵蚀现象十分普遍。雷州半岛的"基岩"海岸主要由玄武岩构成，但玄武岩抗侵蚀能力弱，在风浪冲刷下岸线也不断后退。粤西海岸带人类活动较珠江口和粤东弱，主要表现为修建虾池等养殖活动，但海岸侵蚀受风暴潮影响较大，风暴潮期间的强烈水动力使海岸地貌显著改变，常造成岸线大幅度后退。粤西海岸线中属于侵蚀性质的岸段长度为 493.3 km，占粤西岸线总长度的 27.8%（表4.8，图 4.7）。其侵蚀强度及长度均超过了其他两个地区，侵蚀强烈的岸段一般是砂质岸线分布较长的岸段。

4.2.1.3　海岸侵蚀趋势分析

海岸侵蚀是在特定的海洋动力和海岸环境条件下形成的。广东省海岸侵蚀灾害的形成与发展主要受沿岸泥沙供应、潮流波浪等海洋动力条件的控制，海岸侵蚀的未来趋向将取决于影响这些条件的各种自然及人文因素的变化。

全球气候变暖虽然会使处于低纬度的广东河流流域降水总量增多，但也导致降水量的季节性变化增大，人为干预河流径流量增强，水利开发强度加大，目前共有大小水库 6 552 宗，设计

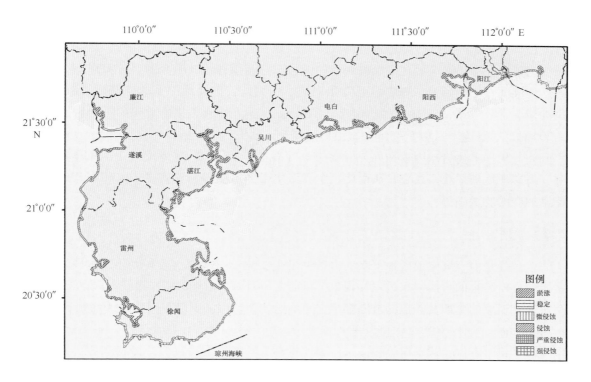

图 4.7　粤西海岸侵蚀强度分级图

库容 412×10^8 m^3，拦蓄调节的水量和沙量比重不断增加；加之，广东各流域近年来普遍加大的水土流失治理力度，水土流失面积由 1949 年的 6×10^4 km^2 减少到 1×10^4 km^2，河流泥沙来源减少；盲目开采和盗采河沙使东江、西江、北江和韩江等主要河流河床 20 年来平均下降 2～3 m，直接减少了河流含沙量。因此广东沿岸未来入海泥沙持续减少的趋势将不可避免。

国家海洋局公布的《2008 年中国海平面公报》，预计未来 30 年广东沿海海平面将比 2008 年升高 78～150 mm，这意味着广东省海岸在未来 30 年将平均后退 4.7～9 m。同时，高潮位上升速度将超过海平面的上升速度，拍岸浪作用增强，使侵蚀面升高和侵蚀面积增大。此外，海面上升会使河流侵蚀基准面升高，加剧河流溯源堆积，使河流携沙量减少。气候变暖，尤其是西北太平洋增温，将可能导致热带气旋活跃，并相应增加登陆影响中国海岸的几率，使得风暴潮显著增强，最近 10 年广东沿海遭受强风暴潮影响的频率已增加了 1.5 倍。未来海平面上升，初始海平面抬高，导致同样风暴增水值与潮位叠加，将出现更高的风暴高潮位，从而显著缩短风暴高潮位的重现期，而某些较大的风暴增水单独形成潮灾的可能性也将增加。

红树林和珊瑚礁等是减轻或避免海岸侵蚀的天然屏障，一旦遭受破坏，将使其消浪、阻流及滞沙作用消失，从而成为导致沿岸海洋动力增强的间接原因。如果海平面上升侵蚀了潮滩盐土环境，或者其促淤的速度慢于海平面上升的速度，红树林就会向陆迁移，并变得渐低渐疏。当后方有陡崖或海堤时，无路可退的红树林湿地资源就会消失。据预测，2030 年红树林的促淤速度就会跑输，届时红树林构建的海岸生态将由净收入转为净损失，趋于脆弱，海水也将向陆地侵蚀。同时，由于极端气候的异常，浅海珊瑚大量死亡，珊瑚礁海岸的保护屏障也会逐渐减弱。

另外，随着大规模的海岸开发和利用，滨海旅游、养殖等产业迅速发展，河砂及海砂盗

225

采活动屡禁不止，海岸工程不断建设，等等，这种状况在今后相当长的时间内难以改变，人类开发活动对海岸环境的破坏也仍将难以遏制。如受人类活动影响，韩江河口区的海滩由淤积转变为侵蚀。由于河流泥沙以及海滩沙的盗采一直未能杜绝，至今河口外海岸仍处于侵蚀状态，使潮间带不断后退，海堤多处发生崩塌。在无人工护堤保护下的外砂河口东侧海岸，其侵蚀情况十分严重，自20世纪60年代莱芜岛连陆以来，该段海岸自东向西后退幅度达20～200 m，后退速率为0.5～5 m/a，沿岸防风林已消失殆尽，原有的防波堤也已处于水下。

因此，根据上述自然因素和人为因素的分析来看，入海泥沙将继续减少，海洋动力显著增强，海岸环境破坏难以改变，从而使广东省海岸带的海岸侵蚀灾害在未来相当长的时间内可能呈加剧的发展趋势。

4.2.2 海水入侵

海水入侵是由于滨海地区地下水动力条件发生变化，引起海水或高矿化咸水向陆地淡水含水层运移而发生的水体侵入过程和现象。目前人们对海水入侵的定义还没有取得一致意见，甚至对这一现象的称谓及涵盖的范围都存在着不同认识。国外文献一般称之为盐水入侵（salinity intrusion），国内文献除称其为海水入侵外，还有海水侵染、海水内浸、海水地下入侵、盐水入侵、咸水入侵、咸水侵染、卤水侵染等称谓，但以"海水入侵"的使用较为普遍。目前全世界范围内已有50多个国家和地区的几百个地段发现了海水入侵，主要分布于社会经济发达的滨海平原、河口三角洲平原及海岛地区。20世纪80年代以来，我国渤海、黄海沿岸不同程度地出现了海水入侵加剧现象，其中以山东省莱州湾沿岸最为突出。全国累计海水入侵面积达1 000 km² 左右，最大入侵距离超过10 km，最大入侵速率超过400 m/a，由此造成的经济损失每年约8亿元（潘懋和李铁峰，2002）。

4.2.2.1 珠江三角洲海水入侵现状

珠江三角洲作为我国海水入侵灾害比较严重的大河三角洲之一，同时也是广东省海水入侵最为严重的地区，因此被选为国家"908专项"海水入侵灾害调查的重点区之一。该调查共布设了11条断面29个监测孔（图4.8），对珠江三角洲的地下水位、氯离子、矿化度等进行监测。

根据监测结果，珠江三角洲滨海带地下水位在时间上和空间上变化幅度都较大。在监测期内29个监测孔内地下水位最大变化幅度为21.78 m，地下水水位最高值为18.17 m，出现在SZ14孔（基岩裂隙含水层）；地下水位最低值在－3.61 m，出现在ZS6孔（第四系孔隙含水层），29个监测孔平均地下水位为3.45 m。总体看来，珠海－中山滨海带第四系孔隙含水层平均地下水位（3.32 m）高于深圳滨海带第四系孔隙含水层水位（3.53 m），但两者都远低于基岩裂隙水平均水位（6.94 m）。地下水位随季节变化较大，丰水期（4—9月）地下水位明显增高，枯水期（1—3月，11—12月）地下水位明显降低。这与珠江三角洲气候特点相吻合，地下水水位变化主要受地面降水影响。其中，孔隙含水层地下水水位对地面降水响应较快（一般2～3 d），基岩裂隙含水层地下水位对地面降水响应相对较慢（一般5～20 d）。

监测期间，29个监测孔氯离子含量变化范围为4.24（ZS2）～95 422.1 mg/L（SZ1），氯离子平均值变化范围为15.91（ZS2）～11 699.2 mg/L（SZ15）；29个监测孔矿化度变化范围为8.05（SZ2）～31 967.5 mg/L（SZ16），矿化度平均值变化范围为53.58（SZ8）～

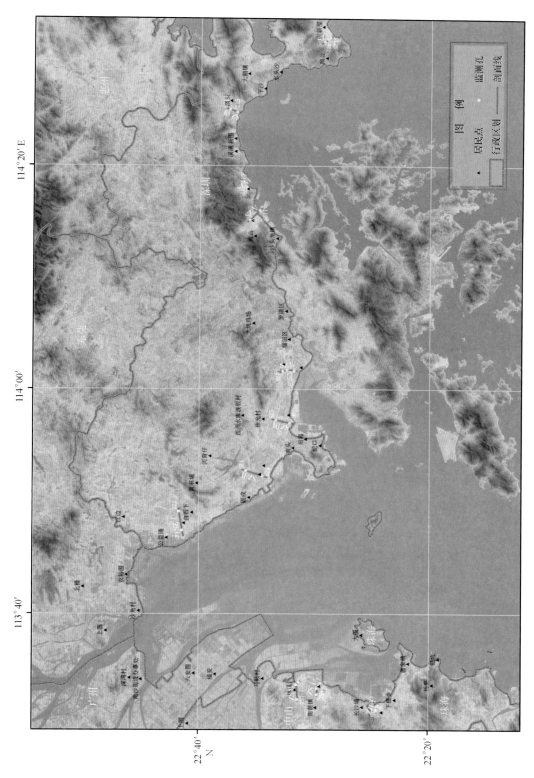

图 4.8 珠江三角洲海水入侵监测断面及监测点平面布置

21 268.7 mg/L（SZ15）。总体而言，监测期间珠海中山地下水水质情况较好，珠海中山滨海带 11 个监测孔中仅 ZS1、ZS2 和 ZS6 孔氯离子含量及矿化度超标。其中，珠海市滨海带 4 个观测孔在历时两年的观测中，氯离子含量及矿化度均小于 250 mg/L 和 1 g/L 的入侵标准，为水质良好区域，地下水未受到海水入侵影响。中山市 7 个监测孔中，3 个监测孔氯离子及矿化度超标，局部地区为轻度入侵，重度入侵范围较小。深圳滨海带海水入侵较中山、珠海严重，18 个监测孔中有 4 个监测孔氯离子及矿化度超标，达到轻度和重度入侵级别，其中西海岸重度入侵范围较大。通过对 ZH1、SZ1 和 SZ14 孔水样进行全分析，得出珠海—中山滨海带地下水类型为 $HCO_3 \cdot Cl - Na$ 型水；深圳滨海带第四系孔隙含水层地下水类型主要为 $Cl \cdot HCO_3 - Na \cdot Mg$ 型水，基岩裂隙水为 $HCO_3 \cdot Cl - Ca$ 型水。

大部分监测孔氯离子含量与矿化度峰值及高值期分布在 10—12 月及 1—3 月的非汛期，研究区域地表降雨相对较少，地下水得不到足够地表水补给，地下水位比汛期较低，海水入侵强度较大，导致氯离子浓度及矿化度比汛期偏高。相反，几乎所有监测孔氯离子含量及矿化度的最低值都出现在 5—9 月之间的汛期，表明地下水受到地表水补给，地下水位上升，地下水氯离子含量受到地表降水的稀释作用，导致氯离子浓度及矿化度相应降低。

利用各监测孔获得的数据，对珠江三角洲各具体监测时间的海水入侵强度和范围进行分析，计算得出轻度入侵区域和重度入侵区域的面积及岸线长度（图 4.9，表 4.9，表 4.10）。从表中数据可看出，监测期间珠江三角洲海水入侵范围不算太大，入侵总面积为 154.3 km^2，轻度入侵区面积为 72.4 km^2，重度入侵区面积为 81.9 km^2。其中，珠海滨海带只有轻度入侵区，面积为 6.4 km^2，其入侵强度远低于深圳滨海带。深圳滨海带西海岸入侵强度远大于东海岸，西海岸轻度入侵区面积为 59.4 km^2，重度入侵区面积为 69.3 km^2；东部海岸轻度入侵面积为 6.6 km^2，重度入侵面积为 12.6 km^2；西部海岸在重度入侵范围为东部海岸的 5 倍左右。监测期间，珠江三角洲海岸线入侵总长度为 73.3 km，其中轻度入侵长度为 41.4 km，重度入侵长度为 31.9 km。珠海滨海带入侵长度为轻度入侵，占据海岸线长为 15.7 km；深圳海岸带西海岸入侵海岸线长度大于东部海岸带。深圳西海岸轻度入侵长度为 16.2 km，重度入侵海岸线长度为 20.9 km；深圳东海岸轻度入侵海岸线长度为 9.5 km，重度入侵海岸线长度为 11 km。

表 4.9　珠江三角洲 2007—2009 年海岸线海水入侵面积统计

入侵等级	入侵面积/km²			
	深圳西海岸	深圳东海岸	珠海滨海带	合计
轻度入侵区	59.4	6.6	6.4	72.4
重度入侵区	69.3	12.6	0	81.9
合计	128.7	19.2	6.4	154.3

表 4.10　珠江三角洲 2007—2009 年海岸线海水入侵长度统计

入侵等级	入侵长度/km			
	深圳西海岸	深圳东海岸	珠海滨海带	合计
轻度入侵区	16.2	9.5	15.7	41.4
重度入侵区	20.9	11.0	0	31.9
合计	37.1	20.5	15.7	73.3

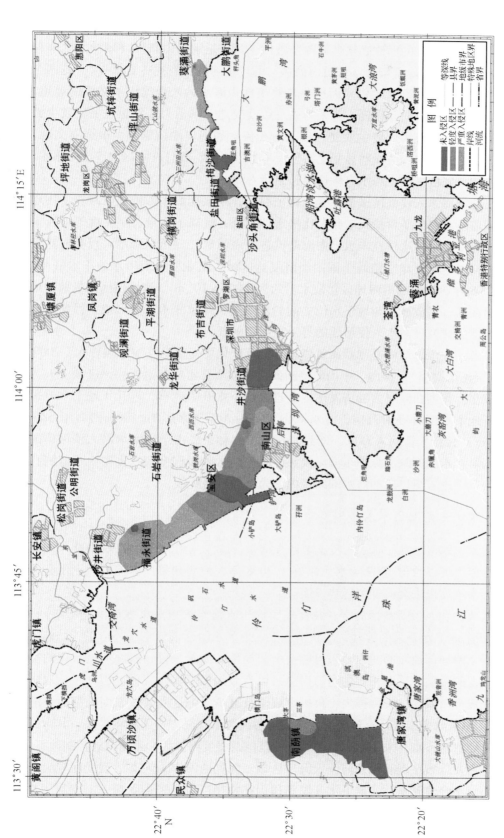

图4.9　珠江三角洲海水入侵现状图（2007—2009年）

4.2.2.2　珠江三角洲海水入侵的特征及成因

海水入侵地质灾害的形成必须具备两个条件：其一是水动力条件（咸淡水之间存在一定水头差）；其二是水文地质条件（即近海海域与海岸带陆域具有同一含水层）。这两个条件必须同时具备，才会发生海水入侵。因这些自然条件为海水的入侵提供了必要的通道和途径，也控制着海水入侵的方向和程度。若人为或自然改变地下水动力条件也是加剧发生海水入侵的主要原因。珠江口海水入侵主要受河流入海径流量和河口潮汐影响。根据周文浩（1998）的研究，珠江口含盐度等值线明显受上游径流来水量影响，伶仃洋海区由于上游来水量不大，潮势较强，加上底坡平缓，海水自伶仃洋长驱直入。

珠江三角洲海水入侵强度季节性变化特征明显，丰水期海水入侵强度减弱，体现在同一年度丰水期监测孔氯离子含量及矿化度比平水期偏低，氯离子含量及矿化度等值线平水期向陆地推进。相反，地下水位在丰水期向海岸推进，表明珠江三角洲海水入侵受自然气候因素影响显著。同时，由于珠三角属于国内经济发达区域，工业及生活用水地下水开采量较大。据调查，2008年深圳西部沿海地区年取水量约为 $2\,000\times10^4\ m^3$。滨海地区大量抽取地下水引起区域降落漏斗，造成海水与地下水位之间的水头差，导致海水入侵形成。因此，地下水开采等人工因素为研究区海水入侵形成的另一个重要因素。

总体来看，中山、珠海监测断面氯离子含量及矿化度变化受气候影响较大，2008年6月（即研究区罕见暴雨期），珠海、中山监测断面所有监测孔水质都达标。该区域受人为地下水开采影响较小。深圳西海岸为经济发达区，过去地下水开采严重，近几年地下水开采量受到控制，处于地下水位缓慢回升期，海水入侵主要为人工因素影响。深圳西海岸 SZ6 监测孔（白石洲附近）位于大沙河入海口，该监测孔水质超标主要由于因海水沿大沙河倒灌，海水入侵河流两岸含水层所致。深圳东海岸澳头、溪冲地区入侵程度较高主要由于监测孔分布紧位于葵涌河下游进入海口段的海水潮间带内，为海水入侵所致。

4.2.2.3　珠江三角洲海水入侵趋势

根据国家"908专项"海水入侵灾害调查结果，珠江三角洲在2007—2009年间水质差别不大，但总体上可以看出2009年水质略好于2008年，说明如果严格控制地下水开采，珠三角地区地下水水质未来会向好的趋势发展。

在自然条件和人为因素控制下，珠江三角洲未来海水入侵灾害发展的趋势有两种可能：① 由于加强了地下水开采的管理，现状情况下，地下水的开采量小于补给量，总体不会加剧海水的入侵，但局部地段的超强开采可能会引起局部的海水入侵；入海河流水位的变化对海水入侵有较大的影响，采取相应的防治措施可以有效地控制海水入侵。因此，采取防治措施后，海水入侵可以减少，灾害损失不再扩大或略有减少，但这需要多方面的努力才能实现这一目标。② 不采取措施进行有效防治，珠江三角洲海水入侵灾害面积将扩大。其中，中山－珠海滨海带随着地下水开采量增大，海水入侵范围及强度将扩大，若能很好控制地下水开采，海水入侵将主要分布在潮间带及河流入海口区域。深圳西海岸为人类活动强度较大区域，尽管控制了部分不合理开采井，地下水开发利用仍在使用，但开采量受到一定控制。若地下水开采强度超过地表水补给量，地下水仍然处于过度开采状态，长期下去将对该区域海水入侵造成缓慢影响。深圳东海岸经济活动相对西部较弱，主要需要预防河流入海口及潮间带区域

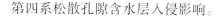

第四系松散孔隙含水层入侵影响。

4.2.3 其他地质灾害概述

除了海岸侵蚀和海水入侵外，广东省的海洋地质灾害还有活动断裂、地震、浅层气、埋藏古河道与古三角洲、海底滑坡等。由于广东近海海域是我国海洋灾害地质条件最为复杂、潜在地质灾害危险性最大的海区，因此这些灾害对海洋油气开发、海底管线铺设等海洋工程的影响也是比较严重的。

4.2.3.1 活动断裂

广东海域有大量活动断层分布。这些断层绝大部分形成于第四纪前，但第四纪以来仍有活动，亦有小部分是由于第四纪沉积物不均匀压实作用形成的，是一种具有破坏性的潜在地质灾害。活动断裂大部分属于原有断层的重新复活，其分布具有分带性。内陆架主要是中层断层和浅层断层，并以中层断层居多，而且规模较小；外陆架和陆坡区以浅断层为主，并有相当部分直接出露海底。按照断层走向可将这些断层划分为4组：北东—北北东向断裂、北东东—东西向断裂、北北东向断裂带和南北向断裂带。

活动断裂的存在标志着地壳的不稳定，表示现代构造应力正在作用，对海底工程构成威胁。据调查，有的海域活动断裂密集，有的断层直接出露海底，而且有一部分是由深层上延到海底，如一些活动断裂，在海底形成高达14 m的断层崖。另外，在海底的第四纪松散沉积地层中，发现有阶梯状沉积断层。可能为沉积土体因重力作用产生压实，发生不均匀沉降错位出现差异沉降断层，由于其规模小，时代新，距海底近，不定时发生，亦是海底潜在的海洋地质灾害因素。无论活动断裂或不均匀沉陷发生的断层，它们具有不定时性和突发性，是导致地质灾害发生的主要因素，会对海底工程产生破坏性的影响。

4.2.3.2 地震

广东沿海地区的地震具有震源浅、震感强的特点。广东沿海地震活动以北东东向闽、粤滨海活动断裂为界，北部为东南沿海地震带，南部为南海北部陆缘地震带。地震活动主要沿着北东东向滨海活动断裂带与大陆坡北缘中等活动断裂及近东西向琼北强活动断裂分布。其中以北部陆缘地震带对海洋开发的影响最大，主要发震于滨海带及陆架坡折带，史料记载大于或等于6.0级的地震发生11次，大于或等于7.0级的地震4次。到目前为止，广东滨海Ms大于4的地震共发生超过600次，主要发生在东部海域。

南海北部地震活动从第二个活跃期以来具有由北向南、由陆向海迁移的趋势，因此未来地震发育区应注意海南岛南部—神狐暗沙—东沙群岛—台湾海峡一带。南海北部地震灾害还具有出现"两头跳"的特点。近年来，如1991年、2000年、2001年地震相继在台湾、台湾浅滩、台湾海峡海域发生，最近一次2001年至今已有十来年时间。根据南海北部地震活跃期，每隔12～13年发生一次6.5级以上地震，预测2013—2014年后，地震可能重返到之前相对平静的粤西的北部湾、琼州海峡及海南岛周边海域。

4.2.3.3 海底滑坡与浊流

南海北部陆架宽阔，重力作用是导致海底滑坡、泥浊流发生的一个重要因素。在南海北部陆架区，经过调查发现几十处滑坡，尤其是珠江口以东的陆架外缘和上陆坡地区更为集中。据广州海洋地质调查局调查，南海有 3 列滑坡带：第一滑坡带位于大陆架与陆坡的转折带，第二滑坡带位于上陆坡的上部，第三滑坡带位于陆坡中部。其他海区也有零散的滑坡。南海滑坡往往有几个连在一起，形成超大型滑坡，但滑动面不深，一般不超过 35 m，滑坡体常呈鼓丘状，具有典型的滑坡壁、滑塌谷和滑坡阶梯面等，滑塌谷呈"V"形，谷底至今未被沉积物充填，说明它们是现代滑坡或正在进行的滑坡（图 4.10）。

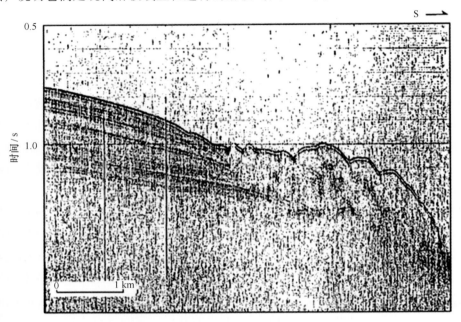

图 4.10　单道地震揭示的珠江口外海底滑坡

泥浊流是海底表层沉积物在重力作用下的一种泥水混合物群体运动，它常与滑坡、滑塌相伴生。南海内陆架坡度 3′~4′，泥质沉积物压实性差，抗剪强度低，极容易发生泥浊流。海底滑坡和泥浊流有可能在同一地区同一时间内发生，在珠江口盆地及邻区滑坡和泥浊流主要发生在下列几处：滨海断裂带的陡坡地段，如大万山岛—硇洲岛、陆丰—汕头岸外的陡坡带与水下崖坡带；珠江口、韩江口现代水下三角洲的前缘和沿岸岛屿的陡坡带段；陆架上的构造脊隆起的地区；陆架陡坡、海山和海脊地区。

海底滑坡带的物质组分主要是陆缘碎屑，孔隙率高、固结程度低、土质软、岩性变化大是产生滑坡的原因。陆架外缘发育有一系列三角洲与堆积扇，上下 3~4 期相叠置，总厚度可达 80~150 m。由于沉积速率快，砂与黏土相互成层产出。结构疏松、压实与固结程度低，在重力作用和地震或断裂活动的诱发下容易沿层理面发生蠕动或解离，是产生滑坡的地质结构因素。

海底滑坡和泥浊流是海底工程构筑物的重要地质灾害因素，它们的活动可能对钻井平台、海底管线构成直接破坏。如 1983 年，"爪哇海号"钻井平台在北部湾海上作业，遭台风袭击，海底滑坡、浊流相继发生，浊流正巧流经"爪哇海号"钻井平台的一个脚架柱，该桩脚底部的土体被浊流侵蚀掏空，致使平台失去平衡而沉没于海底，船上 219 名专家、工程技术人员及工人全部遇难。

4.2.3.4 埋藏古河道

埋藏古河道在广东沿海大河入海口外三角洲区十分发育，它们相互叠置长期发育，形成规模庞大的辫状古河道系，在海底以下埋藏深度一般10~30 m，有的古河道受侵蚀后直接暴露于海底。据中科院南海所和广州海洋地质调查局等单位调查资料表明，珠江口外主要古河道有5条，从上游向下游这些古河道逐渐变浅、变窄。韩江口外主要古河道有4条，分布范围和规模远小于珠江口外古河道。

埋藏古河道是广东近海海区重要的地质灾害因素。古河道纵向切割深度不同，横向沉积相变迅速，在近距离范围内存在完全不同的力学支撑，软的黏土沉积在不均匀压实或受重力和地震力的作用下，极易产生蠕变，引起滑坡，导致地质灾害。另外，经长期的侵蚀、冲刷，上覆荷载下容易引起局部塌陷，破坏地层的原始结构，造成基底的不稳定。

4.2.3.5 浅层气

海底浅层气主要分布于河口与陆架海区的浅沉积层中，是一种十分危险的海洋灾害地质因素。主要由陆地河流和片流带入海区大量的陆源碎屑，并夹杂有丰富的有机质，它们受到细菌的分解而逐步转化为气体。此外，深部的石油天然气也可由地层裂隙和断层面上升到海底浅部的沉积物中。广州海洋地质调查局在珠江口盆地共发现10处可能的浅层气分布区，其中大万山岛、北尖岛和卫滩附近海域出现3处较大的分布区，主要特征见表4.11。

表4.11 广东近海主要浅层气分布区域

地点	面积/km^2	埋深/m	成因推测
大万山岛	800	30	生物（河流、沼泽沉积）
北尖岛	529	35	生物（河流、沼泽沉积）
卫滩	550	20~30	生物（三角洲相、珊瑚礁）

沉积物中含浅层气，随着含气量的增加而引起膨胀，破坏土体的原有骨架结构。减慢了沉积物在自重作用下的固结过程，从而增加了土体的压缩性，降低了土的抗剪强度。松散沉积物抗剪强度是随深度增加而明显地增大。气体的积聚增添了沉积物发生崩塌、砂土液化、井壁坍塌的可能性。浅层气在勘探中也是非常危险的，尤其是高压气囊，一旦为钻杆或平台桩脚穿过，可能造成井口基底冲垮，气体喷溢，平台起火燃烧。随着孔隙压力的突然减小，土体迅速压密，地基沉陷，导致平台倾覆。

4.3 生态灾害

生态灾害是指由于自然界生物失衡、失控，以及对人和生物有害的微生物、寄生虫等病原体大规模侵害所构成的灾害，而海洋界生物生态灾害主要是海洋赤潮、绿潮、外来生物物种的侵害和部分生物的灭绝或濒危灭绝，导致海洋生态或海域生态的一系列连锁性的不良反应。广东海洋的生态灾害主要是赤潮，其次是外来物种入侵。

4.3.1 赤潮

赤潮是指海洋中某些微小的微型藻、原生动物或细菌在一定的环境条件下暴发性增殖或聚集在一起而引起水体变色，并对海洋生态系统造成危害的生态异常现象。赤潮对海洋生态系统和其他海洋生物的危害机制和效应因赤潮生物的种类而异。一些有毒赤潮藻产生的毒素（如麻痹性贝毒、腹泻性贝毒、记忆缺失性贝毒、神经性贝毒和西加鱼毒等）经由食物链传递，在滤食性贝类、植食性鱼类或其他高营养级生物体内蓄积，造成海产品污染，对消费者的身体健康和生命安全构成极大威胁，因此将直接影响到海产品在国内外市场的销售，对海水养殖业的持续发展和海洋经济产生较大影响。一些有毒赤潮藻通过产生具有溶血活性或细胞毒性的物质直接危害海洋经济生物，导致养殖鱼类、贝类和甲壳类的大量死亡，造成水产养殖业严重经济损失。无毒赤潮本身不产生毒素，但当赤潮藻达到一定密度后将减弱光合有效辐射，影响水体的初级生产过程，间接影响海洋生态系统。部分微藻具有特殊结构（如角毛藻），可能对鱼类及其他无脊椎动物的鳃组织造成物理损伤，甚至使养殖生物因氧气交换不畅而死亡。大规模赤潮消退后，死亡的藻细胞沉入海底，分解作用消耗大量溶解氧，造成底层水体出现低氧甚至无氧区，对海洋生物（尤其是底栖生物）和海洋生态系统造成危害。赤潮发生期间，海水变色影响旅游景观，部分赤潮还能产生泡沫、异味等，影响海水浴场的休闲娱乐功能，对滨海旅游业产生较大冲击。

近 30 年来，广东赤潮频繁发生，到 20 世纪 90 年代达到高峰，最多的一年为 22 次。2000 年以后，每年的发生次数为 10 次以上，大面积赤潮发生的次数相对较少，珠江口、大亚湾、大鹏湾、深圳湾是多发区。广东重要赤潮原因有夜光藻、棕囊藻、中肋骨条藻、裸甲藻等。

4.3.1.1 广东沿海赤潮发生的时空分布特征

1）广东沿海赤潮灾害的年际分布情况

据不完全统计，1980—2007 年间广东沿海共发生赤潮 232 起。由于信息的不完整性，有些赤潮原因种未定，或者未定到种。1980—2007 年广东沿海有记录的赤潮灾害次数见图 4.11。从图中可以看出，1980—1989 年的 10 年间，每年赤潮发生次数较少，均小于 10 次。1990—1994 年，赤潮的发生次数显著增加，特别是 1991 年前后，出现了一个赤潮高峰期。1995—1999 年，赤潮的发生次数为 23 次，1998 年又出现了一个赤潮高峰期。2000 年以后，赤潮的发生次数再次呈现上升趋势，总的发生次数为 132 次，都在每年 10 次以上，其中 2003 年达 25 次，但大面积赤潮发生的次数相对较少，每年累计面积在 230 ~ 1 800 km^2 之间。

2）广东沿海赤潮灾害的季节分布情况

1980—1989 年，广东沿海赤潮主要发生在春季［图 4.12（a）］，春季赤潮次数占赤潮总数的 66%。1990—1999 年，广东沿海赤潮同样主要发生在春季［图 4.12（b）］，春季赤潮发生次数占赤潮总数的 64%。而在 2000—2007 年，广东沿海每个季节的赤潮发生都很频繁［图 4.13（c）］，春季发生赤潮的次数仅占赤潮总数的 28%，夏季赤潮发生次数所占比例与春季基本相当，为 24%，秋季和冬季所占比例分别为 17% 和 19%。其中，5 月发生的赤潮次数最多，为 16 次，其次是 4 月（13 次）、6 月（12 次）和 8 月（11 次），其余每个月的赤潮

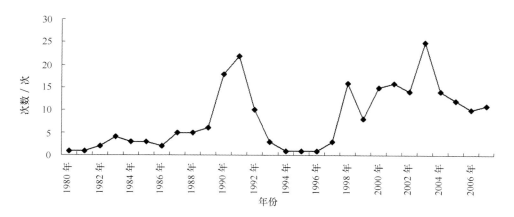

图 4.11 1980—2007 年广东沿海海域赤潮发生次数统计

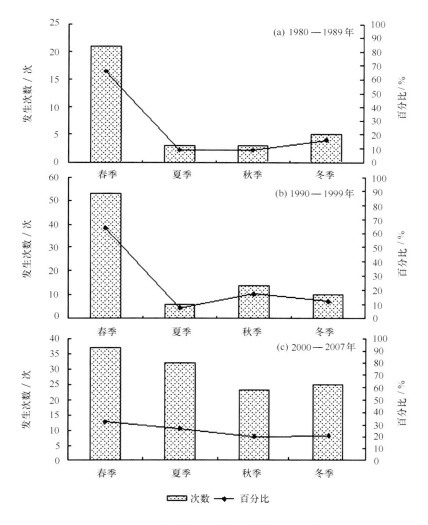

图 4.12 广东沿海不同时间段赤潮发生的季节变化

次数也都多于 5 次。

3）广东沿海赤潮灾害发生的区域分布情况

将广东沿海分为粤西、珠江口、深圳湾、大亚湾、大鹏湾及粤东（包括汕头和汕尾附近海域）6 个海域，对广东沿海近二三十年来发生的赤潮灾害进行区域分布分析。表 4.12 列出了 1980—2007 年广东沿海各海域不同时期赤潮发生的情况。

表 4.12　广东沿海各海域不同时期赤潮发生次数的变化情况

时段	1980—1984 年	1985—1989 年	1990—1994 年	1995—1999 年	2000—2007 年
粤西海域	1	0	1	1	12
珠江口	4	2	2	5	16
深圳湾	2	7	1	5	21
大亚湾	3	3	7	6	23
大鹏湾	2	10	43	6	25
粤东海域	0	0	0	9	22

从表上数据可见，粤东及粤西海域在 1980—1994 年几乎没有发生赤潮。从 1995 年开始，粤东海域赤潮发生次数显著增加，到 2000—2007 年，赤潮次数进一步增加，是 1995—1999 年赤潮发生次数的 2.5 倍。粤西海域在 2000—2007 年发生赤潮次数是 1980—1999 年间的 4 倍。珠江口和深圳湾赤潮发生次数在 20 世纪 80—90 年代没有明显的增减变化，但在 2000—2007 年赤潮发生次数有了明显的增加。大亚湾海域赤潮发生次数在 20 世纪 90 年代、2000—2007 年相对于前一时期都有所增加。大鹏湾在 20 世纪 80 年代赤潮发生次数明显高于其他海域，到 1990—1994 年达到高峰，达 43 次；1995—1999 年，大鹏湾赤潮发生次数剧减，只有 6 次，2000—2007 年，赤潮发生次数有所回升，但相对于 90 年代减少了将近 1 倍。

就各海域赤潮频发的季节而言（图 4.13），春季是大多数海域的赤潮高发期，包括大鹏湾海域、深圳湾海域、珠江口海域和粤西海域，由春季引发赤潮次数分别占该海域赤潮发生次数的 50.6%、61.1%、56.5% 和 53.3%。而冬季和夏季则是粤东海域赤潮的频发季节，分别占该海域赤潮发生次数的 46.9% 和 34.4%；春、夏、秋季均为大亚湾海域的赤潮高发期，特别是秋季，发生赤潮次数为 15 次，占了 36.6%。

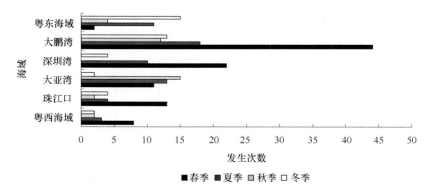

图 4.13　广东沿海各海域赤潮发生季节分布情况

4.3.1.2 广东沿海赤潮生物的变化特征

广东沿海赤潮生物种类繁多，已记录的有 170 种（包括孢囊种类），约占全国赤潮生物种类的 90% 以上（钱宏林，2005），包括有毒种类，如链状亚历山大藻（*Alexandrium catenella*）、塔马亚历山大藻（*Alexandrium tamarense*）、具尾鳍藻（*Dinophysis caudata*）、具毒冈比亚藻（*Gambierdiscums toxincus*）、多边舌甲藻（*Hngulodinium polyedrum*）、多纹膝沟藻（*Gonyaulax polygramma*）、短凯伦藻（*Karenia breve*）、链状裸甲藻（*Gymnodinium catenatum*）、米氏凯伦藻（*Karenia mikimotoi*）、海洋卡盾藻（*Chattonella marina*）、海洋原甲藻（*Prorocentrum micans*）、球形棕囊藻（*Phaeocystis globosa*）、尖刺拟菱形藻（*Pseudo - nitzschia pungens*）等。

通过对历史资料的分析，发现 1980—2009 年引发广东沿海赤潮的原因种有 52 种，其中引发赤潮频率较高的有甲藻类的夜光藻，共 56 起；其次为定鞭金藻类的棕囊藻，共 32 起；硅藻类的中肋骨条藻 24 起；甲藻类中的裸甲藻 23 起；甲藻类中的锥状斯氏藻，共 14 起；原生动物中的红色中缢虫，共 11 起；针胞藻类的卡盾藻，共 11 起；硅藻类的拟菱形藻，共 10 起。其他重要的原因种还包括双胞旋沟藻、赤潮异弯藻等。

1）赤潮优势种的区域分布特征

根据不同区域对这些赤潮生物发生次数进行统计，结果见表 4.13。从表中数据可看出，夜光藻赤潮主要发生在大鹏湾海域，裸甲藻赤潮主要发生在珠江口、深圳湾和大鹏湾；汕头是棕囊藻赤潮的频发地段，其次是湛江和汕尾；锥状斯氏藻赤潮则主要发生在大亚湾海域，在湛江、珠江口、汕头尚未有锥状斯氏藻赤潮发生的记录。

表 4.13　广东沿海主要赤潮生物种在不同区域发生的次数统计

赤潮生物	湛江	珠江口	深圳湾	大亚湾	大鹏湾	汕头	汕尾
夜光藻	2	3	5	3	38	1	1
裸甲藻	0	9	7	3	5	1	0
棕囊藻	7	2	1		2	14	7
中肋骨条藻	3	4	9	3	4	1	2
锥状斯氏藻	0	0	1	8	3	0	1
合计	12	18	23	18	52	17	11

2）广东沿海赤潮原因种的演替

1980—1989 年，广东沿海赤潮原因生物种类主要是甲藻、硅藻和蓝藻（图 4.14）；1990—1999 年，主要赤潮原因生物种类仍然是甲藻，但其引发赤潮所占比例明显减少，由硅藻引发赤潮所占比例增加；2000—2009 年，由甲藻引发的赤潮所占比例进一步减少，硅藻类引发的赤潮所占比例也有所减少，而由针胞藻类、金藻类和原生动物引发的赤潮次数显著增多。可以看出，广东沿海赤潮引发种类的多样性不断增加，甲藻和硅藻类引发赤潮的比例减少，而针胞藻、金藻及原生动物等其他门类赤潮逐渐增多。

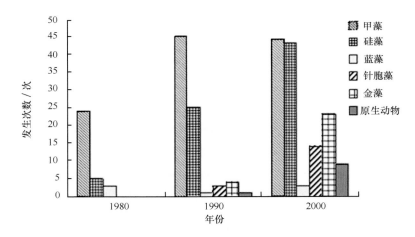

图 4.14　广东沿海主要赤潮生物在不同时期发生的次数种

3）优势赤潮生物原因种的演替

在所统计的引发赤潮的 52 种原因种中，有 5 种优势种，分别为夜光藻（*Noctiluca scintil-lans*）、裸甲藻（*Gymnodinium* sp.）、棕囊藻（*Phaeocystis* sp.）、锥状斯氏藻（*Scrippsiella tro-choidea*）和中肋骨条藻（*Skeletonema costatum*）。其中，1980—1989 年，赤潮优势种是夜光藻（*Noctiluca scintillans*）和裸甲藻（*Gymnodinium* sp.）；1990—1999 年，赤潮的优势种仍然是夜光藻，夜光藻引发赤潮次数显著增加。2000—2009 年，赤潮优势种不再是夜光藻，而是被棕囊藻、中肋骨条藻取代，尤其以棕囊藻出现最频繁，为 32 次（图 4.15）。

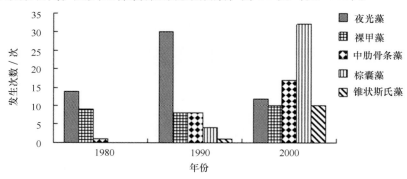

图 4.15　1980—2000 年广东沿海引发赤潮的优势种演替

4.3.1.3　广东沿海赤潮的类型分布

对 1980 年至今广东沿海统计的 253 次赤潮分析发现，有毒赤潮发生次数占总数的 9.0%，鱼毒赤潮占 29.0%，有害赤潮占 32.0%，无害赤潮占 30.0%（图 4.16）。其中，有毒赤潮在 1980—1989 年尚未统计发生（图 4.17）；在 1990—1999 年发生了 7 次；在 2000—2009 年发生了 12 次；除了湛江附近海域，每个区域都有有毒赤潮发生的记录。鱼毒性赤潮在 1980—1989 年发生了 10 次，均由裸甲藻引起；在 1990—1999 年发生了 18 次，相对于 20 世纪 80 年代有所增加；在 2000—2009 年发生了 46 次，是鱼毒赤潮发生的高峰期；广东沿海每个区域都有鱼毒赤潮发生的记录，大鹏湾和汕头附近海域发生次数相对较多。深圳湾和大亚湾发生的赤潮以无害赤潮为主。有害赤潮在 1980—1989 年发生 19 次，在 1990—1999 年发生了 40 次，在 2000—2009 年发生了 20 次。

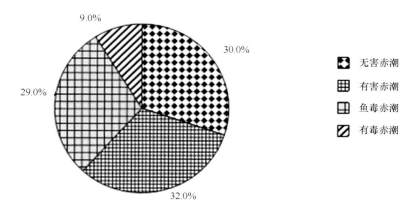

图 4.16 广东沿海赤潮类型比例

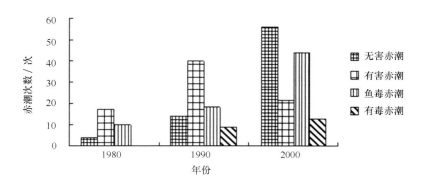

图 4.17 广东沿海不同类型赤潮的时间分布

4.3.1.4 典型赤潮事件及重要赤潮原因种介绍

广东沿海历史上发生了几次大规模赤潮事件，如 1997 年饶平柘林湾发生的球形棕囊藻赤潮给当地养殖业造成了巨大的损失，受灾面积超过 1 667 hm²，死鱼约 200 t。1999 年 7 月中旬，棕囊藻赤潮卷土重来，受灾面积 400 hm²，直接经济损失 150 万元，对柘林湾海水增养殖业和生态环境造成了严重的危害。又如 1998 年大亚湾、香港海域发生的甲藻赤潮，使广东和香港两地的水产养殖业损失达 3.5 亿元。对 2005—2009 年广东沿海赤潮面积大于 100 hm² 或带来直接经济损失的赤潮事件进行分析，可发现近年来广东沿海新出现了球形棕囊藻和双胞旋沟藻两种赤潮生物，发生频次逐步增多，规模不断增大，区域变化也较广，因此必须引起关注。

球形棕囊藻（*Phaeocystis globosa*）属定鞭金藻纲（*Haptophytes* 或 *Prymnesiophyte*）棕囊藻属，棕囊藻是广温、广盐性的藻类，在温带和热带的海洋中，甚至在南北极都有分布。1997 年在饶平一带首次爆发了球形棕囊藻赤潮，1999 年在同一地区再次爆发该赤潮，使得球形棕囊藻成为广东沿海赤潮爆发的主要肇事种，对沿海地区的生产和生活都造成了重大影响。珠

239

江口海域在 2004 年首次发现棕囊藻赤潮，2009 年 12 月珠江口海域发现大量的球形棕囊藻，其最大的细胞群体将近 3 cm。2009 年 11—12 月，在珠海海域爆发大规模球形棕囊藻赤潮，面积达 300 km²，在赤潮中出现的最大球状囊体接近 3 cm。由于该次赤潮发生区域不在海水养殖区域，所以并没有造成直接的经济损失，但是给捕捞业和旅游业带来了间接的影响。

旋沟藻赤潮在我国较为少见。1990 年 6 月，在福建的围头湾至泉州湾海域爆发的旋沟藻赤潮（*Cochlodinium sp.*）为我国仅有的一次旋沟藻赤潮记录，该赤潮至少造成 260 万元的渔业经济损失。2006 年 4 月，在广东珠海桂山岛附近海域首次爆发了双胞旋沟藻（*C. geminatum* 汉名由齐雨藻拟订）赤潮；2006 年 10—11 月间，在珠海香洲附近海域又先后发生两起由该种引起的赤潮，而 2009 年 10—11 月在珠海海域再次爆发双胞旋沟藻赤潮。

表 4.14　近 5 年广东沿海重大赤潮事件

发生时间	消亡时间	地点	赤潮生物	面积/km²	经济损失
2005 年 3 月 24 日	5 月 3 日	湛江港	球形棕囊藻	300	未造成明显的直接经济损失
2005 年 12 月 4 日	12 月 13 日	汕头海域	球形棕囊藻	100	未造成明显的直接经济损失
2005 年 11 月 28 日	2006 年 4 月中、下旬	徐闻、雷州	球形棕囊藻	700	未造成明显的直接经济损失
2006 年 2 月 9 日	2 月 23 日	珠江口	球形棕囊藻	300	未造成明显的直接经济损失
2006 年 5 月 8 日	5 月 12 日	湛江港	中肋骨条藻	300	经济损失约 10 万元
2006 年 10 月 23 日	11 月 8 日	珠海海域	双胞旋沟藻红色中缢虫	300	未造成明显的直接经济损失
2007 年 9 月 8 日	9 月 17 日	汕尾港	球形棕囊藻	35	经济损失约 100 万元
2008 年 3 月 8 日	3 月 15 日	湛江港	血红哈卡藻	100	对养殖鱼类有一定影响
2009 年 10 月 25 日	11 月 16 日	珠海海域	双胞旋沟藻	350	未造成明显的直接经济损失
2009 年 11 月 4 日	12 月 21 日	珠海海域	球形棕囊藻	300	未造成明显的直接经济损失

4.3.2　外来物种入侵

4.3.2.1　外来物种入侵定义及概况

外来物种（alien species，exotic species，introduced species，nonindigenous species）是指那些出现在过去或现在物种自然分布区及潜在分布区之外，经不同载体携带传送而在新分布区出现的物种、亚种或亚型等分类单元，包括其所有可能存活、继而繁殖的部分、配子或繁殖体。一个健康的生态系统，其物种间的数量相对稳定，种类组成多样，生产力高。如果某物种引进后导致生态系统发生重大变化，历史文献又没有该种的记录，那么该物种可能是外来种。生态系统具有强大的自我调节、适应新的变化的能力，大多数外来种引进后没有大的影响，不会导致生态系统大的变化；仅有少量物种引进后产生较大的负面影响，以致生态系统结构和功能衰退，并难以恢复。生物入侵对当地生态系统或经济社会造成较大危害的物种，也称之为外来有害生物（Exotic pest）。

近 30 多年来我国沿海经济快速发展，我国沿海和海岸带的生物多样性过度开发，生物资源迅速减少，为了满足不断增加的食物、药物、原料、环境和观赏等生物多样性需求，引进外来物种是一项快速、经济、有效的发展生产的方法。随着运输、贸易、旅行、旅游活动增强，货物交换日益频繁，跨区域非自然引种为物种移植传播的机会增加。高度发达的运输工具为活体动物、植物等各类型的物种在世界范围内跨区转移提供了便利的载体。入侵的外来物种一般具有生长快速、繁殖力强、容易建群等特点。入侵的外来物种扩张迅速，竞争食物、侵占当地物种的栖息地，威胁本地物种的生存，导致本地种数量减少，甚至开始消失或濒于绝迹。严重的外来种入侵可导致生态系统不可逆转变，阻碍入侵地的经济和社会发展。我国 2001 年 12 月起首次在全国进行外来入侵物种调查，共查明外来入侵物种 283 种，其中部分物种为外来有害生物，对我国造成的总经济损失每年高达 1 200 亿元左右，对国家生态安全危害很大。因此，面对严峻的外来生物入侵的威胁，加强外来物种研究、控制和治理势在必行。

海洋生物种类繁多，它们的分布区相对稳定，对温度、盐度、水深、光照、食物等环境具有一定的要求。区域环境温度的季节性变化，限制了物种在不同温度带上扩散和转移，形成看不见的温度屏障。南海沿岸地处热带亚热带区，从属印度—西太平洋生物分布区，区内印度尼西亚和菲律宾是全球生物多样性关注热点，南海沿海和海岸带处于高生物多样性的辐射区内，因此也是世界生物多样性最多的区域之一。在人类活动和气候变化大背景下，海洋外来种入侵问题日趋严重，受其影响生态系统结构和功能衰退，社会和经济发展受到制约。广东省近岸海域地处南海北部，而南海海域宽阔，气候适宜，生境多样，是各种生物栖息繁殖的良好场所，因此也是我国南方海洋外来物种较多的省份，受外来物种影响较大。据调查统计，入侵的外来物种占全省物种总数的 2.5%。生物入侵造成直接经济损失较大的种类约有 26 种，其中昆虫 23 种，动物 1 种，植物 3 种。2000 年全省外来物种入侵面积约为 $108.12 \times 10^4 \ hm^2$，造成的经济损失达 20.71 亿元。

海洋生物的引种方式主要分为两种，分别是有意引进和无意引进，少量入侵的外来物种则是自然力传播的结果。其中，有意引进物种是外来物种传播的主要动力。据不完全统计，我国从国外和从国内不同区域引进的外来水生经济动植物达 140 种，其中鱼类 89 种、虾类 10 种、贝类 12 种、藻类 17 种、其他 12 种。70% 以上是 20 世纪 80 年代后引入，仅从国外引进的鱼类就在 65 种以上，其中还不包括作为观赏鱼引进的大量外来鱼种。这些引入的水生生物品种促进了我国水产养殖业的发展，创造了巨大的经济效益，丰富了水产品种类。但是，由于缺乏管理，或者由于盲目和错误的引进，一些物种引进带来严重的生态问题。引进的有害物种包括克氏螯虾、福寿螺、凤眼莲、鰕虎鱼（Gobiidae）、麦穗鱼（Pseudorasbora parva）以及互花米草等。

互花米草对海岸具有防风抗浪、促淤造陆、改良土壤等功能，但同时也有降低生物多样性、侵占大片滩涂用地、诱发赤潮、堵塞航道等负面效应。根据国家"908 专项"对海洋外来生物入侵灾害的调查，目前广东的互花米草共有 $546 \ hm^2$，分布比较分散。广东于 1979 年曾直接从国外引进互花米草，目的是向澳门赛马业提供饲料。1980 年以后直接从江苏、福建引种互花米草。截至 1999 年，曾扩散覆盖了 90% 的珠海近岸滩涂。值得注意的是，珠海淇澳—担杆岛自然保护区于 1998 年开始利用红树植物来控制互花米草的生物入侵，卓有成效。具体办法是在海滩上种植海桑、无瓣海桑、拉关木等 9 个速生红树林新品种，从而限制禾本植物互花米草的生长。这一措施使淇澳岛的互花米草面积由 1998 年的 $260 \ hm^2$ 下降到 2007 年的 $2 \ hm^2$，而红树林面积则从 $32 \ hm^2$ 增加到 $678 \ hm^2$。当然，这 9 个速生红树林新品种本身也是外来物种。

无意引进是指无意识地、在未知或已知的情况下难以避免地引进外来物种的行为，包括混同货物入境、水产养殖引种附带引进的有害或无害的外来生物、寄生虫、细菌和病毒等病原生物。大宗无意引进的物种主要以大型交通工具为载体，通过压仓水携带进入的大量的各种小型和微型的动植物个体、孢子、孢囊等。在压仓水排放后，外来物种即可能在目的地港口或港湾中获得新的栖息地，它们在适合的环境中往往生成高密度有毒有害群体，如赤潮。1998 年在珠江口水域发生的米氏凯伦藻（*Karenia mikimotoi*）赤潮，致使广东沿海和香港地区蒙受数亿元的水产品损失。类似有害藻类还有塔玛亚历山大藻（*Alexandrium tamarense*）、赤潮异弯藻（*Heterosigma akashiwo*）等。由于之前我国没有这些有害赤潮种的记录，推测这一类赤潮生物是船舶压仓水携带传播的结果。此外，随同远洋船舶携带的还有数量巨大的污损生物，如藤壶、软体动物、水螅、多毛类生物和藻类等。

自然入侵是指通过自身的扩散或借助于海流、风力或漂流物等自然载体传入。海洋中自然入侵的物种主要是海洋污损生物，而海洋垃圾、漂流物等为其传播创造了便利的条件。自然界生成的垃圾为易降解下沉，很少能够长期漂浮。人类航海活动增加了海上垃圾的数量，漂浮的玻璃瓶和塑料制品使得生物传播的距离提高了 2 倍。来源于人类的垃圾漂浮时间长，实际上一些物种几乎可以借助永不下沉的垃圾漂浮物到达地球的任何一个角落。海漂垃圾成为外来种自然传播的新的载体（图 4.18）。如原产于中美洲的沙饰贝（*Mytilopsis sallei*），经印度、越南传入香港、广东、福建港湾，在内湾形成密集群体，危害当地养殖业和生态系统。考证认为，沙饰贝可能通过船体附着或者漂浮物进入我国海域。以附着方式进入我国水域的污损生物有 23 种，包括象牙藤壶、指甲履螺和韦氏团水虱等，这些入侵物种附着港湾工程建筑、码头、船舶、冷却水管等，造成潜在的重大危害。

图 4.18　玻璃瓶上附着漂流过洋的茗荷（自 UNEP，Hideyuki Ihasi）

4.3.2.2　南海海域外来物种

由于海洋入侵种的研究近几年才受到重视，资料积累少，研究对象不能够像陆地入侵物种那样容易发现和接近。实际记录的海洋外来物种并不多，在这些物种中，造成危害的或者具有潜在风险的物种乃在少数。但是，少数有害外来物种造成的危害却是巨大和长期的。南海区覆盖了广阔的南中国海和数量众多的海岛，其中与人类生活密切相关的是水陆相交的海岸带、岛屿、河口与近岸水体。虽然入侵的海洋外来种门类多，但大体上可划分为海岛和水体两个大类型，它们之间有野生的和人工养殖的种类。将近年来造成较大危害或具有隐患的列举如下。

1）薇甘菊

薇甘菊（Mikania micrantha）原产于中美洲，现在亚洲热带地区广泛传播，如印度、马来西亚、泰国、印度尼西亚、尼泊尔、菲律宾、巴布亚新几内亚、所罗门、印度洋圣诞岛和太平洋上的一些岛屿，成为当今世界热带、亚热带地区危害最严重的杂草之一。1984 年在深圳发现薇甘菊，现在广泛分布在深圳、香港、粤东和珠江三角洲其他地区。已被列入世界上最有害的 100 种外来入侵物种之一，也是危害我国最严重的外来入侵害草之一。专家估算，我国珠三角一带每年因为薇甘菊泛滥造成的生态经济损失达 5 亿～8 亿元。

薇甘菊在深圳的内伶仃岛红树林保护区等地蔓延，导致岛上大片树林被薇甘菊覆盖枯死。由于海岛生态系统脆弱，薇甘菊入侵一度造成内伶仃岛自然保护区内 460 hm² 中 80% 的林木受到危害，严重灾难性面积高达 80 hm²。该自然保护区内的 600 多只猕猴以及穿山甲、蟒蛇等重点保护动物顿时失去栖息地和食物来源。薇甘菊入侵对海岛生态系统的损害特别严重。

2）椰心叶甲

椰心叶甲（Brontispa longissima）原产于印度尼西亚与巴布亚新几内亚，现广泛分布于太平洋群岛及东南亚。包括中国（台湾、香港）、越南、印度尼西亚、澳大利亚、巴布亚新几内亚、所罗门群岛、关岛、马来西亚、斐济群岛、新加新、韩国、泰国等。2002 年 6 月，在海南省海口市首次发现危害椰子树等棕榈科植物的外来害虫椰心叶甲。截至 2004 年 1 月底，海南 18 个市县，已有 12 个市县的椰树出现疫情，虫害发生总面积超过 3 万多公顷，受害椰树等棕榈科植物 46 万株，占全省椰树总量的 6.6%。2005 年报道海南省椰心叶甲染虫区面积达 43.93×10^4 hm²，棕榈科植物染虫株数达 272 万株。受害的椰子、槟榔、棕榈植物产量下降 60%～80%，经济损失 1.5 亿元。椰心叶甲飞行距离只有 300～500 m，如果没有人违规引进棕榈科种苗，它根本无法跨洋过海抵达海南岛。海南省采用了挂包进行药物防治，另外引进大量蓟小蜂繁殖放养，控制椰心叶甲的危害和蔓延。

3）海洋有害赤潮种类

赤潮生物是危害我国近海环境的恶性生物灾害，今年来在我国近海海域和河口发生的频率和规模不断扩大，造成的损失日趋严重。我国沿海新纪录米氏凯伦藻（Karenia mikimotoi）在 1998 年发生大规模赤潮，重创水产养殖业，造成广东、香港两地损失 2 亿多元。近年来米氏凯伦藻和其他隐秘种频繁出现在我国沿海，产生赤潮，对养殖业的威胁至今没有消除，一些有毒藻类赤潮将毒素传到鱼类和贝类，最后污染水产品。贝毒和藻毒挑战食品的安全，造成经济损失，增加食品卫生安全成本。我国报道的有害赤潮藻种还有微小原甲藻（Prorocentrum minimum）等多种原甲藻、裸甲藻、鳍甲藻、亚历山大藻、卡盾藻、尖刺拟菱形藻（Pseudonitzschia pungens）等外来种或隐秘种。这些物种入侵沿海的途径最大的可能是远洋货轮的压仓水，其次是海流传播，也不排除引进水生生物养殖或进口鲜活贝类夹带入侵的可能性。

目前，水体中有害的赤潮生物已经不局限于微型单细胞藻类，我国沿海大量出现的水母

243

类胶体生物、浒苔等大型藻类以及将来可能暴发的各种小型生物，同样能够在水体中形成大规模的另类"赤潮"，这些生物影响渔业生产、海洋景观和海洋的娱乐功能。它们跨海区漂移，突发性强，往往带来意想不到的灾害。

4）大型海藻

这一类植物包括裙带菜（*Undaria pinnatifida*）、刺松藻（*Codium fragile ssp. tomentosoides*）、紫杉叶蕨藻（*Caulerpa taxifolia*）与海黍子马尾藻（*Sargassum muticum*）。全球范围内已经认定上述 4 种均为有害的外来种大型藻类。裙带菜 1980 年之后就出现在澳大利亚水域，被澳大利亚压仓水管理咨询办公室（ABWMAC）列为有害物种。在名录中还有水族馆品系并已经入侵地中海的紫杉叶蕨藻和海黍子马尾藻。紫杉叶蕨藻在世界各地招来不少麻烦，在它生长的地方，其他藻类绝迹。自 1981 年出现在地中海后，管理部门曾不惜代价予以清除，经过努力，认识到根除的难度极大，不得不承认"根除不再是能够实现的目标"。

引进的大型藻类的碎片能够进行无性繁殖，必须予以高度注意并加以防范。其他的大型藻类具有微藻生活阶段，隐秘且难以发现。此外，成熟大型藻的带假根的芽苞，能够分离并随水漂流，导致物种的传播扩散。

我国南海沿海未见有上述大型藻类的报道，但南海的海南、广东和广西沿岸大量种植麒麟菜，则是一种人为干预下对地方生态系统的入侵。南海广泛种植的麒麟菜现名为长心卡帕藻（*Kappaphycus alvarezii*，原名异枝麒麟菜 *Eucheuma striatum*），1984 年由中科院海洋研究所从菲律宾引进，因出现冰样病害导致大面积死亡和生产损失，目前再从印尼引进了新的抗病品种。长心卡帕藻因产卡拉胶而定名为卡帕藻，原产坦桑尼亚的桑给巴尔、菲律宾、印度尼西亚、日本的琉球群岛，生长速度快，产量高，是我国当地麒麟菜生长速度的 4 倍。

产卡拉胶海藻麒麟菜具有很高的经济价值，养殖方法简单，投入不多，深受养殖户的欢迎。但是养殖需要硬基质作为附着基，珊瑚礁曾经是麒麟菜种植的优良基质，因此麒麟菜养殖常常顾此失彼。麒麟菜养殖轻则影响珊瑚生长，重则导致珊瑚窒息死亡。收获过程中，人为踩踏造成珊瑚礁破坏，有的已经导致珊瑚礁大面积死亡。野外调查表明，卡帕藻入侵后，可造成珊瑚礁生物窒息死亡，特别是鹿角珊瑚受到的威胁最大。鉴于卡帕藻对当地生态系的负面影响，海南省已经严禁在海草保护区内养殖麒麟菜，但仍未明文禁止在珊瑚礁海区养殖麒麟菜。我国海南陵水黎安湾已经成为我国麒麟菜养殖基地，湾内实施了卡帕藻规模化高效栽培模式，新的养殖模式使得卡帕藻能够在浮筏上吊养繁殖，这对于近海珊瑚礁和海草床的保护起了重要作用。

5）互花米草

互花米草是世界自然保护联盟列入的 100 种恶性入侵种之一，生命力很强，入侵后排挤其他动植物，形成低多样性的单优群落。我国自 1979 年由美国引进福建罗源，经二次引种，迅速扩散到附近区域。1980—1985 年全国互花米草的面积约为 260 hm^2，2002 年统计已经超过 112 000 hm^2，现广泛分布于我国除海南省外其他 10 个沿海省、自治区和直辖市。早期我国引进互花米草用于保护海堤、兼作饲料和燃料，在江苏互花米草起到了固滩集淤的良好效果。但互花米草在滩涂资源紧缺的福建侵占大片优质滩涂，挤占缢蛏、牡蛎等贝类养殖空间。引种后，福建闽江口、三都澳和泉州湾等地均出现大面积的互花米草。互花米草入侵地区鱼虾及贝类等水产养殖遭到毁灭性打击，闽东著名的二都蚶生产从此一蹶不振。

互花米草曾在香港新界西北部出现，不过数量稀少，主要出现在米埔西南方砂质成分较高的泥滩区，米埔自然保护区内尚未出现。所幸这些米草发现较早，有关部门已经实施人工拔除。为了防范再度入侵，需在附近地区进行长期的监测。

1994 年广西将引进到丹兜海的互花米草二次引种到英罗港海塘村滩涂种植。经近 30 年的适应、驯化和生长，目前这些互花米草已经归化，繁育扩散分布面积达 206.7 hm²。广西互花米草的平均高度、密度、盖度和平均生物量等均呈逐年大幅度增长的趋势，单面直线的扩展速率达到每年 1.4 m。2005—2007 年，互花米草斑块永久性样地的面积年平均扩展速率达到 28.9 m²/a，年平均面积增幅 282.3%。

入侵的互花米草与红树林争地，导致红树林地萎缩，另外大量生长的互花米草侵占航道，促进淤积，影响正常的水上交通。互化米草的入侵后，滩涂和水面丧失，养殖生产受到影响，从业人员失去赖以生存的养殖滩涂，增加了社会不稳定因素。

6）无瓣海桑

无瓣海桑（*Sonneratia apetala*）是海桑科的一种红树植物，抗逆性较强、生长快速，一年生苗增高 3~4 m，当年即可开花结果，是低潮带造林的速生树种。无瓣海桑原产于孟加拉国西南部的申达本，1985 年引进，目前它是海南岛和粤西滩涂的造林树种。1997 年先后引进到福建龙海南溪两侧和厦门海沧石塘码头右侧滩涂高、中潮区，现已开花、结果。福建九龙江口的无瓣海桑最高达 12 m。目前，无瓣海桑被广泛用来作为沿海滩涂造林的首选树种，也用来控制潮间带的互花米草。不过有人担心，如果无瓣海桑与原产于海南的海桑属（*Sonneratia*）植物混杂，可能出现杂交和基因污染问题。因缺乏综合性评价，无瓣海桑引种问题有不少争议。

7）长牡蛎

长牡蛎（*Crasostea gigas*），也称为太平洋牡蛎。生长快、个体大、出肉率高、抗病力强，经济价值高，全世界年产量为居各类经济贝类产量首位，广泛分布于西太平洋、大西洋海域。适应性广，能在 0℃~40℃、盐度 10~40 的海域生长。现在养殖海域遍布加拿大、巴西、欧洲、大洋洲等世界各地。我国为了改良养殖长牡蛎品种，1979 年起多次从日本引种，目前已成为我国辽宁、山东、福建、广东等沿海省市浮筏养殖的重要种类。

欧洲的长牡蛎在 1960 年代从日本直接引进，此后法国的地中海潟湖、亚得里亚海、突尼斯、爱奥尼亚海—伊特鲁里亚海以及希腊都有了长牡蛎的记录。即使在远离养殖区的自然海域，长牡蛎也能入侵成功。长牡蛎入侵排挤当地的牡蛎，但考虑经济价值，长牡蛎还是受到各国养殖场的欢迎。然而长牡蛎在潮间带大量繁殖，破坏了当地海岸的美学和娱乐价值，澳大利亚将其列为有害入侵种。近年来，牡蛎养殖出现了新的对人类无害但对牡蛎致命的寄生虫，它们分别是 MSX 和帕金虫。这两种寄生虫可使感染的牡蛎大量死亡，对牡蛎养殖生产威胁极大。帕金虫同时感染其他贝类，已在盘鲍、扇贝和贻贝中发现。2002 年辽宁盘锦的海洋生态调查发现感染种类的范围扩大，病害波及野生菲律宾蛤仔和四角蛤蜊。外来种引进的间接危害，比引进物种本身具有更大的危险。因此引种需要慎重考虑潜在风险，例如寄生虫的入侵，避免顾此失彼，招来更大的麻烦。

8）凡纳滨对虾及对虾病毒

南美白对虾（*Litopenaeus vannamei*）又名凡纳滨对虾，是世界公认养殖产量最高的三大优良养殖经济对虾之一，1988 年由中国科学院海洋研究所引进，已形成了以海水养殖为主、海淡水养殖并存的格局。2003 年，广东、广西、海南 3 省凡纳滨对虾海水养殖面积就达 100 万亩以上，至 2004 年全国养殖的对虾中 80% 以上为凡纳滨对虾，广东等南方省市达到 90% 以上。凡纳滨对虾引进养殖，恢复了 1993 年我国沿海地区对虾受病害重创的对虾养殖业，对虾养殖出现新转机，2000 年全国对虾养殖产量已恢复到 20×10^4 t。

随着凡纳滨对虾的养殖面积不断扩大，病毒性病害也开始威胁凡纳滨对虾。至今，已经发现的对虾病毒近 20 种，造成主要危害的有 4 种，即白斑综合征病毒（WSSV）、陶拉综合症病毒（TSV）、传染性皮下及造血组织坏死病病毒（IHHNV）和黄头病病毒（YHV）。其中，WSSV 引起的危害最为严重。TSV 对宿主有较强的选择性，最易感染凡纳滨对虾。随着凡纳滨对虾养殖业的不断发展，病害日趋严重，2003 年全国养殖凡纳滨对虾因病害造成损失达 10 亿元以上。2003 年以海水养殖凡纳滨对虾为主的广东省 7—9 月发病面积达到 4.9 万亩。近年来，凡纳滨对虾病害越来越严重，已造成一些区域对虾养殖毁灭性的损失。随着我国凡纳滨对虾养殖的扩大和养殖品种单一化，暴发大面积对虾病害难以避免。当前，引进健康抗病对虾品种，实施对虾养殖品种多样化，应为对虾引种养殖的方向。

4.3.2.3 南海海域外来物种入侵特点

南海地区海域宽广，海岛类型众多，有我国最大的海岛和最长的海岸线。南海丰富多样的栖息地类型和热带亚热带充沛的热量和水域资源，使得南海海洋生物多样性居于全国首位。位于南海北部的珠江口，又是我国人口最密集、经济文化高度发达、对外贸易交流频繁的河口。区域经济发展对新的物种的需求，使得这一地区对外来物种引进有较大的数量和种类需求。其次，复杂和类型多样的栖息地为外来物种入侵创造了条件。南海外来物种入侵的途径多，漫长的海岸线和陆地边界以及现代海陆空运输交通工具增加了防范引进外来物种入侵的难度。

1）栖息地多样，入侵空间广阔

南海海洋生态系统的类型在我国四大海居首位，有河口、近海、海岛、湿地滩涂、红树林、珊瑚礁、人工养殖生态系统等多种多样。这些生态系统中生态位丰富，人为干扰和环境污染使得很多物种丧失栖息地，生态系统处于亚稳定状态，导致外来物种入侵"有隙可乘"。据统计，就外来物种入侵的数量而言，广东、福建和台湾入侵外来物种数在全国各省中列居前茅。1998 年东南沿海赤潮和 1988 年珠江口和香港赤潮大暴发，肇事物种分别是有害赤潮米氏凯伦藻和塔玛亚历山大藻，均属入侵的外来赤潮藻类。赤潮暴发导致海产品供给中断、养殖业受损、景观严重破坏，水生态系统短期内难以恢复，社会秩序因此受到影响。

此外，暴雨季节各大河口水面经常充斥水葫芦，影响水上交通和景观，海洋同样是陆上生态系统生物入侵的受害者。进入海洋的上百吨上千吨漂浮的水葫芦一直是河口水域和岸滩垃圾清理的棘手问题。海岛生态系统相对脆弱，发生在海岛的生物入侵也非常严重，入侵的危害往往难以控制。珠江口外伶仃岛薇甘菊入侵是海岛生物入侵的事例。除了上述区域外，发生生物入侵的地方还有：互花米草和无瓣海桑入侵的潮间带和红树林；外来种鱼、虾、贝和藻及其携带的病原菌和病毒集中的养殖场和网箱养殖水域；逃逸的和放流的外来种进入了河口和近岸水域。

2）入侵物种多样

我国沿海海洋生物入侵的物种数量有由南向北逐渐减少的趋势，因此生物入侵我国南方成为生物入侵危害严重区域，特别是低海拔地区及热带岛屿生态系统受到的损害最为严重。如进入南海海域的外来种从结构简单的病毒、细菌到哺乳动物都能够找到例证，有对虾白斑病毒和陶拉病毒、外来有害赤潮种（小型单细胞藻类）、长心卡帕藻和裙带菜等（大型海藻）、互花米草（高等植物）、沙饰贝和紫贻贝等（软体动物）、华美盘管虫等（多毛类）、凡纳滨对虾和斑节对虾等（节肢动物）、养殖和观赏引进的各种鱼类、动物园引进的金图企鹅和白鲸等。各类型生物中，小型和微型的外来种入侵危害尤为严重，具有危害面积大、造成损失大且难以防控的特点。在国家环保部公布的首批 16 种入侵中国的外来物种名单中，广东占有其中的 12 种，与广西并列全国首位。

3）物种引进意愿强烈

据联合国粮农组织统计，目前全球水产养殖业增长最快的地区在亚太地区，渔业养殖年产量已经上升到 4×10^8 t。我国养殖业发达，水产养殖产量现居全球首位，水产品总产量在 2000 年达 $4\,279 \times 10^4$ t。其中引进优良品种是水产养殖业增产增收、满足国民蛋白质需求、提高国民生活质量的重要途径。新中国成立以来，我国先后从国外引进了上百种水产养殖新品种，绝大多数已形成了产业并产生了较大的社会和经济效益，为发展我国的水产养殖事业作出了重要贡献。

水族馆和家庭水族箱的普及，也使得一些外来水生动植物引进增加了新的途径，对形态怪异的外来物种的需求量也在不断上升。且随着对外贸易开放，很多个体加入了有目的引进行列，从而增加了物种引进的渠道，增加了国家监控防范的难度。近年来有不少有害的恶性物种进入市场，如巴西的食人鱼、龟和称之为"清道夫"的吸口鲶鱼（*Plecostomus punctatus*）。吸口鲶鱼原产于南美洲，目前已经在珠江、北京的南长河、汉江、台湾的宜南等地的自然水体中发现。海南大量养殖的红耳彩龟，是世界自然保护联盟列出的 100 种恶性外来入侵种之一，2004 年海南省的产苗量就能达到近 300 万只。

出于改善生活条件与海岛环境，我国南海诸岛也发生有目的地引进大陆家禽家畜和植物现象。一些引进到海岛的动物被直接放养或移植到野生环境中，导致岛屿野生动植物消失，岛上原有的生态系统被彻底改变。有目的地引进的外来物种数量巨大，有人估计我国有目的引进的有害外来物种占外来种总数的一半。

4）野生动物走私

利用山珍海味是我国美食文化的一部分，南方人群对食品多样性的需求是世界任何其他民族都无法比拟的。有媒体调查显示，广东餐馆每天消耗 20 t 蛇类和 2 万只珍禽。对海珍品的需求导致广东从其他省份、东南亚国家甚至非洲大量走私进口野生动物。进口的动物包括鸟类、海龟、各种鱼类和节肢动物鲎等，其中有不少活体生物。海珍品进口不仅加剧出口国家野生动物偷猎和生物多样性保护的压力，而且在输入国和输入地出现动物逃逸进入野外环境的事例，直接造成外来物种入侵。南方城市街道和居民区经常出现罕见动物的报道，它们往往是偷猎逃逸的生物，其中不乏是国家保护动物和外来物种。对于这些外来的动物，有关

247

部门通常将它们回归自然，从而导致外来种入侵的潜在风险。

为了美食导致物种入侵的典型例子有福寿螺（*Ampullaria gigas*）。福寿螺于 1981 年被引进广东，发展养殖供给餐馆。1984 年福寿螺在广东、福建、云南等地广为养殖，因繁殖数量太多而被释放到野外。1988 年福寿螺入侵广东省农田种植园 37 县 2.5×10^4 hm²，扫荡了入侵地农作物，并带来寄生虫广州管圆线虫病，危害食客的健康。此外，禽流感和 SARS 的传播也与食用野生动物有着密切的关系，这些病害的源头是山珍和野味，严格地说，它们都是外来种。

上述从外地和境外输入的野生动物，通过多途径进入南方沿海地区。从渠道上看，野生动物的非法贸易路线大致分 3 种：一是从东南亚一带非法收购巨蜥、蛇类和龟类等，经海上走私入境，通过这一路线走私的野生动物数量巨大，如 2007 年 5 月 22 日，广东阳西县查获从东南亚非法走私入境巨蜥 5 193 只；二是从越南、老挝经广西、云南等陆地走私入境，种类多为穿山甲，少数巨蜥、鲎等；三是来源于湖南、四川、江西、甘肃等地，种类主要为鹰类、大壁虎等。这些非法捕获收集的野生动物进入广州市场，再分散到各地，这些运输路线为外来物种入侵提供了很多途径，也为防范增加了难度。

5）放生与放流

物种放生在我国被认为是一种善举，也是佛教对生命的尊重。不论古老的放生，还是目前流行的水生生物放流，从今天环境保护的角度看都带有资源恢复和生态恢复的意味。放生是中华民族原始的生态保护理念的萌芽，放流则是对放生美德的现代继承和扩大。在交通不发达的古代，放生对生态总是有益，因为捕获或者购买的物种都是当地或者附近的土著种，活的生物不可能被远距离携带，放生有利于促进本地生物种群的恢复。随着交通发达，放生使用的生物可能来自于自然分布区以外的生物，物种入侵机会从而增加。放生的物种包括养殖场多余的种苗、废弃的家庭宠物、待屠的以及长途运输的动物等。有研究表明，在放生的鸟类中，有 6% 是外来的；多数放生的鱼类、龟鳖类是在国外捕获用来圈养的物种，而这些物种具有入侵潜力，可能危害本地物种，对当地野生动物或生态系统构成严重威胁。由于不清楚外来物种的潜在危害，放生的施善者无意中成了外来物种入侵的同谋，放生的结果实际上违背了放生者的初衷。一些景区和游览点不限制任何物种带入，管理人员甚至鼓励随意放生动物。

在提倡环境保护的今天，放流更是作为水域生态恢复和渔业资源增殖的主要手段在政府机构或单位实施。以资源增殖和生态恢复为目的的放流活动受到国家鼓励和支持，但多数活动是建立在我国放流增养殖基础和应用研究并不充分的基础上。调查表明，迄今为止生物放流成功案例少之又少，遑论外来物种了。但是，沿海的少数单位则实施了凡纳滨对虾苗种、大菱鲆、鲟鱼幼体等外来物种的放流。这些显然是浪费资源、违背自然规律、不利于生态保护的行为。农业部于 2003 年通知对放流的品种做了限制，规定不得向天然水域投放杂交种、转基因种以及种质不纯等不符合生态要求的物种，不得在种质资源保护区、重要经济水生动物产卵场等敏感水域进行放流。通知特别指出，外来种的增殖放流必须经过严格的科学论证。遗憾的是，仍有少数地方机构和个人没有严格执行相关的规定。

4.4 人为灾害

人为的海洋灾害主要有海上溢油事故和人类对海洋过度开发引起的灾害，如海水养殖和围填海、航道治理、滨海电厂修建等海洋工程对海洋水质及生态环境造成的污染与破坏。

4.4.1　海上溢油

海上溢油是指在海上作业或航行过程中发生的石油泄露事件。近年来，随着全球石油需求的日益增长，石油的海运量和进出港油轮不断增多，溢油事故时有发生，海上溢油污染也日趋严重。由于溢油事故发生难以预测，带有偶然性和突发性，且泄油量往往又很大，对局部海域环境和海洋生物的损害大多比较严重，亦破坏了海洋生态系统的平衡，使得溢油污染成为海洋的超级杀手。如 2010 年 4 月 22 日，发生在墨西哥湾的漏油事件备受世界关注。英国石油公司位于美国的石油钻井平台"深水地平线"起火爆炸并沉入墨西哥湾，造成 17 人重伤 11 人失踪。钻井平台每天漏油 5 000 桶，大量原油泄漏至墨西哥湾，造成了极其严重的生态和环境危机，大量海洋生物面临灭顶之灾，当地居民的生产、生活也受到了严重影响。

自 1993 年我国从石油出口国转为石油净进口国以来，石油进口数量不断上升，沿海的石油运输量大幅增加。我国进口的石油 90% 是通过海上船舶运输完成的，2006 年我国沿海石油运输量达到 4.31×10^8 t，其中运输原油 1.87×10^8 t。油轮特别是超大型油轮在我国水域频繁出现，使得原已十分繁忙的通航环境更加复杂，导致船舶溢油污染特别是重特大溢油污染的风险增大。在 1973—2006 年间，我国沿海共发生大小船舶溢油事故 2 635 起，其中溢油 50 t以上的重大船舶溢油事故共 69 起，总溢油量 37 077 t，平均每年发生两起，平均每起污染事故溢油量 537 t。

南海是我国重要运油通道，广东省位于南海之滨，海岸线长，海域辽阔，这就使得广东省海域成为溢油事故多发的一个区域，特别是珠江口水域，是我国沿海重大溢油污染事故高风险水域之一。根据历年来的《中国海洋灾害公报》、《广东省海洋环境质量公报》、《广东省环境状况公报》以及网上搜集到的资料，广东省有记载的溢油灾害可追溯至 1976 年。从1976—2009 年，广东沿海共发生溢油事件 32 起，每年均有发生，最高时为 1995 年和 2008年，各发生 5 次（图 4.19）。表 4.15 列出了广东省近年来发生的重大溢油事故。

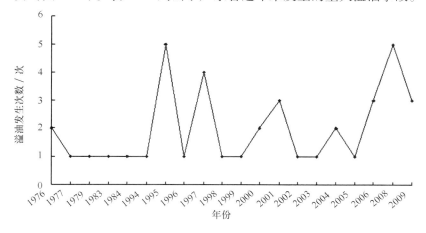

图 4.19　广东省溢油发生年份 – 发生次数变化图

表 4. 15　广东省 2001—2009 年溢油事故表

年份	时间	事件	损失
2001	6 月 16 日	巴拿马籍 "CITRON GOLD" 轮与中国 "定河" 轮在广东省专属经济区海域 401 渔区发生碰撞，"CITRON GOLD" 轮沉没，船内的 325 t 燃料油泄漏入海，造成该海域海水石油类浓度超过我国《渔业水质标准》（GB11607—89）（0.05 mg/L）10 倍以上的重污染面积 350 km²	渔业经济损失 1 280 万元
	6 月 21 日	南通天顺船务公司所属 "通天顺" 轮与天津国际海运有限公司所属 "天神" 轮在揭阳市惠来县靖海海域相撞，"通天顺" 轮船体受损，其所载燃料油泄漏入搁浅海域，造成该海域海水石油类浓度超过我国《渔业水质标准》（GB11607－89）10 倍以上水域面积约 130 km²	渔业资源损失 1 373 万元
	7 月 21 日	"安纳代尔" 轮漏出的燃料油造成珠江口内伶仃水域大面积油污染，超标 10 倍以上的重污染面积约 430 km²	渔业资源损失 1 308 万元
2002	9 月 11 日	装载 940 t 溶剂油的南京清江油运有限公司 "宁清油 4 号" 油轮在广东省南澳县云澳近岸海域触礁起火爆炸，其所载的油类泄漏入海，造成该海域海水石油类浓度超过我国《海水水质标准》（GB3097—1997）一、二类标准和《渔业水质标准》（GB11607—89）（0.05 mg/L）10 倍以上的重污染面积约 28 km²	渔业资源损失达 300 万元，死亡 2 人
2003	12 月 29 日	"兴通油 2" 油轮在珠江口内伶仃岛附近海域与 "永安州 1" 集装箱船相撞，"兴通油 2" 轮油舱严重破裂，近 300 t 燃料油泄漏入海，造成该海域严重污染	
2004	11 月 15 日	"EASTERN CHALLENGER" 集装箱船被撞后沉在惠来近岸海域（22°42′49″N，116°21′26″E），其燃油不断泄漏入海，造成近岸海域受油污染	生态环境和渔业资源损失重大
	12 月 7 日	巴拿马籍集装箱船（HYUNAI ADVANCE）和德国籍集装箱船（MSC ILONA）在珠江口担杆岛附近海域发生碰撞，其中德国籍船燃油舱破损，约 1 200 t 燃油溢漏入海，造成珠江口担杆列岛和佳逢列岛附近海域受油严重污染，海洋生态环境和渔业资源遭受重大影响	
2005	1 月 26 日	粤东南澳岛东部 "七星礁" 海域附近，装载 0 号柴油 976 t 的油轮 "明辉 8 号" 与 "闽海 102" 轮发生碰撞，"明辉 8" 轮船体破损进水沉没，其所载的油类泄漏入海，油污在南澳岛东部及东南部海域漂移扩散，致使该水域遭受石油类严重污染	
2006	3 月 9 日	一艘新加坡籍油轮在大亚湾马鞭洲油码头卸油过程中输油管爆裂，造成原油泄漏入海，致使马鞭洲北部海域至鹅洲、宝塔洲岛以南部分海域受油污染	
	5 月 25 日	广东籍 "黄埔建诚油 12" 与一艘出口船在莲花山西航道 63 号灯浮附近碰撞导致 "黄埔建诚油 12" 破损，造成溢油污染	
	8 月 27 日	深圳市盐田国际集装箱有限公司码头 3 号泊位有大片溢油污染	
2007	1 月 9—10 日	在湛江港东海岛东山镇东参村附近海域发现大片漂浮油污，并已对周边养殖区产生严重影响，经查明为靠泊油码头作业的油船漏油所致。本次溢油事件，是湛江港近年来最严重的一次海上溢油事故	对湛江海区海洋资源环境造成严重的影响

年份	时间	事件	损失
2008	9 月 24 日	一艘韩国籍货轮"ZEUS"遭遇台风"黑格比"袭击，在台山上川岛以东飞沙洲海域（22°41′22.2″N，112°49′17″E）断裂翻沉，船上燃油和机油溢出，造成附近海域油污染。其中，距出事地点约 1 km 的上川岛中心洲附近高冠村养殖渔排受油污染较严重，海面上布满油污，渔排上锚绳、浮桶和网箱的网衣上沾满了油污	
2009	9 月 15 日	受台风"巨爵"影响，一艘巴拿马籍集装箱货船"AGIOSDIMITRIOS 1"早上在珠海高栏岛东南长咀附近海域触礁搁浅，大量燃油泄漏入海，导致高栏岛海域受石油类严重污染	对海域生态环境和生物资源造成严重危害

在 23 次有溢油量记载的溢油污染事中，溢油量为 200 t 以上的重大溢油事故的发生次数为 14 次。自 2001 年起，广东省发生的溢油事故溢油量基本都在 200 t 以上，溢油事故以重、特大溢油事故为主，溢油污染灾害日趋严重。溢油原因分别为沉船、撞船、碰撞、输油管破裂、排放油污水及漏油共 6 种，其中由撞船引起的多达 12 起，占广东省溢油事故的 50%，其次分别为沉船、碰撞，以及输油管破裂、排放油污水及漏油等（图 4.20）。因此，广东省的溢油污染主要为人为操作失误造成的事故性溢油事件，加强航运管理，减少撞船、沉船事件，将是遏制广东省溢油污染灾害的主要手段。

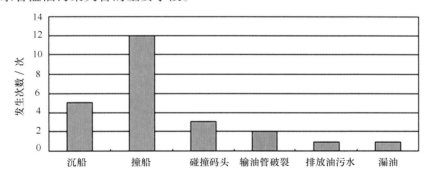

图 4.20　海洋环境中的石油来源

4.4.2　海洋过度开发

4.4.2.1　围填海

　　滩涂湿地丰富的藻类和有机碎屑支持无脊椎动物的生长繁衍，从而支持渔业的发展；滩涂湿地不但为水涉禽、鸟类、鱼类提供重要的索饵、觅食、产卵、繁衍和越冬场，同时也是水涉禽的驿站；湿地红树林有重要护岸作用，并为渔业提供养殖和育苗环境；湿地植被、特有植物具有很高的药用价值，许多种类还是轻纺织、造纸原料及饲料，具有很大的经济和社会价值。而围海筑坝、填海造地等行为破坏了滩涂湿地的生态环境，如围垦使微咸水潮滩转变为永久性淡水沼泽的自然演替中止；围垦造成洄游通道阻隔，导致洄游性鱼类迁移路线改变或被破坏；围垦使入海径流量减少，引发河口下游生物种群生存栖息环境变化，导致水域生态系统变化；同时围垦后改造利用不完善，还会引起航道阻塞和海岸侵蚀，影响排洪泄涝。

1950—1997年间，珠江三角洲沿海大规模的滩涂围垦和填海造地，造成红树林面积大幅度减少，珠江三角洲地区海岸带生态破坏严重。如深圳市的围海造地给海洋环境带来诸多的负面影响，主要表现在：①西部海岸地区滩槽演变剧烈，不稳定性加强，给今后西部港区运作环境带来威胁；②纳潮量迅速减少，经过20年的围垦，西部伶仃洋海岸地区纳潮量减少20%~30%，深圳湾纳潮量减少15.6%，纳潮量的锐减使得潮流流速降低，流向发生变化，更加不利于污染物的稀释与扩散；③沿海水环境污染加重，深圳市西海岸海水普遍达不到三类水质标准；④海岸生态承载力下降，仅1988—2000年深圳湾沿岸围垦占用红树林保护区面积达到147 hm^2，使得生物多样性降低，物种数量大幅减少。有机物和营养盐已成为深圳西部海域主要污染因素，并且上升幅度很大，导致水体富营养化程度提高，也是该水域赤潮频发的重要原因。近些年深圳海域赤潮频繁发生，而且发生频率、影响范围都有明显扩大的趋势，如1998年西部沿海赤湾至后海暴发赤潮，面积达100 km^{2}以上；2001年6月深圳后海湾、东角头渔港、蛇口港等附近海域暴发大规模的赤潮（郭伟，2005）。

4.4.2.2 航运工程

海洋航运资源开发中的航道治理工程对海洋生态环境造成的影响主要来源于疏浚、抛泥作业过程中产生的弃土悬沙及其溶出物。这些物质使得局部水域悬浮物浓度增加，水体透明度下降，抑制浮游植物繁殖生长，导致水域初级生产力下降，从而引起水域食物链的变化。此外，疏浚、就地取沙、抛泥作业和导堤建设，使底栖生物赖以生存的栖息地遭受破坏，导致底栖生物量下降。航道工程实施会改变鱼、虾、蟹类洄游路线和渔场位置，也会对某些水生珍稀动物的栖息地带来一些影响。

疏浚物海洋倾倒对水环境的影响主要表现在两个方面：一是倾倒过程中悬浮物质对水环境的影响；二是疏浚物中所含污染物对水质的影响。由于海水中的悬沙量增加，浑浊度也随之加大，透明度则随之降低，这将影响到浮游植物的光合作用。浮游植物在海洋生物链中处于最底层，因此，整个海洋生态系统都会受到影响。疏浚物的海洋倾倒过程是一间隙性活动，悬沙对水环境的影响也是暂时的，随着倾倒活动的结束，悬沙对水环境的影响也将慢慢消失。疏浚物中有害物质的溶出对水环境也能产生一定的影响。曾秀山（1991）用围隔实验研究了厦门港疏浚物在海水中的溶出，发现在围隔实验期间（21天），石油类、六六六、DDT、Hg、Pb、Cu的净释出甚微，只有Cd有较大程度的释放。研究还发现，在疏浚物加入的第二天，硝酸盐和可溶性磷酸盐达到瞬时最大释放速率。

疏浚物倾倒对海洋生物的影响最受研究者关注，也是研究最多的。倾倒导致的悬浮物质浓度增加对浮游生物、游泳生物和底栖生物均会产生不同程度的影响。余日清等（1998）定量地分析了珠江口航道疏浚对海洋生态的影响，研究表明航道施工对邻近水域悬浮物的影响均低于海水水质一类标准（10 mg/L），因而其对航道两侧邻近水域海洋生态的影响可能并不明显，但航道开挖彻底改变航道及其邻近区底面原有的底栖生态环境，造成主要经济底栖生物资源损失量为1 397.7 t，疏浚物中有害物质的溶出对生物可能产生一定的毒性。李纯厚等（1997）所做的南海海港疏浚物悬浮物质毒性试验表明，悬浮物对浮游甲壳类的致死效应明显。

湛江港30万吨级航道工程疏浚泥的倾倒对海洋生态环境及渔业资源的影响虽然难以用经

济损失金额定量评定，但该项影响是客观存在的。倾倒活动对生态环境的影响主要表现在以下几方面：①倾倒活动产生的悬浮物改变了生态环境中的海水质量。海水中悬浮物的增加，将影响海域的生物繁殖和幼体生长，某些鱼类的临界值为 75～100 mg/L，超过临界值的繁殖速率大大降低。②倾倒将覆盖倾倒区内原有的底栖生物栖息环境。底栖生物栖息赖以生存的海底沉积环境的改变，将在倾倒结束后几年才能使底栖生物得到一定恢复。③倾倒使倾倒区生态环境中的海底地形和流场改变（戴明新，2005）。

广州港出海航道疏浚工程施工前和施工期都进行了监测，施工时对珠江口附近海洋生态环境基本没有产生大的影响。由于航道挖掘将改变原有底栖生态环境，与疏浚前相比，疏浚工程施工期间同一季节内底栖生物生物量有所下降，栖息密度则明显上升，种类组成发生一定变化，但优势种变化不明显（王超，2001）。

珠江口海域的倾倒、航道和疏浚等海洋工程对珠江口内的底栖生物的栖息环境造成了明显影响，导致底栖生物在珠江口内形成低密度区。珠江三角洲湿地每天几十艘挖沙船的作业，不仅破坏了海床，且严重破坏了底栖生物的栖息环境，鱼、虾、贝类等同时被挖沙机抽走，海域一片荒芜，底栖生物、鱼虾繁殖区的生态环境受到严重破坏。

珠江口的海洋工程对生活在珠江口的国家一级重点保护动物——中华白海豚的保护造成影响。逐一上马的港珠澳大桥工程、深圳港铜鼓航道工程和广州港航道疏浚工程恰巧从珠江口中华白海豚国家级自然保护区穿过。这些工程的施工作业将影响到中华白海豚的栖息、觅食和繁殖等生理行为。航道疏浚施工造成水体透过率下降，间接影响白海豚的食物来源，施工船舶活动产生的噪音会干扰白海豚的回声定位系统而影响其觅食和交配等正常活动，严重的会损害其听觉系统甚至导致白海豚个体死亡（周斌等，2007）。另外，保护区内往来频繁的渔船和挖沙船的作业都会对其生活及繁殖造成影响。为了保护中华白海豚，全社会应当行动起来，强化中华白海豚保护区的建设和管理，提高执法监管力度；禁止海域的非法渔业活动，严格控制沿岸各地生活和工业污水的排放，保护海洋生态环境，改善中华白海豚的栖息地。

此外，海洋航运资源开发中的港口、码头、桥梁等建设使原有的滩涂湿地不复存在，潮间带生物被破坏，围堤以内潮间带生物基本绝迹。在港口、航道开挖、桥梁打桩、水下爆破及疏浚所涉及范围内，将对海洋生物造成不同程度的致死效应，致使底质中污染物再悬浮，影响海洋生物生长，局部区域生物群落结构将会受到一定的影响。由于对海底泥沙的扰动，会对所在区域的底栖生物的生存环境产生影响。如广东省大亚湾在进行港口开发中，采用水下爆破技术，致使鱼类大量死亡，虽然建设单位向渔业部门一次性赔偿人民币数百万元，然而对生态环境造成的间接损失无法获得赔偿。

4.4.2.3 滨海电厂工程

1）温排水的热影响

在表层水中，温度是影响鱼类分布的最重要的环境因子。热排放进入受纳水体后，会改变鱼类等水生生物在水体中的正常分布，引起群落结构的变化。不同增温区对鱼类的影响也不同，通常增温幅度大于3℃时对某些鱼类的危害比较明显，例如大亚湾核电站运行后临近水域中银汉鱼科的仔鱼消失，河鲈的数量迅速减少，有些种群变化会表现出滞后效应；而增温幅度小于3℃则对鱼类则表现出有利的影响，一定范围内种群数量随水温升高而提高，并且鱼类的迁入增多、迁出减少，其个体数量也增加。林昭进等（2000）研究了温排水对大亚湾鱼卵、仔鱼的影响，结果发现温排水对整个大鹏澳水域鱼卵和仔鱼的总数量及其季节变化均无明显影响，对鱼卵死亡率的影响也不显著，但对鱼类的产卵活动影响较为明显。鱼类一般避开温升 1.0℃ 以上水域而趋于在进水口水域以及温排水的边缘区域（温升 0.5℃～1.0℃）产卵，鱼类的种群结构也发生了一定的改变，小沙丁鱼（*Sadinella* spp.）鱼卵和仔鱼数量明显增多，斑鰶（*Clupanodon punctatus*）和鲷科（Sparidae）鱼类的鱼卵和仔鱼数量显著减少，并且未见鳀鱼（*Engraulis japonicus*）和小公鱼（*Anchoviella* sp.）鱼卵以及鳀科（Engraulidae）和银汉鱼科（Atherinidae）仔鱼的出现。蔡泽平等（1999）对大亚湾 3 种重要经济鱼类进行热效应模拟实验，并结合其生殖生态习性和水域环境进行研究，结果表明，大亚湾核电站温排水热效应对黑鲷和平鲷等种群资源没有明显的不利影响。张俊彬等（2003）对阳江东平核电站邻近海区鱼卵和仔鱼进行调查研究，阳江核电站邻近水域开阔，潮流流速快，更有利于水体交换，温排水效应可能降低，尽管温排水效应可能对鱼类的产卵和早期发育有影响，但是作用不会很显著。湛江电厂温排水引起的温升使夏季强增温区的浮游生物和鱼类的物种和数量减少（金腊华，2003）。

温排水会改变局部海区的自然水温状况，浮游植物最易受影响。浮游植物处于整个食物链的底端，其结构变化必然会影响整个生态系统。根据刘胜等（2006）对大鹏湾受温排水影响下浮游植物群落结构的研究，核电站运行后浮游植物种类较丰富，数量通常是春、夏季较高。就种群组成而言，甲藻与暖水性种类的数量有增多的趋势，同时网采型浮游植物数量明显减少，但叶绿素 a 的含量变化不大，间接地反映了群落组成的小型化趋向。彭云辉等（2001）对核电站运行前后邻近海域初级生产力的调查结果显示，初级生产力的年生产量运转前（1992—1993 年）以碳计为 88 g/（m^2·a）；运转后分别为 180 g/（m^2·a）（1994—1995 年）和 236 g/（m^2·a），说明核电站运转后温排水的升温效应对受纳水体中浮游植物的初级生产力无抑制作用，相反还有促进作用，且冬季特别明显。核电站运转前影响初级生产力的主要因子是水温，而运转后为透明度。

底栖动物长期栖息在水底底质表面或底质的浅层中，它们相对固定，迁移能力弱，在受到热排放冲击的情况下很难回避，容易受到不利的影响，主要反映在底栖动物在强增温区的消失。根据中国科学院南海海洋研究所大亚湾海洋生物综合实验站 20 年获得的大量现场观测数据（王友绍，2004），发现大亚湾特别是西部水域（核电站附近）底栖生物种类明显减少，尤其是夏季。1991—2004 年，核电站附近平均生物量从 317.9 g/m^2 减少到 45.2 g/m^2，底栖生物种类数从 250 种减少到 177 种（Wang，2008）。

2）余氯排放的影响

余氯对水生动物的毒性影响与余氯的形态浓度、胁迫时间以及动物对氯敏感性等因素有关。张穗等（2000）对大亚湾核电站冷却水排放口及邻近海域海水中余氯污染状况进行了调查，结果表明，大亚湾核电 1 站冷却水排放口及邻近海域海水余氯的含量为 0.01～0.04 mg/L，各季节平均水平为 0.01～0.02 mg/L，冬季较高。余氯在水体中的垂直分布则较一致，表、底层水体中余氯的含量无明显差异。在调查过程各站点水样检测中，检出的余氯均为 NH_2Cl，未检出游离态余氯。游离态余氯的毒性较强，大约为化合态余氯的 6 倍。平鲷、黑鲷对余氯胁迫的敏感性远大于斑节对虾，这可能是因为余氯对水生动物的毒性机制主要是破坏动物从水中吸取溶解氧的能力。游离态和化合态余氯对合浦珠母贝受精卵卵裂都有抑制作用。由于核电站邻近水域余氯含量水平较低，尚不至于对生态环境产生明显的影响。

3）冷却水取水对水生生物的卷吸和冲撞影响

电厂冷却水取水冲撞影响是指电厂取水引起冷却水源取水口局部区域某些水文条件的改变，使鱼类和大型水生生物的成体或大的幼体失去自主运动能力但又不能通过滤网系统而造成的各种损害。显然，冲撞影响的危害主要是物理性损伤，同取水口附近水流流速、滤网材质和网格大小有关。电厂冷却水取水卷吸影响和冲撞影响是一个取水过程引发的两个问题，二者既有联系又有区别。根据国外的研究结果，电厂卷吸影响对浮游生物数量损伤率范围在 10% ~30%。根据我国科研工作者的研究，电厂冷却系统对海水浮游藻类数量的损伤率变化范围为 11.98% ~27.08%，均值为 19.82%；卷吸对浮游动物数量的损伤率较浮游藻类高。

4）放射性影响

核电站是利用原子核在裂变时产生的巨大能量来发电的。这些核始料在裂变过程中会产生放射性裂变产物，因此在核电站排出物中，不可避免地会带有一些放射性物质。若不加限制地将之排放入海洋，势必会对海区中的生态环境造成影响。

不过，现在的核电站对放射性物质有严格的限制和管理措施。根据有关规定，压水堆核电站的设计标准应保证核电站附近的居民通过空气和水两个主要途径，接受的辐射剂量不超过 3.9 mSv/a。一般而言，只要对人的辐射照度在安全范围内，就不会对海洋生物造成危害。在对已运行的核电站的放射性排出物质的调查中，均发现放射性水平较低，并不会对生物造成明显的损伤。刘广山等（1998）用光谱法测定了大亚湾核电站运行前和运行后 1 年中大亚湾海域一些海洋生物、海水和沉积物中的 ^{137}Cs 含量，结果显示核电站运行前后海洋生物、海水沉积物中的 ^{137}Cs 含量没有明显变化。

4.4.2.4 海水养殖

被认为是海洋产业经济增长点的海水养殖，在带来重大经济效益的同时，也引起了一系列环境问题。近年来，随着养殖产业规模的不断扩大，养殖方式由半集约化向高度集约化发展，养殖水体的富营养化问题逐渐显露并日益突出。在某些地区，如日本和太平洋东南部，富营养化已经被看做是养殖业影响环境的主要形式，成为人们首要关注的问题。而这一问题于 2006 年在北海市召开的全国近岸海域环境监测会议上已被提出，海水养殖正成为近岸海域重要的污染源，必须以法律规范海水养殖活动并实施监督监测，以确保海洋产业的可持续发展。

在各类养殖中，池塘养殖会由于饵料直接溶入或经生物排泄出无机营养盐类如碳、氮、磷；用于鱼、虾养殖和育苗生产的消毒物（生石灰、熟石灰、漂白粉等）也会污染水体。网箱养殖中的残饵及鱼类代谢物使养殖区水体中悬浮物、化学需氧量、生物需氧量、碳、氮、磷含量增加，残饵、鱼类代谢物中的非溶解部分会沉积在养殖区海底，增加有机碳含量和底质耗氧量，降低底质氧化还原能力，释放硫化氢和甲烷，增加氮、磷、重金属等含量，导致底栖生物种类组成和数量分布发生变化。在贝类养殖中，贝类排泄物（假粪）沉积于海底，会导致底质环境质量下降，从而威胁底栖生物。在藻类养殖中，有些地方为了提高产量，进行人工施肥，多余和流失的肥料有可能增加水域的富营养负荷。上述污染物将导致水域富营养化，易引发海水养殖区邻近海域暴发大面积赤潮。

从 1998 年广东省海洋与渔业环境监测机构成立以来，对发生在广东省海域的所有赤潮都进行了跟踪监测，而跟踪监测到的赤潮主要分布在珠江口、大鹏湾、大亚湾和柘林湾等海域，这些都是广东省主要养殖水域。以柘林湾为例，柘林湾湾内的富营养化程度比较高，湾外水域尚处于贫营养状态。这种湾内外营养现状存在较大差异的原因是多方面的，但与湾内大规模的网箱渔排和牡蛎养殖区造成的污染密不可分。柘林湾海水增养殖业，尤其是网箱养殖业，对海区造成严重的二次污染。海水养殖自身污染，包括虾、蟹、鳗鱼养殖池所排出的废水；各网箱养殖（鱼排）上所用的动力、照明等均需用到柴油发动机，其废气及使用过程产生的废水；各种水产养殖的饲料残渣，多数直接沉降在海床上，经腐化后对养殖海区产生的二次污染等。此外，大量网箱鱼排在柘林湾内的集中排列，必然会造成海流流速的减小，水体交换能力变差，从而在一定程度上加剧海域的污染。而柘林湾周边各镇的小型机动船舶所排放的含油污水则是海区海水中石油类的主要来源。实际上水体富营养化程度的加剧已造成该湾浮游动物小型化（姜胜等，2003），浮游植物的生物多样性和均匀度下降，出现个别优势种类（中肋骨条藻）的优势度极高的现状（周凯等，2002）。富营养化程度的加剧造成最严重的后果就是发生赤潮，像柘林湾这样脆弱的生态系统经常发生赤潮也是在所难免的，因此柘林湾是赤潮多发区。如 1997 年 11—12 月，在柘林湾发生的球形棕囊藻（*Phaeocystis Lagerheim*）赤潮，受灾面积超过 1 667 hm^2，死鱼约 200 t，直接经济损失 6 556 万元；1999 年 7 月中旬，棕囊藻赤潮卷土重来，受灾面积 400 hm^2，直接经济损失 150 万元。因此对柘林湾海水增养殖渔业和生态环境造成了严重的危害。

根据《2010 年广东省海洋环境质量公报》，柘林湾、大亚湾、大鹏湾、桂山湾、水东港、雷州湾、流沙湾等重点海水增养殖区中，大部分增养殖区水质的无机氮含量较高，部分增养殖区活性磷酸盐和化学需氧量含量较高。根据许忠能（2002）的研究，夏季广东省饶平柘林湾、惠阳大亚湾小桂、珠海桂山十五湾堤内、阳江闸坡旧澳湾、湛江硇洲岛斗龙 5 个养殖区中，除湛江硇洲岛斗龙有 5 个鲍鱼养殖场排水口外，其余养殖区均有超过 5 000 m 的鱼类养殖网箱；与汕头浦尾以东、惠阳大亚湾小鹰、珠海桂山十五湾堤外、阳江闸坡马尾岛滩外、湛江硇洲岛南角尾以北进行比较分析，结果表明养殖区总氮、颗粒态总氮、总磷、颗粒态总磷含量分别为 0.506 ~ 1.244 μmol/L、0.367 ~ 1.066 μmol/L、0.112 ~ 0.232 μmol/L 和 0.054 ~ 0.157 μmol/L，这些指标在养殖区高于非养殖区。广东沿海夏季养殖区 TN、TP 含量高于非养殖区，表明海水养殖对自然海区造成可检测的营养负荷。

4.5 海洋灾害对沿海地区经济社会发展影响及防治对策

4.5.1 海洋灾害对沿海地区社会经济的影响

4.5.1.1 概况

广东省作为我国的海洋大省，具有漫长的海岸线和广阔的海域，部分沿海地区经济高度发达。但是，广东省同时也是我国海洋灾害较重的省份，按 1991—2000 年中国海洋灾害造成的经济损失和死亡、失踪人数统计，广东排在海洋受灾省份第二位（杨华庭，2002），对省内海洋经济和人民生命财产造成了严重损失，因此海洋灾害是制约我省沿海地区经济发展的一个重要因素。据统计，1991—2005年广东省因风暴潮、海浪、赤潮、溢油、海水入侵等海洋灾害造成直接经济损失约438.9亿元，年均29.26亿元，死亡、失踪577人，年均38人（图4.21）。其中风暴潮灾害最为严重，年直接经济损失超过20亿元的海洋灾害是由台风风暴潮引起的；灾情的地域差异是粤西较重，粤东次之，珠江口较轻。

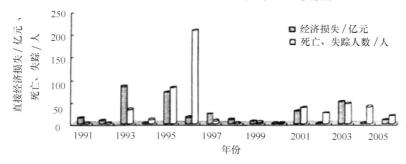

图4.21　1991—2005年广东主要海洋灾害造成的经济损失与死亡、失踪人数（邓松和任品德，2007）

4.5.1.2　风暴潮灾害

风暴潮波及的地域范围与该地区的地形地势、经济发达水平及防灾能力有关。在地势较低平海岸带，风暴潮可以长驱直入，影响广大的地域，造成较大的经济损失；在地势较高的沿海地带，风暴潮潮水入侵范围有限，受灾程度也较轻。一般而论，在同等强度风暴潮作用下和同等防灾能力情况下，经济发达地区的损失较大，经济不发达地区的损失较小。尤其是人口稠密、城镇集中、经济发达的一些沿海地区，因风暴潮造成的人员伤亡和经济损失更为严重（许小峰等，2009）。

风暴潮灾害造成的经济损失可分为直接经济损失和间接经济损失，直接经济损失包括：①潮水淹没田地而引起的农作物损失；②倒塌的房屋及家庭财产损失；③被潮水冲毁的堤坝、桥梁等公共设施；④被浪潮毁坏的船只；⑤通信、电力及工厂设备等生产设施；⑥死亡人数或失踪人数；⑦受伤和受灾人数；⑧海洋损失；⑨海水侵染等。而间接经济损失则包括：①灾害救援投入；②灾后修复和重建费用；③对生态环境的破坏和影响；④企业生产停顿带来的损失。

广东沿海是全国海岸中台风暴潮最严重的区域，而且风暴潮灾害居广东海洋灾害第一位，主要是由登陆和影响省内的台风引起。1991—2005年广东省内共有50次风暴潮灾，其中造成直接经济损失3亿元以上的共计21次，合计直接经济损失约402.88亿元，占主要灾害直接经济损失的91.8%，死亡、失踪404人，占主要灾害死亡、失踪人数的68.8%（邓松等，2006）。其中粤西、粤东沿海直接经济损失分别为238.53亿元和91.33亿元，死亡人数分别为258人和88人（表4.16）。

表 4.16 1991—2005 年直接经济损失 10 亿元以上的风暴潮灾害统计

时间	台风编号	影响地区	受灾人数/万人	受灾农田/(×10⁴hm²)	受灾水产养殖/(×10⁴hm²)	损毁房屋/(×10⁴间)	损毁堤防/km	决口/处	损毁船只/艘	死亡失踪人数/人	经济损失/亿元
1993-08-21	9309	珠海至湛江	328	42.5	1.6	47.2	362	150	488	3	23.7
1993-09-14	9315	汕头至汕尾	670	27.7	0.5	—	200	313	—	12	18.9
1993-09-17	9316	珠海至新会	470	15.2	—	5.7	—	—	—	32	15.2
1995-08-11	9505	汕头至惠州	503	21.8	1.1	—	—	3	930	23	13.3
1995-08-31	9509		141	28.1	29.5	—	—	8	1 635	50	36.5
1995-10-03	9515	湛江沿海	398	24.0	1.1	—	—	827	13	1	13.2
1996-09-09	9616	珠海至湛江	930	44.4	2.5	143.2	—	—	2 286	208	129.0
1997-08-22	9713	湛江沿海	—	—	—	—	327	—	128	6	21.0
1999-06-27	9302	江门至茂名	525	33.3	—	38.5	—	—	—	10	12.7
2001-07-06	0104	汕头至珠江口	698	9.7	1.1	—	57	17	1 490	7	24.5
2003-07-24	0307	阳江至电白	478	30.9	3.4	6.0	181	—	—	3	19.1
2003-09-02	0313	惠东至中山	641	13.9	0.5	5.4	—	—	—	19	22.9

注：表内"—"表示无记录。

9615 号台风风暴潮是近期广东损失最严重的、历史罕见的一次特大台风风暴潮灾害。湛江市、茂名市灾情特别严重，农作物受灾面积 21.84×10⁴ hm²，水产养殖受灾面积 1.17×10⁴ hm²，冲毁海堤 135.3 km，损毁船只 3 361 艘，死亡、失踪 142 人；台风过程深圳市至湛江市沿海验潮站最大增水 112~174 cm，最高潮位 201~497 cm，超过了警戒水位；阳江沿海出现 170 cm 左右的增水，闸坡海洋站实测最高潮位达 259 cm（陈特固，1997）。

4.5.1.3 海浪灾害

灾害性海浪能掀翻船只，摧毁海上工程和堤岸工程，给航海、海上施工、海上军事活动、渔业捕捞等带来极大的危害。因此，海浪灾害是严重的海洋灾害之一，也是发展海洋经济的一大障碍。

南海面积广阔，水深浪大，灾害性海浪在南海出现的频率非常大，南海是我国受台风浪影响最严重的海区之一，因此海浪灾害也就居广东海洋灾害第二位。据不完全统计，1991—2005 年广东沿海海域因冷空气浪和气旋浪造成沉船 86 艘，死亡、失踪 142 人（邓松等，2006）。由于冷空气浪、气旋浪和龙卷风来势迅猛，对海上作业与活动造成较大影响和损失。损失较大的事件见表 4.17。

表 4.17 1991—2005 年直接经济损失 500 万元或死亡、失踪 5 人以上的海浪灾害统计

时间	海域	原因	沉船/艘	死亡、失踪人数/人	经济损失/万元
1994-06-02	湛江	气旋浪	15	9	—
1995-03-06	徐闻	冷空气浪	1	—	3 000
1997-04-19	珠江口	龙卷风	11	25	1 000
1999-02-28	珠江口	冷空气浪	1	9	—
2002-01-19	湛江	龙卷风	14	22	—

续表 4.17

时间	海域	原因	沉船/艘	死亡、失踪人数/人	经济损失/万元
2003-02-25	汕头	冷空气浪	1	4	500
2003-03-08	粤西	冷空气浪	1	8	500
2003-04-11	大亚湾附近	气旋浪	1	10	800
2004-02-03	惠来	冷空气浪	1	7	500
2004-02-23	汕头遮浪	冷空气浪	1	9	—
2005-04-12	22°13′N, 113°45′E	气旋浪	—	16	2 000

注：表内"—"表示无记录。

4.5.1.4　赤潮灾害

赤潮灾害可对海洋环境、海水养殖业等造成严重的影响。在海洋生态方面，赤潮致使一些海洋生物不能正常生长、发育和繁殖，导致一些生物逃避甚至死亡，从而破坏原有的生态平衡。在海洋渔业方面，赤潮破坏浴场饵料基础，造成渔业减产；赤潮生物的异常发展繁殖，可引起鱼、虾、贝等经济生物鳃瓣堵塞，造成这些生物窒息而死；赤潮后期，赤潮生物大量死亡，在细菌分解作用下，使海洋生物缺氧或中毒死亡。此外，赤潮生物分泌的毒素，还可经过食物链进入人体并在体内积累，最终引起人体中毒甚至导致死亡。

根据历年来广东沿海赤潮灾害的统计，赤潮最大的危害是导致养殖业鱼、虾、贝类死亡。也有因为误食含有赤潮毒素的海产品而发生人类中毒、死亡的事件，如 1991 年 3 月，大亚湾附近居民因食用含有赤潮毒素的翡翠贻贝，造成 4 人中毒，其中 2 人死亡（简洁莹等，1991）。2004 年 9 月，在汕头和深圳因误食染有西加鱼毒的珊瑚鱼类，分别造成了 50 多人和 39 人的中毒事件。

随着现代化工农业生产的迅猛发展，沿海地区人口的增多，大量工农业废水和生活污水排入海洋，导致近海、港湾富营养化程度日趋严重。同时由于沿海开发程度的增高和海水养殖业的扩大，也带来了海洋生态环境和养殖业自身污染问题；海运业的发展导致外来有害赤潮种类的引入；全球气候的变化也导致了赤潮的频繁发生（许小峰等，2009）。广东沿海是我国经济较为发达的沿海地区，同时也是赤潮频繁发生的地区，特别是珠江口海域。据统计，1991—2005 年广东沿海共发生赤潮事件 114 起，近 5 年赤潮发生次数明显增加，共计 64 次（邓松等，2006），较严重的赤潮事件见表 4.18。

表 4.18　1991—2005 年直接经济损失 100 万元或受灾面积 200 km^2 以上的赤潮灾害统计

时间	地点	面积/km^2	赤潮生物种类	经济损失/万元
1991 年 3 月 20—22 日	深圳大鹏湾	—	海洋卡顿藻、夜光藻	150
1997 年 11 月至 1998 年 1 月	饶平柘林湾、南澳	—	球形棕囊藻	7 516
1998 年 3—4 月	珠江口粤港海域	—	米氏裸甲藻	5 000（香港 35 000）
1999 年 7 月 10—26 日	饶平柘林湾—大埕湾	400	球形棕囊藻	150
2001 年 7 月 10—13 日	大亚湾、红海湾、汕尾	242	—	—
2003 年 8 月 2 日	红海湾	400	中肋骨条藻	—
2003 年 11 月 10 日至 12 月 4 日	汕头港	550	球形棕囊藻	—
2004 年 11 月 10—18 日	汕头	900	球形棕囊藻	—
2005 年 5 月 21 日	雷州半岛	570	球形棕囊藻	—

注：表内"—"表示无记录。

其中，1997年11—12月在饶平柘林湾发生的球形棕囊藻（*Phaeocystis Lagerheim*）赤潮，受灾面积超过1 667 hm²，死鱼约200 t，主要品种有青鲈、真鲷和金枪鱼等优质鱼类，直接经济损失6 556万元，同期南澳县网箱养殖直接经济损失600万元。这是继1997年7—8月台湾海峡及福建厦门等沿海赤潮之后在我国沿海发生的同类赤潮。1998年3—4月，在珠江口粤港海域发现的米氏裸甲藻（*Gymnodinium mikimotoi*）赤潮，造成粤港两地的海水养殖鱼类大量死亡，直接经济损失约达3.5亿元，其中广东0.5亿元，这是中国沿海历史上最严重的赤潮灾害事件（齐雨藻，2004）。

4.5.1.5 海岸侵蚀

海岸侵蚀对社会经济发展的影响具有多重作用，大致可以分为直接危害和间接危害两个层面。直接危害主要表现在造成直接的人员伤亡和财产损失，包括破坏房屋、海堤、公路、渔港码头、海岸构建物等，威胁城镇、村庄安全，损坏机器、设备等设施，破坏农田、海滩景区及浴场等。间接危害通常指较深远的影响，主要表现为破坏堤围后增加海水泛滥、风暴潮及巨浪的影响范围，恶化农业耕作条件，造成农业减产，影响土地规划利用，破坏沿海防护林带，加剧海岸带荒漠化范围，危害公路交通设施，岸线后退，影响滨海养殖等。

根据所作用的对象性质，海岸侵蚀影响又可分为对自然资源和对海岸工程的影响。对自然资源的影响主要是对土地资源、海岸生态和环境的影响，对海岸工程的影响则包括对海岸防护林、防护堤坝、国防工程、滨海码头、养殖设施、旅游设施等的破坏。在海岸侵蚀作用下，广东省沿海地区已损失了较多的陆地资源。如雷州半岛徐闻县龙塘镇赤坎渔村、前山镇海山渔村、遂溪县江洪镇江洪肚村等因海岸侵蚀而屡迁其址，仅赤坎村在2003—2006年就有800 m²的土地被侵蚀消失；水东港附近渔村也因海岸侵蚀向陆迁村三次，海岸后退超过200 m；漠阳江三角洲前缘低潮线在1957—1981年后退近200 m，仅2008年北津港东侧海岸受"黑格比"影响后退了超过10 m；汕尾市捷胜镇保护区2005年起，因海砂盗采近岸沙滩以年均约20 m的速率后退，区内沙角尾长约7 km的沿岸沙滩后退速率达50 m/a，个别地段甚至超过80 m/a。此外，海岸侵蚀对滨海旅游设施也构成很大威胁。以深圳东海岸为例，受风暴潮的影响，西冲滨海浴场海岸崩塌严重，岸线不断后退，大量旅游基础设施遭到毁坏，造成了较大的经济损失。受海岸侵蚀影响，大梅沙海岸地貌也发生了很大变化，长达1.8 km的沙滩严重萎缩，受海水冲刷，海滩上大量设施也被破坏。

4.5.1.6 溢油灾害

溢油灾害对海洋生态环境造成重大影响，其影响可持续几年甚至十几年，由此带来的环境治理也是一项长期而艰巨的任务。石油在海面形成的油膜能阻碍大气与海水之间的气体交换，影响海水中氧气的含量，对海洋生物包括鱼类、贝类、虾类、蟹类、哺乳动物、鸟类、浮游生物等构成严重威胁。溢油不仅给生物资源带来毁灭性的破坏，还会使水产养殖业减产、停产，更可能使水产品的质量和性状发生改变。近岸溢油事故不仅对海洋渔业造成极大损失，对滨海旅游业也影响很大。近岸一旦发生溢油事故，首先遭受污染的是近岸海水，由于近岸海水与外海的水换能力较弱，海面上的浮油和海水中的乳油扩散较慢，对近岸海水形成长时期的污染，导致污染的海区长期丧失功能。石油污染对湿地资源也会产生严重破坏，湿地植物如海草和红树林的根、茎或树干，极易吸附油类，被油类覆盖的根、茎或树干，将丧失正常的生理功能，导致海草和红树林死亡。栖息在湿地中的海洋生物也将因被油类覆盖而导致死亡。广东临海工业主要有海洋油气和石化工业、海洋生物业、修造船业、海水制盐业四大类，这些产业的正常运作需要洁净的海水，如果大量的浮油或地下油进入输水设备，会导致设备污染、效率降低、寿命缩短和产品质量下降。

广东沿岸港口交通运输繁忙，船舶油类作业量十分巨大，因此溢油是广东省海洋污染的主要原因之一，也是近海海洋灾害之一。1991—2005 年广东海域发生较大溢油事件 18 起，直接经济损失超过 2 252 万元，死亡、失踪 2 人（邓松等，2006）（表 4.19）。

表 4.19　1991—2005 年直接经济损失 100 万元或受灾面积 200 km² 以上的溢油灾害统计

时间	地点	溢油原因	溢油量 /t	死亡、失踪/人	经济损失 /万元
1995 – 08 – 20	广州港	图瓦卢籍 "CTANTA JACOB" 油轮碰撞码头	150	—	1 931
1995 – 05 – 08	130°47.7′E，21°45.3′N	"明辉" 油轮与巴拿马籍货船相撞	400	—	1 754
1998 – 11 – 13	内伶仃洋	"津油 6 号" 油轮破裂	1 000		
1999 – 03 – 24	珠江口伶仃岛附近	"闽燃供 2" 油轮与 "东海 209" 油轮相碰	150		500
2000 – 11 – 14	虎门附近	"德航 298" 油轮与挪威籍 "宝赛斯" 轮相撞	100	2	1 760
2002 – 11 – 11	南澳勒门列岛附近	"宁清油 4" 油轮爆炸沉没	950	—	460
2004 – 12 – 07	珠江口附近	德国籍 "MSC ILONA" 轮与巴拿马籍 "HVUNDA IDVANCE" 轮碰撞	450		

注：表内 "—" 表示无记录。

2004 年 12 月 7 日，珠江口担杆岛附近海域发生国内近期最大的船舶碰撞溢油事故。巴拿马籍万吨级 "HVUNDA IDVANCE" 轮与德国籍万吨级 "MSC ILONA" 轮相撞，导致 "MSC ILONA" 轮的油仓破裂，约 450 t 油溢漏，造成海域严重污染。

绝大多数船舶碰撞溢油事件是由于天气和人为因素等造成的。海上船只碰撞、沉没、石油平台管道破裂等导致大量的原油溢出污染海水，影响水产养殖、破坏海洋资源和生态平衡等。

4.5.1.7　海水入侵

海水入侵是广东省较为严重的海洋地质灾害之一，给工农业生产和人们的正常生活都会带来较大的影响。海水入侵首先直接导致滨海地区地下水水质恶化，加剧淡水资源的匮乏程度，使沿海地区居民和牲畜饮用水受到影响。其次，海水入侵使土壤生态系统失衡，耕地资源退化，荒地面积增加，严重影响农业生产。海水入侵对工业企业生产同样会带来负面影响，如水质的恶化导致机井报废、生产设备锈蚀、生产成本增加、产品质量下降等。此外，海水入侵还会使人口健康水平降低，由于淡水缺乏，海水入侵区的大量人口时常或常年饮用咸水，导致地方病流行。

广东沿海受海水入侵（又称咸潮）影响的地区主要是珠江口和韩江口，其中珠江口是最严重的地区。1992 年以来，珠江三角洲地区共出现 8 次海水入侵灾害。近年来灾情越来越频繁、持续时间增加、影响范围越来越大，强度向严重趋势发展。

2003—2005 年珠江三角洲的海水入侵活动为 1963 年以来所罕见，引起了社会的极大关注。海水入侵强度增加的主要原因是枯水期上游径流量减少，河口及河道地形变化，流域上游地区供水量逐年增加，海平面上升，河口地区供水规模增大（胥加仕和罗承平，2005）。西江径流量变化与流域降水量关系明显，多次出现咸潮时径流量呈负距平值，冬季径流量减少与副高强弱有关，在 El Nino 与 La Nino 发生的翌年冬季，西北江径流量负距平的几率分别为 10 /14 和 10 /11（游大伟等，2005，2006）。

4.5.2 海洋灾害防治对策

近年来广东省海洋经济呈持续快速发展趋势，2010 年海洋产业总产值达 8 291 亿元，连续 16 年居全国首位。但海洋灾害造成的经济损失也非常严重，成为广东沿海经济可持续发展的重要影响因素，说明广东省沿海地区所面临的防灾减灾任务依然相当严峻。因此，进一步加强海洋灾害监测预报，积极采取有效的措施与对策将势在必行。针对广东省对海洋灾害的防灾减灾现状，提出以下几点对策：

（1）加强沿海防灾设施，提高工程防灾标准

按照经济发展程度把加高、加固海堤纳入地方经济发展规划，对处于主要海洋灾害危险区内的城市、工矿企业、海上工程、海岸工程都必须根据其重要程度按不同的抗灾要求，做好抗灾工程建设和达到工程本身的抗灾要求，加快沿海千里海堤修建，加固达标工作，建设海上长城。继续加强沿海防护林体系的建设，以增强沿海防御海洋灾害的能力。

（2）建立海岸带生态防护网

实行退耕还海政策，把近期沿海地区所进行的过度围垦的外围部分垦区回归自然，建立海岸带缓冲区，起到削弱台风风暴潮的能量，减缓其向沿海陆地推进的速度。加强对湿地与滩涂的生态环境保护，全面启动湿地保护项目工程，培育建设滩涂草场，引种沙棘等耐盐植物，加强对互花米草生态功能的研究，控制采捕，维护良好的滩涂生态结构，恢复生物多样性，确保生态环境的整体平衡，努力把沿海滩涂建设成为我国珍稀动植物保护基地。同时加强海洋环境及养殖业的管理，严格控制污染物质的入海量，改善海洋环境，防止赤潮等自然灾害的发生。

（3）加强对海洋灾害的研究和预报，建立和完善海洋灾害信息系统

海洋地质灾害一旦发生，就会给沿海社会经济带来灾难性危害，必须加强对沿海地质背景的科学研究，寻求地质灾害发生的规律，采取应对措施。广东沿海在建立沿海地质灾害监测站和精密大地水准测量控制点的基础上，监测沿海地面沉降、海岸坍塌等，逐渐积累资料，以对中期、长期趋势进行预报。加强对广东海岸带海平面上升及其引起的资源与环境变化的观测研究，积累可靠观测资料，适时开展不同岸段相对海平面上升的易损性评估，并制定严格的法规，限制易损地区过密发展。

随着计算机应用和观测技术的发展，特别是遥感技术的应用，传统的方法在海洋环境与灾害数据时空处理上均已无法满足现实的需要。充分利用 RS、GIS 和 GPS 等技术，及时监控海洋动态变化过程，对可能带来灾害的风暴潮等提前发出预报，使沿海地区政府和居民有所准备，尽可能减小灾害损失。对海洋环境做出适时监测，定期发布沿海环境质量报告，对有

可能发生赤潮的地区进行重点监测。

（4）加强海岸带防灾减灾的教育及管理

海洋防灾减灾的教育是海洋防灾减灾的一项"软件"投入，具有十分重要的现实意义。要充分利用广播电台、电视、报刊等传播媒介，使海洋防灾减灾知识家喻户晓。要进行公众防灾减灾的基本技能训练，对从事海上作业的人员、沿岸地区与海洋打交道的人员，把海洋减灾作为基础训练内容进行强制性训练和培训。对海洋减灾专业人员和领导干部进行减灾决策训练，提高减灾的反应、决策和指挥调度能力。在海洋灾害多发的重点地区，健全地区性的救灾队伍，完善救灾装备的配备，一旦发生灾害，能高速、有效地投入抢险救灾，以减轻损失。

（5）加强立法，以法防灾减灾

在与海洋灾害作斗争的过程中，广东沿海人民已积累了大量经验，也初步形成了一定的制度和规范。但总的来讲，人们对海洋防灾减灾的法律法规观念还相当淡薄，有法不依、无法可依的情况还普遍存在。因此，除了增强人们的海洋防灾减灾意识外，还必须加强立法。根据全国已颁布的海洋环境保护、防灾减灾的法律，借鉴国际上的先进经验，结合广东省的实际情况，制定专门的海洋防灾减灾法律、法规和制度等，以适应广东海洋减灾工作的开展。

（6）健全海洋灾害应急预案

根据广东地区的灾种灾情，制定风暴潮、海啸、赤潮、溢油等应急预案。加强防灾工作管理，落实应急反应程序和措施，做到统一领导，分级负责，责任到人，快速反应。

第5章 沿海社会经济

广东省 14 个沿海地市辖区面积为 8.35×10^4 km²，约占全省陆地总面积的 46.40%；国民经济生产总值为 32 101.46 亿元，占全省的 81.31%。近年来，沿海地区海洋综合开发有序推进，成为推动广东沿海地区乃至全省经济社会发展的强大引擎。三大海洋经济区的发展各具特色，优势互补，形成"珠三角带动，两翼齐飞"的区域海洋经济新格局。珠三角地区重点发展海洋高科技产业和新兴海洋产业；粤东地区积极推进海洋资源精深加工业和海洋能源产业；粤西地区大力培育临海工业和滨海旅游业。

5.1 沿海社会经济概况

5.1.1 人口与就业

据 2010 年统计年鉴，2009 年末广东常住人口为 9 600 万人，比上年增加 94 万人，增长 1.0%；全省常住人口中，城镇人口数 6 110 万人，城镇人口比例 63.4%。14 个沿海城市常住人口 6 978 万人，占全省常住人口的 72.7%。沿海城市经济发展良好，带动就业人数一直保持稳步增长。2009 年全省社会就业人数为 5 652 万人，其中 14 个沿海城市就业人员占全省比重的 74.8%。从各个城市自身看，深圳、东莞从业人员多集中在制造行业；从整体上看，广州市聚集了全省约一半的科学研究、综合技术服务行业从业人员；其余各沿海城市基本符合广东省从业人员分布状况（表 5.1）。

5.1.2 城市发展

广东省共有 21 个地级市，其中 14 个是临海城市。在这 14 个临海城市中，共计有 11 个沿海县，6 个沿海县级市，40 个沿海区，119 个沿海镇，133 个沿海乡。广东省地级市间的距离一般为 100~200 km，而在城市密集的珠三角地区可在 100 km 以下。县级市的服务范围一般不超过 50 km²，便于市民购买米、油、盐、酱、醋、茶等日常消费品。地级市的服务范围可达 200 km² 以上，便于市民购买中低级的彩电、冰箱等日常用品。而广州、深圳的服务范围不仅覆盖整个广东省，更辐射华南，面向东南亚，便于市民购买汽车、高档家电、名牌时装等，以及提供大型博物馆、音乐厅、名牌大学等高级文化设施。改革开放以来广东省城市化率逐年大幅度提高，14 个沿海城市各阶段的城市化进程均快于广东省平均水平（表 5.2）。

《广东省城镇化发展评估报告》（2006）对全省 21 个市的城镇化综合发展水平进行了评估分析，并进行排序。在全省城市综合排名中，深圳以综合发展水平最高位居第一，广州、珠海分别位居第二、第三名，按综合发展水平由高到低排序依次为深圳、广州、珠海、东莞、佛山、中山、汕头、江门、惠州、潮州、肇庆、揭阳、汕尾、湛江、茂名、阳江、韶关、清

表 5.1　2009 年末沿海城市各行业在岗职工人数

单位:万人

城市	广州	深圳	珠海	汕头	江门	湛江	茂名	惠州	汕尾	阳江	东莞	中山	潮州	揭阳
农,林,牧,渔业	0.69	0.38	0.83	0.03	0.11	2.35	1.16	0.12	0.98	0.49	0.05	0	0.02	0.59
采矿业	0.09	0.12	0.03	0.03	—	0.83	0.29	0.03	0.03	0.03	0.01	—	0	0
制造业	83.64	105.36	38.18	9.44	20.31	7.30	3.68	55.16	3.72	2.52	8.55	15.67	3.13	3.34
电力,燃气及水的生产和供应业	2.44	1.76	0.46	0.66	0.75	1.00	0.73	0.74	0.46	0.46	0.74	0.40	0.75	0.90
建筑业	13.64	11.67	1.71	2.44	2.96	3.51	4.59	2.16	0.68	2.94	0.14	0.27	0.78	1.84
交通运输,仓储及邮政业	20.66	13.74	1.42	1.04	1.00	2.37	0.89	1.19	0.35	0.54	0.68	0.88	0.35	0.45
批发和零售业,餐饮业	11.63	12.63	1.77	2.00	0.82	1.38	0.79	1.10	0.35	0.94	0.58	0.25	0.25	0.82
金融业	6.37	8.33	1.52	1.04	1.56	1.01	0.90	1.04	0.30	0.46	1.83	1.09	0.42	0.64
房地产业	6.72	11.99	1.31	0.37	0.27	0.37	0.32	0.86	0.10	0.56	0.05	0.32	0.11	0.20
居民服务和其他服务业	2.85	1.67	0.15	0.07	0.19	0.05	0.23	0.13	0.01	0.03	0.01	0.02	1.59	0.03
科学研究,技术服务和地质勘查业	6.11	4.17	0.36	0.35	0.24	0.36	0.17	0.44	0.07	0.15	0.19	0.17	0.15	0.14
水利,环境和公共设施管理业	2.86	2.17	0.65	0.60	0.56	0.77	0.59	0.68	0.16	0.34	0.06	0.10	0.24	0.33
公共管理和社会组织	14.72	10.98	2.83	3.62	3.83	4.47	3.98	5.03	2.29	2.71	3.90	1.98	1.48	3.15
卫生,社会保障和社会福利业	10.24	4.87	0.99	1.85	2.00	2.42	1.93	1.81	0.65	1.01	2.50	1.31	0.71	1.28
文化,体育和娱乐业	3.30	1.66	0.39	0.23	0.16	0.38	0.21	0.31	0.10	0.11	0.19	0.20	0.07	0.20
其他行业	39.54	23.39	4.91	7.01	5.84	9.99	9.38	5.80	3.32	3.70	3.13	3.34	3.09	6.76

注:表内"—"表示无相关数据。

远、梅州、河源、云浮。

表5.2 广东省沿海城市与全省的城市化率

单位:%

年份	1982	1990	2000	2005	2006	2007	2008	2009
广州市	63.26	69.40	81.38	91.47	82.04	82.17	82.23	82.53
深圳市	32.28	64.87	92.46	100	100	100	100	100
珠海市	40.44	60.41	85.49	88.82	85.10	85.10	85.14	87.16
汕头市	33.29	29.83	67.00	99.09	70.05	70.05	70.12	69.58
江门市	13.41	27.46	47.16	57.42	48.68	48.70	49.45	50.08
湛江市	23.67	31.65	38.50	41.23	39.26	39.26	38.94	38.99
茂名市	12.94	—	37.44	37.89	36.98	36.98	37.04	37.50
惠州市	14.08	29.42	51.68	55.77	61.21	61.22	61.27	61.27
汕尾市	19.91	36.07	52.57	56.50	52.39	52.39	52.59	57.00
阳江市	9.56	48.06	41.92	45.02	44.46	45.91	45.89	46.72
东莞市	12.35	—	60.04	56.57	85.09	85.20	86.39	86.39
中山市	13.93	—	60.69	65.82	84.24	84.96	86.14	86.34
潮州市	15.14	25.42	43.4	40.74	62.90	62.90	59.20	62.10
揭阳市	7.63	10.74	37.92	40.37	45.02	45.02	45.36	45.36
平均值	22.28	39.33	59.59	63.65	66.17	66.33	66.46	69.48
全省	18.63	36.76	55.00	60.68	60.68	63.14	63.37	63.40

注:表内"—"表示无相关数据。

5.1.3 沿海城镇居民生活

5.1.3.1 收入水平

广东省城镇居民可支配收入较高的城市主要集中在珠三角地区,东西两翼的可支配收入水平相对仍然较低(图5.1)。2009年,广东省14个沿海城市中,高于全省城镇居民人均可支配收入21 575元的城市有广州市、深圳市、珠海市、东莞市和中山市。其中,城镇居民人均可支配收入最高的是东莞市,为33 045元,高出了全省城镇居民人均可支配收入的53.2%;其次是深圳市和广州市,分别为29 245元和27 610元,分别高出全省城镇居民人均可支配收入的35.6%和28.0%。14个沿海城市中,城镇居民人均可支配收入最低的是潮州市和汕尾市,分别为12 398元和12 560元;其次是阳江市、茂名市及揭阳市,分别为13 075元、13 161元和13 169元。

5.1.3.2 消费水平

城镇居民人均消费支出与人均可支配收入基本呈正比,因此广东省消费水平高的沿海城市同样集中在珠三角地区,而消费水平低的沿海城市主要分布在东西两翼(图5.2)。2009年,广东省14个沿海城市中,城镇居民人均消费支出大于20 000元的有广州市、深圳市和东莞市,高于全省城镇居民人均消费支出16 858元的城市有广州市、深圳市、珠海市、惠州

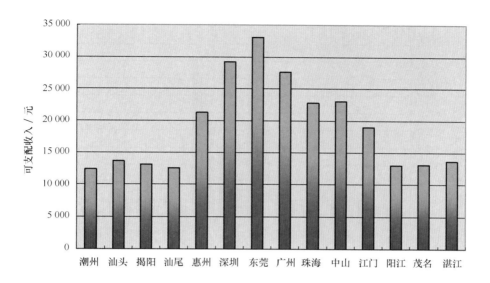

图 5.1 2009 年广东省沿海市城镇居民人均可支配收入对比

市和中山市。其中，城镇居民人均消费支出最高的是东莞市，为 24 270 元，高出全省城镇居民人均消费支出的44.0%；其次是广州市和深圳市，为 22 821 元和 21 526 元，分别高出全省城镇居民人均消费支出的 35.4% 和 7.7%。城镇居民人均消费支出最低的是汕尾市，为 8 736元；其次是阳江市和茂名市，为 9 165 元和 9 764 元。

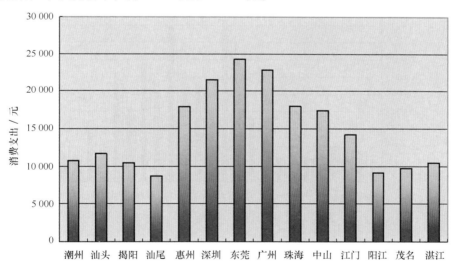

图 5.2 2009 年广东省沿海市城镇居民人均消费性支出对比

5.1.4 沿海经济发展概况

广东省珠三角地区经济发展快速，地区生产总值远远高于东西两翼地区。2005—2009年，广东省沿海 14 个地市中，深圳市、广州市及东莞市的地区生产总值稳居前三位（图5.3），其中广州市、深圳市 2009 年的地区生产总值分别高达 9 138 亿元和 8 201 亿元。汕尾市、潮州市、阳江市、揭阳市位居后四位，2009 年地区生产总值均在 1 000 亿元以下，汕尾市和潮州市更是低至 500 亿元以下，分别为 390 亿元和 480 亿元。

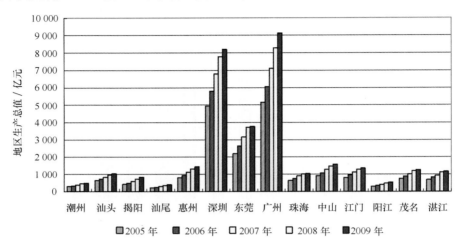

图 5.3　2005—2009 年广东省沿海城市地区生产总值比较图

在人均地区生产总值方面，2005—2009 年，14 个沿海城市中，以深圳市、广州市、珠海市、中山市和东莞市稳居前五位（图 5.4），其中深圳市最高，达 92 772 元，其次是广州，为 89 082 元。粤东及粤西沿海城市的人均地区生产总值普遍较低，其中最低的是汕尾市和揭阳市，分别为 13 363 元和 14 159 元，只达深圳市人均地区生产总值的 14.4% 和 15.3%。

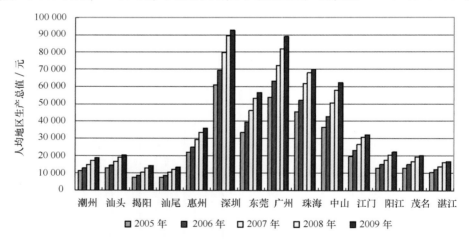

图 5.4　2005—2009 年广东省沿海城市人均生产总值比较图

在固定资产投资方面，广州市和深圳市的全社会固定资产投资增幅较大，平均投资额远远超出其他沿海城市（图 5.5）。2009 年，广州市的固定资产投资达 2 660 亿元，深圳市为 1 709 亿元。东莞市位居第三位，全社会固定资产投资为 1 094 亿元。其他沿海城市的固定资产投资相对较低，均在 1 000 亿元以下。其中，潮州市的固定资产投资最低，只有 163 亿元；其次是茂名市，为 180 亿元。2009 年，深圳市的进出口总额最高，达 2 701 亿元，占全省进出口总额的 38%；东莞市和广州市分别位居第二位和第三位，为 941 亿元和 767 亿元，远远超出省内其他沿海城市。

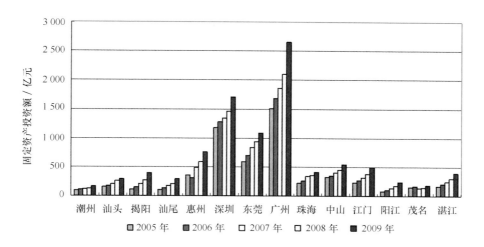

图 5.5 2005—2009 年广东省沿海城市固定资产投资额比较图

2009 年，全省 14 个沿海城市中，第三产业所占比重最大的是广州市，达 60.9%；第二产业所占比重最大的是江门市，为 58.0%；第一产业所占比重最大的是阳江市，为 23.2%（图 5.6）。东西两翼的工业生产总值增长速度明显高于珠三角，揭阳市和汕尾市的工业总产值增长速度最快，为 16.4% 和 14.1%；其次是阳江市和惠州市，分别为 13.5% 和 13.0%。因此，在地区生产总值的产业构成上，东西两翼第二产业的总产值比例通常比较高。但是在产值额度上，以深圳市的工业产值为最高，达 3 593 亿元；其次是广州市和东莞市，分别为 3 117 亿元和 1 741 亿元；其余沿海城市的工业总差值均在 1 000 亿元以下。2009 年，14 个沿海城市第三产值总产值均呈增长趋势，除江门市以外，其余沿海市第三产业增加值指数均超过 110%，其中汕尾市增长最快，增长幅度为 21.2%。但以广州市、深圳市和东莞市的第三产业增加值最大，为 5 561 亿元、4 368 亿元和 1 926 亿元，其余沿海城市的第三产业增加值均在 1 000 亿元以下。

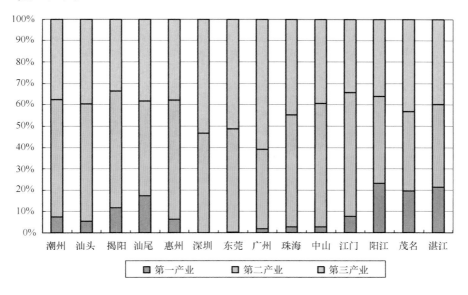

图 5.6 2009 年广东省沿海城市生产总值的产业构成

5.2 海洋经济及主要海洋产业发展状况

辽阔的海洋及其丰富的资源是开拓新的生存和发展空间，以及解决人口与资源、环境之间矛盾的希望所在。广东省作为我国海洋大省之一，拥有广阔的海域和丰富的海洋资源，同时广东也存在陆域面积相对小，人口密集，陆地资源相对贫乏等问题，因此海洋经济是未来广东社会经济发展新的增长点。拓展深化海洋开发，构建现代海洋产业体系，加快发展海洋经济，有利于广东适应世界海洋开发趋势的变化，有利于广东在全球和国家海洋开发战略及海洋高科技领域发展中占得先机，有利于突破广东陆地资源不足、把丰富的海洋资源优势转化为经济优势。"十一五"时期，广东在科学开发利用海洋空间方面取得了显著成绩，有力缓解了全省土地供求紧张的矛盾，拓展了国民经济和社会发展空间，推动了经济社会可持续发展。

5.2.1 海洋经济总量及产业结构

因海而兴是广东发展的历史特征，广东一直都非常重视海洋经济的发展。近年来，广东海洋经济发展态势总体良好，主要海洋产业增长平稳，已经形成了以滨海旅游业、海洋交通运输业、海洋油气业、海洋化工业和海洋渔业为主体，海洋船舶制造业、海洋电力业、海水利用业、海洋生物医药业、海洋工程建筑业等全面发展的海洋产业发展体系。2009 年，全省海洋生产总值实现 6 800 亿元，同比增长 16.7%，占全国海洋生产总值的 21.3%，占全省地区生产总值的 17.4%，成为国民经济的重要组成部分。海洋产业结构进一步优化，一、二、三海洋产业结构比例为 3.5∶45.8∶50.7。其中，滨海旅游业、海洋交通运输业、海洋油气业、海洋化工业以及海洋渔业五大海洋产业继续保持稳健增长态势，分别实现增加值 767 亿元、530 亿元、330 亿元、320 亿元、300 亿元。2009 年广东主要海洋产业增加值情况见图 5.7。2010 年，全省海洋生产总值达 8 291 亿元，占全省地区生产总值的 18.2%，连续 16 年居全国首位。

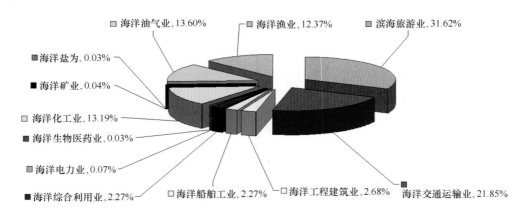

图 5.7 2009 年广东主要海洋产业增加值构成图

在整个"十一五"时期，广东省海洋经济总量年均增长 17.8%，海洋经济区域布局日趋合理，初步形成了分工合理、特色突出、优势明显的珠三角、粤东、粤西三大海洋经济区，成为全国海洋经济最具活力和潜力的地区之一，三大海洋经济区发展迅猛，因此也成为引领海洋经济快速发展的主力军。

珠三角经济发展基础好，外向型经济优势明显，产业体系完善，经济辐射能力强，是全国沿海三大经济圈之一，也是全国海洋经济增长最快的地区之一。但随着珠三角的开发利用逐步加大，区域经济发展受空间、资源和环境的制约日益明显。目前，珠三角经济区海洋产业主要以海洋高科技产业、现代综合服务业、交通运输业、临海工业和海洋战略新兴产业为主。以广州、深圳、珠海为中心的珠江口城市现代物流业为优势，形成临港工业、高科技产业和现代服务业一体化的产业集群基地，海洋生物工程技术、精细化工、信息等新兴产业成为海洋经济新的增长点。其中，深圳市 2009 年交通运输、滨海旅游业、海洋油气业稳步发展，产业增加值达到 878.5 亿元，占全市海洋产业增加值的 80%；深圳港已位列新加坡、上海、香港之后，排在全球集装箱港吞吐量排名的第 4 位。以惠州为主的大亚湾地区以石化产业为主导，构建高技术信息和汽车工业、滨海旅游业、港口物流业协调发展的产业集群，惠州大亚湾石化工业区产值比全市海洋产业总产值多 91.6 亿元。珠三角地区已形成了珠江口和大亚湾两大实力雄厚的海洋产业集群区。

粤东海洋经济区海洋资源丰富，但仍以粗放型开发为主，工业化进程相对缓慢，海洋资源优势尚未完全转化为海洋经济优势。目前，该区域以汕头为龙头，以发展特色型、生态型工业为核心的战略经济带发展势头迅猛。随着汕头东部城市经济带全面推进，大唐潮州三百门电厂、中广核陆丰核电、惠来电厂等项目建设加快，以及投资 550 亿元的揭阳中委广东石化 2 000 万吨炼油工程项目 2010 年动工，潮汕揭石化基地逐步壮大，粤东海洋经济发展优势日益突出，极大地推动了粤东地区经济社会发展。其中，预计中石油的大项目投产以后，税收将会达到 100 亿元左右，对于带动粤东地区经济腾飞，意义非常重大。南澳积极打造特色海岛生态旅游与海洋风电；海门、达濠、云澳三大渔港加快建设，龙头企业引领渔业增效，养殖业朝规模化、集约化、立体化发展。粤东地区已形成两大海洋产业集群区，分别是以临港能源、造船、石化和装备制造、现代物流、滨海旅游和现代渔业为主的潮汕揭产业集群区，和以新型能源、水产品加工为主的汕尾—惠来能源产业集群区。

粤西海洋经济区的优势海洋资源为港口资源、滩涂浅海资源、海洋生物资源，同时粤西也是我国大西南最主要的出海口，区位优势日益突出。但该地区工业化进程缓慢，基础设施建设不完善，经济发展相对落后。目前，该区域主要以湛江为龙头，在发挥大西南出海口的优势基础上，承接珠三角地区产业转移项目，形成沿海经济新的增长带。湛江加快建设出海主枢纽港成效显著，2009 年湛江港口货物吞吐量超过 1.15×10^8 t，增幅 11%，进一步巩固湛江南方亿吨大港的地位，成为我国中西部地区重要的出海通道和能源物资、原材料运输的主要中转港，是华南地区和西南地区的主要口岸之一。中科合资投资约 600 亿元的 1 500 万吨炼化项目、总投资为 1 400 亿元的湛江钢铁基地、茂名石化产业基地 2 000 万吨改扩建工程等一大批重大项目的投资建设，极大地推动了粤西沿海经济带的快速发展。通过深入挖掘海洋历史文化、渔家文化和海洋生态等旅游主题，粤西地区不断丰富海上丝绸之路、开渔节、休闲疗养和海上运动等多种旅游产品。粤西打造湛茂沿海重化产业带，重点发展临海重化工业、临海钢铁工业和配套产业，初步形成以钢铁、石化、现代物流等为主的湛江海洋产业集群区和以石化、滨海旅游为主的茂名—阳江产业集群区，为区域蓝色崛起提供了有力的支撑。

5.2.2 主要海洋产业发展状况

5.2.2.1 海洋渔业

海洋渔业是广东海洋经济的传统优势产业之一，2009 年实现增加值 300 亿元，同比增长 5.3%。在全国 11 个沿海省、自治区、直辖市中，广东海洋渔业发展一直位列前茅。但是，广东的海洋渔业发展并不均衡，主要集中在湛江、广州、阳江、茂名、江门等地区。从产业结构来看，早期广东省海洋渔业以海洋捕捞为主，但随着渔业资源的退化和养殖的快速发展，自 2002 年起，海水养殖量超过海洋捕捞量，目前广东省以海水养殖为要。海洋捕捞中，近海捕捞占绝对优势，远洋捕捞产量只占海洋捕捞产量的 5%～7%。随着海洋渔业产业结构的不断升级，海洋渔业中除了传统的渔港、海水养殖业（狭义）、海洋捕捞业之外，又新增了深水网箱养殖和海洋牧场等海水增养殖方式，海洋渔业产业结构愈趋优化。2009 年，省政府召开现代渔业工作会议，整体部署现代渔业建设工作，决定通过加大海洋渔业基础设施建设、推进深水网箱、远洋渔业等工作力度，着力提高现代渔业的产业素质。

1）海洋捕捞发展状况

截至 2009 年底，广东省有海洋捕捞渔船 45 979 艘，70.13×10^4 t，201.38×10^4 kW；海洋捕捞产量 141.59×10^4 t，实现增加值 52.41 亿元（按 2009 年当年价格计算）。为了有效保护近海渔业资源，国家先后出台各种"限捕"政策，使得海洋捕捞产量实现了"负增长"，近海渔业资源得到了有效保护。

由于近海捕捞的限制，远洋捕捞成了海洋捕捞产量的新增长点。广东的远洋渔业从 2000 年开始迅速发展起来，远洋捕捞产量从 2000 年的 22 676 t 增长到 2009 年的 109 474 t，9 年间大约增长了 4 倍多。广东远洋渔业国外经营总收入由 2000 年的 2 997 万美元增长到 2005 年的 51 885 万美元，5 年间增长了 16 倍，其中盈利增长了近 2 倍。另外，从事远洋渔业生产的人员也有增长的趋势，从 2000 年 1 245 人增长到 2006 年的 2 094 人，6 年间增加了 68.2%（表 5.3）。目前，全省远洋渔业企业 12 个，运作远洋渔业项目 26 个，投产渔船维持在 170 艘左右，总产量约 6×10^4 t，总产值 3.5 亿元。

表 5.3 2000—2009 年广东远洋渔业生产情况

年份	远洋捕捞总产量/t	境外出售水产品数量/t	国外经营总收入/万美元	国外经营盈亏/万美元
2000	22 676	12 010	2 997	120
2001	51 140	38 794	4 648	786
2002	115 447	46 397	6 927	269
2003	87 523	48 157	4 798	221
2004	103 783	38 064	5 226	226
2005	125 529	27 672	51 885	347
2006	111 170	—	—	—
2007	97 676	—	—	—
2008	83 670	—	—	—
2009	109 474	—	—	—

注：表内"—"表示无相关数据。

2）海水养殖发展状况

海水养殖业是海洋渔业的支柱产业之一。在国家限捕政策下，国家鼓励大力发展海水养殖产业，海水养殖方式也不断变化升级，立体养殖、生态养殖应运而生，海洋高新技术逐步应用到海洋渔业这个传统产业中来。海水养殖中，以滩涂养殖为主，浅海养殖较少，养殖品种以甲壳类、鱼类和贝类为主。广东省海水养殖区主要分布在 12 个重点海湾的海水养殖基地——柘林湾、南澳猎屿海域、红海湾、大亚湾、大鹏湾、万山群岛海域、川山群岛海域、海陵湾、水东湾、雷州湾、流沙湾、安铺港；广东省拟建 12 个种苗增殖放流基地；2001年，广东省就提出用 10 年时间建设 100 座人工鱼礁，在湛江市廉江龙头沙海域、大亚湾中央列岛周边海域、深圳鹅公湾海域、南澳乌屿周边海域、徐闻流沙湾海域、担杆岛周边海域、深圳东冲至西冲海域等海域通过以人工鱼礁和海草床为主体，配合人工增殖放流修复海洋生态系统。在 2000—2009 年间，广东海水养殖产量持续上升，而海洋捕捞产量呈持续下降趋势，海洋水产品养捕比例由 2000 年的 0.88 增长到 2009 年的 1.66。自 2002 年起，海水养殖产量高于海洋捕捞产量，并且两者的差距越来越大（表 5.4）。2009 年广东海水养殖面积为 $19.48 \times 10^4 \ hm^2$，同比增加 2.7%，产量达到 $234.62 \times 10^4 \ t$，实现增加值 60.72 亿元，海洋渔业机动渔船中用于海水养殖的渔船达到 4 695 艘，16 500 总吨，$5.59 \times 10^4 \ kW$。

表 5.4　2000—2009 年海水养殖与捕捞情况表

年份	海水养殖产量/ $\times 10^4$ t	海洋捕捞产量/ $\times 10^4$ t	海洋养捕比例/%
2000	168.97	191.48	0.88
2001	179.05	188.02	0.95
2002	189.64	184.72	1.03
2003	197.30	181.91	1.08
2004	210.70	177.90	1.18
2005	225.91	172.05	1.31
2006	220.19	153.40	1.44
2007	222.96	150.16	1.48
2008	222.98	145.46	1.53
2009	234.62	141.59	1.66

在水产苗种培育方面，2000 年全省培育对虾苗种 126.67 亿尾，2006 年为 377.33 亿尾，6 年间增长近 2 倍。2009 年，广东省水产苗种培育海域鱼苗 237.51 亿尾，虾类育苗 161.21亿尾，贝类育苗 74.02 亿粒，其中鲍鱼 7.09 亿粒。茂名、电白、徐闻、雷州是广东省海洋水产苗种的主要培育地区。

3）海洋水产品加工业发展概况

广东省海洋捕捞、海水养殖产业的快速发展，促进了产业链下游的海洋水产品加工产业发展。近年来，海洋水产品加工已经走出过去简单的初级加工模式，走上海洋水产品精深加工的道路，通过水产品加工过程提升海洋水产品的附加价值。全省海洋水产品加工企业数虽有波动，但在 2004—2009 年间，加工企业数平均在 1 148 家的水平。纵向比较，2009 年全省海洋水产品加工企业 1 173 家，比 2000 年增加 312 家；海洋水产品加工能力逐年提升，在 2009 年达到了 427.04 × 10^4 t/a，是 2000 年的 4.6 倍（表 5.5）。广东水产品加工产量也稳步增加，2009 年已经达到了 141.77 × 10^4 t，实现增加值 61.53 亿元，基本满足了人们对水产品的大量需求（图 5.8）。广东海洋水产品加工基地主要集中在湛江、茂名、汕尾、汕头、电白等市、县，其中吴川市是粤西地区主要的海水养殖和水产加工基地。

表 5.5　2000—2009 广东水产品加工业发展情况表

年份	水产加工企业/个	水产加工能力/（×10^4 t · a^{-1}）
2000	861	92.14
2001	911	115.43
2002	1 107	142.89
2003	1 111	163.00
2004	1 151	179.75
2005	1 139	192.99
2006	1 142	218.24
2007	1 153	397.50
2008	1 132	406.62
2009	1 173	427.04

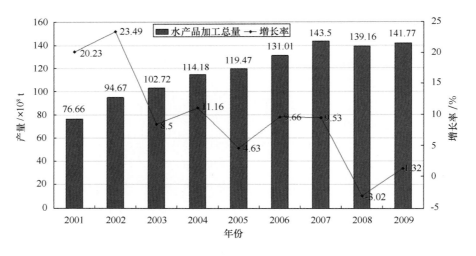

图 5.8　2001—2009 年广东水产品加工总量变化情况

5.2.2.2　海洋交通运输业

1）海洋交通运输业基础设施概况

广东海洋交通运输业是地区海洋经济的支柱产业，同时依靠其强大的基础设施，影响辐射了整个华南地区。海洋交通运输业基础设施主要包括港口和运输船舶两部分。广东港口资源丰富，广泛分布于沿海 14 个市。至 2009 年年底，全省共有生产性泊位总数 1 733 个，其中万吨级泊位237个，货物吞吐能力为64 089×10⁴ t，集装箱吞吐能力为3 106×10⁴ TEU。率先建成了全国第一个30万吨级原油码头，并拥有25万吨级铁矿石码头和10万吨级集装箱码头等一批专业化、规模化泊位。现已基本形成以广州港、深圳港、珠海港、汕头港、湛江港等为主枢纽港，其他沿海地方性重要港口和一般港口为补充的分层次发展格局。这些主枢纽港共有万吨级泊位187个，占全省沿海港口万吨级泊位数的78.9%；其中广州港和深圳港拥有万吨级泊位数最多，各有59个和66个，占全省沿海港口万吨级泊位数的52.7%；其他地方性沿海港口共有万吨级泊位50个，占全省沿海港口万吨级泊位数的21.1%。

在运输船舶方面，至2009年年底，全省共有机动船9 310艘，吨位数为972.54万净载重吨位，客位65 322个，总功率386.61×10⁴ kW；共有驳船23艘，吨位数为2.79万净载重吨位。

2）海洋交通运输业发展水平

广东海洋交通运输业整体发展态势良好，2005—2009年海洋交通运输业总产值逐年增加（图5.9），2009年实现增加值530亿元，同比增长6.8%。广东省港口运转能力也不断增强，港城一体化建设步伐加快。

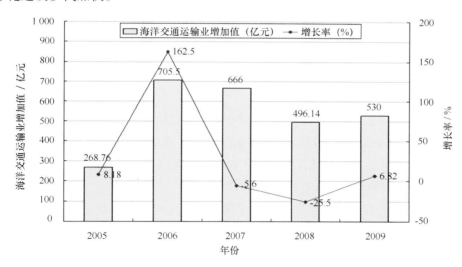

图5.9　2005—2009年广东海洋交通运输业增加值变化情况

广东沿海港口发展规模逐步壮大，2001—2009年间，货物吞吐量持续稳步上升，由2001年的1.72×10⁸ t增加到2009年的9.95×10⁸ t（表5.6），增加了4.8倍，年均增长59.8%。旅客吞吐量由2001年的1 540万人增加到2009年的2 137万人，年均增长4.8%。集装箱吞吐量由2001年的830×10⁴ TEU增加到2009年的3 661×10⁴ TEU，增加了3.4倍，年均增长42.6%。

表5.6　2001—2009年广东沿海港口客货吞吐量和国际标准箱运输情况表

年份	港口客货吞吐量		港口国际标准集装箱
	货物吞吐量/×10⁴ t	旅客吞吐量/万人	吞吐量/×10⁴ TEU
2001	17 190	1 540	829.9
2002	21 493	1 569	1 217.1

年份	港口客货吞吐量			港口国际标准集装箱
	货物吞吐量/×10⁴ t	旅客吞吐量/万人		吞吐量/×10⁴ TEU
2003	—	—		1 616.7
2004	51 959	1 617		1 990.4
2005	58 747	1 661		2 378.1
2006	70 717	1 865		2 837.6
2007	80 282	2 162		3 407.0
2008	85 855	2 012		3 620.0
2009	99 500	2 137		3 661.3

注：表内"—"表示无相关数据。

在各重要港口中，2009 年广州港货物吞吐量达到 3.75×10^8 t，居全国沿海港口第三位，世界第六位，集装箱吞吐量居世界第八位，已发展成为我国华南地区最大的综合性主枢纽港。深圳港作为中国重要的港口城市和进出口基地，已开辟通往全球各地的国际集装箱班轮航线 200 多条，2009 年集装箱吞吐量 $1 825 \times 10^4$ TEU，连续 7 年居世界集装箱大港第四位，是国际贸易和航运网络中的重要枢纽港口。湛江港 2009 年货物吞吐量达 1.18×10^8 t，成为环北部湾首个亿吨大港，亦成为广东省继广州港、深圳港之后第三个年货物吞吐量过亿吨的港口。

5.2.2.3 滨海旅游业

广东省丰厚的滨海旅游设施为其滨海旅游业的发展提供了良好的保障。截至 2009 年，广东沿海城市共有宾馆（酒店）6 757 家，占全省宾馆（酒店）68.98%，其中星级宾馆（酒店）872 家，占全省星级宾馆（酒店）73.84%；拥有客房 365 845 间，占全省 76.44%，拥有床位 613 370 张，占全省 75.16%。

目前，广东大手笔打造横琴长隆国际海洋度假区，总投资逾 100 亿元；广州"水乡"计划全面启动，邮轮旅游悄然兴起；海上丝绸之路博物馆如期建成，"水晶宫"开门迎客，掀起了新一轮滨海旅游发展高潮。2009 年，广东滨海旅游业实现增加值 767 亿元，同比增长 10.91%，占海洋生产总值的 11.28%，占全省主要海洋产业总产值的 31.62%。2008 年，广东滨海旅游业外汇收入为 84.01 亿美元（图 5.10），位居全国首位，同比增长 4.98%。其中，广州、深圳的滨海旅游业外汇收入总和为 58.34 亿美元，占全省滨海旅游外汇收入的 69.44%。

2008 年，广东滨海旅游项目年接待游客近 6 000 万人次，占地区旅游收入的 50% 左右。广东省沿海城市接待入境旅游者人数排在前五名的是深圳市、广州市、珠海市、东莞市和惠州市。最多的是深圳市，2008 年接待入境旅游者人数超过 800 万，占全省沿海城市接待总数的 36.99%（图 5.11）。

5.2.2.4 海洋油气业

海洋油气业是广东省海洋经济的优势和支柱产业之一。随着南海油气资源开发的加快，加上中海油 500 亿元打造珠海深水工程基地和中石油、中石化也分别在揭阳、湛江建造储油、

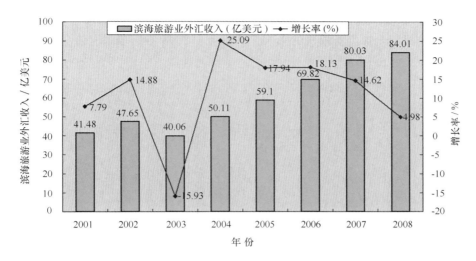

图 5.10 2000—2008 年广东省滨海旅游业外汇收入变化情况

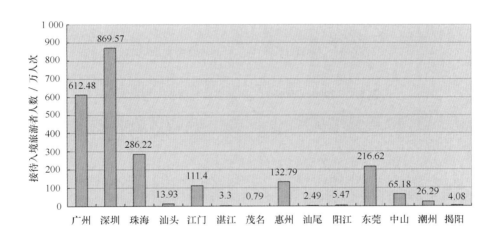

图 5.11 2008 年沿海城市滨海旅游业接待入境旅游者情况

炼油基地,近年来广东海洋油气业蓬勃发展,有效缓解了广东能源紧缺的问题。截至 2008 年,广东拥有油田生产井 447 口,其中采油井 380 口,采气井 48 口,注水井 18 口,其他井类 1 口,油田生产井数比排在全国首位的天津少 1 624 口;从事海洋油气业人员为 18.9 万人,比上年增加 0.4 万人。

2000—2008 年间,广东省海洋原油产量稳定在 1 300 × 10⁴ t 左右,其中 2008 年为 1 404.07 × 10⁴ t,同比增长 11.58%,位居全国第二位,比排在首位的天津少 153.08 × 10⁴ t;海洋天然气产量则呈 "V" 字形发展趋势,2008 年为 61.24 × 10⁸ m³,位居全国首位。广东海洋油气业的生产总值一直呈上升趋势,其中以 2003—2007 年增长最快,2008—2009 年则有所减缓。2009 年,广东海洋油气业实现增加值 330 亿元,位居全国第二位,同比增长 8.99%,占全省主要海洋产业的 13.60%(图 5.12)。

在原油出口方面,2001—2006 年广东海洋原油出口量每年保持在 350 × 10⁴ t 左右,占海洋原油产量的 25% ~ 30%。受全球经济危机的影响,2007 年、2008 年原油出口量仅有 90.36 × 10⁴ t 和 132.07 × 10⁴ t,分别占全省原油产量的 7.18% 和 9.41%。随着国际油价的上涨,2001—2006

年海洋原油出口创汇额呈逐年递增态势，2006 年广东海洋原油出口创汇 15.9 亿美元，年均增长 22.19%。同样受全球经济危机的影响，2007 年、2008 年广东原油创汇额仅有 4.32 亿美元和 9.59 亿美元（表 5.7）。

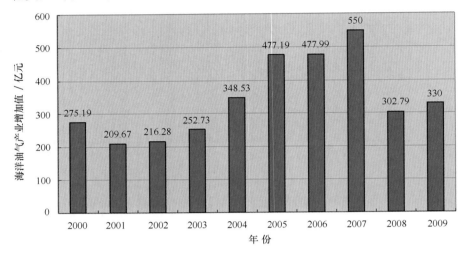

图 5.12　2000—2009 年广东油气业增加值情况

表 5.7　2000—2008 年广东海洋油气业生产情况表

年份	原油产量 /×10⁴ t	天然气产量 /×10⁸ m³	原油出口量 /×10⁴ t	原油创汇额 /亿美元	原油出口量占产量的比重/%
2000	1 373.93	34.60	545.12	11.92	39.68
2001	1 224.78	33.45	333.99	5.84	27.28
2002	1 249.64	32.57	321.15	5.94	25.70
2003	1 286.18	27.35	389.17	8.36	30.26
2004	1 481.89	43.54	373.94	9.93	25.24
2005	1 480.77	45.42	471.86	17.56	31.87
2006	1 348.24	54.86	337.12	15.91	25.00
2007	1 258.70	55.99	90.36	4.32	7.18
2008	1 404.07	61.24	132.07	9.59	9.41

5.2.2.5　海洋化工业

海洋化工业指以海盐、溴、钾、镁及海洋藻类等直接从海水中提取的物质作为原料进行的一次加工产品的生产，包括烧碱（氢氧化钠）、纯碱（碳酸氢钠）和其他碱类和化学原料的生产，及以制盐副产物为原料进行的氯化钾和硫酸钾的生产，或溴素加工产品以及碘等其他元素的加工生产，此外还包括海洋石油化工。

海洋化工业是新兴产业，但已成为广东省海洋产业的支柱产业。2004 年、2005 年广东海洋化工业分别实现增加值 200 万元和 700 万元；2006 年以后，在统计海洋化工业总产值的口径上增加了石油化工的产值，2006—2009 年广东省海洋化工业各年增加值分别为 438 亿元、

480亿元、260亿元和320亿元。目前，广东已初步形成了茂湛、广州、大亚湾、汕潮揭等四大石化基地，其中湛江 $1\,500 \times 10^4$ t炼油、揭阳 $2\,000 \times 10^4$ t炼油等项目已落户，茂名 $2\,000 \times 10^4$ t炼油改扩建工程动工，以及广州、惠州已投产石化基地项目。广东的石油化工业发达，但其他如海水化工业仍比较落后，目前仅有少数几家化工企业如广州市海荔水族科技有限公司、南澳海水素制品厂等从事海水素的生产。

5.2.2.6 海洋船舶工业

广东是我国南方重要的造船基地，拥有悠久的造船历史，造船能力位居全国前列。沿海地区有多家造船企业，主要包括粤丰船厂、广州中船南沙龙穴建设发展有限公司、广船国际股份有限公司、广州文冲船厂有限责任公司、广州中海工业菠萝庙船厂、江门市南洋船舶工程有限公司、万聪船厂等，分布在广州、江门、汕尾等地区。由龙穴岛造船基地建造的首艘30万吨级原油船"新浦洋"号已出坞，结束了华南地区不能建造10万吨级大型船舶的历史，标志着华南地区最大的现代化造船基地全面进入产出阶段。表5.8列出了广东省主要船坞的生产能力及分布状况。

表5.8 广东主要船坞生产能力及分布状况

地区名称	企业名称	类型	主尺度/m			最大造船能力
			长	宽	深	$/ \times 10^4$ t
广州市	中船南沙龙穴建设发展有限公司	造船干船坞	490.0	106.0	13.1	30
广州市	中船南沙龙穴建设发展有限公司	造船干船坞	480.0	92.0	13.1	30
广州市	中船南沙龙穴建设发展有限公司	船坞式试验场	260.0	96.0	14.3	10
广州市	中船南沙龙穴建设发展有限公司	修船干船坞	360.0	65.0	13.3	30
广州市	中船南沙龙穴建设发展有限公司	修船干船坞	300.0	74.0	13.3	20
广州市	广船国际股份有限公司	干船坞				5
广州市	文冲船厂有限责任公司	1#船坞	215.0	24.0	9.5	15
广州市	文冲船厂有限责任公司	2#船坞	250.0	35.0	11.2	25
广州市	中海工业菠萝庙船厂	浮船坞	158.7	22.8	13.2	16
江门市	南洋船舶工程有限公司	1#船坞	240.0	41.8	10.8	60
汕尾市	万聪船厂	干船坞	138.0	22.0	5.6	0.81

近年来，广东海洋船舶工业稳步快速发展，2001—2009年海洋船舶工业总产值一直呈递增趋势，2009年实现海洋船舶工业增加值55亿元，同比增长13.4%（图5.13）。从事海洋船舶业的人员为31.4万人，比上年增加了0.6万人。广东海洋船舶工业在新世纪发生了转变，由过去注重数量向现在注重高附值船舶修建的质量型转变，因此造船完工艘数由2002年的388艘下降到2008年的46艘，造船完工量则由2000年的20.0万综合吨上升到2008年的105.5万综合吨（图5.14）。

海洋工程装备制造业是在传统船舶工业的基础上发展起来的，是现代海洋产业的重要组成部分，主要包括水下运载装备及其配套的作业工具系统、深海通用技术及其设备、海洋探测和监测、海洋平台等。海洋工程装备业集中体现了国家的综合基础技术能力，其服务的领域规模极大，在海洋权益维护、军事海洋环境保障、国家蓝海战略、全球气候变化应对等广

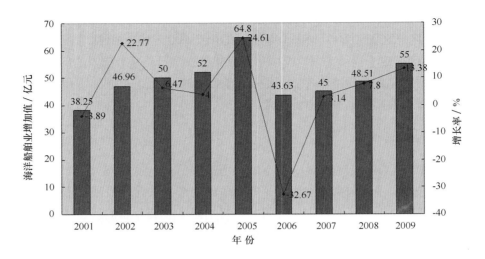

图 5.13　2001—2009 年广东海洋船舶业增加值变化情况

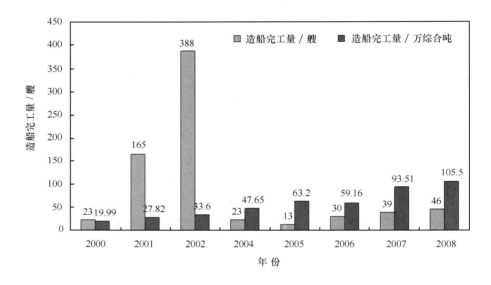

图 5.14　2000—2008 年广东造船完工量变化情况

泛的涉海领域有着不可或缺的作用。目前，广东省海洋工程装备业的技术研发基本处于跟踪模仿阶段，自主创新不足，严重制约了海洋工程装备业的发展。中船集团珠海船舶和海洋工程装备基地、中海油珠海深水工程基地两个项目的建设将显著提升广东省海洋工程装备制造业的规模和技术水平。

5.2.2.7 海洋盐业

　　广东省的海洋盐业主要是满足省内食盐的需要，对海洋经济的贡献一直较小，产值也一直在 1 亿元以下。广东现有各类盐场 30 家左右，主要盐场有雷州盐场、徐闻盐场、电白盐场和阳江盐场。其中，雷州盐场为省内最大的盐场，年产盐量近 10×10^4 t。另外，汕头、汕尾、江门也有一些小型盐场。

受养殖用海、工矿用海等的冲击，广东海洋盐田总面积、产量、生产面积和生产能力都有一定幅度的下滑，如盐业产量从 2003 年的 26.0×10^4 t 下降到 2008 年的 14.5×10^4 t。但是，海洋盐业产值仍呈上升趋势，2009 年广东海洋盐业实现增加值 0.65 亿元，同比增长 8.3%。表 5.9 列出了 2000—2009 年广东省海洋盐业的生产情况。

表 5.9　2000—2009 年广东海洋盐业生产情况表

年份	海洋盐业增加值 /亿元	盐业产量 /×10⁴ t	盐田总面积 /hm²	盐田生产面积 /hm²	年末海盐生产 能力/×10⁴ t
2000	0.77	15.7	6 832	4 233	369.0
2001	0.52	13.1	11 361	7 102	24.0
2002	0.67	18.5	11 348	7 047	23.3
2003	0.80	26.0	11 348	6 982	21.7
2004	0.80	23.5	11 348	6 699	21.3
2005	1.00	20.2	11 003	6 188	20.3
2006	0.67	18.6	10 484	6 603	20.2
2007	0.70	20.0	10 484	8 409	20.2
2008	0.60	14.5	10 484	6 506	19.5
2009	0.65	—	—	—	—

注：表内"—"表示无相关数据。

5.2.2.8　滨海砂矿业

近年来，随着滨海城市建设的需要，海砂开采成为滨海砂矿业的主体。广东省滨海砂矿多为个体和民营企业开采，开采技术设备落后，规模较小，所以滨海砂矿业对广东省海洋经济的贡献较小。由于滨海砂矿的开发受政策影响比较大，使近年来滨海砂矿年产量波动很大。2004 年的 82.29×10^4 t 为近年来最大年产量，但是在全国沿海地区的排位仍比较靠后。广东滨海砂矿业产值在 2003—2006 年增长较快，其中以 2005 年最快，实现增加值 2.63 亿元，2009 年滨海砂矿业实现的增加值则为 0.85 亿元（图 5.15）。

5.2.2.9　新兴海洋产业

新兴海洋产业主要包括海洋化工业、海洋电力业、海水利用业、海洋生物医药业和海洋工程建筑业。随着海洋经济的发展，新兴海洋产业越来越受到重视，其发展水平反映了海洋经济发展的质量，显示了海洋经济发展的潜力，新兴海洋产业的发展对海洋经济的综合实力有着重要的影响。海洋化工业作为广东省海洋经济的支柱产业，在前面已单独作介绍，下面主要介绍海洋电力业、海水利用业、海洋生物医药业和海洋工程建筑业的发展情况。

1）海洋电力业

海洋电力业指在沿海地区利用海洋能进行的电力生产活动。目前，广东海洋能发电主要以海洋风力发电为主，而其他如潮汐能发电、潮流能发电、波浪能发电等还处于探索阶段。沿海地区目前已建风电场 11 个，包括揭阳市石碑山风电场、海湾石风电场、汕头南澳县风能

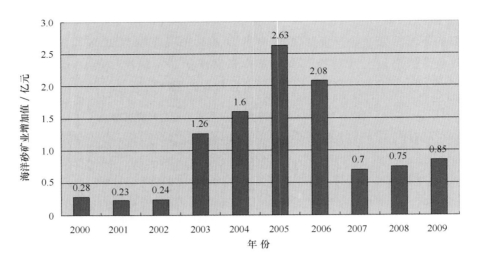

图 5.15　2000—2009 年广东滨海砂矿业增加值变化情况

及汕尾的广东集华风能有限公司等，总装机容量 44×10^4 kW；在建风电场有 10 个，总装机容量达 52×10^4 kW；汕尾建有世界首座波浪能电站。作为新兴海洋产业，海洋电力业在近年得到了很大的发展，2008 年和 2009 年广东分别实现海洋电力业增加值 1.5 亿元和 1.6 亿元，这在很大程度上与国家提倡新能源经济发展有关。

2）海水利用业

海水利用业指对海水的直接利用和海水淡化生产活动，不包括海水化学资源综合利用活动。广东省海水利用企业主要方式为海水直接利用，主要企业有中国广东核电集团有限公司、华能汕头电池、广东国华粤电台山发电有限公司及新会双水房地产。作为新兴产业的海水利用产业，在广东省有着广阔的发展前景。目前广东省从事反渗透、电渗析淡化设备配套生产的单位有 23 家，淡化技术应用工程公司有 80 多家，已初步形成了以反渗透技术为主体的海水淡化技术产业群体。从事海水利用业的人员从 2005 年的 0.9 万增加到 2008 年的 1.1 万；海水综合利用量也逐年递增，从 2000 年的 79.5×10^8 t 增加到 2008 年的 203.8×10^8 t（图 5.16）；2009 年全省实现海水利用业增加值 55 亿元，广东的海水综合利用业取得了一定的进展。

3）海洋生物医药业

海洋生物医药业是指以海洋生物为原料或提取有效成分，进行海洋药品与海洋保健品的生产加工及制造活动。海洋生物医药业是高度依赖高科技的海洋新兴产业，被称为是真正的海洋新兴产业。在我国海洋生物医药尚处于起步阶段，有很大的发展空间。广东省的海洋生物医药产品主要包括：健之宝口服液、健之宝胶囊、鱼肝油制品、鲨鱼软骨胶囊、海蛇酊等。广东已拥有多家海洋生物企业，其中著名的有深圳海王生物医药集团有限公司、昂泰集团、中大南海海洋生物技术工程中心有限公司和海陵生物药业有限公司等。目前正在加速推进国家南方海洋科技创新基地建设，积极筹建南海深海研究中心。

2000—2009 年广东省海洋生物医药业总产值呈递增趋势，2009 年实现增加值 0.65 亿元，

同比增长 8.3%（图 5.17）。2008 年，广东省从事海洋生物医药业的人员为 0.9 万人。

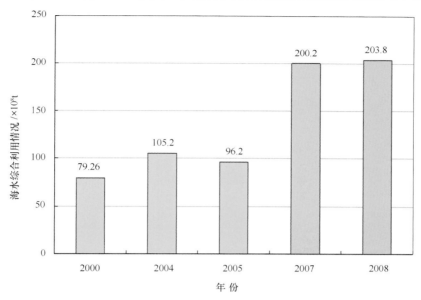

图 5.16　广东海水综合利用量变化情况

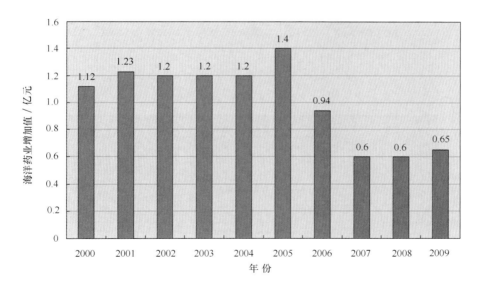

图 5.17　2000—2009 年广东海洋生物医药增加值变化情况

4）海洋工程建筑业

海洋工程建筑业指用于海洋生产、交通、娱乐、防护等用途的建筑工程施工及其准备活动，包括海港建筑、滨海电站建筑、海岸堤坝建筑、海洋隧道桥梁建筑、海上油气田陆地终端及处理设施建造、海底线路管道和设备安装，但不包括各部门、各地区的房屋建筑及房屋装修工程。

近年来，广东省海洋工程建筑业总产值逐年提高，2007—2009 年各年的总产值分别为 50

283

亿元、55 亿元和 65 亿元。2008 年，广东从事海洋工程建筑业人员为 59.2 万人，比 2005 年的 51.2 万人增加了 8 万人。

5.2.3 海洋经济发展状况评价

5.2.3.1 广东海洋经济在全国的地位

"十五"规划以来，广东海洋经济发展迅速，在全国海洋经济中一直占据着重要地位。但从发展趋势来看，广东海洋经济在全国的比重呈现出下滑的势头（图 5.18）。从优势海洋产业来看，滨海旅游业、海洋交通运输业、海洋渔业、海洋油气业等主要海洋产业在全国海洋经济中占据着重要的地位。从发展趋势来看，这几种主要海洋支柱产业在全国的地位也呈现出下滑的趋势（图 5.19）。

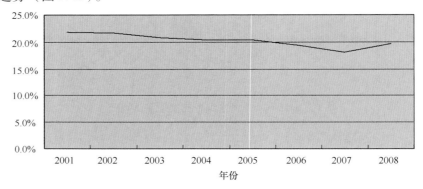

图 5.18 广东省海洋生产总值占全国的比重

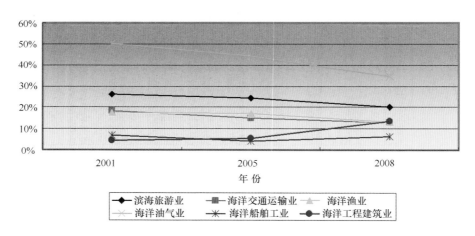

图 5.19 广东省优势海洋产业在全国的地位

尽管广东海洋经济在全国的比重呈现出下滑的趋势，但与其他沿海地区海洋产业相比较，滨海旅游业、海洋油气业、海洋化工业、海洋电力业、海水利用业更具优势。

根据广东省 12 个主要海洋产业发展情况，通过计算各个海洋产业增加值、增长率和区位商，得到广东省 12 个海洋产业的波士顿矩阵分类（表 5.10）。

表 5.10　广东省 12 个海洋产业的波士顿矩阵分类

海洋产业	波士顿矩阵类型			
	明星型	金牛型	问题型	瘦狗型
海洋渔业				√
海洋石油与天然气业		√		
海洋矿业				√
海洋盐业				√
海洋化工业		√		
海洋生物制造业				√
海洋电力业		√		
海水利用业		√		
海洋船舶工业			√	
海洋工程建筑业			√	
海洋交通运输业				√
滨海旅游业		√		

从表 5.10 可以看出，在广东海洋产业中，增长率较高、专业化程度高的"明星"类海洋产业缺失，具有一定优势的海洋交通运输业、海洋渔业、海洋船舶工业等产业分别列入"瘦狗"类和"问题"类行业，可以看出广东优势海洋产业发展面临着的一定困难。这是值得高度重视的问题，并且需要进一步深入研究。

5.2.3.2　海洋经济发展存在的问题

广东省海洋经济虽然发展较为迅速，在我国海洋产业发挥着愈来愈重要的作用，但由于起步较晚，受到海洋开发技术水平的限制，海洋经济在发展过程中依然存在着诸多问题与不足之处。

（1）海洋产业发展不平衡，海洋区域经济发展差距明显

从产业结构上来看，三次产业结构虽然逐渐优化，但是与发达国家相比，产业结构依然不尽合理。其中，第二产业内部发展不平衡，大部分产业发展则明显滞后。第三产业中的海洋交通运输业，滨海旅游虽然有较大发展，但与发达国家相比，在技术水平、管理水平及配套服务等方面还存在明显差距。传统产业发展较为稳定，新兴产业发展较为单一，海洋电力工业一枝独秀，主要原因为近年来广东电力供应严重不足，制约经济社会发展。广东为解决电力能源短缺，在沿海新建多家大型电厂，致使该产业发展超常，从长远来看，电力供应一旦饱和，此类产业将大大放缓发展速度，其他新兴产业虽然有所发展，但总体上还没有形成规模，产业门类与发达国家相比还存在很大差距。从产业布局上来看，珠江三角洲一带，海洋产业发展较为迅速，海洋产业产值占广东省海洋产业总产值的 90% 以上，东西两翼海洋产业发展相对缓慢，产业门类尚不齐全，主要为对资源依赖型极强的渔业资源依赖型产业，尤其是第二、第三产业发展缓慢，且自身发展能力相对较弱。

（2）综合管理水平有待进一步提高

海洋综合管理和协调机制仍不完善，部分市、县主管部门领导抓海洋开发和管理办法不

多。海洋资源利用存在一定的盲目性。规划部门只是大体上指出一定范围的滩涂、浅海做什么用,无相应的投资,投资者是私人,风险自担,也就没有作为一个养殖功能区精心设计。此外,广东省在海上监测、监视和应急救助等方面,现代科技手段还很薄弱。

（3）海洋产业技术水平不高

海洋产业主要为资源依赖型产业,且技术含量相对较低。传统产业在广东省海洋产业中占有比较重要的地位,但产业的技术构成较为落后,由于受渔船技术水平的限制,海洋捕捞绝大部分为近海作业,从事外海及远洋捕捞的能力明显较弱。海洋交通运输方面,大型集装箱运输港口较少,港口的自动化、机械化水平总体不高,部分港口虽然发展迅速,但仍不能满足国民经济发展需求。未来产业中的海水综合利用技术、海洋能利用技术、深海油矿开采技术虽然有所发展,但仍处于起步阶段,且发展速度缓慢。

（4）海洋区域发展不协调

珠江三角洲沿海各市海洋经济发展较快,粤东、粤西两翼有沿海大市,但海洋基础设施建设落后,海洋资源优势未能得到充分发挥。与大陆沿海地区较快的经济发展速度相比,海岛发展较为缓慢。

（5）经济发展过程中环境问题日益突出

随着经济的快速发展,资源的快速消耗,广东省所辖海域尤其是重要河口区,由于毗邻陆域经济的快速发展,陆源污染物大量排放,致使海域污染日益严重,生态环境不断恶化,渔业资源日渐枯竭,生物多样性锐减,海域功能明显下降,资源再生和可持续发展利用能力不断减退。另外,风暴潮、咸潮、赤潮、溢油等灾害、事故频繁发生,严重影响海洋经济的可持续发展。

（6）海洋经济发展的社会支撑体系有待完善

近年来,随着广东省海洋综合管理能力的不断提高,海洋管理体制改革的不断深入,海洋经济管理制度也不断建立和完善,但与海洋经济发展的速度相比,仍处于滞后状态,尚缺乏细致的海洋开发总体战略规划,海洋经济发展的融资机制、政策法规体系相对单一落后,推动海洋经济发展的海洋科技创新体制尚未形成,海洋科技研发仍处于分散状态,缺乏统筹管理,研究成果的推广利用价值不大。另外,全民海洋观念相对落后,加强海洋宣传教育任重而道远。

5.2.3.3 海洋经济发展战略趋势

随着全球经济一体化进程不断加快,经济增长的重心逐渐转向亚太地区,尤其是太平洋西岸的中国,被誉为未来全球经济发展的发动机。广东是我国改革开放的前沿,在参与全球经济合作与竞争中占有重要的地位。如今,陆域资源日渐短缺,向海洋进军,加大海洋开发力度已经成为沿海国家的重要战略。改革开放以来,广东经济快速增长,但基础产业比较薄弱,在经济发展中存在着结构性风险。另外,人多地少的省情也决定着广东必须实施海洋开发战略,必须把发展海洋经济作为夯实经济发展基础的重要手段。总体来看,广东海洋经济的发展战略趋势将主要体现在以下几个方面:

（1）着眼全球海洋发展形势,广泛开展合作,积极参与竞争。广东海洋经济的发展一直处于我国前列,为我国海洋经济发展做出了巨大的贡献。在新世纪海洋经济发展方面,广东担负着我国海洋经济排头兵的重任,需要在对外合作、参与全球竞争等领域起到表率的作用。

这就要求，广东省不仅要在海洋经济产值上有大的发展，更应该在海洋高新技术领域取得突破。

（2）将进一步发挥市场对资源的配置作用，加强政府主导作用。要使海洋经济又快又好发展，必须按照中国特色社会主义市场经济的发展规律，广东海洋经济的发展将会随着市场经济体制的不断完善，进一步发挥市场对资源的配置作用，政府在海洋经济的发展中将发挥主导作用，积极实施扶持政策，相应的法律、法规保障体系逐渐完善，有利于海洋经济健康发展的各种渠道将逐渐形成、拓宽，海洋经济发展更加有序，更富活力。

（3）发挥比较优势，突出重点行业，全面推进产业结构升级和增长方式转变，同时将充分发挥海洋经济的特点与优势，促进广东东西两翼实现快速发展，逐渐缩小同珠三角地区差距。广东各区域的海洋产业发展极不平衡，海洋开发过热与不足并存。同时，广东省海洋产业部门差异较大，传统产业依然占据重要地位。针对不同区域海洋资源、经济社会条件的特点，充分发挥各地比较优势，加大重点产业的扶持力度，使其具备良好的自我发展能力，从而带动其他产业发展。同时做好产业的转移，使各地发展渐趋平衡。努力发展高新技术产业和提高传统产业的技术水平，逐渐降低资源依赖型产业的比重，促使产业结构不断升级和增长方式不断向集约化转型。

（4）海洋开发与保护并重，形成海洋经济社会和谐发展的局面。广东沿海尤其是珠江三角洲一带人口高度集中，经济快速发展，对海洋尤其是近岸海洋造成了巨大的环境和资源压力。在注重海洋经济的快速发展的同时，将会更加注重海洋资源环境保护，努力发展海洋环保型产业，积极推动海洋废弃物的资源化利用，做到海洋开发不断深入，海洋环境不断改善，形成海洋经济社会和谐发展的良好局面。

5.2.3.4　海洋经济可持续发展对策

（1）以科学发展观指导海洋经济的发展。要开展形式多样的宣传教育活动，灌输科学发展观，形成政府大力推进、市场有效驱动、公众自觉参与的机制。使干部群众明确，经略海洋的最高原则是人民福利。必须克服单纯经济观点，时时刻刻尊重人、为了人、依靠人、提升人。要把资源环境建设摆在突出地位，夯实海洋经济持续发展的物质基础。引导全社会树立资源利用"贴现"的概念，追求代际公平和资源利用的长期效率。树立正确的消费观，逐步形成节约资源和保护环境的生活方式和消费模式。要有计划地逐步建立绿色 GDP 评价指标体系。企业要建立健全资源节约管理制度，形成有效的激励和约束机制。要通过矛盾的正确处理寻求和谐。以改革、发展为基本途径，调整不合理的经济比例关系；实行不同利益主体的"一体化"；实现海洋产业之间、海洋地域之间、条块之间、海陆经济之间、经济与社会之间人与自然之间的协调发展。

（2）加大宣传力度，提高全民海洋意识，广泛参与全球海洋合作竞争，积极引进、吸收世界各国海洋经济发展技术、经验。目前，海洋经济的发展，已经成为国民经济发展的重要组成部分，并且将成为未来衡量国家综合竞争能力的重要指标，海洋经济能否持续、快速、健康发展，关系到整个国家战略的顺利实施。只有提高全民海洋意识，才能有效推动海洋事业的发展，最终实现我国海洋强国战略。广东要想做好我国海洋经济的排头兵，就必须在这些方面做出努力。

（3）通过发展海洋高新技术，优化产业结构。发展船舶制造技术、深水养殖技术，逐步提高远洋捕捞能力及深水养殖技术水平，减小对近海渔业资源压力。发展海洋生物医药技术、海水综合利用技术、海洋能利用技术、深海油矿勘探开采技术等高新技术，促使海洋开发向纵深发展，提高海洋开发利用水平，促进新兴海洋产业的快速成长。进一步提高港口的自动化、机械化程度，加强配套基础设施建设，以提高海洋第三产业的服务水平。

（4）今后一个比较长时期内，广东省海洋产业结构优化的方向应该是：加大科技投入和增量调整，进一步优化第一、第三产业内部的行业结构，提高其档次水平；集中主要力量重点发展海洋生物制品工业、海洋开发轻重装备工业和临海工业等第二产业，通过海洋工业化，推进海洋产业现代化，改造传统产业，提高海洋新兴产业的比重，有计划地部署海洋信息等"第四产业"，实现产业结构升级，大幅度增强全省海洋经济实力。

（5）充分发掘资源潜力，发展特色和优势产业。各地政府应该结合实际，制定相关政策，引导社会资源向重点行业转移，能够同时做好珠三角地区海洋产业、临港工业尤其是劳动密集型产业向粤东、粤西等较落后地区转移，推动广东东西两翼海洋经济的快速发展，进一步调整海洋产业布局，逐步形成粤东、粤中、粤西三大海洋经济区主业明确、产业互补、特色鲜明、协调发展的和谐局面。

（6）在重点行业组建大型集团公司。整合力量，形成一定资产和经营规模，自主创新能力明显提高，主业优势明显，市场开拓能力较强，在国内外具备较强竞争力，能够有效拉动本行业以及相关产业发展的大型集团公司。我国现在除海洋油气业、海洋交通运输业等产业已经拥有大型集团公司，其他产业仍处于分散状态，可以考虑在远洋捕捞、生物医药等其他海洋领域中组建大型集团公司。另外，还可以通过建立海洋高新技术工业园区和海洋科学技术综合性研究中心的形式，进一步整合人力、财力、物力资源，通过现代化的管理运作模式，为海洋经济提供良好的发展平台。

（7）大力发展临海、临港经济，实现海陆经济一体化。长期以来，广东产业结构明显偏软，基础产业发展相对较慢，这就形成了经济持续健康发展的结构性风险，产业结构适度加重，是全省产业结构调整的方向。随着全球经济一体化以及国际产业转移的高级化，一些资本技术密集型的重化工业开始陆续向我国转移，尤其是以汽车、化工业为代表的全球重化工业基本落在了沿海地区尤其是港口条件优越的地区。广东需在今后一段时间大力发展重型机械、造船、汽车、石化等重化工业，逐步形成以临港开发区为载体的沿海重化工产业带。另外，加强海洋交通运输的基础设施建设，不断满足现代物流业的要求，充分发挥海陆经济的联动作用。

（8）重视海洋基础调查，推进海洋环境动态监测，根据海洋资源与环境的发展状况，不断调整新的海洋开发战略。海洋产业从某种意义上说就是海洋资源和环境产业，只有通过定期的海洋基础调查和动态的海洋环境监测，才能准确把握海洋产业发展所面临的资源、环境状况，才能保证决策的正确性。另外，要探讨发展海洋循环经济的模式，发展环保型产业，通过技术创新不断实现海洋废弃物的资源化处理。通过多部门协调，减少重要河口径流污染物的排放量。通过各种途径，防止海洋环境的恶化，不断改善海洋环境，实现海洋资源的可持续利用。

（9）加强海洋资源环境保护。宣传普及海洋科学知识，强化现代海洋观念，提高公众的海洋环保意识。加强海洋资源环境保护的监督。认真贯彻执行《海洋环境保护法》，建立健全海洋环境监测网络，重点抓好赤潮灾害的监控、海洋开发项目资源环境影响评估、入海污染物排放总量控制工作。抓紧制定重点海域排污总量控制的主要污染物排海总量控制指标、主要污染源分配排放控制数量、广东海洋环境质量标准等适合广东实际的配套法规和规章。建立渔业污染事故查处快速反应机制，对重要渔业水域和水产品质量实行定期检测。要加强养殖密度管理，制定养殖密度控制规划，养殖规模一律不得超过养殖承载能力。组织实施港湾综合整治，合理安排用海，促进海域资源优化配置。根据《广东省海洋与水产自然保护区建设十年规划》，加强自然保护区建设与管理，重点加强濒危珍贵物种的保护。

（10）进一步完善海洋经济发展的社会支撑体系。完善广东省海洋短、中、长期发展规划，正确处理好发展与规划的关系，研究有利于促进海洋产业尤其是新兴海洋产业快速发展的融资机制、科技创新体制、海洋环境保护体制，完善其他各项政策法规保障体系，有效地调动、整合各类社会资源，为海洋产业的可持续发展提供完善的社会服务、支撑和保障。

第6章 海洋可持续发展

6.1 海洋生态环境评价

6.1.1 海岸开发活动对生态环境的影响评价

海岸带生态系统是人类主要的自然资源提供者,每年提供财富的价值约为 12.6 万亿美元。全球海岸带的面积仅占陆地面积的 10%,但生活在该区域的人口却占世界总人口的60%。随着人口的增长与经济的发展,人类不断加大对海洋资源的开发强度,同时又大量向海洋排放污染物。海岸带生态系统正遭受着前所未有的强烈扰动(旅游、养殖、捕捞、排污、港口、航运、疏浚等),并且已经呈现出生产力下降、生物多样性减少以及水质富营养化等严重的生态环境问题。《千年生态环境评估报告》指出,过去 50 年中,由于人口急剧增长,人类过度开发和使用地球资源,一些生态系统所遭受的破坏已经无法得到逆转,在评估的 24 个生态系统中有 15 个正在持续恶化,海岸带生态系统位列其中。

采用"压力 – 状态 – 响应"(P – S – R)指标体系模型(图 6.1),根据广东省海岸带开发的特征,应用广东省"908 专项"调查成果,补充社会经济和历史调查成果,建立了广东省海岸带开发生态环境评价方法,构建了评价的指标体系(表 6.1)。在评价指标中采用了多项海洋生态环境指标,采用专家评判法和层次分析法确定了指标权重,开展广东海岸带开发对海洋生态环境的影响分析,其综合评价过程见图 6.2。

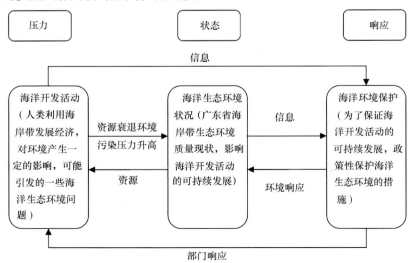

图 6.1 广东海岸带开发活动对海洋生态环境影响评价模型

表 6.1 广东海岸带开发生态环境影响评价指标体系

目标层 A	制约层 B	因素层 C		指标层 D			
广东海岸带开发生态环境影响评价	B1 海岸带开发（压力）	C1	人口资源压力	D1	人口密度		
				D2	人均海岸线长度		
		C2	经济压力	D3	GDP 产值		
				D4	人均 GDP 产值		
				D5	单位岸线港口吞吐量		
				D6	港口吞吐量		
				D7	海产品总量		
		C3	污染压力	D8	废水总量		
				D9	工业废水排放量		
				D10	生活废水量		
				D11	工业烟尘排放量		
				D12	工业固体废物排放量		
				D13	水质无机氮含量		
				D14	水质活性磷酸盐含量		
		C4	资源开发	D15	单位岸线滨海旅游用海面积		
				D16	单位岸线工业用海面积		
				D17	单位岸线交通运输用海面积	D17-1	港口
						D17-2	航道
						D17-3	路桥
				D18	单位岸线围海造地用海面积		
				D19	单位岸线渔业用海面积	D19-1	开放式养殖
						D19-2	围海养殖
广东海岸带开发生态环境影响评价	B2 海洋生态环境现状（状态）	C5	生态环境	D20	水域面积年变化		
				D21	滩涂面积年变化		
				D22	岸线长度年变化		
		C6	海洋环境质量	D23	水质环境质量	D23-1	DO
						D23-2	pH
						D23-3	水质无机氮含量
						D23-4	水质活性磷酸盐含量
				D24	沉积物环境质量	D24-1	潮间带沉积物有机碳
						D24-2	潮间带沉积物油类
						D24-3	潮间带沉积物重金属
				D25	生物质量		潮间带生物体重金属
		C7	海洋生物群落状况	D26	生物群落结构	D26-1	水质叶绿素 a 含量
						D26-2	浮游植物密度
						D26-3	浮游动物生物量
						D26-4	鱼卵密度
						D26-5	底栖生物生物量
						D26-6	渔业资源生物量
				D27	生物多样性指数	D27-1	浮游植物多样性指数
						D27-2	浮游动物多样性指数
						D27-3	底栖生物多样性指数
	B3 海洋环境保护（响应）	C8	海洋保护	D28	单位岸线海洋保护区面积		
		C9	污染物处理率	D29	工业废水达标排放率		
				D30	工业烟尘排放达标率		
				D31	工业固体废物处置率		

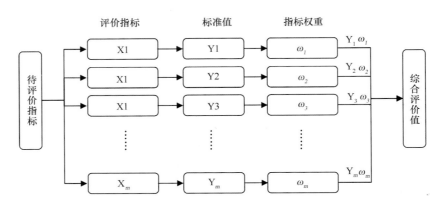

图 6.2　海岸带开发活动对海洋生态环境影响的综合评价过程示意图

海洋生态环境影响综合指数 I_j：$I_j = \sum_{i=1}^{n} \omega_i Y_{ij}$

压力指数 P_j：$P_j = \sum_{i=1}^{n} \omega_{pi} Y_{ij}$

状态指数 S_j：$S_j = \sum_{i=1}^{n} \omega_{si} Y_{ij}$

相应指数 R_j：$R_j = \sum_{i=1}^{n} \omega_{ri} Y_{ij}$

式中，ω_i 为各指标的权重；ω_{pi} 为各压力指标对压力准则层的权重（各压力指标的权重再归一化处理，下同）；ω_{si} 为各状态指标对状态准则层的权重；ω_{ri} 为各响应指标对响应准则层的权重；$i = 1，2，\cdots，m$，$j = 1，2，\cdots，n$。指数值介于 $[0，1]$，0 代表人类活动对海岸带环境的综合影响较大（压力强，响应弱），质量很差；1 代表人类活动对海岸带环境的综合影响较小（响应强，压力弱）；指数大于 0.75，海岸带开发活动对生态环境未产生影响或轻微影响；指数介于 $[0.50，0.75]$，海洋开发活动对生态环境产生中等程度的影响；指数小于或等于 0.50，海洋开发活动对生态环境产生严重影响。

6.1.1.1　广东海岸带开发对海洋生态环境的压力分析

广东海岸带开发对海洋生态环境压力分析区域以广东省沿海地级以上行政区域划分，分为潮州、汕头、揭阳、汕尾、惠州、深圳、广州、中山、珠海、江门、阳江、茂名和湛江等地区。

根据 2008 年广东省统计年鉴的资料和广东省"908 专项"海域使用现状、社会调查资料和水质调查资料，分析了广东海岸带开发生态环境的压力综合指数（表 6.2）。结果显示，春季潮州、汕头、揭阳、汕尾、江门和阳江海岸带开发对生态环境的压力较小；惠州、深圳、广州、中山、珠海、茂名和湛江海岸带开发对生态环境的产生中等强度的压力。秋季揭阳、汕尾、江门海岸带开发对生态环境的压力较小；潮州、汕头、惠州、广州、中山、珠海、阳江、茂名和湛江海岸带开发对生态环境的产生中等强度的压力，深圳海岸带开发对生态环境的产生高强度的压力。不同季节综合指数的差异与营养盐含量的季节性变化有关，但是不同季节深圳海洋开发对生态环境压力较其他区域高，与该海区的涉海工程用海面积较大有关，其次为珠海、广州和东莞。

表 6.2　广东省海岸带开发压力综合指数

季节	潮州	汕头	揭阳	汕尾	惠州	深圳	东莞	广州	中山	珠海	江门	阳江	茂名	湛江
春季	0.76	0.76	0.81	0.83	0.71	0.51	0.67	0.64	0.74	0.61	0.79	0.75	0.71	0.72
秋季	0.70	0.71	0.78	0.80	0.70	0.46	0.62	0.59	0.69	0.56	0.76	0.74	0.70	0.72

6.1.1.2　海洋生态环境状况分析

　　广东省海洋生态环境状况评价区划分以 20 世纪 90 年代海岛资源综合调查结果为基础，结合广东省沿海地级以上行政区域划分，分为汕头—潮州海区、汕尾—揭阳海区、惠州、珠江口、江门、阳江、湛江—茂名海区。

　　根据广东省"908"海域现状调查资料，比较 20 世纪 90 年代初海岛调查资料，分析了广东省的海洋生态环境状况综合指数（表 6.3）。结果显示，春季惠州、江门、阳江和湛江—茂名海域生态环境的状态正常；汕头—潮州、汕尾—揭阳和珠江口海域生态环境状态中等。秋季江门海域生态环境的状态正常；其他海域生态环境状态中等。春秋江门海域海洋生态环境状态综合指数最高，春秋季汕尾—揭阳海域海洋生态环境状态指数均相对较低，相对而言，粤东较粤西海洋生态环境状况差。

表 6.3　广东省海岸带海洋生态环境状态综合指数

季节	汕头—潮州	汕尾—揭阳	惠州	珠江口	江门	阳江	湛江—茂名
春季	0.65	0.64	0.75	0.69	0.86	0.76	0.81
秋季	0.73	0.59	0.63	0.58	0.80	0.72	0.76

6.1.1.3　海岸带开发响应力分析

　　广东海岸带开发响应力分析区域以广东省沿海地级以上行政区域划分，分为潮州、汕头、揭阳、汕尾、惠州、深圳、广州、中山、珠海、江门、阳江、茂名和湛江等地区。

　　根据 2008 年广东省统计年鉴的资料和广东省"908 专项"海域使用现状资料，分析了广东省海岸带开发综合响应强度，综合响应指数见表 6.4。从表中数据可看出，汕头、深圳、东莞、广州、中山和阳江海岸带开发响应强度较高；惠州、珠海和阳江海岸带开发响应强度中等；潮州、揭阳、汕尾和茂名响应强度较低。响应强度与地区经济发展程度具有一定的关系，珠三角地区的响应强度明显高于其他地区。汕头为粤东地区经济最发达区域，海洋响应强度也相对较高。潮州、揭阳、汕尾、茂名和湛江经济相对落后海洋响应强度相对较低。在响应指标中，不同地区单位岸线的保护区面积差别较大，这与我国现在保护区的制定原则有关，现有保护区的建立基本是以有特殊的或需要保护的濒危珍稀保护生物为基础，而不是以保护海洋生态环境为基础建立海洋保护区。建议在以后的海洋保护区面积应以海洋开发或海区的海域面积制定一个最小比例，再根据不同海区的特点建立海洋保护区面积。

表 6.4 广东省海岸带开发响应综合指数

区域	潮州	汕头	揭阳	汕尾	惠州	深圳	东莞	广州	中山	珠海	江门	阳江	茂名	湛江
指数	0.40	0.77	0.31	0.31	0.70	0.96	0.93	0.83	0.93	0.68	0.78	0.65	0.49	0.48

6.1.1.4 广东海岸带开发对生态环境的影响分析

广东海岸带开发对生态态环境的影响评价区域以广东省沿海地级以上行政区域划分评价区域，分为潮州、汕头、揭阳、汕尾、惠州、深圳、广州、中山、珠海、江门、阳江、茂名和湛江等地区。

根据广东海岸带开发生态环境影响评价综合指数（表 6.5），春、秋季江门海洋开发对海洋生态环境影响均较小，另外春季的阳江、茂名和湛江海洋开发对海洋生态环境影响也较小，但指数处于临界状态；其他海域海洋生态环境不同季节均处于中等程度的影响状态（图 6.3 和图 6.4）。不同海域相比，基本呈现广东省沿岸东部高于西部、珠江口高于两翼的趋势。广州、深圳和珠海海洋开发活动对生态环境影响相对最大，其次为汕尾揭阳海区。揭阳和汕尾虽然海洋开发强度较低，但综合指数却相对较低，主要与该海区的海洋生态环境与 20 世纪 90 年代初相比变化较大有关，也与该海区的海洋开发响应强度相对较低有关。

表 6.5 广东海岸带开发生态环境影响评价综合指数

季节	潮州	汕头	揭阳	汕尾	惠州	深圳	东莞	广州	中山	珠海	江门	阳江	茂名	湛江
春季	0.67	0.70	0.67	0.68	0.73	0.65	0.70	0.68	0.73	0.66	0.83	0.75	0.76	0.75
秋季	0.69	0.72	0.63	0.64	0.66	0.58	0.63	0.61	0.65	0.58	0.78	0.72	0.72	0.72

6.1.2 海洋环境变化趋势综合评价

随着广东沿海经济的迅猛发展和城市化进程的加快，海域污染进一步加剧，赤潮灾害频发，海洋生态环境和渔业资源受到威胁。为了探索经济、社会和环境持续协调发展的路子，在广东"908 专项"近岸海域环境质量调查的基础上，建立广东近岸海域环境质量（包括水质、底质和生物体残毒）变化趋势评价模型，对广东近岸海域水质、底质、海洋生物质量变化趋势进行评价，为广东海洋污染物的控制与管理服务，以及制定海洋经济、资源开发利用与海洋环境保护的可持续协调发展提供决策服务。

根据广东省海域开发规划和沿海经济发展，预测模型采用 IPAT 模型。其公式为：

$$G_n = G_0(1 + g)^n$$
$$T_n = T_0(1 - t)^n$$

则有 $I_n = G_n \times T_n = G_0(1 + g)^n \times T_0(1 - t)^n = G_0 \times T_0 \times (1 + g - t - tg)^n$。

式中，环境负荷 I 设定为污染物浓度 C；T 则为单位 GDP 产生的污染物浓度；t 为污染物治理投资增长率；经济增长率 g 采用 1980—2006 年广东省沿海行政区域地区生产总值的年均增长率。利用上述预测模型，分别预测了 2015 年和 2020 年广东省沿岸海域的环境质量状况，用于预测模型中的各海域基准参数来源于"908 专项"报告中的广东省沿岸海域环境质量现状数据。本次预测中，污染物治理年均投资增长率 t 为 13.23%，这一增长率来源于"908 专

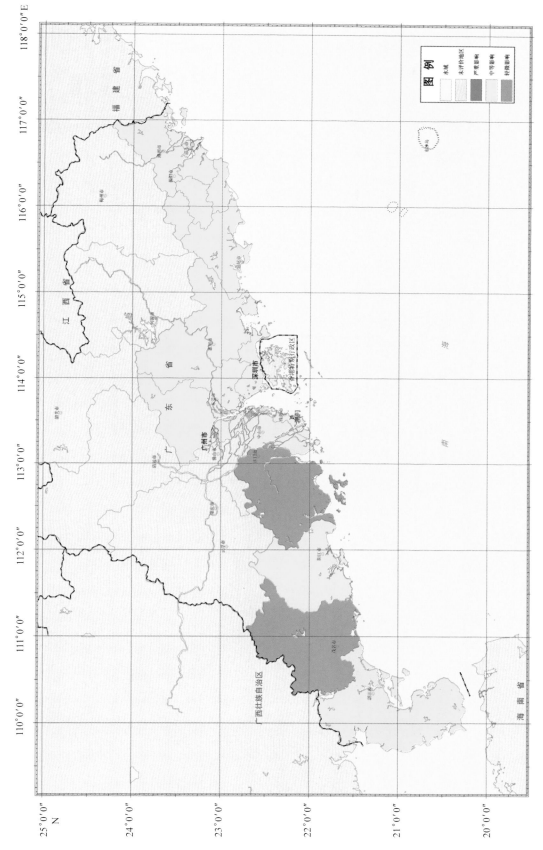

图 6.3 广东省海岸带开发对生态环境影响综合评价结果（春季）

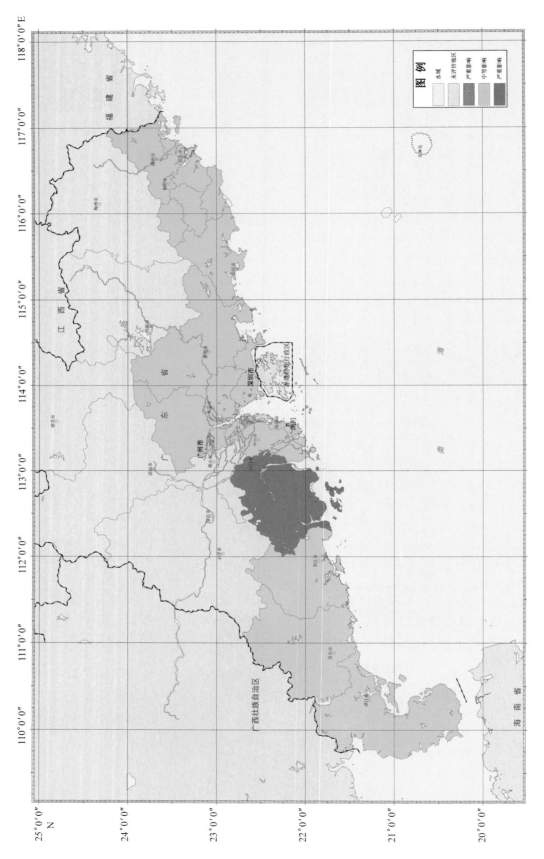

图 6.4　广东省海岸带开发对生态环境影响综合评价结果（秋季）

项"广东省社会经济状况调查数据，为 1990—2006 年广东省污染物治理年均投资增长率。以此污染物治理年均投资增长率进行预测，获得广东省沿岸海域的海洋环境质量预测值（表 6.6、表 6.7 和表 6.8）。从表中数据可看出，广东省沿岸海域水体、沉积物和生物体总体污染物含量仍呈现增加的趋势。

表 6.6　广东省沿岸海域 2015 年和 2020 年海水质量预测值

时间	无机氮/（mg·L⁻¹）	活性磷酸盐/（mg·L⁻¹）	油类/（μg·L⁻¹）	铜/（μg·L⁻¹）	锌/（μg·L⁻¹）
2006	—	0.015 2	—	—	—
2007	0.131 6	—	78.1	2.20	12.80
2015	0.157 9	0.018 7	93.7	2.64	15.36
2020	0.176 9	0.020 9	105.0	2.96	17.21

表 6.7　广东省沿岸海域 2015 年和 2020 年沉积物质量预测值

时间	有机质/%	汞/（mg·kg⁻¹）	铜/（mg·kg⁻¹）	铅/（mg·kg⁻¹）	锌/（mg·kg⁻¹）
2007	1.36	0.049	18.3	34.3	87.0
2015	1.63	0.059	22.0	41.2	104.4
2020	1.83	0.066	24.6	46.1	117.0

表 6.8　广东省沿岸海域 2015 年和 2020 年生物体质量预测值

时间	类别	汞/（mg·kg⁻¹）	镉/（mg·kg⁻¹）
2007	鱼类	0.029	0.25
2015	鱼类	0.035	0.30
2020	鱼类	0.039	0.34

为使本预测更有助于相关部门的参考，可根据实际预测结果确定不同的污染物治理年均投资增长率，即通过加大污染物治理力度，使广东省沿岸海域环境质量整体水平保持稳定甚至有所好转。因此，首先假设到 2020 年广东省沿岸海域水体、沉积物和生物体总体污染物含量与现有预测基准值持平，则根据模型计算可得污染物治理年均投资增长率 t 为 15.18%。根据此增长率计算获得的结果显示，除个别海域环境质量处于恶化趋势外，大部分海域环境因子与预测基准值持平，甚至呈现降低的变化趋势。若进一步假设到 2020 年 t 为 15.18% 时仍处于恶化趋势的个别海域水体、沉积物和生物体总体污染物含量与现有预测基准值持平，则根据模型计算可得污染物治理年均投资增长率 t 为 15.64%。根据此增长率计算的广东省沿岸 2015 年和 2020 年的环境质量变化情况见表 6.9、表 6.10 和表 6.11。由表可知，当污染物治理年均投资增长率增加到 15.64%，整个广东省沿岸海域环境质量均有所好转。

表 6.9　广东省沿岸海域 2015 年和 2020 年海水质量预测参数含量

时间	无机氮 /（mg·L⁻¹）	活性磷酸盐 /（mg·L⁻¹）	油类 /（μg·L⁻¹）	铜 /（μg·L⁻¹）	锌 /（μg·L⁻¹）
2006	—	0.015 2	—	—	—
2007	0.131 6	—	78.1	2.20	12.80
2015	0.126 0	0.014 5	74.8	2.11	12.25
2020	0.122 6	0.014 1	72.8	2.05	11.93

表 6.10　广东省沿岸海域 2015 年和 2020 年沉积物质量预测参数含量

时间	有机质/%	汞/（mg·kg⁻¹）	铜/（mg·kg⁻¹）	铅/（mg·kg⁻¹）	锌/（mg·kg⁻¹）
2007	1.36	0.049	18.3	34.3	87.0
2015	1.30	0.047	17.5	32.8	83.3
2020	1.27	0.046	17.1	32.0	81.1

表 6.11　广东省沿岸海域 2015 年和 2020 年生物体质量预测参数含量

时间	类别	汞/（mg·kg⁻¹）	镉/（mg·kg⁻¹）
2007	鱼类	0.029	0.25
2015	鱼类	0.028	0.24
2020	鱼类	0.027	0.23

总结以上分析可知，当广东省沿岸海域污染物治理投资年均增长率达到 15.64% 时，整个广东省沿岸海域海洋环境质量会维持在现有水平甚至越来越好。因此，在未来 GDP 仍以较高速增长的同时，通过进一步提高污染物治理的投资，改进技术水平，降低单位 GDP 能耗以及污染物排放量，可使广东省沿岸海域海洋环境质量进一步好转。

6.2　特色生态系统健康状况评价

6.2.1　珊瑚礁生态系统健康状况与可持续利用

根据历史记录和国家以及广东省"908 专项"的"滨海湿地及其他特色生态系统和珍稀濒危海洋动物调查"结果，广东省海域造礁石珊瑚主要分布在惠州—深圳的大亚湾、大鹏湾、珠江口的担杆列岛—佳蓬列岛和雷州半岛西海岸，造礁石珊瑚约有 50 种，广东省"908 专项"调查记录到可以鉴定识别的造礁石珊瑚物种数合计有 30 种，分列在 8 科 18 属。最常见的造礁石珊瑚有丛生盔形珊瑚、澄黄滨珊瑚、秘密角蜂巢珊瑚、多孔鹿角珊瑚、菊花珊瑚、疣状杯形珊瑚、标准蜂巢珊瑚、繁锦蔷薇珊瑚等。

根据广东省"908 专项"对造礁石珊瑚群落与珊瑚礁健康状况的综合评价结果显示，16 个评价对象中，健康状况评价属"健康"的只有 3 个，占 18.75%；"亚健康"的有 9 个，占 56.25%；"不健康"的有 4 个，占 25%（表 6.12）。可见，广东省珊瑚礁健康状况不太理想，"亚健康"的占了约六成，"不健康"的有 1/4，"健康"的则不足 1/5。从发展趋势来看更是不乐观，根据 2005 年和 2008 年都进行过调查的 3 个站位（大亚湾—三门岛、徐闻—水尾、徐闻—灯楼角）判断，除了徐闻—灯楼角没有太大变化外，其余两个站位的评价等级都降了一级，大亚湾—三门岛从 2005 年的"健康"降为 2008 年的"亚健康"，而徐闻—水尾更是从 2005 年"亚健康"降为 2008 年的"不健康"。

基于以上评价结果，结合各种环境资料，对大亚湾及其临近海域造礁石珊瑚群落、珠江口万山—佳蓬列岛海域造礁石珊瑚群落、茂名海域（放鸡岛）造礁石珊瑚群落和雷州西海岸珊瑚礁的健康状况及影响因素进行分析。

表 6.12　广东省珊瑚礁健康状况综合评价指标与得分表

地点	站位	健康评价	综合得分	基本健康状态	群落结构反应状况	环境胁迫状况
大亚湾—三门岛	C1	亚健康	0.35	0.385 1	0.105 9	−0.143 5
大鹏湾—小海沙	C2	不健康	0.11	0.379 5	0.054 6	−0.322 6
担杆—直湾	C3	亚健康	0.51	0.515 6	0.105 5	−0.107 3
北尖—大函湾	C4	健康	0.68	0.531 1	0.144 6	0.000 0
庙湾—湾州	C5	亚健康	0.54	0.494 1	0.144 2	−0.093 4
电白—放鸡岛	C6	不健康	0.25	0.421 3	0.060 7	−0.234 8
雷州—刘张角	C7	不健康	0.02	0.296 1	0.000 0	−0.277 1
徐闻—水尾	C8	不健康	0.14	0.415 8	0.026 5	−0.307 0
徐闻—灯楼角	C9	亚健康	0.34	0.448 1	0.081 7	−0.190 4
大亚湾三门岛	B3	健康	0.86	0.765 9	0.198 8	−0.108 4
大亚湾小辣甲	B4	健康	0.64	0.514 7	0.235 4	−0.113 2
大亚湾大辣甲岛西	B5	亚健康	0.55	0.588 0	0.066 9	−0.109 0
大亚湾大辣甲岛西南	B6	亚健康	0.34	0.459 4	0.041 7	−0.159 7
徐闻灯楼角	B53	亚健康	0.36	0.447 8	0.131 4	−0.214 8
徐闻放坡	B54	亚健康	0.44	0.565 4	0.066 0	−0.193 9
徐闻水尾角	B55	亚健康	0.56	0.639 1	0.086 4	−0.161 4

从 2010 年《广东省海洋环境质量公报》的资料来看，广东省造礁石珊瑚群落和珊瑚礁分布区与水质良好海域非常吻合。广东省主要污染海域都没有造礁石珊瑚发育，包括珠江口的广州、东莞、中山、深圳西部、珠海东部和南部、江门市新会等经济发达、人口密集的大中城市近岸局部海域和潮州柘林湾、汕头港及湛江湾等港湾局部海域。海水中主要污染物是无机氮和活性磷酸盐，部分港湾、航道区受石油类轻度污染。

大亚湾及其临近海域造礁石珊瑚群落主要分布在大亚湾的惠州和深圳海域较清洁的海域，包括大亚湾三门岛附近海域和中部岛屿，以及大鹏湾等东部海域，这些海域海水基本保持清洁、较清洁水平。大亚湾及其临近海域造礁石珊瑚群落总体健康状况在广东省海域范围内是相对比较好的，大亚湾三门岛和大亚湾小辣甲两站位在 2005 年还是处于健康状况，但是大亚湾—三门岛从 2005 年健康降为 2008 年的亚健康，说明了大亚湾的海洋环境也在变差。

珠江口只有靠外海的万山—佳蓬列岛海域有造礁石珊瑚群落分布，这些海域也是水质良好的区域。万山—佳蓬列岛海域有造礁石珊瑚群落、健康状况良好，尤其是北尖—大函湾海域由于有部队驻岛，当地渔民干扰较少，2005—2008 年造礁石珊瑚群落都处于健康状况，这也是广东省造礁石珊瑚群落在 2008 年仍处于健康的唯一调查站位，而庙湾—湾州和担杆—直湾处于亚健康，主要是人类活动较多所致。

就目前所知，茂名海域只有放鸡岛有造礁石珊瑚群落分布，而且处于不健康状态。原因有两方面，一方面，据 2010 年《广东省海洋环境质量公报》，大竹洲岛至放鸡岛海域海水水质清洁，各项指标基本符合第一类海水水质标准。然而，对于珊瑚来说，这一水质条件已经属于偏富营养，该海域水体明显偏绿色，说明藻类较多，水体营养丰富。另一方面，该海域不属于保护区，人类活动较多。

雷州西海岸是广东省珊瑚礁发育最好的海域。但是，近一二十年，海水水质下降，目前只能勉强达到珊瑚生长的要求，因此近几年珊瑚礁明显退化，除了徐闻—灯楼角一带海域的珊瑚礁没有太大变化外，徐闻—水尾从 2005 年的亚健康降为 2008 年的不健康，徐闻放坡和雷州—刘张角分别为亚健康和不健康状态，这跟水质和人类活动都有关系。

广东省造礁石珊瑚广泛分布，深圳海域（大亚湾及其临近海域）、珠江口海域及雷州半岛西海岸均成立了不同级别的自然保护区，从而为各海域海洋生态系统的稳定性及海洋生物多样性的维持提供了强有力的保障。根据珊瑚礁生态系统的健康现状、发展趋势和面临的潜在风险，针对重点珊瑚礁生态系统提出以下可持续利用的管理对策和建议：

（1）普及造礁石珊瑚群落和生物多样性的知识，增强人们的保护意识；

（2）加强相关保护造礁石珊瑚法规的执法；

（3）加强珊瑚保护区的保护力度，特别是加强与社区共管的保护区管理模式；

（4）建立造礁石珊瑚群落生态系统健康的长期监测网络；

（5）开展造礁石珊瑚修复工作。

6.2.2 红树林生态系统健康状况评价与修复

红树林生态系统的健康状况是红树林生态系统非常重要的指标，关系到红树林生态系统的现状与未来发展趋势，是对红树林保护进行科学决策的根本依据。因此对广东省的红树林生态系统的健康状况进行综合评价具有重要的意义。以 PSR 模型为核心，结合 AHP 层次分析法建立红树林生态系统健康评价体系，利用 2008 年广东省"908 专项"红树林调查数据对广东省 7 个典型的红树林样地进行综合健康指数计算和健康状况评价，其评价结果见表 6.13。

表 6.13 红树林典型样地评价结果

保护区	地点	压力指数	状态指数	响应指数	综合指数	健康状态
湛江红树林保护区高桥片区	广东廉江	13.0	54.8	16.6	84.5	很健康
湛江红树林保护区特呈岛片区	广东霞山	9.2	28.5	17.1	54.7	亚健康
湛江红树林保护区太平片区	广东麻章	11.3	47.5	16.1	75.0	健康
湛江红树林保护区和安片区	广东徐闻	8.7	25.6	14.5	48.8	亚健康
湛江红树林保护区湖光片区	广东麻章	11.3	37.3	17.9	66.5	健康
惠州红树林保护区	广东惠东	11.5	12.5	0.2	24.2	不健康
淇澳岛红树林保护区	广东珠海	12.5	39.6	9.3	61.3	健康

　　根据评价结果，当 80 > 综合指数 ≥ 60 时，表明人类活动对红树林生态系统的影响较小，红树林生态系统所受的外部环境压力较小，红树植物生长茂盛，群落结构良好，物种多样性丰富，红树林所处的自然环境条件也比较优越。因此，整个红树林生态系统的健康状态良好，此时红树林生态系统本身具很强的活力，能够面对较强的外界压力影响，红树林生态系统的生态功能很完善，处于可持续状态。总体来说，广东红树林的平均综合健康指数 CHI = 63.5，即处于健康的状态。其中，湛江高桥红树林是所有被评价的红树林样地中唯一的"很健康"，很健康的红树林样地非常罕见，可以作为其他红树林样地进行健康恢复的标准样板以及科学研究的典型实验基地；湛江太平等 4 块样地的健康状态为健康，说明当地红树林生态系统的生态功能很完善，系统很稳定，处于可持续状态；湛江特呈岛以及和安的红树林处于亚健康的状态，说明当地红树林生态系统结构尚能稳定，整个生态系统勉强维持，可发挥基本的生态功能，但已有少量的生态异常出现，红树林生态系统已开始退化。在这种情况下进行人工干预，加强对红树林的保护，还是可以使其恢复到健康的状态；惠州红树林为不健康，说明当地红树林生态系统活力很低，生态异常大面积出现，整个系统的可持续性丧失，红树林生态系统已经严重退化。

　　根据评价模型计算得出的红树林健康状况指数，对各红树林样地的健康影响因素进行分析。由各样地压力指数（注：压力指数越大表明所受的压力越小）对比发现（图 6.5），位于经济发达的珠三角地区的两块样地（淇澳岛和惠东）以及地处经济活动频繁的湛江港口附近的特呈岛样地，三者的压力指数明显小于地处经济相对落后地区的样地。这说明红树林生态系统所受到的压力大小与当地的经济发展水平有密切联系，经济发展水平越好对当地红树林生态系统带来的压力越大。一方面，如果当地的经济发达、人类的开采、生产、加工等经济活动加剧，剧烈的人类活动势必会给当地红树林生态系统带来巨大的外界环境压力。另一方面，经济发达同时会带来大量人口聚集，而大的人口负荷也会给当地红树林带来巨大的环境压力。因此经济的快速发展会对当地的红树林生态系统带来巨大的压力。

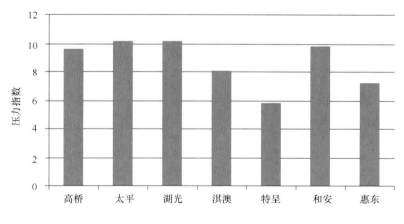

图 6.5　各样地压力指数对比

　　由各样地状态指数对比发现（图 6.6），雷州半岛地区红树林的平均状态指数明显高于珠三角地区。首先雷州半岛地处我国大陆最南端，属热带气候、非常适宜红树林的生长，雷州半岛的红树林几乎包括了我国红树植物的全部种类。同时，当地的物种资源丰富，生物多样性好，因此当地红树林的状态指数很高。随着纬度的增加，气候条件不是非常适宜红树林的生长。红树植物种类减少，矮化现象极为明显。北部的惠东地区红树林零星分布，并且物种相对单一，只有少数的抗冷品种存在，故当地红树林的状态较差。由此可以看出，自然条件的差异是决定各地红树林状态的关键，而纬度的高低是决定自然条件的重要因素，各省的红树林状态基本是随着纬度的增加而变差。

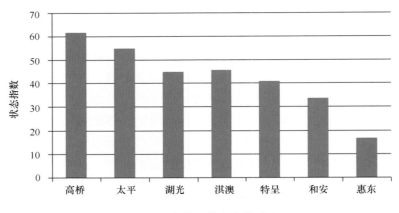

图 6.6 各样地状态指数对比

由各样地的响应指数对比发现（图 6.7），各样地的响应指数大小基本与当地的自然保护区级别相关。这主要是因为自然保护区级别越高，当地对于保护区的经费投入就越大，对红树林的保护力度也就不断加大。此外，自然保护区级别越高，当地居民受环境宣传教育的程度就会越高，当地居民所具有的环保意识也就相对比较强。因此红树林自然保护区能够带动整个社会加大对红树林保护的响应。

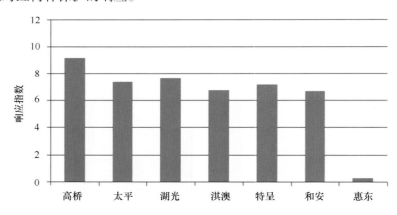

图 6.7 各样地响应指数对比

为提高红树林生态系统的整体质量，丰富红树林生态区的生物多样性，充分发挥红树林的生态防护功能，实现红树林海岸地区社会经济与生态环境的和谐发展，需要对已经严重退化的红树林生态系统实施修复。多年的理论研究与实践探索表明，针对造林生境的差异，将红树林生态修复划分为新建造林、修复造林与特殊造林 3 种造林类型，并从红树林修复的规划设计、种苗造林、抚育管理与检查验收等不同技术环节进行。

我国对红树林生态系统健康评价的研究起步较晚，目前研究成果不多，也没有统一的评价体系与标准，加强红树林生态系统健康评价指标及其体系研究是今后红树林生态系统研究的一个重要方向。PSR 概念模型具有非常清晰的因果关系，利用 PSR 模型建立的红树林生态系统健康评价体系科学实用，能够满足一般的红树林生态系统健康评价的工作需要。我们首次利用 PSR 模型对全省的红树林生态系统进行全面的健康评价，并且编制出红树林生态系统健康评价的专用软件。希望能为广东省红树林生态系统健康的研究提供借鉴，并为全省红树林的保护与管理工作提供参考。该评价体系在红树林生态系统健康评价中的应用还有待于在今后的实践中不断完善。

6.2.3　海草床生态功能评价与保育对策

根据广东省"908 专项"在 2008 年的调查，广东省海草床包括柘林湾、汕尾白沙湖、惠东考洲洋、大亚湾、珠海香洲唐家湾、上川岛、下川岛、雷州流沙湾和雷州企水镇 8 处海草床，海草种类有喜盐草（*Halophila ovalis*）、贝克喜盐草（*Halophila beccarii*）、矮大叶藻（*Zostera japonica*）。湛江东海岛海草床、阳江海陵岛海草床由于围塘养殖和人为破坏而逐渐消失。

海草床生态系统健康状况评价包括水环境、沉积环境和生物共三类指标，对柘林湾、考洲洋、唐家湾、上川岛及流沙湾 5 处海草床的三类指标评价结果见表 6.14、表 6.15 及表 6.16。

表 6.14　广东省海草床水环境评价结果

项目	柘林湾	考洲洋	唐家湾	上川岛	流沙湾
悬浮物	6.7	—	6.7	6.7	6.7
无机磷	6.7	13.3	13.3	20	20
无机氮	6.7	20	6.7	13.3	20
水环境评价分值	6.7	16.7	8.9	13.3	15.6

注："—"表示缺乏相关数据而未作出评价。

表 6.15　广东省海草床沉积环境评价结果

项目	柘林湾	考洲洋	唐家湾	上川岛	流沙湾
有机碳	13.3	13.3	13.3	13.3	13.3
硫化物	13.3	13.3	13.3	13.3	13.3
沉积物环境评价分值	13.3	13.3	13.3	13.3	13.3

表 6.16　广东省海草床生物环境评价结果

项目	柘林湾	考洲洋	唐家湾	上川岛	流沙湾
海草覆盖率	40	13.3	66.70	40	13.3
底上生物多样性	40	13.3	40	40	40
生物环境评价分值	40	13.3	53.35	40	26.65

从各海草床的健康评价总分值来看（表 6.17），唐家湾海草床生态系统的健康评价总分值最高，为 75.55，处于健康状态；上川岛海草床、柘林湾海草床和流沙湾海草床生态系统的健康评价总分值分别为 64.4、60.0 和 55.5，处于亚健康状态；考洲洋海草床生态系统的健康评价总分值为 43.3，处于不健康状态。由于柘林湾、考洲洋和流沙湾海水养殖程度比较大，因此海草床的生态系统健康程度比较低。

表 6.17　广东省海草床生态系统健康评价总分值

项目	柘林湾	考洲洋	唐家湾	上川岛	流沙湾
海草床生态系统健康评价总分值	60.0	43.3	75.55	66.6	55.5

　　根据已有分类标准和广东省海草床实际情况，将海草床生态系统服务分为食物生产、调节大气、生态系统营养循环、净化水质、护堤减灾、维持生物多样性和科学研究、选择价值、存在价值和遗产价值十大类进行研究，建立海草床生态系统服务价值的评价指标体系（表 6.18）。其中，食物生产为直接使用价值，调节大气、营养循环、净化水质、生物多样性、科学研究及护堤减灾为间接使用价值，其余属非使用价值。对 2008 年广东省海草床生态系统服务功能价值分析表明，广东省海草床生态服务价值主要为间接使用价值和非使用价值，占总经济价值的 93.00%（表 6.19），尤其是生态系统营养循环价值较大，占总经济价值的51.26%，反映了广东省海草床对生态系统营养循环的重要性。2008 年广东省海草床生态系统服务价值为 24 951.83 万元，说明海草床生态系统服务功能很大，目前我国对海草的科研投入和重视程度与海草床实际服务功能不符，政府应加大对海草资源的保护和科研投入力度。

表 6.18　海草床生态系统服务功能价值评价指标体系

生态系统服务价值		指标	生态系统服务
使用价值	直接使用价值	食物生产	为海洋经济生物提供育苗场所和食物来源
	间接使用价值	调节大气	吸收 CO_2 释放 O_2，调节全球气候
		营养循环	吸收 N 和 P 等营养物质，通过食物链循环
		净化水质	吸收海水中有害物质、净化海水水质
		生物多样性	为海洋生物提供栖息地，维持生物多样性
		科学研究	为科研和文化部门带来价值
		护堤减灾	减弱海浪冲击力，减少沙土流失，巩固和防护海堤、海床
非使用价值	选择价值	选择价值	为保护海草资源，预先支付的费用
	存在价值	存在价值	海草以天然方式存在时表现出来的价值
	遗传价值	遗传价值	把海草作为遗产留给子孙后代支付的费用

表 6.19　2008 年广东省主要海草床生态系统服务价值　　　　　　　　　单位：万元

生态系统功能	柘林湾海草床	惠东考洲洋海草床	珠海唐家湾海草床	上川岛海草床	雷州流沙湾海草床	合计	占总经济百分比
渔业价值	344.35	59.83	65.43	60.26	7 747.79	8 277.65	33.17%
大气调节价值	1.35	0.07	0.21	0.65	12.73	15.01	59.83%
营养循环价值	532.06	92.44	101.09	93.11	11 971.26	12 789.96	
水质净化价值	1.98	0.10	0.31	0.95	18.66	22.00	
生物多样性价值	28.00	4.87	5.32	4.90	630.00	673.09	
科学研究价值	1.63	0.28	0.31	0.29	36.72	39.23	
护堤减灾价值	57.77	10.04	10.98	10.11	1 299.74	1 388.64	
非使用价值	89.42	95.40	184.44	105.93	1 271.06	1 746.25	7.00%
合计	1 056.56	263.03	368.09	276.20	22 987.96	24 951.83	100%

海草受到自然因素和人为因素的影响很大，特别是随着沿海经济的发展、人为活动加剧，海草所受的威胁越来越大，因此为了避免海草灭绝，有必要开展海草床修复和保育技术的综合研究：①加强海草床生态学及其地理分布的研究；②在现有的研究基础上确定重点保育地理范围；③加大规模繁殖方法的研究；④加大对海草保护重要性的宣传力度；⑤建立海草研究和保育的信息交流网络；⑥深入了解海草床保护涉及的社会和人文内容。

总之，海草的保育，是为了使海草群落得以延续。除了设立自然保护区，更必须配合立法、人才培育、教育宣导等诸多手段，积极调查海岸植物资源，建立完善的资料库，以作为正确的决策基础；及早制定海草相关法律，明确相关规范；加强海草的宣传，提高人民的海草保护意识；加强海草的修复和保育研究。

6.3 新型潜在开发区选划与建设

海洋新型潜在开发区主要是依据"908专项"调查取得的沿海社会经济、自然环境、海洋资源等方面的资料和研究成果，结合当地海洋开发条件和社会需求选划一批有比较丰富的待开发资源，包括具较大开发潜力、社会发展最亟须的潜在海上养殖区、滨海旅游区、海洋能利用区、海岛资源综合开发区等新型经济开发区。这些区域将逐渐形成新的海洋经济增长点，为海洋经济可持续发展开拓新领域，为扩大沿海就业机会，实现社会稳定和经济持续稳定增长作出新贡献。根据广东省在这一方面所开展的"908专项"调查与评价情况，本节主要介绍海水增养殖区、滨海旅游区、海洋能开发利用区等功能区的选划和建设。

6.3.1 潜在海水增养殖区的选划与建设

潜在海水增养殖区的选划和建设对广东省海洋渔业可持续发展具有重要的意义。研究符合海水养殖业可持续发展的潜在海水增养殖种类，对广东省海域的潜在海水增养殖区进行选划；重点查清广东省今后可供人工增养殖的经济海洋生物种类，结合广东省海洋重大专项项目、省科技兴海项目等各级科研成果对重点潜在海水增养殖区进行规划，代表广东省今后一段时期海水增养殖的重要发展方向。

6.3.1.1 选划依据与原则

潜在海水增养殖区是指：①目前还没有用于增养殖，根据现有的自然条件和技术水平等因素适合于可持续增养殖的滩涂和浅海；②目前还没有用于增养殖，根据现有的自然条件和技术水平等因素还不适宜增养殖，但是在近期（5~10年）依靠科技进步等可以实现可持续增养殖的滩涂和浅海；③目前已经用于增养殖，但是经济效益、社会效益和生态效益低，需要依靠科技进步对增养殖种类、增养殖模式、增养殖布局进行结构调整的区域。

选划潜在增养殖区应遵循的原则：①实事求是，协调发展，和谐共赢。潜在海水增养殖区选划充分考虑区域社会、经济与养殖资源现状，实事求是地客观评价。在选划过程中应注意与环境的协调发展，特别关注增养殖的环境效应问题，促进人与自然资源和谐，实现经济、社会和生态效益的协调发展。②综合规划，统筹兼顾，因地制宜。潜在海水增养殖区选划应根据各地所处的特殊地理位置、环境特征、功能定位，制定增养殖目标，完善增养殖区划，确定增养殖结构和发展规模。潜在海水增养殖区的选划应与国家有关新政策和发展指引相结合，兼顾保护增养殖资源与沿海特色人文景观，确保选划编制的科学性和可操作性。③ 充分预见增养殖新技术、增养殖新品种、增养殖新模式、增养殖设施设备等技术的开发和推广。

6.3.1.2 潜在增养殖区的选划

1）柘林湾潜在增养殖区

柘林湾位于广东省东北闽、粤两省的交界处，经纬度介于 23°32′—23°37′N、116°57′—17°06′E 之间，是广东省 12 个重点开发海湾之一。内湾呈平放的葫芦状，东西轴长，南北窄。东西北三面为陆地所包围，湾口朝南，面向南海，湾口宽 6.5 km，纵深 8.0 km，岸线长 43.2 km，湾内水域面积宽阔，达 68～70 km²，滩涂面积 16 km²，围垦区 91 km²。柘林湾海洋资源十分丰富，发展海洋经济具有得天独厚的条件，该海域的主要功能为海洋渔业、港口航运、滨海旅游。

柘林湾周围海域增养殖生物资源，以广盐及低盐种类为主，其中以贝类占主要地位，其次为鱼类和虾、蟹类，该海区具有多种类综合开发的资源条件，适合以浅海、滩涂养殖并举，浅海养殖包括各种筏式养殖及网箱养殖、底栖贝类底播养殖。然而，近年来由于过度开发及陆源污染等原因，柘林湾内水质污染较重，赤潮频发，深水区域的海水鱼类网箱养殖与浅水区贝类养殖已无潜力可挖。湾口水域由于水质较好，水交换能力强，可以进行深水网箱养殖，可考虑将现有养殖区进行经营模式转换，改部分网箱区为藻类养殖区（或贝、藻混养区）以达到调控养殖区环境的目的。柘林湾潜在海水增养殖区选划见图 6.8，图中 1 区为藻类/贝、藻养殖区，面积 1 300 hm²；2 区为藻类/贝、藻养殖区，面积 200 hm²；3 区为深水网箱区，面积 800 hm²。

2）红海湾潜在增养殖区

红海湾跨汕尾市城区、海丰县和惠东县，东起遮浪，西至大星山门第石，地理位置在 22°28′—22°48′N、114°54′—115°34′E 之间，沿岸有汕尾、马宫等多处渔港。海岸线长约 139 km，呈半月形，口宽 65 km，10 m 等深线海域面积有 3×10⁴ hm²，滩涂面积 2 130 hm²。海域范围内有考洲洋、小膜港、鲕门港、后澳湾、长沙湾、马宫港、品清湖、田寮湖等小海湾。海湾内主要岛群有遮浪岩、小岛、菜屿、龟龄岛、江牡岛、芒屿、盐洲岛等。

由于该区水质良好，底质多为岩礁，可以考虑围绕相关的岛屿进行海珍品底播增养殖。由于长沙湾首陆源及养殖污染造成的富营养化程度严重，拟在湾内进行大规模藻类养殖，在改善环境的同时可以为底播海珍品提供充足的饵料。红海湾潜在海水增养殖区选划见图 6.9，图中主要的底播区有 1 区的遮浪岩—龟龄岛一线底播养殖区，面积 4 600 hm²；2 区和 3 区为江牡岛周边底播养殖区，面积分别为 1 800 hm² 和 1 200 hm²；4 区为藻类养殖区，面积 1 200 hm²。

3）大亚湾潜在增养殖区

大亚湾位于珠江口以东，广东省惠东县、惠阳区和深圳市之间，地理坐标为 22°30′—

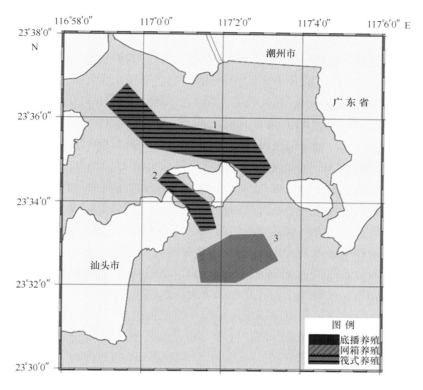

图 6.8 柘林湾潜在海水增养殖区选划图

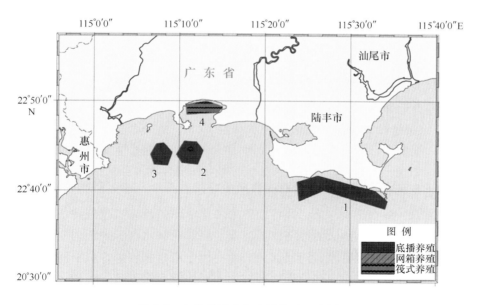

图 6.9 红海湾潜在海水增养殖区选划

22°50′N、114°30′—114°50′E。大亚湾东靠红海湾，西邻大鹏湾，濒临南海，是从海上进入广东中部腹地的第二捷径。大亚湾属沉降山地溺谷湾，由黑褐色花岗岩组成。该湾由三面山岭环抱，北枕铁炉嶂山脉，东倚平海半岛，西依大鹏半岛，西南有沱泞半岛作为屏障，十分隐蔽。湾口朝南，口宽 15 km，腹宽 13.5 ~ 25 km，纵深 26 km，弧长 165 km，水深 5 ~ 18 m，水域面积近 1 000 km²。海底底质为黏土和粉砂，较平坦。无大河流注入，来沙少，年均淤高小于 1 cm。其潮汐类型属于不规则半日潮，潮差不大，平均潮差小于 1.0 m，最大潮差只有 2.54 m，是一个弱潮湾，受地形影响浅海分潮较强，浅水效应明显。大亚湾是广东省海水网箱养殖的主要海区。大亚湾三面环山，为半封闭海湾，湾内岛屿众多、生境多样，是众多经济鱼类的产卵、索饵和育肥场所，也是我国水域生物多样性保存良好的海湾之一。

大亚湾拥有港口、水产增养殖、滨海旅游、滨海工业等四大资源优势，同时又是省级水产资源自然保护区所在地，必须按照可持续发展的原则，综合协调好各类海洋资源开发的适度规模和合理布局，采取以海岸带为依托、以浅海滩涂和邻近海岛为重点区域的战略，加速各涉海行业的全面发展。大亚湾已被列为自然保护区，海水水质必须严格要求和管理，保证海水环境质量不受恶化，海洋生态系统达到良性循环。

大亚湾澳头海域和大鹏澳海域常年养殖造成水质污染较重，赤潮频发，建议改变现有经营模式，将部分网箱养殖区改为藻类养殖区；而杨梅坑近岸地区和中央列岛西侧水深较浅，水质优良，底质量多为岩礁，并且马尾藻资源丰富，适合进行海珍品底播；大辣甲东侧及三门岛周边海域水深流急，水质优良，适合于开拓为深水网箱养殖区。

深水区域的海水鱼类网箱养殖与浅水区贝类养殖已无潜力可挖，湾口水域由于水质较好，水交换能力强，可以进行深水网箱养殖，可考虑将现有养殖区进行经营模式转换，改部分网箱区为藻类养殖区（或贝、藻混养区）以达到调控养殖区环境的目的。大亚湾潜在海水增养殖区选划见图 6.10，图中 1 区和 2 区为藻类养殖区，面积分别是 900 hm² 和 400 hm²；3 区和 4 区为底播养殖区，面积分别为 500 hm² 和 900 hm²；5 区和 6 区为深水养殖区，面积分别是 1 400 hm² 和 4 000 hm²，其中 6 区在三门岛东西两侧分成 2 个区。

4）大鹏湾潜在增养殖区

大鹏湾位于南海北部，珠江口东部，属半封闭海湾，是香港和深圳特区环绕的一个半封闭的海湾。深圳大鹏湾位于深圳市东部水域，毗邻香港。沿海山势陡峻，山脊狭窄，基岩裸露，多悬崖峭壁，近邻海滨，山坡陡然入海，湾口宽约 10 km，南北长约 30 km，水域面积约 390 km²，湾口水深超过 20 m，湾内大部分水深逾 16 m，是一个良好的深水海湾。湾内无大河流注入，其岸线曲折，湾内有湾，湾内散布有十多个小海湾。大鹏湾平均水深为 18.3 m，水深范围在 15～21 m 之间。本海湾潮汐属不正规半日混合潮。年最高潮位 2.87 m，最低潮位 -0.15 m，最大潮差 2.57 m，平均潮差 1.03 m。

大鹏湾海流弱、海水交换率低，并且近年来由于沿岸各地人口及经济的发展，水环境也受到越来越严重的污染。该地区的经济以工商业、旅游业和水产养殖业为主，并且湾中大部分水域属于香港特别行政区管辖，湾北部沿海主要用于港口和旅游，只有湾口南澳近海尚有较大空间可供养殖开发。其中南澳镇周边海域由于密集的网箱养殖、生活污水等导致海水质量降低，因此必须在一定程度上转变现有经营模式，在现有网箱养殖区进行藻类养殖。而湾口鹅公湾海区水质良好，水交换能力强，可以考虑进行深水网箱的建设，但是该区域西部临近航道，生产过程中应建立完善的石油污染预警体系。大鹏湾潜在海水增养殖区选划见图 6.11，图中 1 区为藻类养殖区，面积 200 hm²；2 区为深水网箱养殖区，面积 500 hm²。

5）海陵湾潜在增养殖区

海陵湾位于粤西海岸中部，阳江与阳西交界处，北起阳江平冈镇南部海边，西为溪头镇东

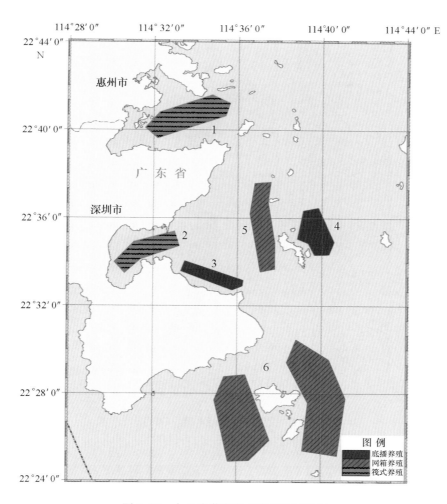

图6.10 大亚湾潜在海水增养殖区选划

南海岸,东南为海陵岛,因海陵岛得名,地理坐标为21°34′—21°45′N、111°41′—111°54′E之间。海湾口宽6.5 km,纵深32 km,面积180 km²。海陵湾是粤西阳江市海水养殖、滨海旅游的重要港湾,兼具热带至亚热带气候特征,有强的季风性和较明显的海洋性。海域潮汐属不正规的半日潮,多年平均潮差为1.40~1.60 m。海陵湾水域表、底层水温和盐度在冬季变化很小,而在夏季变化较大,显示该海域在冬季水体基本不分层,而在夏季则存在部分分层现象。与盐度类似,pH值亦受河流水冲淡的影响,在丰头河水域相对较低,其余海区变化较小,冬、夏季变化不大。溶解氧在调查海区基本上达到饱和状态,且冬季高于夏季。

海陵湾水质受陆源影响较大,近河口污染较重,海陵大堤阻断环流,导致其周围淤积严重,适合滩涂贝类养殖,如泥蚶养殖已有较大的产业规模。湾口水域由于水质较好,交换能力强,浮游植物浓度也相对较高,可以在科学的评估养殖容量基础上,围绕双山岛周围进行贝类底播/筏式养殖。海陵岛西侧接近港口,污染较重,可进行贝类、海藻混养。海陵湾潜在海水增养殖区选划见图6.12,图中1区为贝类底播/筏式养殖区,面积600 hm²;2区为贝类、海藻混养区,面积700 hm²。

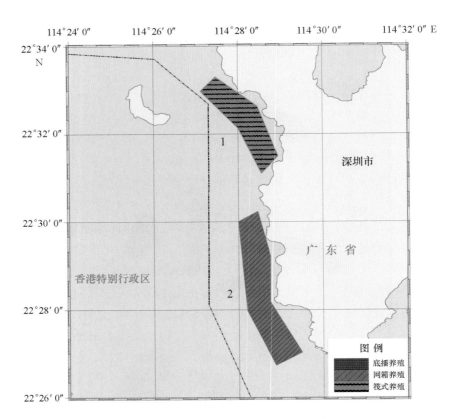

图 6.11　大鹏湾潜在海水增养殖区选划

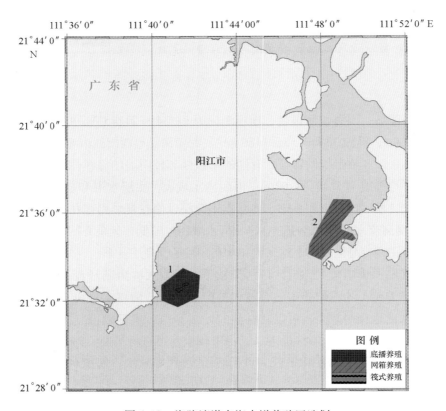

图 6.12　海陵湾潜在海水增养殖区选划

6）水东湾潜在增养殖区

水东湾地处于南亚热带区域，是全国最大的潟湖，面积约 2 600 hm²。水东湾的出海口呈喇叭状，无礁，潮涨潮汐无淤积，临海滩涂面积大，红树林成绿荫，海产养殖发展条件优越。中部岸滩开阔平坦，水质无污染，天然海滨浴场旅游资源丰富。但水东湾已由 20 世纪 80 年代的 30 多平方千米缩小到目前的 20 多平方千米，对水东湾的功能和作用造成了严重损害。

水东湾年平均气温 23℃，年均降雨量 1 558 mm。台风年均数量 3.9 个，潮汐为不正规半口潮，平均潮差 1.74 m，最大潮差 3.4 m，海水平均温度约 23.7℃，海水盐度变化范围为 7 ~ 32，湾口附近氧含量 8.57 ~ 9.75 mg/L，海水 pH 值为 8.15 ~ 8.32。水东湾为潟湖海湾，内宽外窄，湾内大部分水深小于 2.5 m，湾外水深 5 ~ 9 m。湾内滩涂面积 260 km²，为泥质底质。高潮区有局部红树林分布，有旦场及寨头河径流注入。

水东湾现有两个主要的内湾，由于过度的网箱养殖，水质污染严重，而湾中放鸡岛周围海域水深、水体交换能力强，可以考虑将水东港和博贺渔港周围的网箱区进行经营模式的转换，混养部分海藻以调控海区的水质；放鸡岛附近海域可在不影响景观的同时进行深水网箱养殖。水东湾潜在海水增养殖区选划见图 6.13，图中 1 区和 2 区为海藻养殖区，面积分别为 300 hm² 和 200 hm²；3 区为深水网箱养殖区，面积 1 600 hm²。

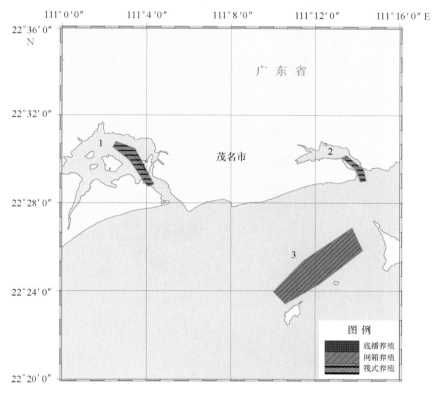

图 6.13 水东湾潜在海水增养殖区选划

7）流沙湾潜在增养殖区

流沙湾位于广东省湛江市雷州半岛西南部，北起雷州市企水港，南至徐闻县角尾，包括海康港、流沙湾和东场湾等重要港湾，处于徐闻县西部、雷州市西南部交界海域（20°22′—20°31′N，109°55′—110°01′E）。流沙湾是一个口小腹大，由北向西呈葫芦形的半封闭型海湾，海湾面积约 69 km²，湾口宽约 750 m，水深 10~20 m，潮差 3 m，湾内为不规则半日潮，水体交换能力强。树枝状港汊呈长尖形峡湾，地形独特，最远深入陆地 16 km，底质多为沙泥、泥沙或砾石。该海域有丰富的浅海滩涂资源和优越的天然良港，既是全省的珍珠养殖基地，亦拥有珊瑚礁、白碟贝、红树林等重要海洋生物资源。其中鱼、贝类养殖面积 13.6 km²，是我国南珠重要产地，约占全国海水珍珠产量的 70%。

该海域应发挥自然资源优势和依靠科学技术，采用新技术、新材料、优化结构，大力引进外资，使珍珠养殖业得到持续和健康的发展。徐闻珊瑚礁自然保护区具有保护海洋生态的良好功能和巨大的潜在开发价值和科研价值，应加强对保护区的管理，减少海水养殖和海水盐业对海域的污染，并建立法律保障体系和科技支撑体系，适量开发旅游事业，带动周边生态环境保护和社会经济的发展，并应采取有力的措施保护白蝶贝和海康港内的红树林。盐业方面要实施宏观调控，提高机械化程度，引入高水平技术，创新盐业产品，提高经济效益。

流沙湾口水质相对清洁，水交换能力强，可以进行深水网箱或深水贝类筏式养殖；湾内现有养殖面积占到整个海湾面积的 20%，其中 90% 以上为珍珠贝养殖，养殖模式过于单一，加之海湾与外界水交换能力弱，导致海湾水质和底质环境大幅度下降，因此必须调整现有养殖结构，在湾内进行贝藻混养，以达到调控水质的目的。流沙湾潜在海水增养殖区选划见图 6.14，图中 1 区为深水网箱/筏式养殖区，面积 1 500 hm²；2 区为贝、藻混养区，分 3 个小区，面积共 1 300 hm²。

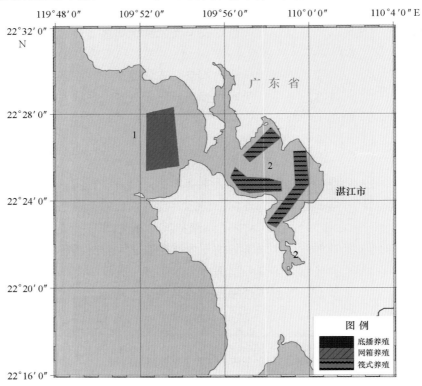

图 6.14　流沙湾潜在海水增养殖区选划

6.3.2　潜在滨海旅游区选划

新型潜在滨海旅游区是指适于发展生态、休闲渔业、游艇、特种运动等旅游项目，但尚未开发或开发程度较低的滨海空间或者地域。根据广东滨海旅游资源现状及发展趋势，认为广东滨海旅游资源的潜力具有以下特点：

（1）珠江三角洲是广东滨海旅游资源潜力较大的区域

从各类滨海旅游区的潜力评价结果来看，高潜力的滨海旅游区多分布在珠江三角洲滨海区域。其主要原因在于珠江三角洲的区位、市场腹地、经济发展水平、旅游区开发能力、投资获取渠道、人才与技术支撑、滨海资源条件等均相对于粤东、粤西地区具有较大优势，加之该区域的经济发展潜力较大。因此，以客源市场为重要依托的滨海旅游区的发展多集中在珠江三角洲滨海区域，特别是休闲度假滨海旅游区、休闲渔业滨海旅游区这些对客源市场要求依赖性较强的旅游区更是集中在珠江三角洲滨海区域。

（2）休闲度假类滨海旅游资源在国内具有较高的开发潜力

广东休闲度假类滨海旅游资源开发较早，在经过一系列成功与失败经验的总结与反思之后，面对第二次开发的机遇与挑战已经具备开发经验、技术支撑、资金保障以及人才储备。同时，由于广东地处中国南部，其滨海休闲度假气候相比全国大部分滨海省份优越，适游期长，加之广东为中国改革开放的前沿，思想开放，思路创新，广东的滨海类旅游资源具有国内领先的潜力，在成功开发的基础上，将具备世界级的竞争力。

（3）游艇类滨海旅游区开发能大幅度提升滨海资源及土地的附加值

珠江三角洲地区是中国富裕阶层人数最多的区域之一，将游艇活动与土地开发相结合，将满足休闲、度假、置业等多方需求，实现土地附加值的极大提升。从旅游房地产发展来看，"游艇＋地产"是最为高端的开发类型，广东省具有开发上述物业成熟的开发模式、思想创新与经济支撑条件，将成为新兴的滨海类旅游区。

（4）滨海特色生态旅游资源发展空间巨大

广东滨海地区环境质量较好，生物多样性鲜明，滨海民风淳朴、民俗优雅、文化异质性突出，完全具有发展生态旅游的后发优势。该地区以滨海湿地生态系统、农（渔）业生态系统等为主的绿色生态旅游资源，可为旅游者提供丰富多样的生态体验，将有着巨大的旅游开发潜力。滨海地区应在充分利用现有的田园生态景观、滨海生态资源、山水生态资源、湿地生态资源、沙洲海岛生态资源的基础上，挖掘有丰富内涵的旅游主题，吸引游客到生态旅游地休闲度假，领略生态旅游的大自然情趣。

（5）休闲渔业类滨海资源将成为广东特色滨海旅游吸引力

将休闲活动与渔业活动相结合，并辅以美食、节事等多种开发形式，休闲渔业类旅游资源将成为广东滨海类特色的旅游资源。广东是粤菜的发祥地，以生猛海鲜为主要特色的菜系决定了对渔业类旅游资源的需求强烈。以饮食文化、休闲娱乐与自助体验相结合，开发休闲渔业类旅游资源将获得较为独特的体验形式。

（6）综合类海岛旅游区开发将可能成为广东滨海旅游新的增长点

广东海岛类旅游资源丰富，不同类型的海岛资源是旅游业发展的基础。在灵活的开发政策、开放的开发思想、充足的投资资源与强有力的客源市场的支撑下，广东综合类海岛旅游资源将可能异军突起，从而成为中国海岛旅游资源开发的典范与示范区域。其中海陵岛、稔平半岛具有开发成功的可能性与潜力。

在滨海旅游资源、环境条件以及客源市场条件分析的基础上，通过研究潜在滨海旅游区的内涵、类型、选划条件等内容，对广东省潜在滨海旅游区进行选划，选划结果见表6.20。

表6.20 广东省潜在滨海旅游区选划

生态滨海旅游区	
一级	湛江徐闻灯楼角旅游区、广州南沙湿地公园、深圳福田红树林鸟类保护区、惠州惠东海龟自然保护区
二级	湛江廉江高桥红树林、珠海淇澳岛红树林、阳江阳西红树林自然保护区、惠州惠东考洲洋鹭鸟乐园、汕头濠江礐石旅游区
三级	湛江雷州白蝶贝自然保护区、潮州饶平双岛旅游区（白鹭天堂）
休闲渔业滨海旅游区	
一级	阳江海陵岛闸坡渔港、珠海佳蓬列岛（庙湾岛垂钓）
二级	横琴岛（蚝体验）、惠州惠阳东升渔村、汕头南澳岛渔村
三级	湛江草潭角头沙、潮州饶平讯洲岛渔排
观光滨海旅游区	
一级	深圳大小梅沙、茂名大放鸡岛、汕尾红海湾南澳半岛旅游区
二级	汕尾碣石湾（含玄武山、金厢滩）、湛江徐闻白沙湾、汕头濠江礐石旅游区、广州南沙海滨公园（含天后宫）
三级	东莞虎门威远炮台旅游区、阳江阳东珍珠湾旅游区（含玉豚山海滨公园）、江门新会崖门炮台旅游区、深圳宝安海山田园旅游区、汕头潮阳莲花峰旅游区
度假滨海旅游区	
一级	阳江海陵岛十里银滩旅游区、深圳龙岗西冲、惠州惠东巽寮湾、汕头南澳岛青澳湾
二级	湛江东海岛龙海天、湛江吴川金海岸、湛江雷州赤豆寮岛、茂名茂港中国第一滩、阳江阳西月亮湾、阳江阳西沙扒青洲岛、阳江海陵岛金沙滩旅游区、珠海斗门飞沙滩、汕尾海丰百安半岛旅游区（含芒屿岛）、汕尾海丰南方澳旅游区、汕头潮阳龙虎滩旅游区（中信度假村）、潮州饶平大埕湾
三级	茂名茂港虎头山、茂名电白龙头山、阳江阳西青湾仔、阳江阳西河北旅游区、江门台山浪琴湾、江门台山海龙湾、江门台山黑沙滩、珠海斗门金海滩、惠州惠阳霞涌旅游区、惠州惠东亚婆角旅游区、汕尾陆丰金厢滩旅游区、汕头濠江北山湾
游艇旅游区	
一级	江门新会银湖湾、深圳盐田大梅沙湾游艇会
二级	惠州惠东巽寮湾、湛江徐闻罗斗沙、珠海斗门海泉湾
三级	珠海海狸岛
海岛综合旅游区	
一级	湛江城市海岛综合旅游区、阳江海陵岛、惠州惠东稔平半岛、汕头南澳岛
二级	江门台山上川岛、江门台山下川岛、九洲列岛、三门列岛（外伶仃岛）、惠州惠阳三门岛、惠州惠阳辣甲岛、深圳大鹏半岛、万山列岛（东澳岛）
三级	茂名小放鸡岛、高栏列岛（荷包岛）、蜘洲列岛（桂山岛）、潮州饶平海山岛

注：旅游区称谓由旅游区所在的城市名＋区/县名＋旅游区名组成。

314

6.3.2.1 生态滨海旅游区

1）湛江徐闻灯楼角旅游区

灯楼角旅游区位于湛江雷州半岛最南端，与海南岛隔琼州海峡相望，建有中国大陆最南端的标志塔，是北部湾和琼州海峡的分界点，因此具有特殊的地理标志性意义。这里也是20世纪50年代解放海南战役的集结点和启渡点，现保留一定数量的炮阵、兵营、哨所，具有较高的军事旅游价值。灯楼角沿岸浅海一带属于热带海区，气候环境条件适合珊瑚生长和珊瑚礁的发育，因此集中分布着面积达 143.78 km²、种类达 49 种的珊瑚礁群，是我国大陆架浅海连片面积最大，种类齐全，保存最完好的珊瑚资源，已建有国家级珊瑚礁群自然保护区。

灯楼角旅游区的地理标志性景观和珊瑚生态资源具有区域唯一性和独特性，且位于湛江到海南的必经旅游线路上。未来随着琼州海峡跨海大桥的建成通车和湛江、海南旅游客流互动的逐步增强，灯楼角旅游区巨大的旅游开发潜力必将得到显现。随着海南国际旅游岛发展战略的逐步推进，海南岛及周边旅游产品结构将不断优化升级，以独特的滨海生态系统为亮点的灯楼角旅游区很可能会融入琼北—湛江旅游圈，成为大海南旅游区新的旅游热点。

2）广州南沙湿地公园

广州南沙湿地公园地处广州出海口珠江西岸，是经人类围垦形成的湿地游览区，位于南沙19东围，核心游览区面积约 200 hm²。围垦公司经过20多年的围垦和经营，保持了农耕水养的产业结构，土地原始状态良好，生态环境得到妥善保护。放养鱼虾蟹，种植莲藕、香蕉、甘蔗，种植有成片的10多个品种的红树林、芦苇，吸引各种鸟类在这方乐土繁衍生息，形成珠江三角洲地区难得一见的鸟类天堂和生态佳境。

南沙湿地公园的生态资源及环境在珠三角高度城市化和工业化的背景下显得极具亲和力和吸引力，是珠三角地区难得的一片生态家园。南沙湿地公园的开发潜力并不仅仅体现在接待的游客数量上，还在于给广州及珠三角都市游客提供了独具特色的生态体验，是珠三角地区生态滨海资源的重要组成部分。未来南沙湿地公园将建成珠三角地区首屈一指的精品滨海生态景区和科普生态教育基地。

3）深圳福田红树林鸟类自然保护区

深圳福田红树林鸟类自然保护区是广东省内伶仃福田国家级自然保护区的一部分，是全国唯一位于城市内的自然保护区。保护区创建于1984年4月，在1988年5月升格为国家级自然保护区。福田红树林湿地生物多样性非常丰富，共有鸟类约189种，其中23种为珍稀濒危物种，每年有10万只以上的候鸟在此歇脚或过冬。此外，还有高等植物67种以及相当丰富的底栖生物等动植物资源。茂密的红树林东起新洲河口，西至深圳市红树林海滨生态公园，全长约9 km，是市民休闲、娱乐观鸟的绝佳去处。

福田红树林鸟类自然保护区位于深圳市区核心区段，良好的生态环境和便利的交通区位吸引了大量游客和市民前去休闲，目前已成为滨海大道上的亮点。尽管没有产生显著的旅游经济效益，但这里是展示深圳城市生态文明的重要窗口，游客承载量和开发潜力巨大，是体现深圳宜居和谐生态理念的最佳载体，对于深圳文明城市、和谐城市、生态城市形象的提升有着重要作用。

4）惠州惠东海龟自然保护区

惠州港口海龟自然保护区位于惠州稔平半岛南端的大星山脚下，陆地面积 1 km²，海上面积 15 km²。它是世界上 16 个海龟自然保护区之一，也是中国绵延 18 000 km 海岸线上唯一的海龟自然保护区，被誉为中国海龟的最后一张产床。

海龟自然保护区具有生态资源的相对垄断性和唯一性，憨态可掬的海龟形象对于广大儿童和青少年群体极具吸引力。保护区位于区位条件便利和资源丰富极高的稔平半岛，近期随着稔平半岛滨海旅游开发热潮的兴起以及一系列外部交通条件的快速改善，广州、深圳、东莞等珠三角核心城市游客的进入性将显著提升，海龟自然保护区的生态旅游开发潜力巨大。未来需要关注更多的是如何有效控制旅游区内的游客活动，避免旅游开发对生态环境造成过大破坏。

6.3.2.2　休闲渔业滨海旅游区

1）阳江海陵岛闸坡渔港

位于海陵岛西北部的闸坡渔港是全国十大中心渔港之一。渔业历史悠久，有丰富的渔文化底蕴和别样风情的疍家民风民俗。渔区有众多可开发利用的渔业生产设施和沿海垂钓渔场。沿海渔业水域水质良好，浮游生物丰富，是鱼、虾、蟹等繁殖、生长的理想场所。有经济价值鱼类 120 余种，虾类 20 余种，蟹类和贝类 10 余种，可开发用于海水增养殖的品种 20 余个。该渔港还有网箱养殖基地，有养殖户 310 户，养殖网箱 3 935 个，养殖面积 5 × 10⁴ m²。渔港兼顾避风补给、生产休整、养殖加工、贸易流通、休闲渔业等六大功能。由于风貌独特、环境优美、管理有序，曾被评为阳江八景"坡港飞鸥"，每年吸引众多的游客前来观光，是海陵岛著名的旅游景点。

目前海陵岛已成为广东省内人气最旺的滨海旅游目的地之一，依托于海陵岛整体旅游形象和较为成熟的接待设施，海陵岛休闲渔业发展的潜力巨大。未来海陵岛休闲渔业应由闸坡渔港逐步向周边扩张，整合海陵岛丰富的休闲渔业资源，形成多样化的海岛休闲渔业旅游产品，逐步发展成为以渔文化为主题，以海洋文化为背景，以渔业为依托，以旅游为目的，集垂钓、休闲、度假、观光、水下考古、海岛野趣、科普教育及领略渔家风情等为一体的休闲渔业旅游区。

2）珠海佳蓬列岛

佳蓬列岛隶属珠海市万山海洋开发实验区担杆镇，由北尖、庙湾、平洲、文尾洲等主要岛屿组成，海域珊瑚平均覆盖率达到 56%。其中，庙湾岛系佳蓬列岛中的主要岛屿，面积 1.46 km²，距珠海主城区香洲 64 km，接近公海，是珠海最远的海岛，小巧玲珑，清静优美，极富海岛韵味。

庙湾岛周围海水蔚蓝透彻，能见度高，海底的珊瑚舒卷触手，五颜六色的鱼儿在礁盘上游来游去，拳头大的螃蟹爬上沙滩，阵阵海风吹拂，只有海的声音。岛上有暂居的渔民和可供旅游者住宿的小平房。每到周末，香港的私家游艇逍遥而来，垂钓游玩，因此这里也是海钓爱好者的聚集地。

　　庙湾岛临近公海，水质条件一流，渔业资源丰富，是开展休闲垂钓活动的绝佳之处。由于交通较为不便，庙湾岛不具备开展大众休闲渔业活动的条件，适合面向珠三角及港澳地区较为高端的窄众休闲市场游客，逐步发展成为港、澳及珠三角富裕阶层的休闲垂钓天堂。

6.3.2.3　观光滨海旅游区

1）深圳大小梅沙

　　大小梅沙旅游区位于深圳大鹏湾中部，距离市中心罗湖口岸约 28 km，是深圳市东部开发最早的滨海旅游景区。大梅沙海湾绵延 2.3 km，沙滩宽约数十米，滨海自然景观十分优美。沙滩为黄白色细砂，平坦柔软，海水清碧，是极理想的滨海浴场。近年来，深圳市政府高度重视大梅沙海滨公园开发，斥巨资对大梅沙海滨公园进行高起点规划开发，1999 年起实现了大梅沙海滨公园对公众免费开放。重新规划建设后的大梅沙片区包括大梅沙海滨公园和内陆腹地两部分，面积约 168 hm^2。其中，海滨公园的规划内容包括 18.0×10^4 m^2 的沙滩、432 m 长的阳光走廊、1.3×10^4 m^2 的太阳广场、0.4×10^4 m^2 的月亮广场、230 个车位的停车场和沙滩内的旅游服务设施。近年来大梅沙海滨公园年游客接待量接近 700 万人次。

　　小梅沙位于大梅沙东面，海滩三面青山环抱，占地约 1.2 km^2，沙滩长约 800 m，砂质极好，水质清澈。小梅沙是深圳最早开发的"五湖四海"中的一景，先设有小梅沙度假营，开展海水浴、野营烧烤、骑马等活动，后又建成小梅沙大酒店、小梅沙度假村、深圳海洋世界等旅游接待设施及景点，滨海旅游开发几近成熟。

　　大小梅沙由于离市区较近且开发较早，旅游接待设施配套较为齐全，目前已成为珠三角地区人气最旺的大众化滨海休闲旅游区。大小梅沙旅游区可开发旅游用地已趋于饱和，但深圳东部分布着众多尚未大规模开发的海湾和海滩，滨海旅游开发潜力有待挖掘。而且随着周边新的高档次旅游产品如东部华侨城的开发，深圳东部滨海的旅游热度还将继续升温。在可预见的未来，以大小梅沙为代表的深圳东部滨海仍将是珠三角地区滨海旅游的龙头和旗舰。

2）茂名大放鸡岛

　　放鸡岛位于茂名电白县南海洋面，属地博贺港湾口西南部，距博贺上岛码头 8 n mile。放鸡岛呈橄榄形，北东—西南走向长 2 km，最宽为 0.91 km，最窄为 0.10 km，岸线长 5.96 km，最高顶端海拔 135 m（东北部），面积 1.9 km^2。岛上怪石兀立，植被茂盛，景色秀丽，海水清澈见底，透明度可达 8 m，是广东沿海最理想的潜水区和全国最大的垂钓区。

　　由于气候条件、地质构造和环境污染等因素影响，广东近海地区适宜进行潜水游览的地方不多，放鸡岛作为省内理想的潜水旅游地具有一定的竞争优势。另一方面，放鸡岛潜水旅游面临临近海南岛的替代性竞争，无论从气候资源、海水质量还是水下景观来说，海南尤其是三亚的潜水旅游优于放鸡岛。因此，放鸡岛很难与海南岛的海上游乐项目进行直接竞争，无法吸引长程游客，目标市场开拓重点是粤西和珠三角地区的近程游客，是广东众多海岛旅游目的地的佼佼者。

3）汕尾红海湾南澳半岛旅游区

　　南澳半岛又称遮浪半岛，位于汕尾红海湾海区，是红海湾与碣石湾交接处突伸入海的一个半岛，素有"粤东麒麟角"之称。遮浪半岛两侧一岛两滩，景象迥然不同。东海面波涛滚滚，巨浪排空，如万马奔腾；西海面则风平浪静，波光粼粼，一碧万顷。不管风向何方，总有风平浪静之处，遮浪半岛因此而得名。得天独厚的滨海资源条件使得这里成为进行滑板、帆船、冲浪、帆板等海上运动的理想场所。

独特的地理环境造就了南澳半岛旅游区天下少有的海滩景观，周边南海观世音景区的宗教文化和尚未开发的小型生态海岛施公寮岛为南澳半岛旅游区提供了持续发展的潜力。此外，南澳半岛特殊的滨海自然环境也使之成为广东省内开展帆船、帆板等海上特种运动的最佳场所。2010年广州亚运会水上项目在此举行，大大提升了专业性运动场馆和相关设施的建设水平，进一步奠定了遮浪作为中国南方重要水上运动训练基地的地位。此外，亚运会的成功举办也给遮浪旅游带来新的发展契机，在更广泛的范围内提升遮浪旅游知名度，促进遮浪旅游区接待服务设施的品质提升。

6.3.2.4 滨海度假旅游区

1) 阳江海陵岛十里银滩旅游区

十里银滩滨海旅游度假区位于海陵岛中南部，可供开发土地22 km²，地形结构为"前湾后湖、六湾拱护、八峰环绕、南海明珠"，沙滩长9.5 km，纵深腹地广阔，滩宽60～250 m。1994年，十里银滩被上海大世界吉尼斯总部评为中国最大滨海浴场，滨海浴场砂质优越，海水清澈，景观总体评价为一级。

十里银滩是广东滨海旅游极为难得且具有极大开发潜力的一块处女地。海滩自然资源和景观条件一流，开发腹地广阔，依托较为成熟的热点滨海旅游地海陵岛大角湾旅游区，又有具国际影响力的"南海一号"中国海上丝绸之路博物馆的带动效应，旅游市场开发潜力在广东省内无与伦比。随着中国海上丝绸博物馆的建成开放，这里必将形成粤西滨海旅游新的热点，引爆和带动十里银滩大规模开发。据了解，目前已有6个五星级宾馆落户海陵岛十里银滩，投资总额约为50亿元人民币。十里银滩将成为新时期广东滨海度假、会议、文化旅游发展的示范基地和样板区域，继续引领和带动广东滨海旅游业的发展。

2) 深圳龙岗西冲

西冲海滩位于深圳龙岗大鹏半岛南端，西侧有突出的涌口头、穿鼻岩岬角。岸上有高出平均海平面分别为8.5 m、10.9 m和11.5 m的三列沙堤，高沙堤内侧是面积1.57 km²的潟湖平原，低砂堤外侧是宽度超过100 m的沙滩。西冲河与学斗河分别自北面和东面流入潟湖平原，并在海湾西侧及中部冲缺沙堤入海。水下岸坡平缓，有－9 m及－20 m两级平台。上端为较长的凹形坡。在湾口西侧岬角外约500 m处有高出海面约60 m由上泥盆统石英砂岩构成的赖屎洲岛。5 m等深线离岸约300 m，但离岸约1.5 km处水深即已大于20 m。西冲海湾背山面海，风光迷人，拥有深圳市最长、面积最大的优质海滩，腹地宽阔，沙滩长近5 km。海水清澈，砂质洁净，海岸边土地开阔平坦，近在咫尺的蚊帐山林密叶茂，适宜建成大型、综合性、对外高度开放的旅游区。

西冲是大鹏半岛用地条件和资源条件最为优秀的旅游区，拥有绵长的高品质沙滩和洁净的海域。引人入胜的滨海田园风光、茂密的山林、清澈的潟湖、突兀的礁岩构成了一幅诗意的图画。西冲有优越的自然资源、充足的用地条件、便利的交通区位和得天独厚的市场需求支撑，要求其开发建设必须坚持高标准的原则，营造国际级滨海度假旅游胜地，从而提升深圳东部滨海旅游品质，推进整个滨海旅游区向着更高的平台发展。可以预见，未来随着战略型投资者整体式介入开发，西冲滨海度假区将成为广东首屈一指的国际性综合型高档滨海度假区。

3）惠州惠东巽寮湾

巽寮湾滨海旅游度假区位于惠州惠东县稔平半岛西部，与大亚湾石化工业区隔海相望，海岸线长 27 km，分布有七山八湾十八景，以"石奇美、水奇清、砂奇白"而著称。巽寮湾度假区拥有区位、交通、战略性投资者和资源组合 4 个方面的显著优势。第一，从区位条件来看，巽寮湾与大亚湾石化工业区隔海相望，临近深圳、广州、东莞等珠三角核心城市，并可辐射到香港、澳门，周边庞大的中高端度假、会议、商务、地产消费提供了充足的需求支撑。第二，东部沿海高速公路进一步拉近深圳与巽寮湾之间的时间距离，高速公路开通后巽寮湾进入深圳 1 小时城市圈，极大提升了巽寮湾休闲及旅游地产开发价值。第三，北京金融街置业有限公司拥有雄厚的资金和技术实力，能够为度假区高起点规划开发提供必要的资金和技术支撑。第四，巽寮湾所在的稔平半岛旅游资源极其丰富，度假区周边已形成海龟自然保护区、海洋温泉、双月湾等高品质景区或接待设施，具有旅游资源组合和集聚优势。总的来看，巽寮湾在广东滨海旅游版图中极具发展潜力，未来很有可能成为新时期广东滨海旅游发展的标志性区域，成为广东滨海旅游开发示范区。

4）汕头南澳岛青澳湾

青澳湾位于汕头南澳岛东面，北倚青松岭，呈弓形，口朝东南，口宽 1.0 km，腹宽 1.4 km，纵深 0.9 km，弧长 2.9 km，面积 1.0 km²。海湾水深 5～10 m，沙泥底质。东北沿岸为岩石滩，其余为砂质岸滩。湾底平坦宽阔，有一小河注入。湾顶海滩上种有 0.35 km² 的成片木麻黄防风林带，它既防风、防沙土流失，又可供游客遮阳休息，是中国沿海少见的浅海湾。青澳湾开阔、僻静、优美、湾浅，是天然的优质海水浴场，也是广东省 2A 级沐浴海滩之一，1993 年被授予广东省级旅游度假区。

青澳湾的海滩资源条件一流，是广东省内为数不多的优质海滩，在粤东地区更是首屈一指。青澳湾旅游开发的限制因素主要是区位交通和用地条件。随着汕头跨海大桥的修建通车，南澳岛与汕头之间的交通联系愈益紧密，这将显著提升南澳岛及青澳湾的交通进入性，推动青澳湾旅游进入新的快速发展阶段。目前青澳湾内接待设施主要集中在海湾南部有限的用地，受到地形条件的限制，未来新增旅游设施只能向海湾北部拓展。总的来看，青澳湾作为广东省少有的度假型优质海滩，在交通条件改善的推动下将展现出较大的发展潜力，未来将成为粤东地区的热点滨海旅游度假区。

6.3.2.5　游艇旅游区

1）江门新会银湖湾

银湖湾位于江门市新会区的西南端，东与珠海隔海相望，西与台山相连，北靠古兜山脉，南临南海，毗邻港澳，水陆交通便利。银湖湾自然环境得天独厚，融山、海、泉、田、林、水于一身，拥有海洋、森林和湿地三大自然生态系统的全部特征。

银湖湾区位交通条件优越，港珠澳大桥修通后，由香港、澳门及珠三角核心城市陆路前往银湖湾均只需约1小时车程，交通极为便利。此外，负责游艇休闲度假区项目投资的香港和黄集团属战略性投资者，资金技术实力雄厚，在高端旅游项目投资领域有丰富经验，对目标市场研究透彻深入，能够保证该项目投资有较好的品质和盈利前景。游艇休闲度假区项目的顺利落户，不仅为银湖湾的起步及进一步招商引资打下坚实的基础，而且对新会乃至整个珠三角的旅游发展将起到一定的拉动作用。

2）深圳盐田大梅沙湾游艇会

大梅沙湾游艇会是目前珠三角地区区位交通条件最好、各类硬件配套设施最完备、开发运营管理最为成熟的游艇基地之一。大梅沙湾游艇会坐落于深圳市盐田区大梅沙，距市中心约30分钟车程。依托港澳和珠三角核心城市高端消费市场的旺盛需求，大梅沙湾游艇会的会员市场有充足的保证。其东侧毗邻京基喜来登大酒店，西侧临近大梅沙海滨公园愿望塔，占地面积超过 $8 \times 10^4 \text{ m}^2$，背山面海，空气清新，沙滩开阔，椰树林立。大梅沙湾游艇会利用原有超过 $5.6 \times 10^4 \text{ m}^2$ 的凹入式天然内湖，可停泊100尺超级豪华游艇，并为200多艘游艇和帆船提供优质的避风港口。

6.3.2.6　海岛综合旅游区

1）湛江城市海岛综合旅游区

湛江城市海岛综合旅游区包括湛江市区以及东海岛、特呈岛、南三岛、硇洲岛等附近岛屿。湛江市区滨海旅游资源主要有霞山观海长廊、赤坎金沙湾观海长廊、滨海公园、渔港公园、酒吧街，以及乘坐红嘴鸥号游览湛江港和南海舰队基地等。

与阳江、江门等地相比，湛江滨海旅游一直发展较为缓慢。这并不是因为湛江滨海旅游资源条件不好，而是由于湛江的区位条件对其滨海旅游发展形成制约。首先，湛江距离珠三角主体市场距离较远，大部分珠三角方向来的游客被阳江、江门等滨海旅游地截流。其次，湛江与滨海旅游资源条件更好的海南岛隔海相望，长程客人一般会前往海南岛而不是选择湛江作为滨海旅游目的地。在这样的区位和区域竞争环境下，以东海岛龙海天度假区为代表的湛江滨海旅游整体衰落就成为必然的结果。

近年来，湛江社会经济发展开始出现新的契机，千万吨级钢铁基地落户东海岛、湛江港口经济重新崛起、一系列重大项目陆续开工建设，湛江作为粤西区域性中心城市发展进入快车道。城市经济实力和城市形象的快速提升必将带来大量商务客人，湛江依托市区丰富的滨海旅游资源，优化整合市区周边丰富的海岛旅游资源，大力拓展"市区＋海岛"的滨海城市海岛旅游，将成为新时期湛江滨海旅游发展的重要方向。随着湛江城市综合实力增强和区域性中心城市的地位的提升，湛江必将吸引越来越多的目光和客流。如能积极整合现有滨海旅游资源，优化完善相关配套服务设施，湛江城市海岛综合旅游区发展潜力巨大。

2009年4月27日，湛江市人民政府与广东中旅集团签署了《湛江市人民政府、广东中旅集团旅游战略合作框架协议》，计划在3～5年内把东海岛建设成为国家级旅游示范区和在全国具有影响力的、国际一流的高端滨海旅游休闲度假商务目的地。可以预见，随着千万吨级钢铁基地落户东海岛，将会带来数量可观的区域商务、度假、会议和休闲需求。战略性投资者广东中旅集团的介入，可能会给东海岛旅游开发注入强劲动力，带动东海岛滨海旅游开发进入新的复兴发展阶段。

2）阳江海陵岛

海陵岛是阳江滨海旅游的龙头，该岛位于阳江市西南端，总面积约 108.9 km²，是广东省第四大岛。海陵岛交通十分便利，经广湛高速公路至广州仅 3 h，经西部沿海高速公路至珠海仅 1.5 h，已建成跨海大堤连接海岛和陆地。岛内最大的资源优势是风光旖旎的滨海旅游资源。绵延的海岸线上异彩纷呈地点缀着 12 处风景各异的天然海滩，滩阔浪柔，水碧沙净，一湾一景，各具特色。目前岛内已经开发的景区景点主要有闸坡大角湾、马尾岛、北洛湾、十里银滩以及东方银滩欢乐广场等。其中闸坡大角湾景区因其水净沙洁、风平浪静、风景优美而被评为国家 4A 级旅游景区，这是广东滨海旅游唯一的国家 4A 级旅游景区，并且被指定为国家沙滩排球队的训练基地，国内、国际沙滩排球赛多次在这里举行。海陵岛的十里银滩，因其规模之大而被上海大世界吉尼斯总部评为中国最大的滨海浴场，入选大世界吉尼斯之最。作为存放、展示"南海一号"古沉船的中国海上丝绸之路博物馆（中国水下考古基地）向公众开放，海陵岛再一次吸引全世界目光，带动海陵岛旅游进入新的快速发展时期。

海陵岛目前是广东省内最为成熟和人气最旺的滨海旅游目的地之一，大角湾所在的闸坡镇已成为名副其实的旅游专业镇，住宿、餐饮、购物等旅游接待设施十分齐全。截至 2006 年底，海陵岛各类宾馆、酒店住宿设施共 88 家，其中 20 间客房以上的有 55 家，各类客房共 3 483 间，床位 6 766 张。镇上滨海沿线用地已经基本被各类旅游接待设施占据，甚至大角湾东南部山坡地也已开辟建设各类旅游地产和酒店。换言之，大角湾和闸坡镇可供旅游开发用地已经很少，旅游开发潜力已不大。

然而，与大角湾邻近的十里银滩则还是一片尚未开发的处女地。海滩长达 7.4 km，连同向东延伸的石角湾则接近 10 km，直线型的长滩一望无际，海天景色十分壮观，腹地纵深约250 m，可开发用地十分广阔。如此大规模的高品质海滩在广东省内十分稀少，中国海上丝绸之路博物馆的建成开放将会引爆十里银滩旅游大规模开发。目前，十里银滩大量用地已经分块出让给开发商，拟建各类五星级度假酒店和会议场馆等高档设施。只要规划、开发、管理得当，十里银滩旅游区的发展空间不可限量，必将带动和提升海陵岛旅游进入新的发展阶段。

3）惠州惠东稔平半岛

稔平半岛位于珠江三角洲东北端，东与汕尾海丰县相邻，西隔大亚湾与深圳、香港相望。半岛凸出在红海湾与大亚湾之间，陆地面积 712 km²，总人口 22.8 万，海岸线长 171.8 km。海岸线曲折多湾，属山地海岸类型，岬角、海湾相间排列，有近 100 km 的砂质海岸，海水污染较小，是天然的海水浴场。在旅游开发方面，稔平半岛旅游资源十分丰富，旅游资源品位较好且具有组合优势。目前已经开发的旅游景区（点）包括滨海温泉、海龟国家级自然保护区、双月湾、平海古城以及巽寮湾。

4）汕头南澳岛

南澳岛是广东省唯一海岛县，由南澳岛和附近 22 个岛屿组成。岛上旅游资源具有"海、史、山、庙"立体交叉特色，全岛可供旅游开发的沙滩面积超过 $200 \times 10^4 \ m^2$，其中青澳湾是我国少见的浅海滩之一，砂质洁净，海水无污染，现为省级旅游度假区。

南澳岛与海陵岛一东一西，滨海资源条件相似，但旅游开发潜力有较大差异。第一，从交通方面来看，南澳岛距离珠三角核心城市 4~5 h 车程，再加上海上轮渡易受到天气条件影响而存在一定的不确定性，整体交通进入性远没有海陵岛便捷。这在很大程度上制约了南澳岛旅游发展。第二，从地质条件和可开发用地来看，南澳岛是典型的基岩质海滩，地势起伏落差较大，环岛路紧贴山体和峭壁，旅游建设用地非常有限。海陵岛则是典型的砂砾质海滩，地势平缓，腹地广阔，可用于进行旅游开发的建设用地规模非常可观。第三，从潜在市场范围来看，南澳岛未来的主体客源市场仍是粤东潮汕地区，大规模开发珠三角市场游客的难度很大。而海陵岛目前已成为广东省最热门的滨海旅游地，随着海上丝绸之路博物馆开放及十里银滩大规模旅游开发，海陵岛的潜在旅游市场范围得到进一步拓展，有可能成为具有一定国际影响力的滨海旅游地。

6.3.3 海洋能利用区的选划

6.3.3.1 开发利用潜力评估

1）环境影响因素分析

与海洋能开发有关的海洋自然环境主要包括物理海洋（潮汐、波浪、海流、潮流、海水温度、盐度、密度、海水含沙量）、海洋地质（水深地形、地貌、底质、工程地质、地球物理、水文地质）、海洋气象和陆地水文（风、海面热交换、盐雾、气温、日照、降水、蒸发量、河流径流及输沙量）、海洋化学（海水盐度、物理化学、pH 及溶解氧）、海洋生物（海洋微生物、游泳生物、浮游生物、底栖生物、沉积生物、污着生物）、自然灾害（地震、热带气旋、风暴潮、风暴浪、海冰、寒潮、霜冻、冰雹、海雾、赤潮、海岸侵蚀、滑塌）等。

对海洋能而言，海洋自然环境要素可分为能量要素和环境要素。各类海洋能资源开发首先要考虑能量要素，如潮差、波高、流速、温差等。由它们决定的各类海洋能资源的储量、能量密度及其变化规律，是海洋能电站（装置）选址、设计、运行管理的重要依据。同时还要考虑环境要素，如潮位与水深、波高与周期、风速与风向、流速与流向、地形与地貌、海洋灾害和地质灾害特征等，它们是电站（装置）规划选址、设计、施工和运行管理的环境参数。

有的要素既是能量要素，又是环境要素。如潮差，在潮汐能开发中是能量要素，它决定潮汐能量的大小，而在波浪能开发中为环境要素，因为波浪能开发不论是岸式还是漂浮式，装置的设置标高均要考虑潮差大小；如波高，在波浪能开发中是能量要素，它决定波浪能量的大小，而在潮汐能、潮流能开发中为环境要素，开发中要考虑波浪对潮汐电站大坝和潮流发电装置及其载体、锚泊系统或架设桩柱的作用力等。

海洋能及其开发利用与海洋自然环境的关系，可概括为：海洋自然环境中的能量要素决定海洋能能量大小，环境要素影响海洋能资源的开发利用，海洋能开发既要适应海洋环境，又可能对环境产生正面或负面影响。

2）社会经济影响因素分析

社会经济影响因素分析的目的是确定各项指标对社会经济影响的大小，以寻求科学、合理、可行并且简洁的指标体系。海洋能开发对社会经济的影响所涉及的评价内容主要有：①能源供需，包括能源供给和能源需求；②区域经济状况，包括人口状况、区域经济发展、区域优势和产业优势；③电站建设对社会经济的影响，包括对国民经济的贡献、人民生活的提高和产生的附加价值。

3）开发利用潜力评估

海洋能开发利用潜力评估要综合考虑技术可开发利用量、环境影响评价及社会经济影响，首先考虑的是技术可开发利用量，其次考虑环境影响，再次为社会经济影响。这是因为技术可开发利用量决定于有没有潜力可以开发，这是天然的、固有的、在一定的技术条件下不可改变的因素，它决定于开发利用潜力的大小；而潜在环境影响与开发利用方式、当地的自然环境等因素有关，不是不变的，可以选择不同的开发利用方式而减少环境影响；社会经济条件则是受时空的限制，只能反映当时的状况，随着时间的变化而改变。

根据广东省"908专项"子课题"广东省海洋能源的开发利用"的研究结果，在现阶段，如果海洋能电站潜在环境影响评价合格，表示潜在环境影响较小，在可控范围内，环境的安全性风险较小，或环境的恢复能力较强；环境影响模糊综合评价值越高，表示潜在环境影响越小。同理，潜在社会经济效益分析合格，表示海洋能开发利用对社会经济有较好的促进作用；社会经济模糊综合评价值越高，表示潜在社会经济影响越大，海洋能的开发利用将对当地的社会经济发展起到较大的促进作用。该研究专题对广东省各类海洋能开发利用潜力排序结果见表6.21。

6.3.3.2 海洋能功能区划

广东沿海地区经济发达，人口稠密，但能源形势十分紧张，此外还有很多偏远海岛没有电力供应。利用煤、石油、天然气等不可再生能源面临着巨大的交通和环境压力，而海岛远离大陆，交通不便，常规供电投资更大。但是，沿海地区具有临海优势，可以实现海洋可再生能源的就地使用。海防建设对海洋可再生能源也有巨大需求。广东省海防任务繁重，南海有大量的岛屿受到别国的觊觎，一旦被别国占领，不但会造成领土纠纷，还会造成重大的经济损失。在海洋中，海洋可再生能源是包括化石能源在内的最廉价的能源，是海上孤立用户的唯一选择。发展海洋可再生能源技术，对广东省的海洋开发、海防建设具有重大的意义，符合广东省发展的需求。

根据广东省各种海洋能综合潜力评价结果（表6.21），可以对广东省各种海洋能进行海洋能区划。海洋能区划的目的，是为了了解各种海洋能资源的差异，以便于制定海洋能功能区划和海洋能发展规划，合理地开发利用各种海洋能源，为广东和国家的经济社会发展服务。

表 6.21　广东省海洋能开发利用潜力综合评价

海洋能类型	开发利用潜力排序	站址名称	所属县市	技术可开发量/（×10⁴ kW）	环境影响模糊综合评价	社会经济影响模糊综合评价
潮汐能	1	通明港	湛江	8.34	3.117 0	3.425 1
	2	流沙港	徐闻、雷州	5.31	3.132 2	3.425 1
	3	北莉口	徐闻	4.10	3.117 0	3.425 1
	4	海陵岛	阳江	2.42	3.182 4	3.425 1
	5	南三岛	湛江	2.33	3.117 0	3.425 1
	6	镇海湾	台山	2.32	3.117 0	3.265 0
	7	博贺港	电白	1.98	3.095 2	3.425 1
	8	水东港	电白	1.79	3.095 2	3.425 1
	9	牛田洋	汕头市	1.20	3.057 3	3.425 1
	10	企水港	雷州	1.10	3.159 9	3.425 1
	11	南陂河	吴川	1.02	3.106 7	3.143 9
	12	海康港	雷州	0.72	3.159 9	3.425 1
	13	沙扒港	阳江	0.56	3.182 4	3.425 1
	14	范和港	惠阳	0.39	3.182 4	3.425 1
	15	北津港	阳江	0.37	3.150 0	3.425 1
	16	考洲洋	惠阳	0.33	3.182 4	3.425 1
	17	汕尾港	海丰	0.33	3.182 4	3.425 1
	18	白沙湖	海丰	0.17	3.182 4	3.425 1
	19	长沙港	海丰	0.16	3.182 4	3.425 1
	20	湛江盐场	湛江	0.13	3.132 2	3.425 1
	21	甲子港	陆丰	0.13	3.182 4	3.425 1
	22	三丫港	阳江	0.10	3.100 0	3.425 1
	23	鸡打港	电白	0.09	3.095 2	3.425 1
	24	乌坎港	陆丰	0.04	3.182 4	3.425 1
	25	碣石港	陆丰	0.03	3.182 4	3.425 1
	26	海门港	潮阳	0.02	3.182 4	3.425 1
波浪能		全省海域		455.72	3.424 2	3.424 2
海洋风能		全省海域		8 107.70	3.772 5	3.424 2
盐差能	1	珠江口		186.40	3.698 8	3.627 2
	2	韩江口		9.70	3.629 1	3.554 6
	3	漠阳江口		4.60	3.794 3	3.554 6

1）潮汐能区划

根据广东省潮汐能资源区划表 6.22，可绘制出广东省潮汐能资源区划图 6.15。由图 6.15可以看出，广东省沿海由于潮差较小，潮汐类型以不规则半日潮为主的混合潮型，因此整个沿海区域潮汐能较小，平均功率密度较低。从整体来看，西部沿岸潮汐能略高与东部沿岸，其资源较丰富区和可开发区主要分布于湛江盐场、通明港、北莉口等海域，这些海域都属于湛江港，该港具有如下特点。

表 6.22　广东省潮汐能资源区划

能源	丰富区	较丰富区	可开发利用区	贫乏区
潮汐能/（kW·m⁻²）	$P \geqslant 4$	$3 \leqslant P < 4$	$2 \leqslant P < 3$	$P \leqslant 2$
500 kW 以上的调查坝址数	0	0	4	19
装机容量/×10⁴ kW	—	—	7.26	28.13

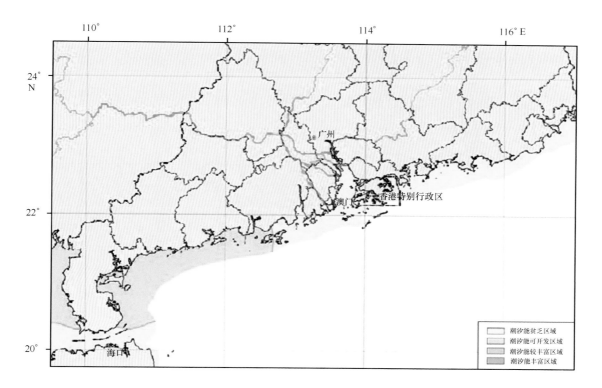

图 6.15　广东省潮汐能资源区划图

①水深地形方面，该海域附近岛屿较多，水下滩槽相间，水深较浅，适合潮汐能开发的良好自然港湾较少。

②气候气象方面，这些海域地处热带北端，属于热带海洋性气候，气温较高，夏季长，湿度较大，雨量充沛，风力不大，但季风特征明显，热带气旋是影响本海湾的主要灾害性天气，风暴潮一般发生于每年 4—11 月，其中尤以 8 月为最多。

③水文方面，该海域春季平均水温 21.7℃，秋季 28.6℃，夏季水温最高，一般在 29℃ ~ 31℃，冬季水温 14℃左右；盐度为 23.49 ~ 29.43，平均值为 26.93；附近海域流速较小，波浪较小。

④底质方面，该海域底质多为泥、黏土质粉砂、粉砂质黏土。

⑤生态环境方面，该海域附近沿岸存在珍稀植物红树林区。

综上所述，湛江盐场、通明港、北莉口等海域虽拥有较好的潮汐能资源，但港湾形状不利，而且还受到珍稀植物红树林、热带气旋等不利因素的影响，对后期的潮汐能开发利用较为不利。

2）潮流能区划

根据广东省潮流能资源区划表6.23，可绘制出广东省潮流能资源区划图6.16。由图6.16可以看出，广东省潮流能资源主要分布于珠江口以西海域，其中以琼州海峡和雷州半岛东部沿岸较多，但多数海域最大流速都不太大，仅属于可开发海域。

表6.23　广东省潮流能资源区划

能源	丰富区	较丰富区	可开发利用区	贫乏区
潮流能/（kW·m^{-2}）	$P \geqslant 8.0$	$4.0 \leqslant P < 8.0$	$0.8 \leqslant P < 4.0$	$P < 0.8$
可开发水道个数	0	1	14	0
可开发量/×10^4 kW	—	0.6	1.2	—

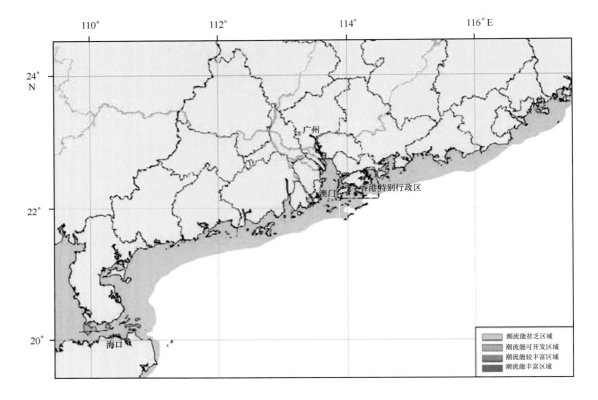

图6.16　广东省潮流能资源区划图

据历史文献记载，只有外罗水道最大流速超过2 m/s，属于较丰富区，该海域距离雷州湾较近，以雷州湾附近状况作为借鉴：

①水深地形方面，该海域附近为岛屿较多，水深较浅。

②气候气象方面，这些海域地处热带北端，属于热带海洋性气候，气温较高，夏季长，湿度较大，雨量充沛，风力不大，但季风特征明显，热带气旋是影响本海湾的主要灾害性天气，风暴潮一般发生于每年6—11月，其中尤以7月为最多。

③水文方面，该海域春季平均水温22.2℃，秋季28.6℃；盐度为28.20～29.43，平均值为28.62，附近海域波浪较小。

④底质方面，该海域底质多为淤泥质、砂质底。

⑤生态环境方面，该海域附近沿岸存在珍稀植物红树林区。

综上所述，外罗水道附近海域水深较浅，且淤泥底质不太适合安放潮流能装置，对于潮流能的开发利用较为不利。

3）波浪能区划

根据广东省波浪能资源区划表6.24，可绘制出广东省波浪能资源区划图6.17。广东省沿岸波浪能资源56%分布在珠江口以东沿岸岸段，主要包括遮浪、大万山、硇洲、博贺沿岸海域，这些海域具有如下特点：

①水深地形方面，遮浪、大万山、硇洲、博贺海域附近水深较浅。

②气候气象方面，这些海域地处热带北端，属于热带海洋性气候，气温较高，夏季长，湿度较大，雨量充沛，风力不大，但季风特征明显，热带气旋是影响本海湾的主要灾害性天气。

③底质方面，该海域底质以淤泥质、砂质底为主。

④生态环境方面，该海域附近沿岸存在珍稀植物红树林区。

表 6.24　广东省波浪能资源区划

能源	丰富区	较丰富区	可开发利用区	贫乏区
波浪能/（kW·m^{-2}）	$P \geq 4.0$	$2.0 \leq P < 4.0$	$1.0 \leq P < 2.0$	$P < 1.0$
可开发个数	0	4	0	0
可开发利用量/$\times 10^4$ kW	—	156	—	—

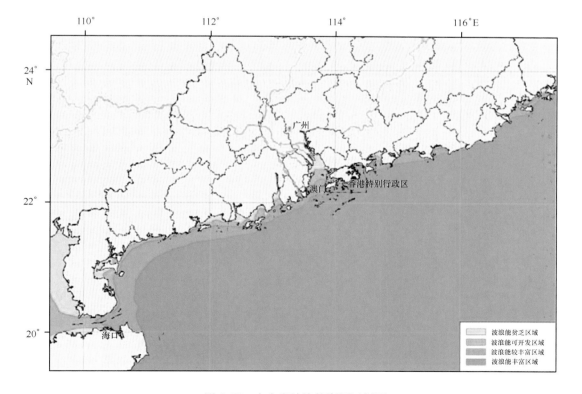

图 6.17　广东省波浪能资源区划图

这些海域波浪季节变化小，资源丰富，属于开发条件好的地区，其不利因素主要包括灾害性天气热带气旋和波浪能转换装置对通航造成的影响等。

4）海洋风能区划

根据广东省海洋风能资源区划表6.25，可绘制出海洋风能资源区划图6.18。广东省海洋风能资源丰富，居全国第五位，沿岸平均风功率密度约为170 W/m²，属于资源较丰富区甚至是丰富区。广东省海域的风能丰富区主要位于汕头市、潮州市和揭阳市沿岸，功率密度分别为321 W/m²、298 W/m²、315 W/m²，其附近海域具有如下特点：

（1）水深地形方面，这些海域附近水深较浅；

（2）气候气象方面，这些海域地处热带北端，属于热带海洋性气候，气温较高，夏季长，湿度较大，雨量充沛，风力不大，但季风特征明显，热带气旋是影响本海湾的主要灾害性天气；

（3）底质方面，该海域底质以淤泥质、砂质底为主；

（4）生态环境方面，该海域附近沿岸存在珍稀植物红树林区。

表 6.25　广东省海洋风能资源区划

能源	丰富区	较丰富区	可开发利用区	贫乏区
海洋风能/（W·m⁻²）	$P \geqslant 200$	$150 \leqslant P < 200$	$100 \leqslant P < 150$	$P < 100$
可开发利用量/×10⁴ kW	2 119.1	2 356.2	1 277.6	1 897.2

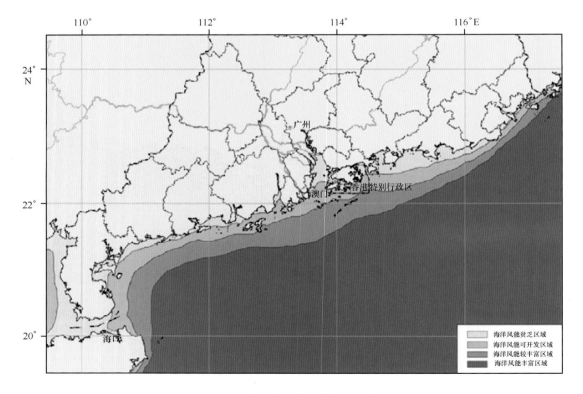

图 6.18　广东省海洋风能资源区划图

综上所述，这些海域海上风资源非常丰富，水深较浅，底质为泥质或砂质，适宜搭建桩基式风电装置，具有较大的开发利用价值，其不利因素主要包括灾害性天气热带气旋、风电站对通航的影响、风电站运行时的噪音等。

5）盐差能区划

根据广东省盐差能资源区划表6.26，可绘制出广东省盐差能资源区划图6.19。广东省盐差能资源蕴藏量为 $1\,955 \times 10^4$ kW，可开发利用量 196×10^4 kW，主要包括珠江口、漠阳江口、和鉴江口，其中以珠江口为最大。珠江是我国入海流量第二大河流，由西江、北江、东江组成，其中入海水量西江占绝大多数。2009 年珠江年平均径流量为 7 610 m^3/s，年径流总量为 $23\,900 \times 10^8$ m^3。

表 6.26 广东省盐差能资源区划

能源	丰富区	较丰富区	可开发利用区	贫乏区
盐差能/ $\times 10^4$ kW	$P \geqslant 200$	$100 \leqslant P < 200$	$20 \leqslant P < 100$	$P < 20$
河口个数	1	0	2	0
可开发利用量/ $\times 10^4$ kW	186	—	91	—

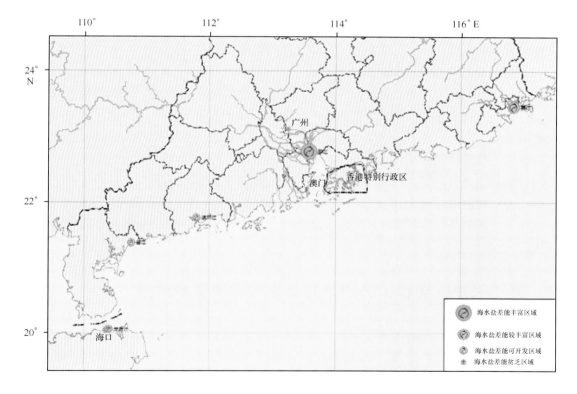

图 6.19 广东省盐差能资源区划图

6.3.3.3 潜在开发利用区选划建议

解决我国沿海地区能源短缺问题，开发利用海洋能，优化沿海能源结构已经成为缓解沿海地区日益尖锐的能源供需矛盾的一项科学抉择。开发利用海洋能，一是可以有效缓解目前日益严峻的能源供需矛盾，二是可以有效减轻和改善沿海地区环境问题，三是可以有效促进沿海经济结构的转变。

为了进一步推动我国海洋能的开发利用，积极推动国家和地方海洋能利用发展规划编制，推动海洋能功能区划修编，特提出如下建议。

（1）开展海洋能利用功能区选划

要按照《全国海洋功能区划》总体布局，根据海洋能利用发展规划及沿海地方规划实施的需求和海洋能利用工程建设的特殊要求，优选出适宜的海洋能利用功能区，为促进我国海洋能利用业发展提供用海保障。

（2）做好海洋能利用的论证与评估

开展海洋能利用工程的论证、监控与评估工作。对海洋能利用的重大项目，建立完善论证与评估体系，从经济、社会和环境等方面，组织开展前期论证、过程监控和工程后评估工作，使海洋能利用重大项目既有效实施，也可以取得经济、社会、环境效益的协调统一。

（3）做好海洋能利用环境影响评价

严格执行海洋工程环境影响评价制度，要按照国务院颁布的《防治海洋工程建设项目污染损害海洋环境管理条例》和国标《海洋工程环境影响评价技术导则》，开展海洋能利用工程的环境影响评价工作。加强海洋环境保护，强化对海洋能利用工程的监管，实施海洋能利用区环境监测和评价。

（4）提高全社会对海洋能的认识

目前，海洋能利用产业正处于初级阶段。要真正使其规模化发展，还需要有关政府部门和社会各界的共同关注和支持，不断营造海洋能利用和谐发展的环境。因此，我们要进一步加大对海洋能利用的宣传力度，普及海洋能利用知识，营造全社会共同推进海洋能利用工作的良好氛围，形成共同推动海洋能利用产业发展的合力。

海洋能利用是我国解决沿海和海岛能源紧缺一项重要措施，是具有全局性、前瞻性的创新工作。面对我国海洋能利用发展的重大机遇和挑战，我们要全面贯彻和落实科学发展观，勇于实践，开拓创新，力促海洋能利用事业更快、更好地发展，为全面建设小康社会做出新的更大的贡献。

6.4　海洋保护区现状、选划方向及生态环境保护对策

海洋是人类生存和发展的重要领域，建立海洋自然保护区是保护海洋自然环境和自然资源及生物多样性最有效的措施，是社会经济可持续发展的要求，因此也正逐渐受到各方面的关注。目前国际上对海洋自然保护区的定义和分类存在不一致的情况，多数国家按国际惯例将建于海岛、沿岸、海域的保护区均称为海洋自然保护区；而少数国家只把建于海上的保护区定义为海洋自然保护区。另外国际上对海洋类型的海洋自然保护区名称也多样化，如国家公园、海洋公园、海洋保护区、海滨、海岸、沿海、河口或沼泽保护区，等等。目前，我国海洋管理部门和大多数学者认可的海洋自然保护区定义是"以海洋自然环境和自然资源保护为目的，依法把包括保护对象在内的一定面积的海岸、河口、岛屿、湿地或海域划出来，进

行特殊保护和管理的区域"(《国家海洋局自然保护区管理办法》,1995)。

6.4.1 广东省海洋保护区的发展现状

6.4.1.1 海洋保护区发展现状

1)保护区网络逐步形成

自 2000 年开始实施省人大自然保护区议案以来,广东省海洋与渔业保护区(以下简称保护区)数量进入快速增长阶段。到 2010 年 12 月底为止,广东省海洋与渔业自然保护区总数已达到 99 个(其中海洋自然保护区 49 个),包括惠东港口海龟、珠江口中华白海豚、徐闻珊瑚礁、雷州珍稀海洋生物(原雷州白蝶贝省级保护区)和南澎列岛海洋生态自然保护区 5 个国家级海洋自然保护区,大亚湾水产资源、江门台山中华白海豚、清远连南大鲵、阳江南鹏列岛海洋生态、韶关北江特有珍稀鱼类、广东连江龙牙峡水产种质资源 8 个省级自然保护区(其中 3 个为海洋自然保护区),以及其他市县级自然保护区 86 个,保护区总面积 $68 \times 10^4 \ hm^2$。流溪河光倒刺鲃、上下川岛中国龙虾、西江广东鲂、石窟河斑鳠国家级水产种质资源保护区 4 个,面积共 $4.89 \times 10^4 \ hm^2$。惠东港口海龟和珠江口中华白海豚国家级自然保护区先后成为我国"中国生物圈保护区网络"成员,2002 年惠东港口海龟保护区还被列入《国际重要湿地名录》(我国仅 30 个保护区被列为"国际重要湿地"),对广东省的保护区建设起到了较好的示范带动作用。近年来,广东省建立了以国家级保护区为龙头、省级保护区为骨干、市县级保护区为通道的水生生态保护体系,对中华白海豚、海龟、鼋、大鲵等珍稀濒危水生野生动物,广东鲂、中国龙虾等水产种质资源,珊瑚礁、红树林等生态系统得到了一定的保护,在一定程度上缓解了经济发展给水域生态环境所带来的压力,产生了明显的经济、社会和环境效益。

2)保护区管护措施不断完善

2002 年,广东省率先成立省级保护区管理机构——广东省海洋与水产自然保护区管理总站(行政类事业单位,正处级),负责全省保护区的行政管理和业务指导工作。随后,11 个市县海洋与渔业主管部门也先后挂牌成立了保护区管理办公室或管理站、管理所,初步形成了多层次的保护区管理体系。

珍稀濒危物种救护和资源保育是海洋自然保护区工作的重要内容。通过建立健全巡护制度,加强日常巡护和社区共管,同时加强保护区执法监察、生态修复和科研监测等工作。自有记录以来,全省保护区共成功救护受伤、搁浅或遭误捕的海龟 800 多头、海豚 30 多头、江豚 20 多头;保护雌海龟成功上岸产卵 1 257 头次、产卵 699 窝、78 783 枚;增殖放流海龟 58 941 头、大鲵 1 220 尾、大珠母贝苗 5 万多粒、唐鱼超过 100 万尾,使区内生态系统和生物多样性得到有效的保护。

大亚湾水产资源省级自然保护区在三门岛和大辣甲岛设立了两个救护工作站,向社会公开救护电话,共救护龟类 8 只和豚类 16 头。每年协助当地部门在大亚湾海域进行人工增殖放流活动,自 2003 年以来在大亚湾保护区投放约 390.9 万尾鱼苗和 3 356 个礁体,促进了水产资源的恢复。珠江口中华白海豚国家级自然保护区,近几年共处理非正常死亡海豚 24 头,救护受伤、搁浅中华白海豚 10 多头。徐闻珊瑚礁国家级自然保护区，实施珊瑚移植 2 处，安置自然珊瑚礁体 1 万多块，投放人工珊瑚礁体 10 块。

为加强执法管理，广东省各级海洋自然保护区充分发挥渔政执勤点的作用，与当地渔政大队、支队开展联合执法，累计联合出巡执法 492 航次，责令 320 艘违法船只整改，查处严重违法船只 67 艘，严厉打击了拖网、双拖网、电拖网、潜捕、毒鱼和灯光诱捕等各类违法违规作业行为，查处案件 127 起，提高了海洋自然保护区的执法管理水平，起到了很好的威慑作用。徐闻珊瑚礁国家级自然保护区组成了由当地县府办、公安派出所、边防派出所参加的联合执法小组；珠江口中华白海豚国家级自然保护区与珠海市边防支队直属船艇大队开展共建，弥补了保护区执法人力、经费和装备的不足，基本解决了保护区的日常管护问题。

3）保护区科研支撑能力进一步增强

海洋自然保护区的设立，为海洋生物资源和生态的科学研究提供了重要平台和有利条件。多年来，全省各级各类海洋与渔业自然保护区管理机构与有关大专院校、科研院所合作，完成了海洋生物资源、湿地资源、自然保护区和社区基本情况的调查工作，开展了海龟、中华白海豚、黄唇鱼、文昌鱼、白蝶贝等珍稀濒危生物以及红树林、珊瑚礁、海草床等典型生态系统的专项调查与监测，及时掌握广东省海洋生物资源和生态环境的变化情况，为管理工作提供了科学依据。

惠东海龟国家级自然保护区，在 1988 年人工养殖小海龟实验成功，"海龟产卵孵化与人工养殖小海龟"课题获得广东省科技成果二等奖和农业部科技进步三等奖。利用承担的农业部"南海海龟资源调查"项目，对西沙群岛七连屿和惠东海龟湾进行调查，对 341 头上岸海龟进行了种属鉴定和生物学测定，并对产卵数目和孵化情况进行了统计，积累搜集了各调查点的气象、水文资料。2001 年起，联合华南濒危动物研究所和大专院校，开展海龟卫星追踪试验，对上岸 7 只海龟进行了追踪试验，填补了国内空白。2002 年，完成利用有益微生物法培育稚海龟的研究，使稚海龟成活率由 40% 提高到 80% 以上，达到了国际先进水平。2004 年完成世界自然基金会（WWF）《惠州海龟产卵繁殖栖息地保护与社区共管》及《稚绿海龟高密度养殖》项目。

珠江口中华白海豚国家级自然保护区，自 2002 年开始建设中华白海豚基因数据库、病理数据库、标本数据库和资源信息库，开展了中华白海豚分子进化及群体遗传、发育学与性别分化、不同水域中华白海豚形态学特征、中华白海豚与其他海豚以及其他哺乳动物间形态学差别、中华白海豚在进化与环境适应方面的生物性特征等研究工作。保护区还在淇澳关帝湾右侧山坡、香洲银坑、珠海电厂左侧山坡等处设置了 5 个监测点，开展定期监测与巡护。

雷州珍稀海洋生物自然保护区，正进行白蝶贝苗种的人工繁殖培育等科学研究，通过苗种放流加速白蝶贝资源的自然修复，为珍珠产业提供优良珠母。

大亚湾水产资源省级自然保护区，重视水质、污染物监测和资源调查等基础性研究工作，定期开展区内港口海域的常规海水水质监测，多次及时、准确地预报了赤潮的发生；同时对区内淡澳河排污口和南海石化排污口进行跟踪监测，记录并分析整理第一手资料；加强资源调查，整理出 260 多种鱼类、26 种甲壳类、23 种贝类和保护区内开发现状的图片及文字资料，编制了《大亚湾保护区常见经济鱼类图谱》和《保护开发现状分布图》。

4）保护区社会影响逐步扩大

广东省各级海洋自然保护区开辟了新的宣传阵地，惠东海龟和珠江口中华白海豚保护区分别建立了中英文网站；充分利用报纸杂志、电视等媒体的力量，通过开辟专栏发表文章、发表新闻、宣传报道，播放专题片等形式开展宣传；编制派发宣传画册、图片等宣传资料10多万份，设置了大型户外宣传牌；充分发挥宣教基地的作用，以夏令营、学生实习、志愿活动、生态旅游等多种形式开展直观形象的宣传。通过多形式、多途径的广泛宣传，公众生态保护意识逐渐提高。

在2009年首届中国海洋博览会上，保护区通过多媒体演示和生物标本展等方式展示并宣传建设成果，成为全场最受关注的焦点之一，约有10万人到保护区展位参观，并有12家媒体作了专题采访和报道，引起社会各界的高度关注。保护区已成为提高全民环保意识、宣扬生态文明理念和开展爱国主义教育的重要基地。

6.4.1.2 广东省海洋保护区存在的问题

1）经济发展与生态保护的矛盾突出

随着广东省涉海工程建设项目落户沿海，各省级以上保护区普遍面临着当地经济发展所带来的困扰，其中以珠江口中华白海豚国家级自然保护区和大亚湾水产资源省级自然保护区的矛盾最为突出。

珠江口中华白海豚国家级自然保护区地处经济发达的珠三角城市包围圈，深受经济发展的影响。污染、倾废、保护区及其周边海域海洋工程的施工及运营、围海造地、无序采砂造成的生境破坏，每天约4 000艘次船只通航等因素对中华白海豚构成了巨大威胁，保护区每年都有中华白海豚伤亡事件发生。正在建设中的港珠澳大桥、广州港出海航道二期工程和铜鼓航道工程都贯穿保护区，3个工程的影响叠加，中华白海豚未来的命运堪忧。大亚湾保护区所在海域近几年也成为开发热点区域，自2004年来，10多个大型建设项目涉及保护区的海域使用。此外，大亚湾水产资源省级自然保护区横跨惠深两地海域，深圳拟将保护区涉及深圳部分海域规划为开发区域，计划在此区域引进精细化工项目。惠东海龟、徐闻珊瑚礁和雷州珍稀海洋生物保护区的情况同样不容乐观。惠东海龟保护区所处的港口镇2004年曾计划在保护区缓冲带兴建大型垃圾焚烧场，经协调后搁置，现在当地滨海工业、旅游业快速发展，对海龟的栖息、繁殖带来了较大的负面影响。中海壳牌、平海电厂等大型项目的建设投产，大亚湾和稔平半岛正迎来新一轮的开发热潮。渔业生产对保护区同样造成较大影响。待到2010年中越北部湾划界和渔业合作协定生效后，广东省在北部湾的高产优质渔场减少超过$3 \times 10^4 \ \text{km}^2$，6 600多艘大功率渔船退出传统作业海域。除小部分渔民转产转业外，大部分渔民转入近岸海域。徐闻珊瑚礁保护区所在的北部湾沿岸海域将面临前所未有的捕捞压力，珊瑚所面临的威胁将进一步加大。2007年惠东海龟保护区周边曾出现过对生境造成毁灭性打击的"地拉网"捕鱼现象，给保护区的建设与管理带来挑战和考验，在当地政府牵头实施专项行动之后才得以遏止。雷州珍稀海洋生物保护区则发生了多起偷捕珍贵水产资源事件，严重干扰了保护区的管理秩序。

2) 保护区数量少，类型结构不合理，发展不均衡

广东省海岸线长度居全国之首，但与其他沿海省、市相比，生态保护的总体水平还比较低，海洋与渔业自然保护区的数量较少，如保护面积仅占省水域总面积的1.33%，远低于省林业部门6%的保护水平和全国14.37%的平均水平，亟待进一步加快建设自然保护区及其他类型保护区。海洋生态保护方面还存在许多空白，如珊瑚礁、红树林、滨海湿地等典型海岸生态系统、许多生态脆弱区以及众多濒危珍稀物种和重要经济品种的"三场一通道"等有些尚未纳入保护。

从目前广东省海洋自然保护区的空间分布范围和类型来看，沿海各地市的发展很不平衡。到20世纪末大部分海洋自然保护区分布在珠江三角洲沿海一带，类型也较多，而东翼和西翼沿海相对分布较少，类型也较单一。已建自然保护区的类型也多以红树林、海岛生态系统中的野生动植物为主要保护对象，多达半数以上，而生物多样性和非生物资源等类型的保护区很少。广东省地史变动频繁，海岸地貌复杂多样，海岸带分布有价值的地质遗迹较多，火山、海蚀地貌发育，但这类自然保护区的建设却没有得到应有的重视。另外，海草、红树林和珊瑚礁同属于三大典型海洋生态系统，而目前广东省仅在1999年和2003年才分别建立了2个珊瑚礁自然保护区，海草场自然保护区也仅在2003年才新建了1个。

3) 经费投入不足，执法管理亟待加强

广东省的海洋与渔业保护区数量增长较快，但能力建设、保护力度未能同步跟上，建设资金主要依靠政府投入，但经费投入仍然不足，资金缺口很大。保护区多分布在经济欠发达地区，当地市、县普遍财政困难，难以提供配套资金，且对科研人才缺乏吸引力，保护区申报科研项目的能力有限。除惠东海龟和珠江口中华白海豚保护区承担有科研项目外，其他保护区均没有科研或监测经费渠道。资金投入不足，致使海洋自然保护区基础设施薄弱，日常管理、监测、科研和宣传的费用无固定来源，大多数保护区的管理仅能维持在简单的看护水平，无法发挥保护区的多种功能。

自渔政执勤点和惠东海龟、珠江口中华白海豚保护区海监支队设立以来，广东省各级保护区与当地渔政、海监等部门开展联合执法，收到了较好的执法效果。但联合执法模式在实践中也存在一些问题，亟待予以完善。海上执法难于陆地执法，从违法行为的发现到执法部门赶赴现场存在较长的时间差。现实中往往出现保护区工作人员能及时发现违法破坏行为，但当地渔政、海监部门因无法及时赶到而使违法破坏行为得不到处罚的现象。此外，当前联合执法采取松散式合作模式，缺乏必要的约束平衡机制，执法管理能力亟待加强。

4) 管护设施建设和科研宣教工作滞后

除惠东海龟保护区条件稍好外，其他保护区受资金的限制，管护和科研宣教设施较少，也较为落后，导致保护区"管理保护、研究、监测、教育、可持续利用"五大功能无法真正发挥。珠江口中华白海豚、徐闻珊瑚礁、南澎列岛、连南大鲵和江门中华白海豚保护区都还没有管护基地，也没有固定的宣教中心和实验场所，界标设置和科研设施建设基本呈空白状态。在巡护设施方面，珠江口中华白海豚、南澎列岛和江门中华白海豚保护区都比较缺乏。雷州珍稀海洋生物保护区已基本将议案资金用于管护基地建设，目前无力购置完善管护设施

和科研设备。

与陆地保护区相比，许多关于生境保护与恢复、繁育技术、遗传技术、基因技术和信息技术等理论和应用的研究，在海洋保护区研究中还处在较低层次上，与保护工作对科技的要求有很大差距，也是海洋保护区发展的一大瓶颈。由于对政府和社会的宣传教育不够，使得全社会对海洋自然保护区的作用和意义没有充分认识，导致海洋自然保护工作尚未得到应有的关心和支持。

5）法制建设不健全

我国虽已初步建立了自然保护区的法规体系，但不能满足复杂的海洋资源与海洋生态环境管理的特殊需要，现有的法律法规主要体现林业的特点，有些要求不适应海洋的特点。目前只有《中华人民共和国自然保护区条例》、《海洋自然保护区管理办法》、《水生动植物自然保护区管理办法》、《中国水生生物资源养护行动纲要》和农业部办公厅《关于加强水生生物湿地保护管理工作的通知》等关于保护区的管理规定，对区内违法行为难以震慑，遇到实际问题更是力不从心。现行的保护区法律法规对保护区管理、执法等主体地位的规定不明确，同时缺乏对保护区管理机构设置、资金投入和生态补偿等内容的明确规定和要求，造成保护区权责不对等，甚至无法可依。

6.4.1.3　广东省海洋保护区资源现状综合评价

广东省海洋自然保护区数量较多，保护对象存在差异，又主要集中于保护海洋生物和沿海生态系统。根据广东省海洋自然保护区的区域特点和保护对象的特点，将广东4个国家级和4个省级海洋自然保护区作为评价对象，开展海洋保护区资源环境现状评价。

通过模糊数学和层次分析法，利用海洋珍稀濒危生物物种海洋自然保护区选取自然状况、物种、价值和开发状况4个一级指标和12个二级指标（图6.20）；海洋自然生态系统类海洋自然保护区选取自然状况、价值和开发状况3个一级指标和10个二级指标（图6.21），获得各保护区的综合得分。根据得分高低，评判为以下4级：资源现状很好（8.5~10分）；资源现状较好（7~8.5分）；资源现状一般（5.5~7分）；资源现状较差（4~5.5分）。评价结果表明，广东省海洋自然保护区资源现状普遍都比较好（表6.27）。

表 6.27　广东省海洋自然保护区资源现状和管理成效综合评价结果

保护区名称	级别	资源现状评价得分	管理评价得分
惠东港口海龟自然保护区	国家级	8.38 分（较好）	91 分（很好）
珠江口中华白海豚自然保护区	国家级	8.85 分（很好）	68 分（一般）
徐闻珊瑚礁自然保护区	国家级	9.10 分（很好）	67 分（一般）
雷州珍稀海洋生物自然保护区	国家级	7.36 分（较好）	67 分（一般）
大亚湾水产资源自然保护区	省级	7.44 分（较好）	79 分（较好）
南澎列岛海洋生态自然保护区	省级	9.10 分（很好）	67 分（一般）
江门台山中华白海豚自然保护区	省级	7.36 分（较好）	67 分（一般）
阳江南鹏列岛海洋生态自然保护区	省级	8.82 分（很好）	71 分（较好）

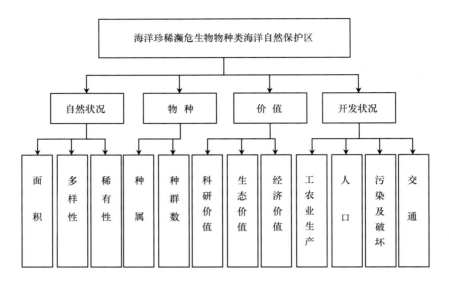

图 6.20 海洋珍稀濒危生物物种海洋自然保护区评价要素

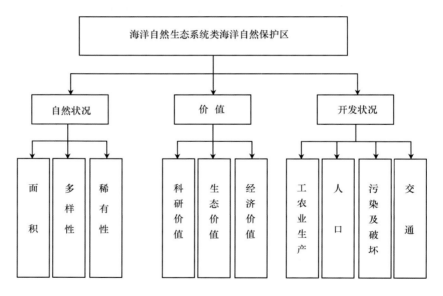

图 6.21 海洋自然生态系统类海洋自然保护区评价要素

6.4.2 广东省海洋保护区选划与建设重点方向

6.4.2.1 保护重要的海洋生态系统和生境

广东省海洋自然保护区最为重要的任务是对全省重要敏感海洋生态系统予以全面保护，特别是重点保护红树林湿地生态系统、珊瑚及珊瑚礁生态系统、海草床生态系统三大典型海洋生态系统和重要水生生物产卵场、孵育场等敏感生态系统，逐步恢复受损、破碎生态系统和生境的生态功能，恢复海洋生物资源，全面提高海洋生态环境质量。

广东省海洋自然保护区的重点保护目标为红树林湿地生态系统、珊瑚及珊瑚礁生态系统、海草床生态系统和重要渔业经济生物产卵场、孵育场（表 6.28）。重点保护区域为 20°13′—23°42′N 的东西沿海，特别是粤西湛江、雷州半岛地区和珠江三角洲海域的红树林湿地生态系统；雷州半岛西南海岸的流沙港、东场港和滘尾港一带，深圳、惠州的大鹏湾顶及大亚湾大辣甲岛、小辣甲岛和三门列岛、担杆列岛、万山列岛和佳蓬列岛的珊瑚及珊瑚礁生态系统；雷州半岛的流沙湾，湛江东海岛和阳江海陵岛等附近海域，深圳湾和大鹏湾海域的海草床生态系统。

表 6.28　广东省重要海洋生态系统保护区域

序号	生态系统类型	主要分布及保护海域
1	红树林湿地生态系统	20°13′—23°42′N 的东西沿海，重点区域为粤西湛江、雷州半岛地区，其次是珠江三角洲
2	珊瑚及珊瑚礁生态系统	雷州半岛西南海岸的徐闻角尾至流沙，深圳、惠州的大鹏湾顶及大亚湾大辣甲岛、小辣甲岛和三门列岛、担杆列岛、佳蓬列岛和万山列岛
3	海草床生态系统	雷州半岛的流沙湾，湛江东海岛和阳江海陵岛等附近海域，深圳湾和大鹏湾海域
4	重要经济渔业生物产卵场和孵育场	粤东外海区（20°30′—22°35′N，115°00′—116°30′E，水深 70～180 m）、粤西外海区（18°15′—20°05′N，110°30′—113°50′E，水深 70～180 m）、珠江口近海区（21°00′—22°00′N，112°50′—116°30′E，水深 60 m 以内）、粤东近海区（21°55′—22°15′N，115°20′—117°00′E，水深 40～75 m）、珠江口外海区（19°30′—20°26′N，113°30′—114°40′E，水深 90～200 m）等海域；沿海 20 m 以浅水域

广东主要经济渔业生物种类的重要产卵场和孵育场保护区域为：①粤东外海区（20°30′—22°35′N，115°00′—116°30′E，水深 70～180 m），②粤西外海区（18°15′—20°05′N，110°30′—113°50′E，水深 70～180 m），③珠江口近海区（21°00′—22°00′N，112°50′—116°30′E，水深 60 m 以内），④粤东近海区（21°55′—22°15′N，115°20′—117°00′E，水深 40～75 m），⑤珠江口外海区（19°30′—20°26′N，113°30′—114°40′E，水深为 90～200 m）等海域；加强对沿海水深 20 m 以浅海域幼鱼幼虾繁育场的保护。

为保护广东省海洋重要生态系统和敏感生境，需要做好以下几项工作：①针对性开展对广东重要海洋生态系统的调查与评估工作，特别是对红树林湿地生态系统、珊瑚及珊瑚礁生态系统、海草床生态系统和重要水生生物产卵场、孵育场等重要敏感生态系统进行全面调查，科学评估生态系统的受损度、破碎度及其生态价值，建立全省海洋生态系统评估地理信息系统。②开展人类活动对重要生态系统影响的科学评价和恢复策略。利用科学理论分析和评价人类活动对广东重要生态系统产生的影响，提出恢复策略；避免和消除人类各种经济活动对重要敏感生态系统的影响；建立对涉及重要敏感生态系统开发活动的科学评估决策制度。③开展重要生态系统人工恢复实践。不但要加强对重要生态系统内珍稀物种、重要经济类群以及生物多样性的保护；还应建立对重要生态系统的监测评估网络体系；逐步实施红树林栽种计划和珊瑚、海草人工移植保护计划；对水深 20 m 以浅海域重要海洋生物繁育场予以特别保护。

6.4.2.2　保护广东省重要珍稀、濒危海洋生物

广东省沿岸海域主要海洋珍稀濒危动物包括大型豚类、海龟、鲎、白碟贝、文昌鱼等

（表 6.29），其中大型豚类的主要种类有中华白海豚（*Sousa chinensis*）和江豚（*Neophocaena phocaenoides*），以中华白海豚的数量最多；海龟的种类主要有绿海龟（*Chelonia agassizii*）、棱皮龟（*Dermochelys coriacea*）、玳瑁（*Eretmochelys imbrcata*）、太平洋丽龟（*Lepidochelys olivacea*）和蠵龟（*Caretta caretta*）等，但以绿海龟的数量最多和最常见；鲎的种类主要有中国鲎（*Tachypleus tridentatus*）、南方鲎（*Tachypleus gigas*）和圆尾鲎（*Carcinoscorpius rotundicauda*）3 种，以中国鲎最为常见；白碟贝的种类是大珠母贝（*Pinctada maxima*）；文昌鱼的种类主要有厦门文昌鱼（*Branchiostoma belcheri*）和短刀偏文昌鱼（*Asymmefron culfellum*），以厦门文昌鱼最为常见、分布最广和资源量最大。

表 6.29　广东省主要分布的珍稀、濒危海洋野生动物保护种类及保护区域

序号	中文名	拉丁文名	保护级别	重点保护海域
1	红珊瑚	*Corallium rubrum*	国家Ⅰ级	南蓬列岛、佳蓬列岛及川山群岛等
2	中华鲟	*Acipenser sinensis*	国家Ⅰ级	珠江口
3	儒艮	*Dugong dugong*	国家Ⅰ级	阳江以西海域、湛江西部沿海
4	中华白海豚	*Sousa chinesis*	国家Ⅰ级	珠江口海域、台山沿海、湛江东部沿海
5	大珠母贝	*Pinctada maxima*	国家Ⅱ级	雷州半岛沿岸海域
6	厦门文昌鱼	*Branchiostoma belcheri*	国家Ⅱ级	汕头、惠州、阳江、电白和湛江等海域
7	鲥鱼	*Macrura reevesii*	国家Ⅱ级	珠江口水系、茂名海域
8	花鳗鲡	*Anguilla marmorata*	国家Ⅱ级	珠江口
9	黄唇鱼	*Bahaba flavolabiata*	国家Ⅱ级	珠江口
10	虫崔龟	*Caretta caretta*	国家Ⅱ级	南蓬列岛、川山群岛水域
11	海龟	*Chelonia mydas*	国家Ⅱ级	大亚湾、红海湾、汕头
12	玳瑁	*Eretmochely inbricata*	国家Ⅱ级	阳江闸坡海域、汕尾红海湾
13	棱皮龟	*Dermochelys coriacea*	国家Ⅱ级	湛江水域
14	江豚	*Neomeris phocaenoides*	国家Ⅱ级	珠江口
15	大海马	*Hippocampus kelloggi*	国家Ⅱ级	红海湾、碣石湾、阳江、湛江海域
16	珠母贝	*Pinctada margaritifera*	省重点	南澳、大亚湾、大鹏湾、硇洲岛和北部湾
17	中国鲎	*Tachypleus tridentatus*	省重点	柘林湾、汕头濠江区和南澳、惠来、惠州、台山和电白等海域
18	圆尾鲎	*Carcinoscorpius rotundicauda*	省重点	雷州半岛沿岸海域
19	南方鲎	*Tachypleus gigasd*	省重点	珠江口外水域
20	中国龙虾	*Panulirus stimpsoni*	省重点	汕头、红海湾、川山群岛、硇洲岛等海域
21	锦绣龙虾	*Panulirus ornatus*	省重点	南蓬列岛、硇洲岛
22	刁海龙	*Solegnathus hardwicki*	省重点	南蓬列岛、川山群岛
23	刺海马	*Hippocampus histrix*	省重点	红海湾、碣石湾
24	管海马	*Hippocampus kuda*	省重点	汕头、惠阳、湛江等海域、北部湾
25	日本海马	*Hippocampus japonicus*	省重点	红海湾、碣石湾
26	斑海马	*Hippocampus trimaculatus*	省重点	汕头、红海湾、大亚湾、川山群岛、阳江及湛江等海域
27	宽额鲈	*Promicrops lanceolatus*	省重点	广东外海及岛礁海域、东沙群岛
28	驼背鲈	*Cromileptes altivelis*	省重点	广东外海及岛礁海域、东沙群岛
29	波纹唇鱼	*Cheilinus undulates*	省重点	广东外海及岛礁海域、东沙群岛

1）珍稀濒危豚类

广东的豚类主要分布在汕头海域、珠江口海域和湛江海域，其中汕头和湛江海域以中华白海豚为主，珠江口海域则除了拥有广东海域最多的中华白海豚外，还出现了一定数量的江豚。

（1）汕头海域：汕头海域受韩江等入海径流的影响，范围包括汕头港、莱芜湾和南澳岛周围等水域，在历史上有中华白海豚的搁浅记录。

（2）珠江口海域：珠江口海域包括东部河口区和西部河口区。东部河口区是指受虎门、蕉门、洪奇沥门和横门珠江水系东部四大口门入海径流影响的区域，即伶仃洋；西部河口区是指从横琴岛南下川岛，受磨刀门、鸡啼门、虎跳门和崖门珠江水系西部四大口门主要入海径流影响的区域，该水域有较多的中华白海豚和江豚发现记录。

（3）湛江海域：湛江海域为广东省的另一条主要河流——鉴江的入海口，该水域适合于中华白海豚栖息。根据以往渔民和当地渔业部门的反映，该水域有中华白海豚出现及搁浅，雷州湾中华白海豚种群的数量约为237头，种群数量仅次于珠江口种群，是目前为止我国沿海发现的第二大种群。该种群的主要活动范围从徐闻新寮岛至南三河口一带海域。研究结果表明，雷州湾的栖息地较为优越，该种群的数量可能远远超过300头。

2）海龟

根据南海海龟资源保护站的研究调查，我国南海海龟资源以西沙和南沙群岛海域分布得较多，近年来南海海龟的数量介于16 800～46 300只之间，其中绿海龟大约占87%，玳瑁占10%，其余占3%左右。

在我国沿海分布有绿海龟、棱皮龟、玳瑁、太平洋丽龟和蠵龟5种海龟，在广东省大亚湾海域都有出现。每年洄游到西沙和南沙群岛海域的海龟大约有14 000～40 000只，洄游到南海北部沿海（含广东省、海南省 东沙群岛海域）大约有2 300～5 500只，洄游到北部湾海域的只有500～800只。

海龟除生殖季节集群外，其余时间多分散生活于海中，各种海龟筑巢产卵情况大致相同。目前，大亚湾海域上岸产卵的海龟记录到的种类仅有绿海龟，主要分布在惠东港口海龟国家级自然保护区、平海镇柯村、葫芦坑、阿娘庙及巽寮镇的富巢村等沙滩。一头海龟登陆产卵，通常要分几次，多的达8次，每次间隔10～15天，个别长达30天。一般第一次产卵占20%左右，第二次占60%左右，第三次占15%左右，第四次仅占5%左右。一个产卵季节雌性绿海龟平均产卵量为113枚/窝。龟卵孵化所需的天数因地温不同而有异，地温平均在28℃～30℃时约需60天，在30℃～33℃时，50天即可孵出幼龟。

海龟为国际性保护组织的保护对象，是海洋龟类的总称，属爬行纲、龟鳖目。海龟为海洋洄游性爬行动物，雄龟孵出后一经下海，就终生在海洋中生活，而雌龟则千里迢迢洄游到它的出生地登陆筑巢产卵，繁殖后代。有关海龟生活、定向洄游等方向的研究一直为人们所关注，但目前仍有大量谜团尚待破解。

3）鲨

鲨是地球上最古老的动物之一，它从4亿多年前问世至今仍保留其原始而古老的相貌，

339

所以有"活化石"之称，有人也称它为马蹄蟹，其实它与蟹没有关系。鲎是节肢动物们剑尾纲剑尾目鲎科动物，现存 3 属 4 种，分别是美国鲎（*Limulus polyphemus*）、中国鲎、南方鲎以及圆尾鲎。

鲎类是暖水性的底栖节肢动物，在港湾的水域中最为丰富，常栖息于 20~60 m 中等深度的砂质底浅海区，喜潜砂穴居，只露出剑尾。食性广，以动物为主，经常以底栖和埋木本的小型甲壳动物、小型软体动物、环节动物、星虫、海豆芽等为食，有时也吃一些有机碎屑。中国鲎在福建沿海从 4 月下旬至 8 月底均可繁殖，自立夏至处暑进入产卵盛期。

春、夏两季，通常于日落后，在大潮的沙滩上产卵。每个雌鲎由一个或多个雄鲎伴随，在沙上挖一系列浅坑，每个坑中产卵 200~300 粒，然后雄鲎用精液将卵覆盖。一般产卵地点正好在高潮线下。数周后幼体从卵中孵出，约长 5 mm，以贮存的卵黄为营养来源。第二幼体期的个体已有一条短小的尾节，以小型动物为食，在泥滩中越冬。第三幼体期的个体形似微小的成体。幼体经蜕皮进入下一个幼体期，此时表皮围绕头胸部边缘裂开，然后脱落。每次蜕皮体长即增加约 25%，到 9~12 岁时约蜕皮 16 次达到性成熟。成体以海生蠕虫为食，身上常覆以各种带壳的生物。

4）白蝶贝（大珠母贝）

"白蝶贝"学名为"大珠母贝"，是我国最大的珍珠贝，也是南海特有的珍珠贝种类，是世界稀有的最大最优质的珍珠贝，壳极大，成体一般为 25 cm 左右，最大的壳长可达 32 cm，体重 4~5 kg。在广东主要分布于雷州半岛西部，经济价值甚高，是药用和装饰的珍贵资源，被列入《我国现阶段不对国外交换的水产种质资源名录》和国家 II 级保护动物，有重要的生态价值。其外形圆而稍方或近长方形，略扁平，看上去呈碟形。壳质坚实厚重，壳顶位于背缘前端，前耳小，后耳缺，鳞片层紧密，排列不规则，老年个体的鳞片常脱落，壳后缘鳞片游离状较明显。左壳比右壳稍大而凹，壳面平滑呈暗黄褐色，具有淡褐色的放射肋，但不明显，壳内面为明显外露的银白色较厚珍珠层，边缘为金黄色或黄褐色的角质，非常美丽。在较大的个体中，珍珠层的外缘与壳边缘部之间有一条黄色带。铰合部的后端稍微突出，成体的铰合部比壳长要长。韧带宽厚，脱落后遗留一凹痕，有的个体凹痕内有褶。闭壳肌痕宽大，略呈肾脏形，外侧 1/2 处有一粗横褶，内侧 2/3 处加宽，痕面不平滑，有许多明显的横纹。它的软体部较大，前闭壳肌退化，后闭壳肌极为发达，位于身体的后方，闭壳能力甚强。肛门为舌形，末端极宽圆。

5）文昌鱼

文昌鱼属文昌鱼纲（*Amphioxi*）、文昌鱼目（*Amphioxiformes*）、文昌鱼科（*Amphioxidae*），是世界上海洋珍稀动物之一，属国家重点保护二类水生动物。它是从低级无脊椎动物进化到高等脊椎动物的中间过渡动物，也是脊椎动物祖先的模型。因此，也有"活化石"之称，具有很高的保护和研究价值。种类主要为厦门文昌鱼，在广东沿海主要分布于粤东的南澎列岛、汕头广澳外、粤西阳江海陵岛南部、茂名放鸡岛海域、湛江吴川鉴江口、湛江口外以及东海岛南部等海域，但其密集区位于茂名放鸡岛附近海域，属于一个自然保护区。该保护区位置为 21°20′—21°27′N、111°16′—111°09′E，总面积 14 255 hm²，核心区面积 5 948 hm²，缓冲区面积 6 093 hm²，实验区面积 2 214 hm²，保护区水深均在 20 m 以浅水域。

为了加强海洋珍稀、濒危物种的保护，主要采取的重点工作措施有：①进一步加强基础调查工作，摸清广东珍稀、濒危物种濒危状况、地域分布、环境胁迫影响，建立广东海洋珍稀、濒危物种地理区划系统；②加强对珍稀、濒危物种种质资源保存、研究和开发的创新，建立全省珍稀、濒危和经济品种的生物资源网络；③加强对外来水生生物物种及其生态灾害影响的调查评估，建立外来物种风险评估体系，科学评价外来物种的生态学价值和影响。

通过对全省重要海洋珍稀、濒危物种的保护，达到保护海洋生物多样性目标，重点保护国家Ⅰ级和Ⅱ级保护水生野生生物物种和广东省重点保护水生野生生物物种及其遗传资源；逐步建立了广东重要海洋珍稀、濒危物种的濒危状况评估体系和种质资源保护体系。

6.4.2.3 广东省不同海域的重点保护工作

1）粤东海域

（1）重点保护中华白海豚、鲨、西施舌、海胆、龙虾等海洋珍稀物种和水产种质资源栖息环境以及重要产卵场和繁育场；

（2）恢复红树林防护带和湿地生态系统，保护上升流生态系及生物多样性；

（3）加大建设力度，基本完善各类自然保护区的配套建设，重点建设汕头龙头湾中华白海豚自然保护区、汕头乌屿海洋生态自然保护区、潮州溜牛礁海洋生态自然保护区、揭阳海龟自然保护区、汕头莱芜中国龙虾自然保护区。

通过在粤东海域实施以上的重点保护工作，以对该海域的红树林湿地生态系统、海岸生态环境、珍稀水产生物种质资源和生物多样性进行有效保护。

2）珠江口及其邻近海域

（1）重点保护珠江口的中华白海豚、江豚、大亚湾的海龟等海洋珍稀物种及其栖息环境、大亚湾的珊瑚生态系统和福田、淇澳岛、内伶仃岛、担杆列岛和万山岛等红树林自然生态系统，保护和恢复珠江口湿地生态系统，保护岛屿海域的生态环境；

（2）加强珠江口中华白海豚国家级自然保护区和大亚湾省级水产资源自然保护区的建设和管理；

（3）重点建设珠海市佳蓬列岛海洋特别自然保护区、担杆列岛东南部海域上升流生态系统保护区、汕尾遮浪角南部海域上升流生态系统自然保护区、东沙群岛珊瑚礁自然保护区；

（4）加强对红海湾、大亚湾和珠江口附近海域各种幼鱼、幼虾、幼蟹和贝类等珍稀水产品种的产卵场、孵育场的保护。

3）粤西海域

（1）重点保护湛江红树林、硇洲自然景观、各类珍稀濒危动物、热带—亚热带特色贝类和各种名贵海水鱼类等，保护各种贝类、鱼虾类的产卵场；

（2）加强湛江红树林湿地生态系统的保护和管理，完善自然保护区的配套建设；重点保护和保全粤西地区的红树林湿地生态系统；

（3）重点建设茂名大放鸡岛文昌鱼自然保护区、阳江南鹏列岛水产资源自然保护区、阳江福湖岭海洋生态自然保护区，保护粤西特色水产贝类、名贵珍稀海珍品种种质资源及栖息环境。

4) 雷州半岛西部海域

(1) 重点保护珊瑚礁生态系统的完整性。该海域是我国大陆沿岸唯一能形成典型岸礁的海域，珊瑚礁主要分布在流沙港和东场港一带，以灯楼角岬角东西两侧最为完整，包绕岬角；

(2) 重点保护该海域的红树林生态系统，该海域红树林分布甚多，生长茂盛，以廉江至广西交界处最为密集；

(3) 重点保护该海域主要的珍稀、濒危物种，包括珍珠贝、海马、大黄鱼、海草、儒艮、鲅鱼、鲨类、珊瑚等。同时，珊瑚礁和红树林自然生态系统是各种名贵鱼虾贝类栖息、生长和繁殖的良好场所，应进行整体的综合保护；

(4) 重点建设湛江英罗湾儒艮自然保护区、湛江海草资源自然保护区、湛江徐闻角尾和雷州乌石海洋生态自然保护区，加强已建徐闻珊瑚礁自然保护区和雷州白碟贝资源自然保护区的配套设施建设和管理。

6.4.3　海洋保护区自然生态环境可持续发展对策

6.4.3.1　增加保护区数量，调整类型结构分布

鉴于广东省目前海洋自然保护区区域分布不平衡、类型结构不甚合理的状况，应抓紧建立一批具有保护生物多样性以及有特殊意义的自然景观和历史遗迹类型的海洋自然保护区。为抢救和保护一批典型自然生态系统，到 2010 年，广东省已经建成海洋与渔业自然保护区 99 个，并计划到 2015 年，使全省海洋与渔业自然保护区总数达到 198 个。

将全省海域分为粤东海域、珠江口及其邻近海域、粤西海域和雷州半岛西部海域 4 个部分，根据各个海域的资源特点建立不同类型的保护区，同时强调重点保护生物多样性和敏感生态系统。广东省海洋保护区建设的战略重点主要包括红树林、珊瑚礁、滨海湿地、海岛、海湾、入海河口、海草床和"三场一通道"等。各海域的具体规划情况如下：

(1) 粤东海域重点保护中华白海豚、鲨、西施舌、海胆、龙虾等海洋珍稀物种和水产种质资源栖息环境以及重要产卵场和繁育场；恢复红树林防护带和湿地生态系统，保护上升流生态系统及生物多样性等。另外该区海岸线长，港湾众多，要增加海岸带、海岛、滩涂、候鸟等自然保护区的数量，继续建立海蚀地貌、地质遗迹自然保护区。

(2) 珠江口及其邻近海域重点保护珠江口水域的中华白海豚、江豚、近江牡蛎、蓝蛤、河蚬等，大亚湾的海龟、珊瑚和福田、淇澳岛、内伶仃岛和担杆列岛、万山岛等红树林自然生态系统，保护和恢复珠江口湿地生态系统，保护邻近岛屿海域的生态环境。

(3) 粤西海域重点保护湛江红树林、硇洲自然景观等海洋自然保护区及乌猪洲海洋特别保护区，以及各类珍稀濒危动物，热带、亚热带特色贝类和各种名贵海水鱼类等，并保护各种贝类、鱼虾类的产卵场；重点保护和保全红树林资源；建立典型的发育良好的火山地貌、海蚀地貌自然保护区以及海岛景观自然保护区。

(4) 雷州半岛西部海域重点保护湛江北潭儒艮、雷州流沙的白碟贝资源、徐闻的大黄鱼、珊瑚礁、徐闻与廉江的红树林自然生态系统等。

6.4.3.2　对保护区进行严格功能分区

海洋自然保护区根据自然环境、自然资源状况和保护需要划分为核心区、缓冲区、试验区，或者根据不同保护对象规定绝对保护期和相对保护期。在核心区，除经主管部门批准进行的调查观测和科学活动外，禁止其他一切可能对保护区造成危害或不良影响的活动。在缓冲区中可以进行科学实验，但这些实验必须是与核心区的保护相符的活动，包括研究、环境教育和培训等。在缓冲区中具有特殊景观的地段还可开辟为旅游、娱乐场所，但必须有固定的导游路线和指示路标。实验区范围较大，可包括实验研究区、传统利用区或受破坏的生态系统恢复区。当地居民与自然保护区的科研、管理人员可以在外围区共同开展持续发展的研究项目。不同类型的保护区还可以根据各自的需要设计功能区，如红树林滩涂可以分为物种保护区、水产养殖区、用材林区、环境净化区以及观光旅游区等。

绝对保护期即根据保护对象生活习性，规定一定时期保护区内禁止从事损害保护对象的活动；经保护区管理机构批准，可适当进行科学研究、教学实习活动。相对保护期即绝对保护期以外的时间，保护区可从事不捕捉、不损害保护对象的其他活动。如在候鸟栖息地保护区，候鸟越冬期即是绝对保护期；对于某些重要经济品种的"三场一通道"，在其产卵和洄游期间是要严格保护的。

6.4.3.3　建立保护区网络和姐妹保护区

陆地上，需要建立廊道连接几个保护区，给予物种物理通道；在海洋里，水就是廊道。自然保护区的设计要建立在理解洋流与循环模式或其他海洋地质特征的基础上，才能便于生物个体在保护区内传播。当一个物种的分布范围很大，且种群密度又相对较低时，建立一个足够大的保护区来保护这些物种可能是不太现实的。因此对于濒危海洋生物的保护，建立保护区网络尤显重要。如广东珠江口中华白海豚的保护就应联合港澳地区以及福建沿海等地的保护区，形成网络保护，有效促进中华白海豚的繁殖与生长；而惠东港口海龟保护区不仅要保护好海龟登陆产卵地，还应保护好海龟活动的海域，形成海陆保护网络。

建立姐妹保护区是加强国际合作的一个最好形式。它的目的在于鼓励保护区之间建立长期的合作伙伴关系，使具有不同自然与文化特点的保护区能取得共同的认识，团结一致地去实现维护地球安全的伟大理想。欧洲自然和国家公园联合会率先作了比较完善的计划，并取得了具体的成果。这个组织是一个拥有 33 个欧洲国家 230 多个保护区参加的保护组织，主要目的是在提高欧洲保护区工作人员的管理水平，改善现有保护区网络的质量和管理能力，保护生物多样性。广东省海洋自然保护区也可申请加入这项计划，首先要选择与本身大体类似的保护区建立合作伙伴关系，相互介绍情况和愿望，商讨合作领域和项目等，确定共同工作和学习活动，如交换工作人员、合作研究检测、资源开发与产品销售、信息与资料互换、数据库建立、举办培训班、研讨会和现代化管理等，以提高保护区管理能力。

6.4.3.4　动态规划海洋自然保护区

动态规划法是解决多阶段决策问题最优化的一种方法，依据最优化原理制定决策，即采用一个基本的递推关系使过程连续转移的原理。海洋自然保护区的发展是一个动态发展的过程，处于不断地运动和变化中，当前的规划仅符合现阶段的状况和水平。但随着海洋经济的发展，无论从资源变化需要科学预测资源的最大可用量，或是环境变化需要科学预测环境的最大容纳量，海洋自然保护区的资源常处于变化的过程。

根据动态的观点，海洋自然保护区的可持续发展应划为若干互相联系的分阶段，在每一个阶段都需要做出抉择，而某阶段的选择与决定都会影响下一阶段的抉择，影响全过程。当前对广东省海洋自然保护区最优化决策宜分为 3 个发展阶段：第一阶段属环境保护和治理的过程，首先确保自然生态环境不受破坏；第二阶段是参照各保护区的主导功能规划，确定对资源的充分利用与必要调整，把资源优势转化为经济优势；第三阶段属稳定发展进程，充分发挥海洋自然保护区的生态、社会、经济效益。目前广东省海洋自然保护区大都处于第一、第二阶段的发展水平，因此还要不断调整现有规划，向第三阶段目标靠近。

6.4.3.5 探索建立和完善多元化投入机制

各级财政应对保护区实行财政转移支付和公益性生态补偿，在海域使用金、资源赔偿款或其他环境保护基金中设立保护区建设专项资金，并将保护区管理经费纳入财政预算。同时，要积极改革和探索在市场经济条件下的政府投入、银行贷款、企业资金、个人捐助、国外投资、国际援助等多元化投入机制，为海洋与渔业保护区的建设提供资金保障。可采用的多元化投入机制主要有：

（1）加大政府投入。根据《自然保护区条例》，海洋自然保护区的建设和管理经费由沿海地方人民政府安排，地方财政应增加对海洋自然保护区的投入。各级政府要将海洋自然保护区的发展规划纳入国民经济和社会发展计划组织实施，海洋自然保护区所需资金列入当地政府的年度财政预算。

（2）开辟民间集资渠道。海洋自然保护区对保护和改善沿海生态环境、维护沿海居民的生产生活条件有着重要作用。要加强宣传和制定相关政策，鼓励社会各界积极参与海洋自然保护区的建设，发挥非政府组织的积极性，如本地社区、企业集团和私人企业家等，他们对教育、文化、艺术、体育和卫生等公众事业的推动作用是巨大的，而自然保护作为一项公益事业还未引起他们的重视。实际上保护区事业也是国家经济建设的一部分，可把它列为一项投资项目，鼓励各种集团和个人投资经营。

（3）建立海洋自然保护区基金制度。在保证海洋自然保护区建设投入随发展逐步增加以外，各地各部门特别是财政、计划、水利、农业开发、地矿、交通等部门在安排项目时，要有一定比例的资金用于自然保护区生态环境建设。海洋自然保护区基金还可用于接纳国内外热爱环保事业的人士及社团的捐赠资金。

（4）争取国际资助。海洋环境的保护是一项国际性的事业。广东省沿海一直是我国与世界各国经济、文化等交流的海上门户之一，要广泛开展国际合作，积极争取国际组织、外国政府和国外民间团体对广东省海洋自然保护区建设的资助。

6.4.3.6 建立保护区地理信息系统（MNRGIS）

海洋自然保护区地理信息系统（Marine Nature Reserve Geographic Information System）是数字海洋的具体实现。海洋自然保护区地理信息系统要突出海洋自然保护区的特色，针对不同类型的自然保护区和不同的保护对象，要求建立具有不同特点和功能的信息系统，特别要突出重点保护对象及其自然环境。如深圳内伶仃福田自然保护区是以保护红树林及其生态环境为主要保护对象，所以在深圳内伶仃福田自然保护区 GIS 中应突出红树林的空间分布、数据库建设及与其生境密切相关的自然因素和人为因素的研究，并运用针对该自然保护区环境特征的空间探测、监测方法，还应有相应的以红树林为核心的生态环境评价系统。

根据海洋自然保护区的特点和 GIS 数据库建设的基本原则和要求，MNRGIS 的数据库结构如下。

（1）遥感影像数据库：包括图像原始数据、几何校正图像数据、多源影像融合数据、分类图像数据、专题图像数据等，用于空间分析、影像数据融合、空间知识挖掘、GIS 空间数据库自动更新等。

（2）地理空间数据库：地理空间数据库主要包括地理基础数据库、环境空间数据库、海洋自然保护区空间分布数据库等。地理基础数据库包括研究区各地理基础要素的分层图形数据，例如海岸线、岛屿、政区界线、道路、航道、港口码头、水系、等高线、等深线等图层。环境空间数据库包括海洋自然保护区内土地利用类型与开发程度、海域养殖区分布和植被分布等。空间分布数据库包括保护区的分级、分区（如核心区、缓冲区、实验区）以及不同保护对象的空间分布和活动区域分布图等数据。

（3）统计数据库：该库主要包括保护对象属性数据库、海洋生物资源数据库、保护区内的陆地生物资源数据库、气象气候数据库、海洋水文数据库、海洋化学数据库、社会经济统计数据库、旅游资源数据库和空间对象的属性库等。

（4）相关政策法规文件库：相关文件库主要包括国家和地方有关自然保护区的文件、法规、区域发展规划、自然保护区管理条例及其实施细则等，另外还应包含相关的国际条例。

（5）景观图像、声音、VCD 片段库：该库的主要内容是海洋自然保护区内重点保护对象、旅游景点及重要设施的图片、声音、VCD 片段等，展示保护区的自然风光和保护成果。

（6）突发事件数据库：该数据库主要记录海洋自然保护区内，偶然发生的具有重要意义的自然和人为的破坏性突发事件的详细情况，包括具体时间、精确地点、破坏程度、损失大小、影响范围、处理措施及借鉴经验教训等内容。

（7）分析决策知识经验库：该库的主要内容是空间决策分析模型等运行情况的详细记录，包括时间、分析人员、选择模型、参数、中间结果和分析结果，作为今后评价分析的参考经验和中间数据，并验证模型的稳定性。

（8）海洋自然保护区研究成果库：收集与相关海洋自然保护区有关的研究成果，作为海洋自然保护区规划发展的决策评价依据。

（9）共享数据库：建设一个共享的标准转换格式数据库，实现数据共享，是现阶段解决信息共享的主要途径之一。

6.5　海洋持续发展若干重点措施与建议

可持续发展（Sustainable Development，SD）是 20 世纪 80 年代提出的一个新概念，它指既满足现代人的需求，又不损害后代人发展需求的能力。换言之，即指经济、社会、资源和环境保护的协调发展，它们是一个密不可分的系统，既要达到发展经济的目的，又要保护好人类赖以生存的自然资源和环境，使子孙后代拥有可持续利用的自然资源和安居乐业的环境。可持续发展与环境保护既有联系，又不等同，可持续发展的核心是发展，但要求在严格控制人口、提高人口素质和保护环境、资源永续利用的前提下进行经济和社会活动。可持续发展的概念自 1987 年世界环境与发展委员会在《我们共同的未来》报告中第一次阐述之后，得到了国际上广泛的认同和接受。

2003 年 7 月发布的《中国 21 世纪初可持续发展行动纲要》指出：要合理使用、节约和保护水、土地、能源、森林、草地、矿产和海洋等资源，提高资源利用率和综合利用水平。包括建立重要资源安全供应体系和战略资源储备制度，最大限度地保证国民经济建设对资源的需要；建立科学、完善的生态环境监测、管理体系，形成类型齐全、布局合理、面积适宜的自然保护区；改善农业生态环境，加强城市绿地建设，逐步改善人类赖以生存的生态环境质量；要实施污染物排放总量控制，开展流域水质污染防治，强化重点城市大气污染防治工作，加强重点海域的环境综合整治；加强环境保护法规建设和监督执法，修改完善环境保护技术标准，大力推进清洁生产和环保产业发展；积极参与区域和全球环境合作，在改善我国环境质量的同时，为保护全球环境作出贡献。为此，《纲要》提出了 6 项保障措施：①运用行政手段，提高可持续发展的综合决策水平；②运用经济手段，建立有利于可持续发展的投入机制；③运用科教手段，为推进可持续发展提供强有力的支撑；④运用法律手段，提高全社会实施可持续发展战略的法制化水平；⑤运用示范手段，做好重点区域和领域的试点示范工作；⑥加强国际合作，为国家可持续发展创造良好的国际环境。

可持续发展战略的核心是经济发展与保护资源、保护生态环境的协调一致，是为了让子孙后代能够享有充分的资源和良好的自然环境。它是一个长期的战略目标，需要人类世世代代的共同奋斗。现在是从传统增长到可持续发展的转变时期，因而最近几代人的努力是成功的关键。必须从现在做起，坚定不移地实施可持续发展战略。

海洋可持续发展关键是实现海洋资源的可持续利用。海洋资源可持续利用，是指在海洋经济快速发展的同时，做到科学合理地开发利用，不断提高海洋资源的利用水平及管理能力，力求形成一个科学合理的海洋资源开发体系；通过加强海洋环境保护、改善海洋生态环境，来维护海洋资源生态系统的良性循环，实现海洋资源与海洋经济、海洋环境的协调发展，力争留给后代一个良好的海洋资源生态环境。

6.5.1 海洋资源开发利用存在的问题

由于科技投入、规划协调和海洋观念等因素的制约，我国对海洋资源的开发长期处于粗放式的开发状态，经历了海洋资源从没有充分开发到某些资源的过度开发，海洋环境从污染较少到污染逐渐加剧，从单一资源开发向综合开发的过渡。目前，广东省在海洋资源开发与保护中仍存在一些问题，如：近海海洋生物资源过度开发利用，渔业资源衰退；水产养殖面临发展瓶颈；海产品加工业落后；海洋生物科技研发力度不足；沿海生态环境不断恶化、水质污染严重；海洋生物资源有关的管理体制有待完善等。

6.5.1.1 海洋生物资源开发利用过度，渔业资源衰退

随着人口的不断增加和对海洋资源的更大需求，捕捞能力和强度也不断升级。南海区捕捞渔船的盲目增加，长时间、高密度的过度捕捞和海洋污染的严重影响，导致作业单产逐年下降，种群补充遭到破坏，渔业资源衰退严重。捕捞过度还造成了渔业产品质量差，捕捞产品小型化、低龄化现象严重，损坏幼鱼过多，优质鱼数量减少。近年来，广东省海洋渔业近

海捕捞生产总产量虽有增长，但单位（功率）产量却比过去大幅度降低。目前在南海除了中沙、西沙、南沙海域还有一定的捕捞潜力以外，其他近海渔产资源已被充分利用，渔业资源明显衰退。统计数据显示，南海 3 省区的渔船数量和总功率超过了南海海区最适捕捞作业量的近 3 倍。这种过度捕捞破坏了海洋鱼类种群补充，导致经济物种资源严重衰退，海洋生态系统中物种间平衡被打破。而且因为捕捞强度大大超过了生物资源的良性再生能力，种群交替现象明显，捕获物营养水平下降，低龄化、小型化和低值化现象日益加剧。

另外，现阶段渔具渔法结构的不合理对南海渔场生态环境和生物资源造成了破坏性开发，加速了渔业资源的衰退：①小型渔船过多。大量小型渔船云集于近海作业，长期高强度的捕捞幼鱼，给产卵群体、幼鱼群体的育肥生长造成严重破坏，影响了鱼类的生长和集群。湛江市小型渔船、残旧渔船所占比例最多，生产效益也最差。②拖网作业比例偏高。拖网作业比例过高，加上有些渔船由于船体残旧、功率小等原因，无法到外海生产，长期在 40 m 等深线附近生产或在 40 m 等深线以内违规作业，这不但大量捕捞幼鱼、小虾、小蟹，还严重地破坏了鱼类产卵和幼鱼培育场的生态环境。③围填海、大型沿岸工程建设和陆源污染物输入影响。一些沿岸海湾、河口区域（如珠江口、大亚湾等）是重要海洋经济鱼类的产卵、繁育及索饵场，由于围填海和大型沿岸工程建设和陆源污染物输入影响，导致产卵、繁育及索饵场消失，鱼类生态环境、回游通道和种群补充机制被破坏，自然资源无法形成。

6.5.1.2　水产养殖面临发展瓶颈

海洋水产养殖是补充海洋天然生物资源的有效途径，然而广东省的海水养殖面临发展瓶颈，存在诸如养殖布局不合理、优良品种缺乏、苗种质量差、养殖生态环境恶化、质量安全得不到保证等严峻的问题。

海水养殖区主要集中在海湾、滩涂和浅海，但海水增养殖水域开发利用存在两大问题：一是内湾近岸水域增养殖资源开发过度；二是 10～30 m 等深线以内水域增养殖资源利用不足，布局不合理。滩涂利用率为 50%，港湾利用率高达 90% 以上，10 m 等深线浅海面积约为 733.3 ×10^4 hm^2，利用率不到 10%，10～30 m 等深线以内的浅海开发利用率则更低。造成这种养殖布局不合理的根本原因在于缺乏有效的理论指导和相应的法律法规。

广东省浅海滩涂开发以养殖为主，大部分产品为初级产品，名特优水产品的养殖较少，养殖模式和养殖方式不够科学合理。另外，主要海水养殖种类，如扇贝、对虾、牡蛎、蛤仔、蚶类等大部分是未经选育的野生种，特别是经过累代繁殖，出现了遗传力减弱，抗逆性差，性状退化严重等问题。有相当数量的育苗场、繁育场的设施、设备条件十分简陋和落后，从而制约了新技术的应用，影响了苗种的质量。有些名特优品种的培育技术目前尚未突破，育苗技术不完善、成熟度低，远远不能满足生产需求，严重制约了规模化、集约化养殖的发展。

根据"908 专项"相关调查结果显示，广东近海海洋生物种类丰富、多样性较高，但能够形成大规模养殖生产的仅 20 多种，许多养殖种类全人工繁殖的技术尚未过关，不少种类仍是天然物种和人工繁殖种群混杂在一起，出现的问题究竟是"种质退化"的问题，还是养殖技术和养殖环境本身造成的问题，难以弄清楚。一些本来很有发展前景的养殖种类被放弃了，一些经过艰苦努力开发出的养殖"新品种"又不能满足市场需求，只能在市场维持 2～3 年即被淘汰。由于没有生产出世界性鱼类，严重制约了规模化、集约化养殖的发展，造成大量人力、物力和技术的浪费。如广东的珍珠，一直是个非常有特色的传统产品，因种质、养殖环境等问题，加上养殖户急功近利等因素影响，产品质量差，难以进入国际市场而制约着产业的规模化发展。

养殖生产造成的海洋生态环境问题日益突出，主要表现为鱼类、虾类、贝类养殖的海洋生态问题。由于未摄入的养殖饵料和鱼类、贝类的排泄物进入水体，沉积到海底，海底有机物富集导致底部异养生物耗氧的增加。这些生物把部分沉积物还原为无机或有机化合物，甚至产生有毒的氨和硫化氢妨碍鱼类、贝类的生长。此外，沉积物分解产生的氮、磷等营养物质，能刺激水生植物和藻类的生长，甚至引发赤潮，如粤东柘林湾。尤其在海湾网箱渔场老化的地方，沉积物中硫化物超标严重，下层水体溶解氧含量低。

由于观念滞后，质量保障体系不健全，管理薄弱，使得水产养殖生产过程滥用药物和在饵料中添加违禁成分的现象较为普遍，加工环节管理不到位，全省水产品质量安全问题相当突出，主要是药物和有害物质超标严重。近年来出口水产品多次发现贝毒、抗生素残留，特别是对虾的氯霉素残留，严重影响了水产品出口。

6.5.1.3 海产品加工业落后

广东省海洋渔业产品大部分被消费者直接消费，海产品深加工的比例偏低，加工原料难以保证，加工企业规模小，技术落后。海洋渔业资源深加工发展的主要问题可概括为"三低两少"，即产品附加值低、技术含量低、市场占有率低，品牌少、名优品种少。加工品种单一，精深加工跟不上。在鱼糜制品、罐头食品、保健食品等开发方面，广东不少沿海地区还处于空白。由于部分个体养殖户环保意识差，在养殖过程中使用违禁药品造成残留现象时有发生，原料质量没有保证，直接影响到产品的质量和出口。在产品质量安全方面，除少数加工出口企业的产品质量达到高标准要求外，大部分企业忽视质量管理，企业加工设备简陋，加工工艺和技术装备落后，产品质量安全难以保证，加工的深度与广度均有待提高。渔业生产季节性强，若品种太单一，势必造成设备利用率低，生产成本高，制约了产业的积极性和可持续发展。

6.5.1.4 海洋生物科技研发力度不足

目前，综合性海洋科技机构少，海洋科技人才匮乏，科研经费投入少，装备差，海洋开发缺乏技术支撑。广东海洋的自然资源和区位比山东优越，但海洋科技力量弱于山东，海洋专业技术人员总数低于山东和上海；其中高级职称人员比例低于山东、上海、天津、北京、江苏。尤其与山东的差距比较大，直接制约了全省海洋生物资源开发后劲和质量。广东省尚未建立先进的海洋资源监测系统，对海洋生物资源的变动规律研究不够，海水养殖的科技含量有待提高，海洋生物技术研发、新兴产业科研普遍滞后等，这是制约广东海洋高新技术产业发展的重要因素。

6.5.1.5 沿海生态环境不断恶化、水质污染严重

广东近岸海域环境质量除局部区域有所改善外，总体表现为海域污染尚未得到有效控制，污染面积不断扩大，污染程度仍在加重，生态环境不断恶化。特别需要指出的是，广东近岸海域有害微生物污染日益严重，大肠杆菌菌群超标率达 7.5%，珠江口超标率高达 40.7%。

近几年来，广东省沿海地区海水养殖业发展迅速，取得了很大成就。然而，由于有些地

区海水养殖缺乏科学规划，布局不合理，加上管理不善，出现了危害海洋生态环境和生态平衡的倾向，如养殖废水造成海水有机物污染和富营养化；大量采捕饵料生物，使部分滩涂贝类大量减少，破坏了正常的食物链关系；捕捞亲虾而兼捕大量幼鱼，破坏了鱼类资源；养殖占用大片滩涂，改变了许多滩涂原来的生境，对滩涂原来生物资源产生有害影响。

另外，由于滨海产业带、交通网络、海洋工程和城镇化等的大规模建设，使近海海域生态环境受到不同程度的影响；尤其是大面积的填海、围垦、抽沙等，导致广东近岸海域自然生态体系破碎化，一些生态缓冲区被压缩，一些关键的生态过渡带、节点和生态通道受到破坏，生态功能低下。海洋生态自然保护区的类型和区域分布不平衡，其建设、管理有待加强。红树林、滩涂和河口湿地、珊瑚礁、沙坝潟湖生态系统等重要功能水域面积锐减，生物多样性受到严重威胁，海洋生物种类减少，濒危动物种类增多。

6.5.1.6　海洋生物资源有关的管理体制有待完善

海洋生物资源开发布局缺乏全面规划和统一协调。在海洋渔业资源开发利用方面，沿岸和近海捕捞的比重和中下层海产资源捕捞强度过大，内海捕捞产量比值高达90%以上，而外海捕捞产量比值不到10%，不利于沿岸和近海水产资源的保护。沿岸海域资源开发不平衡，地区差异很大，珠江口两岸地区港口资源、滩涂资源等，开发利用比例高达90%，而粤东、粤西开发强度则较低。一些区域因养殖密度过大、超过环境容量而产生大量有害排出物使水质恶化，导致病害流行，影响持续发展。对海洋资源的管理基本上根据海洋自然资源属性及其开发产业，按行业部门进行计划管理，这种管理模式是陆地各种资源开发部门管理职能向海洋的延伸，各部门从自身利益考虑海洋资源开发与规划，使得海洋资源的综合优势和潜力不能有效发挥。海洋渔业、交通、矿产、石油开采、旅游分属不同的部门管理，各海洋开发产业条块分割严重，各方缺乏相互间统一协调机制。

沿岸渔业的行政机制与市场机制的不协调性。宏观调控是保证经济健康发展的手段，但目前海洋渔业管理调控的政策与体系还不够完善，难以对经济运行中的重数量扩张、轻结构优化和改善效益的倾向进行有效调节。在形成海洋渔业经济结构以捕捞为主的过程中，多年来形成的海洋渔业管理体制的惯性与经济体制转轨过程中的不协调性表现比较突出。在行政管理机制与市场机制并存，共同调节和制约海洋渔业经济的运行过程中，两种机制间存在不协调性和矛盾。

行政管理服务体制有待完善。广东省的水产品加工企业分别隶属乡镇、轻工、商业、水产等系统，既有国有的又有外资、合资和个体等经济体制，行业管理没有形成，水产系统不占主导地位，缺乏统筹规划，出现无序竞争、重复建设等。同时，水产品的质量管理还比较薄弱，尚未形成一套完整的水产品质量标准和水产品质量监督管理法规体系。由于条块分割、政出多门，而且各自管理的重点不相同，加上出口、内销产品的质量又不能按相同标准来要求。质量监管不能涵盖养殖、捕捞、加工、流通等全过程，难以形成高质量的品牌产品，在国际市场上缺少竞争力，不能完全适应现代化管理的需要。

6.5.2　海洋持续发展的重点措施与建议

海洋经济的可持续发展首先是生态的可持续发展，然后才是经济和社会的可持续发展。因而，实施海洋经济可持续发展战略，除了遵循可持续发展的基本原则外，还必须遵循因

349

"海"制宜、备择性、统筹兼顾突出主导优势、海陆一体化、开发利用和治理保护并重，以开发海洋资源、发展海洋经济为中心的五大原则。

6.5.2.1　强化政府职能，定向宏观调控

经济发展由传统模式向可持续发展模式转变，从发展程序看，经历了缓慢、渐进的自然成长过程。同时，市场作为配置生产要素的主要工具，不能反映环境和资源的真实价值，也难以对社会财富和发展机会进行公平的分配，存在着市场"外部不经济性"，涉及的这些问题，需要通过政府的宏观管理和调控加以解决。

（1）制定和执行可持续发展的海洋产业政策。世界上原发式和后发式的涉海国家，通过产业政策来弥补市场配置自然资源过程中的缺陷，已有了比较成熟的理论，广东可以借鉴这些发展轨迹和措施选择正反两方面的经验，立足于国情、省情，把可持续发展的思想贯穿在产业政策中，并发挥现行体制中，政府具有较强的调动和支配社会资源能力的优势，设定政府对海洋经济运行实施干预的底线和措施，以切实保护未来海洋经济长期持续发展所需要的资源和环境基础，使海洋经济发展趋于健康平衡和更具有可预测性。

（2）把海洋经济可持续发展战略纳入广东国民经济可持续发展战略中去组织实施。可持续发展战略，要求把人口、资源、环境及经济等要素看做一个整体，海洋经济可持续发展战略应涵括的内容，涉及海洋产业外的其他条件，包括对经济发展的基础设施的保障、对劳动者的社会保障、对经济运行应有秩序和行为的保障等，不是涉海部门本身所能全部解决，特别是目前广东沿海地区人口增长的速度快于内陆山区，人口压力随着沿海城镇化、外来劳动力就业增多、经济繁荣活跃等自素而越来越大。必须依靠政府统筹解决，提供保障。

（3）把海洋经济可持续发展战略放置在国家宏观经济走势中组织实施。广东海洋经济的可持续发展，跨越了广东的政治区域。按照"谷一谷法"测量的中国经济增长周期，至2010年，由于支撑着中国经济长期高速增长的主要因素，包括市场化进程的快速推进。高储蓄率和高水平的资本形成率、外向型经济的快速发展等，力量在逐渐减弱，国家长期经济增长潜力有下降的倾向。另一方面，国家宏观调控的指导思想仍将是扩大国内需求，继续采用扩张性的财政和货币政策，西部地区大开发的战略和中国加入WTO，也将产生较为持久和显著的效应。在海洋资源方面，按照目前国家和地方海洋管理事权划分，广东海洋经济可持续发展的主战场所在海域，由国家和地方海洋管理部门交叉管理。所有这些，都要求广东在确立海洋经济可持续发展的目标时，要充分研究国家宏观政策的大环境，不仅要协调区域内的功能，而且要协调区域间的功能，以求取得广东海洋经济的最佳总体效益，达到和谐、互补与流畅运行的目的。

（4）建立广东海洋经济可持续发展综合评估指标体系。广东海洋经济可持续发展牵涉方方面面，定向指导广东海洋产业的发展，可以参照国内外采用的可持续发展的主要评估标准和要求，结合广东的国民经济和海洋经济发展现状，从经济水平与经济结构、科技进步与人口素质、社会发展与居民物质生活水平、生态环境与自然资源4个方面精选了20个指标，组成广东海洋经济可持续发展综合评估指标体系。并将无量纲化变换后（可用改进的功效系数法）的各个指标进行综合，得出用于评估比较的综合指标。

6.5.2.2 保护海洋资源，防治污染和损害

可持续发展思想源于环境保护，环境保护是可持续发展的关键和基础。目前广东海域处于步入新兴工业化经济状态，前期经济迅速增长的累积效应和以往污染物积累的推延效应，使得海洋环境质量处于低谷状态，而同时社会对环境改善投资仍十分有限，这种有限投资对环境改善的影响也不明显。所以必须对反映经济增长与环境保护关系的库兹涅茨曲线辅以政策措施，避免出现由于经济发展水平低下，滥用和过度开发利用海洋资源，使资源存量降低。争取达到从环境中获取的资源量转化为经济增长后，部分经济增长又可转换为环境资源，并可以补偿资源消耗量，呈现良性发展态势。

（1）完善海洋环境管理机制。《海洋环境保护法》是保护和改善海洋环境的总纲。为使《海洋环境保护法》确定的制度、规定和措施落到实处，必须加强对广东海洋环境的调查、监测、评价、科学研究等基础工作和技术队伍的建设。在强化海洋环境法制建设方面，应探索建立党委和政府领导，权力和纪检机关监督，有关部门分工负责，全社会公共参与，海洋管理部门统一监督管理的环保工作机制，切实强化政府对海洋环境质量负责和污染者的法律责任，着手编制广东海洋环境保护规划，以综合安排保护海洋环境资源的各项长期工作；尽快制定重点海域排污总量控制的主要污染物排海总量控制指标、主要污染源分配排放控制数量、广东海洋环境质量标准等适应广东海洋产业实际的，贯彻执行《海洋环境保护法》的配套地方法规和规章；加强海洋环境执法队伍的现代化建设，提高执法人员的素质和水平。

（2）控制污染海洋环境源头。控制产生污染物的源头，切断污染物进入海洋环境，是预防为主，防治结合，保持海洋载体处于良好状态的关键环节。抓好海洋开发项目资源环境影响评估审定工作，提高工矿企业污水处理和达标排放水平，尽快实施污染物总量控制，同时要控制新的污染源，严格执行我国关于建设项目防治污染的措施，把污染物的排放浓度和排放量尽可能压缩到最低限度。对旧污染源，应根据社会和海洋经济发展规划、功能区划，进行区域性综合管理。

（3）建设海洋资源自然保护区。对广东海域中已建的4个以海洋珍稀动物、生物资源为主要保护对象的海洋和野生动物保护区（国家级惠东港口海龟自然保护区、省级大亚湾水产自然保护区和湛江海康白碟贝自然保护区、县级的乌猪岛海洋特别保护区），3个以海岸滩涂生态系统及动植物为主要保护对象的自然保护区（国家级广东内伶仃福田自然保护区、广东湛江红树林自然保护区和县级的徐闻苍头南山红树林保护区），要按建设规划继续完善，并切实加强管理；对8个重点贝类护养增殖区，要研究和分析其在净化水质和提高渔业产出等方面的功效，加以示范推广；同时，积极筹建珠江口中华白海豚自然保护区，加强对海岸带、防护林以及红树林、珊瑚礁等生态系统的保护。

（4）加强海洋渔业资源管理力度。严格控制海洋渔业捕捞强度，实施伏季休渔，禁止外海区渔船违规进入南海作业，调整捕捞作业结构和布局。优先发展远洋渔业和开拓外海海场，严格推行禁渔区、禁渔期和保护区法规，取缔严重危害渔业资源的渔具渔法，防止酷渔滥捕幼鱼幼虾而破坏渔业资源。

（5）切实做好防灾减灾工作。建立健全广东海域的海洋灾害监测和预报网络。对海洋环境要素监测，以广东省海洋与渔业环境监测网络为主，布点覆盖全省沿海地区；对海洋灾害

的监测，由国家和地方共建监测网络，提高对海洋灾害的立体监测和中、长期预报能力；加强海洋减灾的科研攻关，对沿海重大减灾工程建设，特别是沿海防潮闸坝及护岸工程、沿海防护林带工程等应列为社会基础保障范畴，优先加以安排；加强中央和地方海洋安全和海上搜救的联合和协作，科学地制定防御海洋灾害的应急计划，建立海洋灾害防御快速反应机制和防污处理应急系统，提高抵御海洋自然灾害的能力。

6.5.2.3 合理配置资源，发挥最佳效益

为避免无序、无度地开发海洋资源，协调涉海部门共同开发和代际均衡利用海洋资源，客观上需要海洋主管部门根据涉海行业的发展要求，统一安排资源，建立起量化和可操作性的资源产业优化配置与效益分析的监控模型，对海洋资源实行规划管理、资产化管理和法制化管理。

（1）实施海洋资源资产化管理。建立以产权约束为基础的海洋资源综合管理体制，必须改变以供给方式配置海洋资源的形式和渠道，从单纯的行政管理方式向"保障所有权、落实经营权"的政企分开、政经分开以及宏观间接调控的管理方式转变，以引导、协调各种用海关系和海洋开发活动。

（2）全面实施海域使用证制度和海域有偿使用制度。通过引入公正、公平、公开的市场原则和不断完善市场准入机制，创造出一套符合国际惯例和市场经济规律的海域管理方式。逐步形成具备进行技术性管理、实物管理和价值管理的能力，以尽可能地扩大资源性资产产权的流转范围。按经济属性划分海洋资源与资产的界限，并将原来的数量管理与价值管理相结合，从而提高海洋资源管理水平。理顺自然资源价值补偿与价值实现过程中的经济关系。切实使海域要素成为宏观调控海洋经济可持续发展的有力手段，用经济手段辅助法律和行政手段，保护和合理开发海洋资源。

（3）实施海洋资源法制化管理。从根本上确定海洋自然资源在经济上的具体实现形式，逐步健全海洋法律、法规，通过立法，确定地方海洋主管部门作为海洋资源的国有资产管理部门与各涉海部门间协调的、具有活力的职能关系。在建立海洋管理新秩序的过程中，应摸索超前立法，形成与市场经济条件和经济增长方式相适应的地方海洋法律体系。适时修订《广东省海域使用费征收标准》，拉开不同用海项目的收费差距，使海域作为资产的价值得以显化和逐步提高；争取出台海洋资源整体保护法，以填补资源保护的法律盲区；充实提高《广东省海域使用管理规定》，使之上升为地方法律。确立海域开发利用总体规划在涉海各业规划中的地位，以发挥约束和指导其他各业用海规划的作用。

6.5.2.4 优化海洋经济结构，壮大海洋经济总体实力

就广东海洋经济而言，目前最显著的可持续高速增长有两个空间，即区域结构转换空间和产业结构调整空间。

（1）构建海洋开发新格局。广东近年来的海洋产业政策，为全方位的海洋开发活动奠定了基础，在海洋渔业取得突破之后，海洋二、三产业的发展有着巨大的潜能。

通过加快万山海洋开发试验区和临海各经济区的发展，实施中心区域带动的海洋综合开发战略。广东设立万山试验区，目的是充分利用当地的海洋资源和区位优势，探索在一个区域内实施海洋综合开发的途径。为万山开发试验区的建设和发展创造条件，应协调有关方面从政策、措施等方面予以倾斜，帮助试验区高起点、高标准地搞好综合规划；支持试验区以

海岸带为依托，建立试验区的陆地发展基地。万山开发区要大胆实践，重点探索海洋综合开发的规划和管理，以及综合开发与对外开放、科技兴海的关系，并利用市场的力量，在周期性的波动中，对由于重复建设所造成的无效供给进行"清除"，为广东海洋经济发挥试验区的典型引路作用。

以广州、深圳、珠海、汕头、湛江等沿海城市为重点，以海岸线和交通干线为纽带，逐步形成包括珠江口海洋经济区、粤东海洋经济区、粤西海洋经济区、海岛经济区在内的临海经济带，形成综合开发新格局。各经济区要大力发展各具特色的海洋产业，形成海洋综合开发的区域化布局。

（2）加快海洋经济工业化进程。产业化的发展应以充分利用当地的比较优势为主导。通常最优的产业结构决定于与其相对应的资源禀赋结构，着力于提高产业结构水平关键在于提高资源禀赋的结构水平。广东海洋经济结构向高级化转变的重要标志，是工业化成为海洋产业的主体。海洋渔业，在积极推进渔业产业化中，改造产业素质；交通运输业，以港口为依托，带动海洋经济的发展，提高港口的综合效益。临海工业，积极参与国家的油气开发配套设施建设，发展为油气开发的服务业。采取传统产业支持新兴产业，新兴产业带动传统产业，相互促进，优化结构。

6.5.2.5 以开放促开发，外向带动海洋经济

适应海洋产业外向依存度高的特点，进一步发挥广东的区位优势，实施海洋经济的外向带动，应全面放开外商投资海洋领域，用足用好国家现行的远洋渔业政策、沿海加工贸易和转口贸易政策、招商引资政策等，积极利用外资开发海洋项目；把发展滨海旅游同建设"粤港澳"大三角旅游区和发展沿海城市旅游紧密结合，发挥拉动当地经济的作用；扩大国际合作和交流领域，大力引进国外关键设备、先进技术和管理经验，促进广东省海洋经济与国际经济接轨，同时拓宽我省沿海对内开放渠道，发展经济战略腹地，充分发挥广州、深圳、珠海、湛江、汕头等地口岸作为进出口贸易大通道的作用。按照"政府搭台，企业唱戏"的模式，加强与内地合作，增强沿海地区的辐射能力，为海洋经济的快速发展开拓并预留市场空间。

6.5.2.6 建立海洋开发多元化投入机制

海洋开发具有高投入、高风险的特点，对投入的需求将是一个长期和带根本性的问题。需要建立较为健全的投融资机制和风险防范机制，多形式、多渠道增加资金投入。

（1）重建银行与企业间的信用关系。鉴于目前银企之间信用度下降，政府部门应当积极发挥银企间的中介作用。可由政府出资设立企业债券担保投资公司（或改组现有的证券公司），支持某些确有效益的企业与技术改造项目发行企业（项目）融资债券，发展直接融资业务。

（2）进一步改善投资环境，引导企业、外商和群众成为海洋一般性开发项目的投资主体；鼓励跨地区、跨行业、跨部门和跨所有制的经济技术合作；大力推行股份制、股份合作制，引导国内外大中型企业、科研单位和技术人员以及有条件的个人，积极投入海洋开发；可采取资金入股、技术入股等方式创办海洋企业，逐步建立多种所有制并存的海洋经济结构。同时要着手建立海洋开发的风险防范机制，鼓励各级各类保险公司，积极开设服务海洋开发的保险项目。

（3）适应投融资体制的改革方向，把海洋经济的投资划分为竞争性项目投资、基础性项目投资和公益性项目投资，并据此重新确定各类投资项目的投资主体和投融资方式。对于市场竞争力比较强、投资效益比较好的项目，如海洋高新技术产业，企业作为投资主体，投融资方式主要是通过商业银行进行；对于投资比较大、收益相对较低的项目，主要是基础设施和一些基础工业项目，既要增加政府的投入，同时也鼓励多方集资；对直接经济效益较差、主要是社会效益的公益性项目，如环境保护和海洋科学的基础性研究等，难以用市场机制调节，则主要由各级政府来承担投资主体。

6.5.2.7 实施科技兴海，提高海洋经济科技含量

科技进步推动经济增长，经济发展又支撑着科技创新，技术进步是实现可持续发展的关键。

（1）全面启动"科技兴海"规划。深入、系统地开展可持续发展的综合研究，逐步建立可持续发展的科学技术体系。紧紧围绕"大力发展海洋高新技术产业和以高新技术改造传统海洋产业"这个中心环节，促进海洋综合开发整体水平和效益的提高。建立全省性较为紧密的科技协作网络，组织好各类项目的实施。

（2）推进海洋科技产业化。一方面，充分发挥广东海洋科技人才优势，走产、学、研一体化的道路，组织中央驻粤和广东的科研单位、高等学校的科技人员，发挥多学科专业联合的优势，开展广东省海洋资源开发、海洋环境保护的技术攻关及重大海洋科学项目研究，除实用技术外，从可持续发展的高度，应加强对提高海洋资源利用率，寻找新的资源开发途径等基础研究，增加海洋科技成果储备。另一方面，倡导国营、集体、私营等各类海洋企业与科研单位联手，开发海洋高新技术产业，充分发挥企业技术开发主体的作用。对海洋产业的高新技术成果，要从科学上的可行性、工业、设备、技术和开发的可行性，经济效益的可行性等方面进行研究分析，规范技术交易，加强技术市场的中间环节，建立情报、信息、代理、风险投资和知识产权保护等中间机构，加强技术成果的商品化。

（3）扩大海洋技术的应用范围。海洋综合管理是一项崭新的政府职能，是海洋经济中具有时代特征的新经济增长点。把海洋科技应用于海洋管理上，依靠科学拟订环境与发展政策，就是要增加现实决策对未来影响的准确预见，清除环境资源利用的不确定因素；科学地规划区域性的海洋经济，运用科学手段规范管理涉海各业的开发活动；为抑制和减少陆地污染物入海建立污染监测，减灾防灾；还可以把先进的管理模式和管理思想引进到海洋综合管理中，如倡导应用体现发展可持续性的成本核算制度，处理边际成本最大化与发展成本最小化的关系等，全面提高海洋综合管理水平。

（4）海洋科技的可持续发展。建立广东海洋开发研究中心，进一步办好湛江海洋大学，使之成为广东海洋科技、管理高中级人才培养基地和科研开发基地。采取优惠政策引进国内外高层次海洋人才，抓好海洋科技队伍建设，充分发挥海洋科技人员的作用，积极开展国际和港澳台地区的海洋科技合作，博采众长，为我所用。以开发成功的技术作为纽带，拓展产品的深度和广度，不断推陈出新，不断创造出新的市场需要，形成相关产品的系列。加快广东海洋技术的升级换代，完善广东海洋技术的创新体系。

参 考 文 献

蔡泽平，陈浩如，金启增，等．1999．热废水对大业湾三种经济鱼类热效应的研究．热带海洋，18（2）：11．

陈凌云，胡自宁，钟仕全，等．2005．应用遥感信息分析广西红树林动态变化特征．广西科学，12（4）：308－311．

陈特固．1997．9615 号台风引起的阳江市沿海异常高潮位重现期估算．广东气象，（3）：7－8．

戴明新．2005．湛江港 30 万吨级航道工程疏浚泥倾倒对海洋生态环境的影响研究．交通环保，26（3）：9－11．

邓松，刘雪峰，游大伟，等．2006．广东省 1991—2005 年 5 种主要海洋灾害概况．广东气象，（4）：19－22．

邓松，任品德．2007．广东省海洋灾害调查分析及减灾对策．海洋开发与管理，（5）：127－131．

邓松，汤超莲，游大伟．2005．1998 年冬春季粤港赤潮爆发区异常高 SST 成因分析．海洋通报，24（4）：17－21．

高为利，张富元，章伟艳，等．2009．海南岛周边海域表层沉积物粒度分布特征．海洋通报，28（2）：71－80．

广东省人民政府．2007．广东省海洋功能规划．

广东省海洋与渔业局．2009．广东省海洋环境质量公报．

广东省海洋与渔业局．2010．广东省海洋环境质量公报．

广东统计年鉴编委会．2008．广东统计年鉴．北京：中国统计出版社．

广东统计年鉴编委会．2009．广东统计年鉴．北京：中国统计出版社．

广东统计年鉴编委会．2010．广东统计年鉴．北京：中国统计出版社．

广东省海岸带和海涂资源综合调查大队，广东省海岸带和海涂资源综合调查领导小组办公室．1988．广东省海岸带和海涂资源综合调查报告．北京：海洋出版社．

广东省海岛资源综合调查大队，广东省海岸带和海涂资源综合调查领导小组办公室．1995．广东省海岛资源综合调查报告．广州：广东科技出版社．

国家海洋局“908 专项”办公室．2005．海岸带调查技术规程．北京：海洋出版社．

郭伟，朱大奎．2005．深圳围海造地对海洋环境影响的分析．南京大学学报，5（3）：286－295．

韩永伟，高吉喜，李政海，等．2005．珠江三角洲海岸带主要生态环境问题及保护对策．海洋开发与管理，3：84－87．

黄长江，齐雨藻，杞桑，等．1996．大鹏湾夜光藻种群的季节变化和分布特征．海洋与湖沼，27（5）：493－498．

黄长江，齐雨藻，黄奕华，等．1997．南海大鹏湾夜光藻种群生态及其赤潮成因分析．海洋与湖沼，28（3）：245－255．

黄向青，梁开，刘雄．2006．珠江口表层沉积物有害重金属分布及评价．海洋湖沼通报，（3）：27－36．

黄宗国．2008．中国海洋生物种类与分布（增订版）．北京：海洋出版社．

简洁莹，邓峰，黄莉莉．1991．一起由栉江珧鲜贝引起的食物中毒．中国食品卫生杂志，4：58－60．

姜胜，黄长江，陈善文，等．2002．2000—2001 柘林湾浮游动物的群落结构及时空分布．生态学报，22（6）：828－840．

金腊华，黄报远，刘慧漩，等．2003．湛江电厂对周围水域生态的影响分析．生态科学，22（2）：165－167．

李纯厚．1997．南海海港疏浚淤泥悬浮物质对海洋生物的急性毒性效应．中国环境科学，17（6）：550－533．

李婧，王爱军，李团结．2011．近 20 年来珠江三角洲滨海湿地景观的变化特征．海洋科学进展，29（2）：170－178．

李天宏，赵智杰，韩鹏．2002．深圳河河口红树林变化的多时相遥感分析．遥感学报，6（5）：364－370．

李占海，柯贤坤．2000．琼州海峡潮流沉积物通量初步研究．海洋通报，19（6）：42-49．

林洪瑛，韩舞鹰．2001．珠江口伶仃洋枯水期十年前后的水质状况与评价．海洋环境科学，20（2）：71-76．

林昭进，詹海刚．2000．大亚湾核电站温排水对邻近水域鱼卵、仔鱼的影响．热带海洋，19（1）：44-51．

刘芳文，颜文，黄小平，等．2003．珠江口沉积物中重金属及其相态分布特征．热带海洋学报，22（5）：16-24．

刘广山，黄奕普．1998．大亚湾与南海东北部海域沉积物中的^{137}Cs．辐射防护通讯，18（5）：40-43．

刘胜，黄晖，黄良民，等．2006．大亚湾核电站对海湾浮游植物群落的生态效应．海洋环境科学，25（2）：9-12，25．

刘忠臣．2005．中国近海及邻近海域地形地貌．北京：海洋出版社．

吕颂辉，齐雨藻．2005．中国的赤潮、危害、成因和防治//中国赤潮研究与防治（1）．北京：海洋出版社，1-7．

马毅．2005．广东省防潮警戒水位核定研究．中国海洋大学硕士学位论文．

潘懋，李铁峰．2002．灾害地质学．北京：北京大学出版社．

潘蔚娟，王婷，郝全成．2007．珠江口以及粤东沿海海雾的多时间尺度变化特征．中国气象学会2007年年会气候学分会场论文集．554-558．

彭云辉，陈浩如，潘明祥，等．2001．大亚湾核电站运转前后邻近海域初级生产力及潜在渔获量初步研究．水产学报，25（2）：161-165．

屈凤秋，刘寿东，易燕明，等．2008．一次华南海雾过程的观测分析．热带气象学报，24（5）：490-496．

齐雨藻．2004．中国沿海赤潮．北京：科学出版社．

钱宏林，梁松，齐雨藻．2000．广东沿海赤潮的特点及成因研究．生态科学，3：8-15．

邵磊，乔培军，庞雄，等．2009．南海北部近代沉积物钕同位素分布及意义．科学通报，54（1）：98-103．

沈国英，施并章．2002．海洋生态学．北京：科学出版社．

宋丽莉．2006．中国气象灾害大典（广东卷）．北京：气象出版社．

汤超莲，游大伟，邓松．2005．珠江口赤潮多发期海表水温变化特征//中国赤潮研究与防治（1）．北京：海洋出版社．

王超，张伶．2001．航道疏浚对珠江口附近海洋生态环境影响及预防措施．海洋环境科学，20（4）：58-66．

王文介．2007．中国南海海岸地貌沉积研究．广州：广东经济出版社．

王友绍，王肇鼎．2004．近20年来大亚湾生态环境的变化及其发展趋势．热带海洋学报，23（5）：85-95．

吴瑞贞，林端，马毅．2007．南海夜光藻赤潮概况及其对水文气象的适应条件．台湾海峡，26（4）：590-595．

徐峰，牛生杰，张羽，等．2011．雷州半岛雾的气候特征及生消机理．大气科学学报，34（4）：423-432．

许小峰，顾建峰，李永平．2009．海洋气象灾害．北京：气象出版社．

徐兆礼，陈亚瞿．1989．东黄海秋季浮游动物优势种聚集强度与鲐鲹渔场的关系．生态学杂志，8（4）：13-15．

许忠能，林小涛，周小壮，等．2002．广东省海水养殖对海区环境影响的夏季调查．环境科学，（6）：5-9．

胥加仕，罗承平．2005．近年来珠江三角洲咸潮活动特点及重点研究领域探讨．人民珠江，（2）：21-23．

杨华庭．2002．近10年来的海洋灾害与减灾．海洋预报，19（1）：2-8．

叶朗明，赵建峰．2009．海雾的特点及预报．广东科技，（4）：38-39．

游大伟，汤超莲，邓松．2005．近50年西江径流量变化与气候变暖关系．广东气象，（4）：4-6．

游大伟，汤超莲，邓松．2006．冬季西、北江径流量异常的前期海-气背景场特征．广东气象，（1）：18-21．

余日清，李适宇．1998．珠江口航道疏浚对海洋生态影响及渔业资源损失的定量分析．中山大学学报（自然科学版），37（2）：180-185．

曾秀山．1991．厦门港疏浚物海洋倾废评价试验研究—I．主要有害物质在围隔海水中的释放．海洋通报，（6），10（1）：73－78．

曾秀山．1991．厦门港疏浚物海洋倾废评价试验研究—II．疏浚物倾倒对围隔海水初级生产力的影响．海洋通报，（6），10（3）：34－40．

张朝锋．2002．粤东海区海雾的气候特征分析．广东气象，（2）：20－21．

张俊彬，黄增岳．2003．阳江东平核电站邻近海区鱼卵和仔鱼调查研究．热带海洋学报，22（3）：78－84．

张穗，黄洪辉，陈浩如．2000．大亚湾核电站余氯排放对邻近海域环境的影响．海洋环境科学，19（2）：14－18．

赵焕庭．1990．珠江河口演变．北京：海洋出版社．

赵焕庭，张乔民，宋朝景，等．1999．华南海岸和南海诸岛地貌与环境．北京：科学出版社．

中国植被编辑委员会．1980．中国植被．北京：科学出版社．

周凯，黄长江，姜胜，等．2002．2000—2001年粤东柘林湾营养盐分布．生态学报．22（12）：2 116－2 124．

周伟华，霍文毅，袁翔城，等．2003．东海赤潮高发区春季叶绿素a和初级生产力的分布特征．应用生态学报，14（7）：1 055－1 059．

周伟华，袁翔城，霍文毅，等．2004．长江口领域叶绿素a和初级生产力的分布．海洋学报，26（3）：14－150．

周文浩．1998．海平面上升对珠江三角洲咸潮入侵的影响．热带地理，18（3）：266－269．

朱丽岩，吕建发，唐学玺，等．1999．锌对虾夷扇贝和刺参幼体的毒性效应．海洋通报，18（4）：34－37．

Liu Z，Colin C，Huang W，et al. 2007. Clay minerals in surface sediments of the Pearl River drainage basin and their contribution to the South China Sea．Chinese Science Bulletin，52（8）：1 101－1 111．

Wang Y S，Lou Z P，Sun C C，et al. 2008. Ecological environment changes in Daya Bay，China，from 1982 to 2004. Marine Pollution Bulletin，56：1 871－1 879．